普通高等教育“十一五”国家级规划教材
面向21世纪课程教材
Textbook Series for 21st Century
北京高等教育精品教材
BEIJING GAODENG JIAOYU JINGPIN JIAOCAI
“大国三农”系列规划教材

工程水文学与水利计算基础

第3版

主　编　任树梅　刘　浏
副主编　张文萍　朱仲元

中国农业大学出版社
·北京·

内 容 简 介

本书第3版是在普通高等教育"十一五"国家级规划教材《工程水文学与水利计算基础》(第2版)的基础上编写而成的,是高等学校水利水电工程、农业水利工程、水文与水资源工程、港口航道与海岸工程、给水排水工程、水务工程等专业的通用教材。全书共分9章,分别为绪论、地球水圈中的水和水文循环、水文测验与资料整理、水文统计基础知识、设计年径流的分析计算、流域产流与汇流计算、设计洪水计算、水文预报、中小型水库兴利调节计算。

本书除可用作高等学校的专业教材外,也可供其他相关专业师生和工程技术人员参阅。

图书在版编目(CIP)数据

工程水文学与水利计算基础/任树梅,刘浏主编.—3版.—北京:中国农业大学出版社,2021.8

ISBN 978-7-5655-2604-6

Ⅰ.工… Ⅱ.①任… ②刘… Ⅲ.①工程水文学-高等学校-教材 ②水利计算-高等学校-教材 Ⅳ.①TV12 ②TV214

中国版本图书馆CIP数据核字(2021)第167664号

书　　名 工程水文学与水利计算基础 第3版
Gongcheng Shuiwenxue Yu Shuili Jisuan Jichu

作　　者 任树梅 刘 浏 主编

策划编辑 张秀环　　**责任编辑** 陈颖颖

封面设计 郑 川

出版发行 中国农业大学出版社

社　　址 北京市海淀区圆明园西路2号　　**邮政编码** 100193

电　　话 发行部 010-62733489,1190　　读者服务部 010-62732336
编辑部 010-62732617,2618　　出 版 部 010-62733440

网　　址 http://www.caupress.cn　　**E-mail** cbsszs@cau.edu.cn

经　　销 新华书店

印　　刷 涿州市星河印刷有限公司

版　　次 2021年9月第3版　2021年9月第1次印刷

规　　格 787×1 092　16开本　17.25印张　430千字

定　　价 56.00元

第3版编写委员会

主　编　任树梅　刘　浏

副主编　张文萍　朱仲元

编　者　（按姓氏笔画排序）

王丽学　朱仲元　任树梅　刘　浏　刘　静

何新林　张文萍　武鹏林　赵雪花　徐淑琴

程伍群　魏永霞

第 2 版编写委员会

主　编　任树梅

副主编　程伍群　魏永霞

编　者　（以姓氏笔画为序）

刘　静　朱仲元　任树梅　何新林　武鹏林

赵雪花　徐淑琴　程伍群　魏永霞

主　审　陈家琦

第 1 版编写委员会

主　编　任树梅　朱仲元

副主编　张文萍　王丽学

第3版前言

《工程水文学与水利计算基础》(第 3 版)由中国农业大学组织编写,是在中国农业大学出版社 2001 年出版的面向 21 世纪课程教材《工程水文学》和 2008 年出版的普通高等教育“十一五”国家级规划教材《工程水文学与水利计算基础》(第 2 版)的基础上编写而成的。作为水利类专业的通用教材,《工程水文学与水利计算基础》(第 2 版)已在全国 10 余所高校作为指定教材使用。

在新工科、新农科背景下,本教材结合持续的一线教学“跟踪—反馈—改进”和现行的教学学时状况,对前版教材中的水利计算基础部分进行了适当的精简,同时对部分章节的内容进行了调整,力求在传承经典教材的成熟理论体系的前提下,更符合现行的教学安排,同时吸纳本学科领域最新的研究成果。

本教材共 9 章,系统介绍了水文循环、水文统计、设计年径流及设计洪水、流域产流与汇流计算、水库兴利调节计算等知识,阐述了水文信息采集与资料整理、水文预报等技术内容,在理论基础知识与水利工程、农业工程建设实践等方面具有广泛的应用价值。

本版教材编写由任树梅、刘浏任主编,张文萍、朱仲元任副主编。各章编写分工如下:中国农业大学任树梅编写第一章、刘浏编写第二、五、六、七、九章,湖南农业大学张文萍编写第三、八章,内蒙古农业大学朱仲元编写第四章。全书由刘浏统稿。此外,东北农业大学魏永霞与徐淑琴、沈阳农业大学王丽学、河北农业大学程伍群、新疆石河子大学何新林、内蒙古农业大学刘静、太原理工大学赵雪花与武鹏林等参与了本书的审校,他们长期从事水文水资源教学和科研工作,充分发挥了教学一线团队长期以来在教学实践和科学研究方面积累的经验优势,使教材既具备本学科领域国际发展前沿的理论知识,又密切结合我国的工程水文实践。在此对他们表示深深的谢意。同时感谢中国农业大学出版社多年来对教材出版给予的支持。

本教材引用了一些相关教材、著作和手册的内容,编者在此对引用文献的所有作者表示诚挚的谢意。

最后,我们诚恳地希望读者对书中存在的缺点和错误提出批评指正。如有反馈意见请函告:北京市海淀区清华东路 17 号　中国农业大学东校区水利与土木工程学院　刘浏,邮编:100083,或发送电子邮件至 liuliu@cau. edu. cn。

编　者

2021 年 7 月

第2版前言

本教材是根据工程水文与水利计算教学大纲，结合长期的教学实际情况和现行的教学学时状况，由相关课程的主讲教师编写的。在内容安排上，一方面力求传承经典和成熟的理论体系，另一方面也吸纳了本学科领域的部分最新的研究成果。

全书分为上、下2篇，共11章。上篇为工程水文学，共8章；下篇为水利计算基础知识，共3章。上篇以地球水圈中的水和全球水文循环、水文统计的基础知识、设计年径流及设计洪水、流域产流与汇流计算为主要内容，同时简要讲述了水文信息采集与资料整理、水文预报等方面的知识，在知识结构的编排上以2001年中国农业大学出版社出版的面向21世纪课程教材《工程水文学》为基础进行了修订。下篇以径流调节计算的原理与方法、水库兴利和防洪计算为主要内容，同时简要介绍了小型水电站水能计算方面的基础知识。在编写过程中注重总结教学实践经验，加强实例，适当增加了部分习题与思考题。

本教材由任树梅任主编，程伍群、魏永霞任副主编，参加编写的有：中国农业大学任树梅（第一、二章），新疆石河子大学何新林（第三章），内蒙古农业大学朱仲元（第四章），东北农业大学魏永霞（第五章），河北农业大学程伍群（第六章、第七章第一、二、三节），内蒙古农业大学刘静（与任树梅合写第七章第四节），太原理工大学赵雪花（第八章）、武鹏林（第九、十章），东北农业大学徐淑琴（第十一章）。全书由任树梅统稿。

本教材由原水利电力部水文局局长、国际水文科学协会（IAHS）副主席陈家琦教授主审，陈先生对本书的初稿进行了认真的审查，提出了宝贵的修改意见，对提高教材质量帮助很大。本教材是北京市重点学科“水文学与水资源”学科建设内容之一。本教材的出版得到了中国农业大学、东北农业大学、河北农业大学、内蒙古农业大学、中国农业大学出版社的支持。本书引用了一些相关教材、著作和手册的内容，编者在此对本教材在“参考文献”中列出的和没有列出的所有文献的作者表示诚挚的谢意。

最后，我们诚恳地希望读者对书中存在的缺点和错误提出批评指正。

编　者

2008年7月

第1版前言

本教材是国家教育部面向21世纪农业工程类本科人才培养方案及教学内容课程体系改革04-18项目研究成果，是依据高等学校水利水电专业和农业水利工程专业《工程水文学》教材编写大纲编写的。在编写的过程中，除征求了有关农业院校相关师生的意见和吸收过去教材编写经验之外，力求在保证论述学科的基本知识和计算方法的基础上，反映本学科领域发展的新内容。

全书共分十一章，按72学时编写，以河川径流形成的基本知识、水文统计、年径流分析计算、流域产流汇流分析计算、设计洪水等为主要内容；同时，扼要论述了水文测验与水文资料的收集、河流泥沙分析计算、水文预报、水文模型、水质及水质评价等方面的知识。

本书第一、二章由朱仲元编写，第三、四、五、六章由朱仲元、任树梅编写；第七、八、九章由任树梅编写；第十章由王丽学编写；第十一章由张文萍编写。任树梅负责全书的定稿工作。

本书引用了有关院校和生产、科研单位编写的教材及文章中的相关内容，编者在此一并致谢。

最后，我们诚恳地希望广大读者对本书的错误和不当之处提出宝贵的批评和建议。

编　者

2001年2月

目　　录

第一章

绪 论

水文学是研究地球上各种水体的起源、存在、分布、循环、运动等变化规律和运用这些规律为人类服务的知识体系，是地球科学的组成部分，也是科学技术的一个领域。

水体是指以一定形态存在于自然界中的水的总称。如大气中的水汽，地面上的河流、湖泊、沼泽、海洋、冰川和地面下的地下水。各种水体都有自己的特征和变化规律，因此，按水体在地球圈层的分布情况，水文学可分为水文气象学、地表水文学和地下水文学。按水体在地球表面的分布情况，地表水文学又可分为海洋水文学和陆地水文学。陆地水文学又有许多分支：地理水文学、工程水文学、河流水文学、湖泊（水库）水文学、湿地（沼泽）水文学、农业水文学、林业水文学、环境与生态水文学、水资源水文学、遥感水文学、同位素水文学等。

工程水文学是水文学的一个分支，属于应用水文学，它是将水文学的基本理论与方法应用于工程建设（如水利水电能源工程，城市工矿用水工程，农田水利工程，修建铁路、公路、桥梁，国防建设）的一门学科，主要应用水文学知识，研究与水利工程的规划、设计、施工和管理运营有关的以及人们生活中的一些实际水文问题。

工程水文学的研究方法：通过对各类水文现象不间断地观测，研究分析这些现象自身随时间和空间的变化规律，再通过观察以证明对规律认识的可信性，并不断修正原来的认识。

工程水文学分类：大类可分为作业水文和水文研究。前者包括水文信息采集和分析，资料积累和实时监测，水文情报和预报，为工程服务的各类水文计算；后者包括各类水文实验研究，各种计算方法和途径的探索和研究，人类活动对水文天然规律的影响，新技术的应用等。以“感知、互联和智能”等为基本特点的大数据、物联网及其应用极大地提升了工程水文领域信息化的效率、易用性和行为范式，使得对大范围的、复杂的水文现象的精准分析成为可能，这是应用其他传统方法无法实现的。物联网、云计算、大数据、人工智能等新一代信息化技术在工程水文中应用的发展速度，比其他任何学科与工程水文的融合都要迅速得多。但智能化手段获取的数值并非最终结果，最重要的是对计算结果进行分析，确保计算结果的正确性。

工程水文要观测正常和干旱条件下各水系的入流，预测不同的取水量对整个水系径流的影响。工程水文计算是水资源规划和管理的基础。

如果河流的天然来水能够满足当地工农业用水、生态和生活需水，则天然来水可以为人类社会所利用，成为自然资源。然而，来水过多或过少，都会成为威胁人类生存和社会发展的水旱灾害。

兴建水利工程是解决上述矛盾的主要技术措施，其目标是“兴利除害”。因此，每一项水利工程建设都必然与水体有密切关系，必须经过工程水文计算了解和掌握水体的存在、分布、循环变化和运动规律。

水利工程从修建到运用，一般要经过规划设计、施工、管理 3 个阶段，每一阶段都需要掌握未来水文情势的变化。各阶段的任务不同，因而要求对水文情势的研究各有侧重点。

水利工程的规划设计阶段是确定工程规模。如果对河流来水量估计过大，就会使工程设计规模太大，造成资金浪费。反之，对来水量估计过小，则工程设计容量不够，以致不能充分利用水资源。特别是对河流洪水量的估计偏低、泄洪能力设计不足，将关系到工程本身和下游人民生命财产的安全。在多泥沙河流上兴建水利工程时，还须估算蓄水、引水工程的泥沙淤积量，以便采取措施延长工程寿命。在工程规划设计阶段，水文计算的任务首先是估计河流水量及其变化，提出作为工程设计依据的水文特征值，如设计年径流、设计洪水和设计输沙量等，以便确定工程规模。此外，还要预估未来工程使用期限内的水文情势。

水利工程的施工阶段是将规划设计好的建筑物建成。施工阶段需要修建临时性的施工建筑物(如围堰导流建筑物)。在该阶段，水文计算的任务是为确定临时性水工建筑物的规模提供施工期设计洪水。一些水利工程，特别是大型工程的施工期较长，一般需要几年甚至十几年，显然施工期设计洪水若估计得偏大，会使施工建筑物规模过大，造成浪费；若施工期设计洪水估计得偏小，易使施工建筑物受损坏，影响施工进度或造成损失。所以，施工期水文计算设计洪水的确定十分重要。同时，需要提供具有一定精度的中、短期洪水或枯水预报。

水利工程的管理阶段在于充分发挥已建成的水利工程的作用。为此，需要知道未来一定时期内的来水情况，以便确定最合理的调度运用方案，提高工程效益。这一阶段工程水文学的任务是根据水文分析计算获得未来长期可能出现的平均情势，再考虑水文预报提供的短期实时预报，从而拟订出最佳的调度运营方案。

工程水文学的任务从广义上讲是要解决水库兴利库容、防洪库容、调节流量与设计保证率之间的关系，确定水电站效益与工程规模之间的关系，确定既经济又合理的设计方案；在运营期间，需要确定水电站的最优运行方式，编制水库汛期控制运营的计划；对于农业灌溉工程而言，要依据多年的降水和来水情况制定农作物的灌溉制度。

本章习题

1. 水文学的研究内容有哪些?
2. 工程水文学与水文学有何关系?
3. 工程水文学的主要研究内容是什么?
4. 工程水文学在水电工程建设的各个阶段的任务是什么?

第二章

地球水圈中的水和水文循环

第一节 地球上的水

地球上的水以气态、液态和固态3种形式存在于空中、地面、地下及生物体内，组成一个相互联系的水圈。地球上水的总量约为13.86亿km^3，地球水圈中各类水的储量见表2-1。

表2-1 地球水圈中各类水的储量

类别	面积/10^6 km^2	储量/km^3	占总量比例/%	占淡水储量比例/%
海洋水	361.3	1 338 000 000	96.5	
地下水				
淡水	134.8	10 530 000	0.76	30.1
咸水	134.8	12 870 000	0.93	
土壤水	82	16 500	0.001 2	0.05
极地冰	16	24 023 500	1.7	68.6
其他冰和雪	0.3	340 600	0.025	1
湖泊水				
淡水	1.2	91 000	0.007	0.26
咸水	0.8	85 400	0.006	
沼泽水	2.7	11 470	0.000 8	0.03
河网水	148.8	2 120	0.000 2	0.006
生物水	510	1 120	0.000 1	0.003
大气水	510	12 900	0.001	0.04
地球总水量	510	1 385 984 610	100	
其中淡水	148.8	35 029 210	2.5	100

（资料来源：UNESCO，World Water Balance and Water Resources of the Earth，1978）

地球表面约有70%以上面积为海洋所覆盖，其余约占地球表面30%的陆地也存在各类水体。地球总水量中，海洋水量约占96.5%，陆地水量约占3.5%，陆地水中深层水、地下咸水或咸水湖的水约占1%，因此，地球上的淡水仅占2.5%。在这些淡水中，约68.6%是冻结了的极地冰，约30.1%是浅层地下水，剩下的约1.3%为水文循环中易流动的地表水和大气层中的水汽。大气水、土壤水和湖泊中的水所占比例相近，河网中的水所占比例较小。

第二节　水文循环

在自然因素和人类活动的双重影响下，地球上各种形态的水处于不断地运动与转化之中，其主要表现形式为蒸发、水汽输送、降水、入渗和径流等，这个过程周而复始，形成了水文循环。水文循环是水文学最基本的原理。水，由海洋和陆面蒸发，以水汽形态被大气环流输送到大气中，遇冷凝结，以液态或固态的形式降落，被树和草木截留后在地表形成径流，入渗补充地下水，排入江河，最后流入海洋，再次从海洋蒸发。这一不断发生相态转换和周而复始的运动过程，称为水文循环或水循环。水文循环的范围贯穿整个水圈，上至地表以上约10 km，下至地表以下约1 km，如图2-1所示。

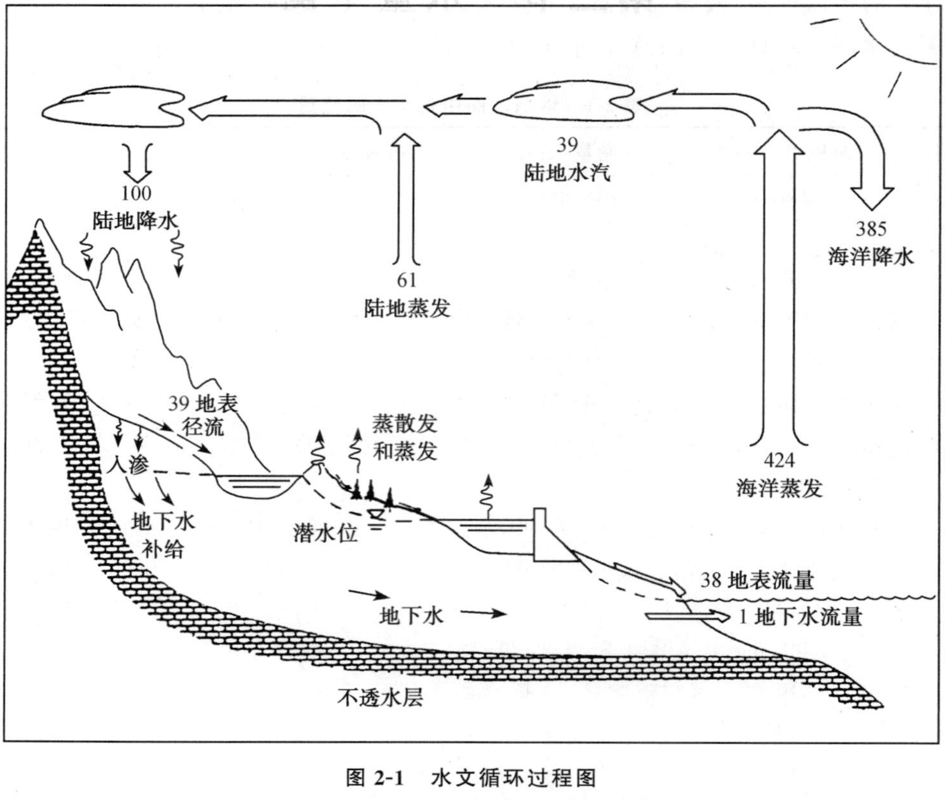

图 2-1　水文循环过程图

（资料来源：David R. Maidment，Handbook of Hydrology，1992）

水文循环的外因是太阳辐射和地心引力(重力),太阳辐射分布的不均匀性和海-陆的热力差异,为水汽的移动创造了条件,地心引力(重力)则使水从高处向低处流动。水文循环的内因是水的“三态”变化,即固态、液态、气态之间的相互转化。此外,地形、地质、土壤和植被对水文循环有一定影响,人类也可以通过植树、种草及其他各种措施对水文循环产生影响。

根据水文循环过程中涉及的地域的不同,水文循环可分为大循环和小循环。从海洋上蒸发出来的一部分水汽被气流带到大陆上空,冷凝后降落到地面。其中一部分重新蒸发又回到空气中,一部分从地面和地下汇入河流,最后又注入海洋。这种海陆间的水循环称为大循环。海洋中的水蒸发在空中冷凝后又降落到海洋,或陆地上的水蒸发后又降落到陆地,这种局部的水文循环称为小循环。另外,沿海地区较易得到来自海洋的水汽供应,这些地区蒸发的水汽也较多。这些水汽进一步向内陆输送,在内陆上空冷凝降落后,一部分形成径流,一部分再蒸发为水汽,又可继续向更远的内陆输送。如此循环下去,但越向内陆,水汽越少,直到不再能成为降水为止。这种现象称为内陆水文循环。

水文循环是最重要、最活跃的物质循环之一,与人类有密切的关系。水文循环使得人类生产和生活不可缺少的水资源具有可再生性。水文循环的途径及循环的强弱,决定了水资源的地区分布及时程变化。

第三节　水量平衡

地球上任一区域,在一定时段内进入的水量与输出的水量之差等于该区域内的蓄水量变化,这一关系称为水量平衡。它是质量守恒定律在水文循环中的特定表现形式。进行水量平衡的研究,有助于了解水循环各要素的数量关系,估计地区水资源数量,以及分析水循环各要素之间的相互关系。

一、全球水量平衡

水文循环各过程的年水量如图 2-1 所示,若将陆地年降水量(119 000 km^3)视为 100 个单位,图中其他各循环量的多少以陆地年降水量的相对值表示,则海洋年蒸发量为 424 个单位,约为陆地年蒸发量(61 个单位)的 7 倍,海洋蒸发是地表降水的主要水源。由陆地流入海洋的年地表径流量(39 个单位)几乎与年地表流量(38 个单位)相等,并且正好与由海洋到陆地的陆地年水汽净量相平衡。

如果年水量以深度表示,如图 2-2 所示,则陆地年平均降水量 800 mm,约为海洋年降水量的 2/3;陆地年蒸发量为 480 mm,约为海洋年蒸发量的 1/3;剩余的 320 mm 则是由陆地流入海洋的径流。因此,大气水蒸气的供给,一部分来自海洋上的水汽上升,海洋上的水文循环过程比较活跃,另一部分则源于陆地表面的蒸散发。

如果以地球陆地作为研究范围,其水量平衡方程为

$$E_{陆} = P_{陆} - R + \Delta S_{陆} \tag{2-1}$$

式中:$E_{陆}$ 为研究时段内的陆地蒸发量;$P_{陆}$ 为研究时段内的陆地降水量;R 为研究时段内的入海径流量;$\Delta S_{陆}$ 为研究时段内的陆地蓄水量的变化量。

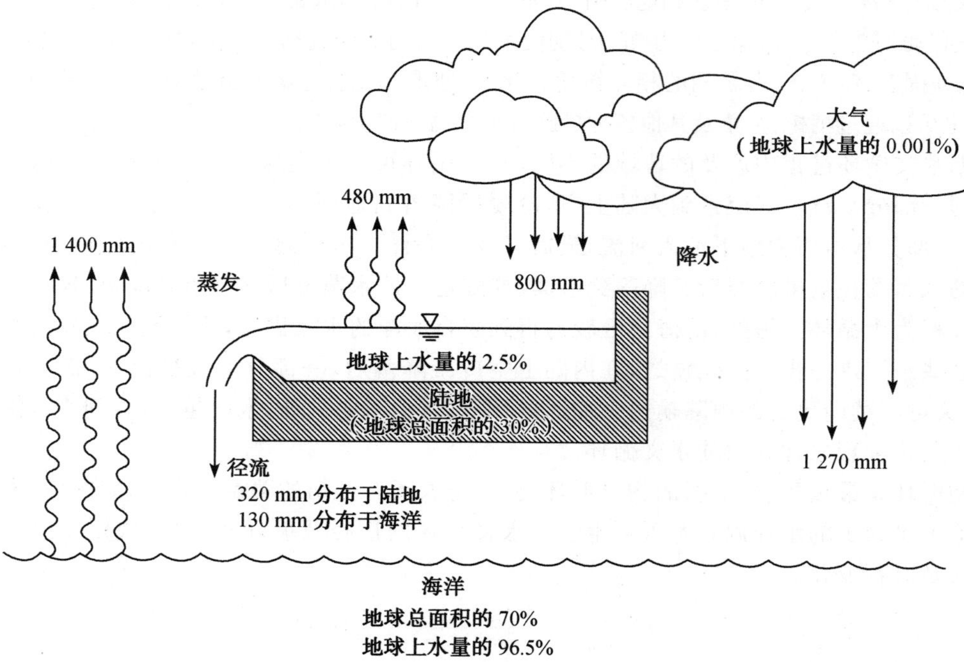

图 2-2　全球年水量平衡图

(资料来源:UNESCO,World Water Balance and Water Resources of the Earth,1978)

在短时期内,时段蓄水量的变化量 $\Delta S_{陆}$ 可为正、可为负,但在长期观测的情况下,当观测资料年数趋近无穷大时,正负值可以相互抵消,蓄水量总的变化接近于零。因此,在多年平均情况下的水量平衡方程为

$$\overline{E}_{陆}=\overline{P}_{陆}-\overline{R} \tag{2-2}$$

式中:$\overline{E}_{陆}$ 为陆地的多年平均年蒸发量;$\overline{P}_{陆}$ 为陆地的多年平均年降水量;$\overline{R}$ 为多年平均年入海径流量。

对于海洋而言,多年平均年蒸发量 $\overline{E}_{海}$ 应等于多年平均年降水量 $\overline{P}_{海}$ 与多年平均年入海径流量 $\overline{R}$ 之和,即

$$\overline{E}_{海}=\overline{P}_{海}+\overline{R} \tag{2-3}$$

式中:$\overline{E}_{海}$ 为海洋的多年平均年蒸发量;$\overline{P}_{海}$ 为海洋的多年平均年降水量。

将式(2-2)和式(2-3)合并,即得全球水量平衡方程:

$$\overline{E}_{陆}+\overline{E}_{海}=\overline{P}_{陆}+\overline{P}_{海} \tag{2-4}$$

$$\overline{E}=\overline{P} \tag{2-5}$$

即全球多年平均年蒸发量 $\overline{E}$ 等于全球多年平均年降水量 $\overline{P}$。

二、流域水量平衡

根据水量平衡原理,对于非闭合流域,可列出如下水量平衡方程:

$$P+E_1+R_s+R_g+S_1=E_2+R_s'+R_g'+S_2 \tag{2-6}$$

式中：P 为时段内区域的降水量；E_1、E_2 分别为时段内水汽凝结量和蒸发量；R_s、R_g 分别为时段内地面径流和地下径流流入量；R_s'、R_g'分别为时段内地面径流和地下径流流出量；S_1、S_2 分别为时段初和时段末的蓄水量。

令 $E=E_2-E_1$ 代表净蒸发量，则式(2-6)变为

$$P+R_s+R_g+S_1=E+R_s'+R_g'+S_2 \tag{2-7}$$

对于一个闭合流域，流域水量平衡方程为

$$R=P-E-\Delta S \tag{2-8}$$

对多年平均情况而言，式(2-8)中蓄水变量项 ΔS 的多年平均值趋近于零，故式(2-8)可简化为

$$\overline{P}=\overline{R}+\overline{E} \tag{2-9}$$

式中：$\overline{P}$、$\overline{R}$、$\overline{E}$ 分别为流域多年平均年降水量、径流量和蒸发量。

第四节　全球水文循环的陆面过程

一、河流与流域

地表水在重力作用下沿陆地表面上的曲线形凹地流动，依其水量的大小可分为江、河、溪、沟、涧等，其间无精确分界，统称为河流。河流是一种在一定地质和气候条件下形成的流动的天然水体，地壳运动形成的线形槽状凹地为河流提供了行水场所，大气降水为河流提供了水源。河流是水文循环的重要路径。河流在灌溉、航运、发电、给水、养殖、生态环境等方面发挥着巨大作用，同时也会造成沿岸地区的洪涝等灾害。

一条河流接受补给的区域，称为该河流的流域。流域的周界称分水线，分水线由山岭或高地的脊线组成，分水线所包围的区域即河流的集水区域。河流补给包括地面水补给和地下水补给，故分水线也有地面、地下之分。当地下分水线与地面分水线重合时，该流域称为闭合流域。反之，称为非闭合流域。一般把地面水的集水面积作为流域面积。

(一)河流的主要特征和参数

1. 水系、干流和支流

流域内各条水流路线与流域内的湖泊、海洋彼此连接，组成一个脉络相通的庞大系统，称为水系(或河系、河网)。水系的名称通常以它的干流或注入的湖泊、海洋命名，如长江水系、太湖水系等。

干流和支流是相对的概念。

在一个水系里，一般以长度或水量最大的河流作为干流，注入干流的河流为一级支流，注入一级支流的为二级支流，依此类推。但干流划分有时根据过去的习惯而定，如岷江和大渡河，后者的长度和水量都大于前者，但却把大渡河称为岷江的支流。

描述河网水系结构特征的方法还有斯特拉勒(Strahler)和施里夫(Shreve)河网水系分级

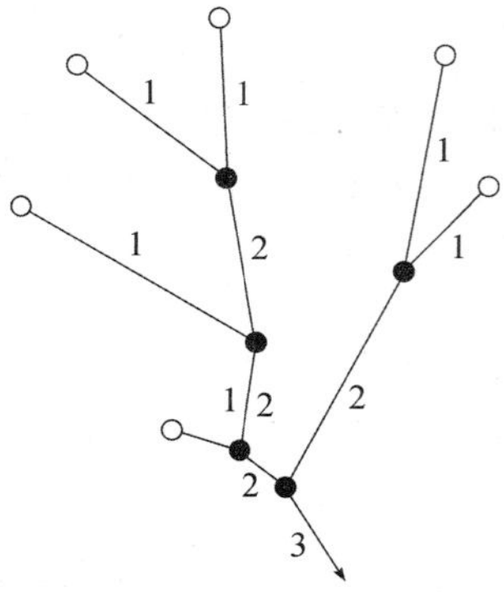

图 2-3　斯特拉勒分级

（资料来源：David R. Maidment，Handbook of Hydrology，1992）

法。斯特拉勒将顶端小溪定为一级支流，2 条一级支流汇合口以下形成二级支流，依此类推。汇合口纳入低一级的支流（如一条三级支流流入了四级支流）并不会改变此汇合口以上各条河流的级别（图 2-3）。施里夫则将顶端小溪定为一级，下游任何河段的级别等于此段以上一级支流的总数。

2. 水系形态

根据干、支流的分布和组合情况，水系可分为扇形、羽毛形、平行状和混合形等形态。水系形态对河流水情有重要影响。扇形水系汇流时间短，洪水集中，容易形成洪灾。羽毛形水系各支流洪水交错汇入干流，近水先去，洪水比较缓和。

3. 河槽和河道断面

容纳流水的曲线形槽状凹地称为河槽，也称河床。枯水期水流所占部位为基本河床，或称主槽，洪水泛滥所及部位为洪水河床，或称滩地、漫滩，如图 2-4 所示。从更大的范围来讲，凡地形低洼可以排泄流水的谷地称为河谷，河谷底部有水流的部分称为河床或河槽。河道的断面分为纵断面及横断面。纵断面是指沿河道中线河底高程的剖面。以横坐标为河长，纵坐标为河底高程，即可绘出河道的纵断面图。河道的纵断面图反映了河流的纵坡及落差的沿程分布。河道中某处垂直于流向的断面，称为河道在该处的横断面。其下界为河底，两侧为河槽斜坡，上界为水面线。横断面也称过水断面，它是计算流量的重要因素。

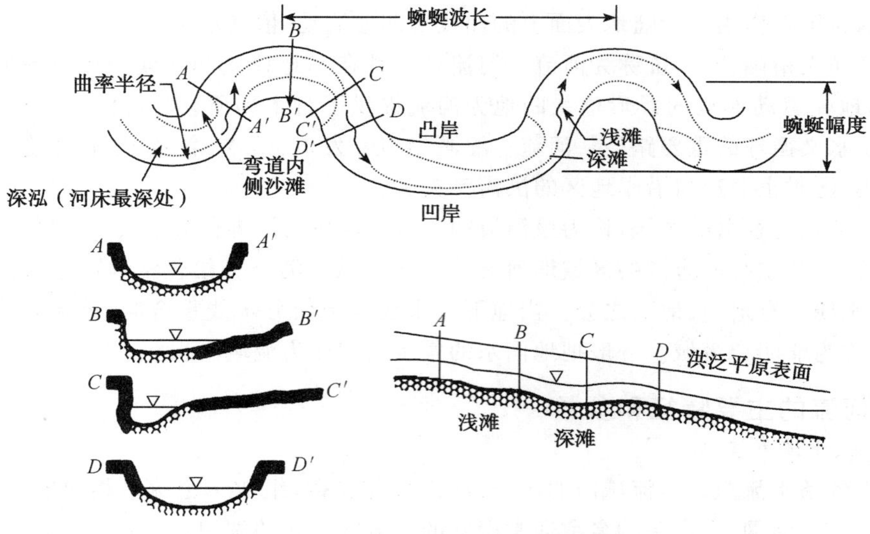

图 2-4　蜿蜒河流平面几何形态示意图

（资料来源：David R. Maidment，2002）

4. 河段

河段的显著特征是它的坡度和平面几何形态，它们对水文特性的影响是十分显著的，如河底比降是决定流速、汇流时间和输沙能力的重要因素之一，而平面形状的一些特征如蜿蜒波长等则与流量密切相关。

河流一般分为河源、上游、中游、下游及河口5段。河源是河流发源处,可以是溪涧、泉水、湖泊或沼泽等。上游直接连接河源,一般落差大,水流急,下切和侵蚀作用强,多急流险滩和瀑布。中游比降变缓,下切力减弱,旁蚀力加强,河道多有弯曲,两岸有滩地,河床较稳定。下游比降平缓,流速较小,常有江滩、沙洲,淤积作用较显著。河口是河流的终点,即河流注入海洋、湖泊或其他河流的地方。有些河流最终消失在沙漠之中,无明显河口,这种河流称为内陆河。

河道平面几何形态有几种分类方法,其中有一些根据地貌、水文特征和河流泥沙特征推算水文特征。然而,河流上下各河段是互有关联的,而不是由一系列毫无关系的独立河段组成的。

5. 河流长度

自河源沿干流河道至河口的长度称为河流长度,一般以 km 计,可在 1∶100 000 或更大比例尺的地形图上用曲线仪或小分规量出。

6. 河道纵比降

河段两端的河底高程差称为落差。单位河长的落差称为河道纵比降。当河段纵断面近于直线时,河道平均纵比降可按下式计算:

$$J=\frac{h_1-h_0}{l}=\frac{\Delta h}{l} \tag{2-10}$$

式中:J 为河道平均纵比降;h_1、h_0 分别为河段上、下端河底高程,m;l 为河段长度,m。

当河段纵断面呈折线时,河道平均纵比降应分段计算,再按河长加权求平均值,计算公式如下:

$$J=\frac{(h_0+h_1)l_1+(h_1+h_2)l_2+\cdots+(h_{n-1}+h_n)l_n-2h_0L}{L^2} \tag{2-11}$$

式中:$h_0,h_1,\cdots,h_n$ 分别为自下游到上游沿程各点的河底高程,m;$l_0,l_1,\cdots,l_n$ 分别为相邻两点间的距离,m;L 为河段全长,m。

也可以采用图解法求河道平均纵比降:在纵断面图上,通过下游端断面河底处作一斜线,使此斜线与河底线所包围的面积上下相等,此斜线的坡度即该段河道的平均纵比降,如图2-5所示。

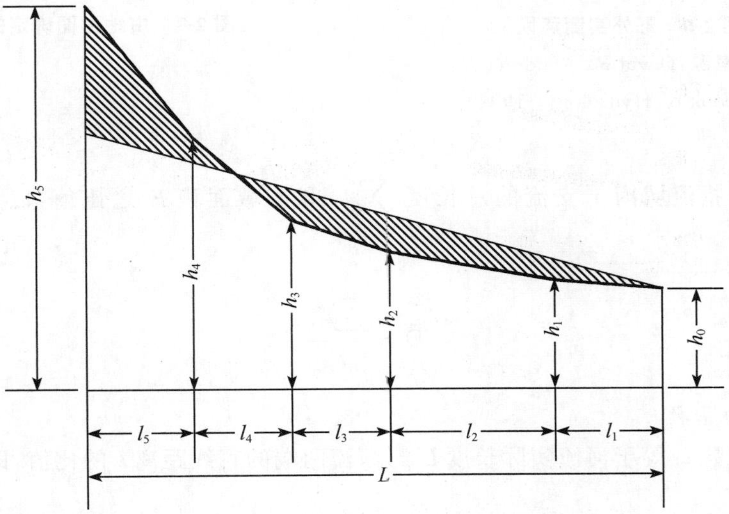

图 2-5　河道纵比降计算示意图

7. 河网密度

河网形状反映了水文过程,河槽对水流的阻力也在一定程度上控制了水文过程。河网的特征能反映本区域的岩性、地貌、地质构造的作用和历史。

对河网的分析依赖于资料的质量,大量研究表明,比例尺大于 1∶50 000 的现代地形图的精度才可信。确定河网范围的方法非常重要,因为要依据河网确定那些小溪的末端及河源的位置。对于地图上标明的河流,确定河网范围的一种做法是按地形图的一般做法,将河网画到夏季经常有水流的地方为止或用一些类似的条件确定。另一种做法是将河网延长到等高线凹陷部分,这是假定降雨期间地表径流将从土壤饱和处产生。如在野外对河网进行实地测量,可以采用几种类似的定义:①测量河中有流水部分;②确定永久性河槽,研究它们是否在雨后出现径流;③确定地形上的凹陷部分表面是否是饱和的或者是植被的沼泽地,在雨后是否可以出现短暂的水流(图 2-6),在一些地方河网会延伸得更远(图 2-7)。

一旦河网被确定且制成了图,一些地形和几何特性就可以量算出来,如河网密度和面积,这样就可以估算河川径流。

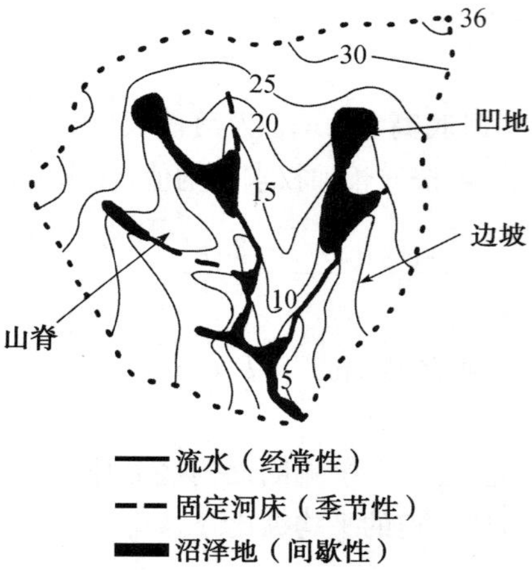

图 2-6　野外实测河网

(资料来源:David R. Maidment, Handbook of Hydrology, 1992)

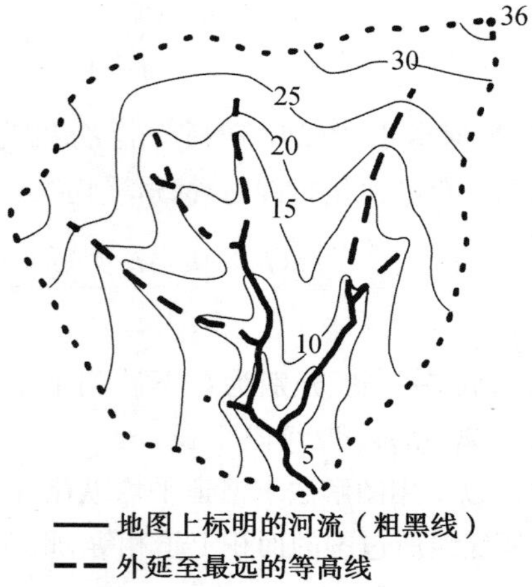

图 2-7　由地形图确定的河网

河网密度是指流域内干支流的总长度 $\sum L$ 和流域面积 F 之比值,以 D 表示,单位为 km/km^2,即

$$D=\frac{\sum L}{F} \tag{2-12}$$

8. 河流弯曲系数

河流弯曲系数 φ 等于河流实际长度 L 与河流两端的直线距离 l 的比值,即

$$\varphi=\frac{L}{l} \tag{2-13}$$

河流弯曲系数表示河流平面形状的弯曲程度，一般平原区河流弯曲系数比山区的大，下游的比上游的大。

(二)流域的主要特征和参数

1. 流域面积

分水线所包围区域的平面投影面积称为流域面积或集水面积，以 F 表示，以 km^2 计。它是流域的主要几何特征，是衡量河流大小的重要指标。测定流域面积，通常在适当比例尺的地形图上画出流域分水线，用求积仪量出它所包围的面积，也可用面积公式法算出所包围的面积。

2. 流域长度

流域的几何中心轴总长称为流域长度，以 L_A 表示，以 km 计。以河口为圆心，画出不同半径的若干圆弧与分水线相交于两点，连两点得割线，取这些割线中点的连线长度即流域长度。

3. 流域形状系数

流域形状系数是流域平均宽度 B 和流域长度 L_A 之比，以 K 表示。它反映流域形状的特性，如扇形流域 K 值大，狭长形流域 K 值小。流域平均宽度 B 可用流域面积 F 和流域长度 L_A 之比计算：

$$B=\frac{F}{L_A} \tag{2-14}$$

则 K 值按下式计算：

$$K=\frac{B}{L_A}=\frac{F}{L_A^2} \tag{2-15}$$

4. 流域自然地理特征

流域的地理位置、地形、气候、土壤、地质、植被以及湖泊、沼泽等，都是与流域水文情势有密切关系的自然地理特征。因此，在研究流域水文问题时，需要对流域的自然地理特征有一定的了解。

流域的地理位置以流域所处的经纬度来表示。它反映了流域的气候与地理环境特性，也是水文区域性变化的一个标志。

流域地形特征对流域内降水和径流的变化有很大影响。除用地形图表示地形的特征之外，流域地形还可用流域的平均高程和平均坡度来表征。

流域的气候条件包括降水、蒸发、温度、湿度和风速等。径流情势的变化主要取决于降水，而降水又与其他气象因素有着密切关系。

土壤、地质影响入渗及地下水的补给，因而也影响到了径流的变化。

植被增加能减缓地面径流，增加入渗和地下径流。森林覆盖率加大可使年雨量有所增加，同时也增加了流域蒸发量。流域的植被覆盖程度以植被面积与流域面积之比来表示，称为植被率。

湖泊、沼泽率是湖泊、沼泽面积占流域面积的百分数，反映了湖泊、沼泽在流域内所占比重的大小。湖泊、沼泽对洪水有调蓄作用，湖泊、沼泽率大的流域，河流的洪峰较低，径流在年内分配较均匀。

二、降水、蒸发与下渗

降水是指液态或固态的水汽凝结物从云中下降至地面的现象，蒸发则是水由液态或固态转变成水汽的过程。降水和蒸发是水循环中最活跃的因子，又是径流形成的主要因素。降水、蒸发的基本内容是洪水分析、水文计算及水文预报所必需的基础知识。

(一)降水

1. 降水的成因

空气中的水汽来自海洋、河流、湖泊、水库、土壤中水分的蒸发和植物体内水分的散发。空气中的水汽含量有一定限度。在一定温度下，空气中最大的水汽含量称为饱和湿度。如果空气中的水汽含量达到饱和湿度，通常称空气达到了饱和状态。此时，空气中的水汽开始凝结。如果水汽含量超过饱和湿度，就称空气达到过饱和状态。水汽在过饱和状态下是不稳定的，多余的水汽很容易凝结成水。如果凝结现象发生在地表，则成为露和霜；如果发生在地表附近的空气中，则成为雾。空气中的水汽达到饱和时的气温称为露点。接近洋面或地面的温热空气受某种外力作用上升，体积膨胀做功、消耗内能而冷却，称为动力冷却。当温度降低到露点以下时，气团中的水汽便开始凝结为水滴或冰晶，形成云。云中的水滴或冰晶继续吸附水汽凝结于其表面，或者由于互相碰撞而结合成大水滴或冰粒，当其重量达到不再能被上升气流所顶托的时候，则在重力作用下降落到地面形成降水。因此，降水的主要条件是气流上升产生动力冷却、水汽供应和云的微物理特性。

2. 降水的类型

降水有各种形式，如雨、雪、霰、雹等，但从补给河川径流来说，则以雨和雪为主。我国的降水主要以降雨(或雪)的形式出现，对多数河流而言，降雨与水文现象的关系最密切，因而在本书中，如果没有特别说明，降水主要指降雨。

通常，按气流上升运动的原因，降雨分为以下 4 种类型。

(1)对流雨。对流雨是地表局部受热，气温向上递减率过大，大气稳定性降低，因而产生垂直上升运动，形成动力冷却而降雨。因对流上升速度较快，形成的云多为垂直发展的积状云，降雨强度大，但面不广，历时也较短。

(2)地形雨。地形雨是水平运动的空气遇山岭高原阻挡，气流被迫沿迎风坡而上升，上升时水汽因冷却而凝结成云，并导致降雨。地形雨的性质因空气的温湿程度、前进速度及地形特点不同而差别较大，降雨强度不一。气流越过山脉后，将沿山坡下降增温，故迎风坡雨多，背风坡雨少。

(3)锋面雨。在较大范围内各水平高度上物理性质(如温度、湿度等)比较均匀，并在气压场作用下向共同方向移动的大团空气，称为气团。两个温湿特性不同的气团相遇时，其接触处有一较大温差的狭窄过渡区，称为“锋”。锋在水平方向的伸展范围与气团尺度相当，长的可达几千千米，短的为几百千米。锋区有上、下两个界面，称为锋面，上界处于暖气团与锋区之间，下界处于冷气团与锋区之间。

冷、暖气团相遇时，冷气团沿锋面楔进暖气团，迫使暖气团上升，发生动力冷却而成雨，称为冷锋雨。冷锋雨强度大，历时较短，雨区范围较小。若暖气团行进速度快，暖气团将沿界面爬升到冷气团之上，冷却致雨，称为暖锋雨。暖锋雨强度小，历时长，雨区范围大。冷暖气团势均力敌，在某一地区摆动或停滞的锋称为准静止锋，简称静止锋。准静止锋大多是冷锋前进移动减慢而成，坡度很小，近似缓行冷锋天气，阴雨天气比较持久。此外，冷锋追上暖峰，或两条冷锋相遇，暖空气被抬离地面，则称为锢囚锋。

(4)气旋雨。气旋是一个低压区，在此低压区内，空气从外围流向中心，中心的气压最低，形成涡旋运动。在北半球，涡旋运动为逆时针方向。当一地区气旋过境，气流向低压中心辐合而引起大规模的上升运动，使空气冷却致雨，称为气旋雨。

气旋的发生、发展与锋区的位置以及高空中的低压系统活动有关，由锋面波动发展而成气旋模式。气旋前方是宽阔的暖锋云系及相伴随的连续性降水天气，气旋后方是比较狭窄的冷锋云系和降水天气，气旋中都是暖气团天气，有层云或毛毛雨。

在低纬度的海洋上形成的强烈的暖心气旋性涡旋，称为热带气旋。我国气象部门把热带气旋底层中心附近最大平均风速达到 32.7～41.4 m/s(风力 12～13 级)的热带气旋称为台风。台风在海上形成，水汽供应充足，上升运动比较强烈，带来狂风暴雨，对沿海地区影响很大。

3. 降水量观测

降水量以降落在地面上的水层深度表示。观测降水量的仪器有雨量器和自记雨量计。前者可观测一定时间间隔(时段)内的降水量，后者可观测一场降水的变化过程，从而可计算出各种历时降水量及一场降水的总量等。

雨量器是直接观测降水量的器具。雨量器由承雨器、漏斗、储水瓶和雨量杯等组成，如图 2-8 所示。承雨器口径为 200 mm，设置时器口要求距地面 700 mm，器口需保持水平。一般采用定时观测，通常每日 8 时与 20 时(2 段制)观测 2 次。雨季采用 4 段制及 8 段制。大雨时还可加测。观测时用空的储水瓶将雨量筒中的储水瓶换出，在室内用特制的雨量杯测量出降水量。当降雪时，将雨量筒内的漏斗和储水瓶取出，仅用外筒作为承雪器具。雪经融化后计算降水深度。

自记雨量计是观测降雨过程的自记仪器。按传感方式分，有虹吸式、翻斗式、称重式等雨量计。按记录周期分，有日记、周记、月记及年记的雨量计。按观测和传递方式又可分为有线远传和无线遥测的雨量计。

虹吸式雨量计以日记型最为常见，如图 2-9 所示。承雨器将承接的雨量导入浮子室，浮子随着注入的雨量渐增而上升，并带动自记笔写在转筒外面的记录纸上。纵坐标上记录雨量值，转筒由自记钟驱动而显示时间，作为横坐标。当雨量达到 10 mm 时，浮子室内水面上升到与浮子室连通的虹吸管顶端即自行虹吸，将浮子室内的雨水排入下方的储水瓶，同时自记笔在记录纸上垂直下跌至零线位置，之后随着降水量的增加而上升，如此往返持续记录降雨的过程。自记雨量计记录纸上的雨量是累积曲线，由其坡度的变化可求出雨强的变化过程。

4. 降水特征分析

降水特征包括降雨(水)量、降雨历时、降雨强度、降雨面积及降雨中心等。降雨量为一定时段内降落在某一点或某一面积上的水层深度，以 mm 计；降雨历时是指一次降雨所经历的时间，以 min、h、d 计；降雨强度为单位时间内的降雨量，以 mm/min 或 mm/h 计；降雨面积是指降雨笼罩的水平面积，以 km^2 计；降雨中心是指降雨量集中且范围较小的局部地区。

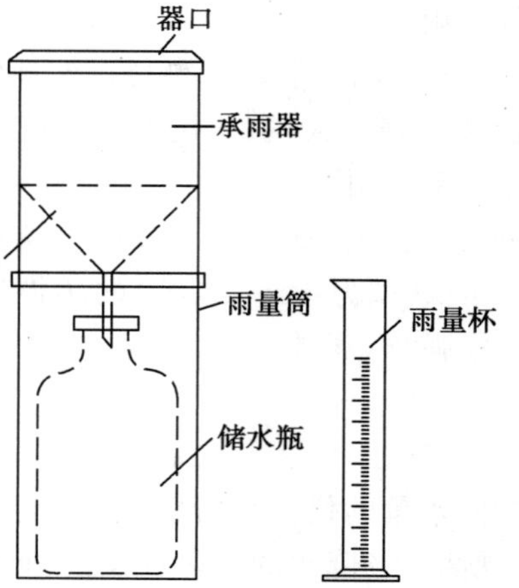

图 2-8 雨量器示意图

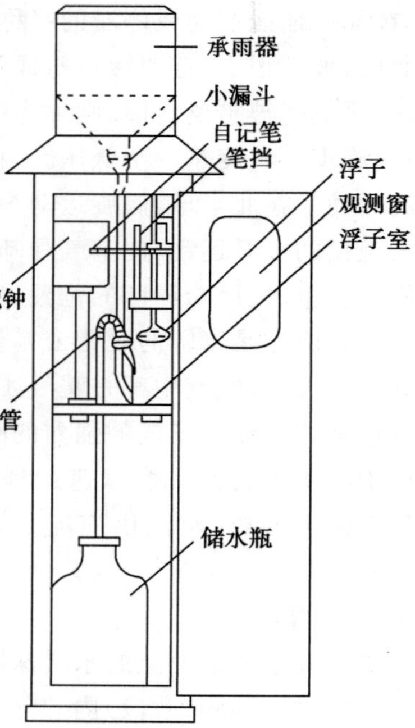

图 2-9 日记型虹吸式雨量计示意图

降水量在时间上的变化过程及空间上的分布情况常表示如下。

1)降水量过程线

降水量过程线表示降水的时间变化过程。常用的降水量过程线以时段降水量(降雨强度)为纵坐标、时段次序为横坐标绘制而成。它显示降水量随时间的变化特征，通常以直方图表示，如图 2-10 中的 1 所示。时段可按需要选择分、时、日、月、年等，可分别做出分、时、日、月、年等降水量过程线。

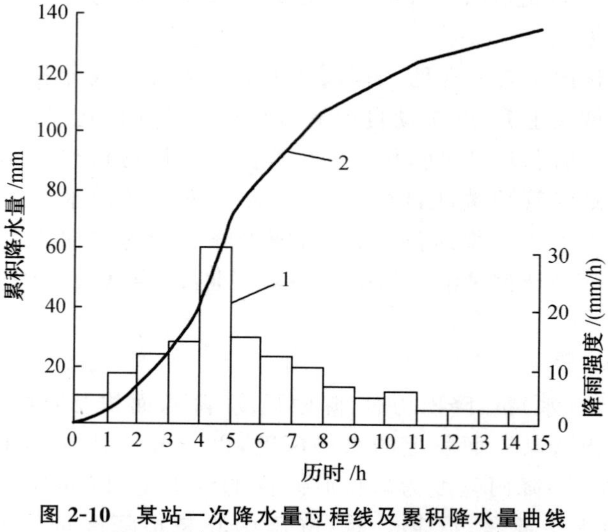

图 2-10 某站一次降水量过程线及累积降水量曲线

1—降水量过程线;2—累积降水量曲线

降水过程又可用累积降水量曲线表示，此曲线横坐标为时间，纵坐标代表自降水开始到各时刻的降水量的累积值，如图 2-10 中的 2 所示。从累积降水量曲线上可量出自降水开始时刻到任意时刻的累积降水量。根据曲线的平均坡度可求得各时段内的平均降水强度。

2)降水量等值线图

为了表示某一地区或流域的次、日、月、年等降水量在空间上的分布情况，可采用降水量等值线图。此图作法与绘制地形图等高线相似，可根据各雨量站一定时段的同时刻降水量，并参考地形等高线绘制。

3)降雨强度过程线

降雨强度的大小反映了一次降雨的强弱程度，故常用雨强进行降雨分级，常用分级标准如表 2-2 所示。

表 2-2　降雨强度分级

等级	12 h 降雨量/mm	24 h 降雨量/mm	等级	12 h 降雨量/mm	24 h 降雨量/mm
小雨	<5	<10	暴雨	30～70	50～100
中雨	5～15	10～25	大暴雨	70～140	100～250
大雨	15～30	25～50	特大暴雨	>140	>250

降雨强度在时间上的分配可用降雨强度过程线表示。降雨强度可以是瞬时的或是时段平均的，如图 2-11 所示。瞬时降雨强度过程线是根据自记雨量计的观测记录整理绘制的，过程线下所包围的面积就是本次降雨的总雨量。时段平均降雨强度过程线则是根据雨量器按规定时段进行观测的雨量记录绘制的，过程线下各时段内的矩形面积表示该时段内的降雨量。

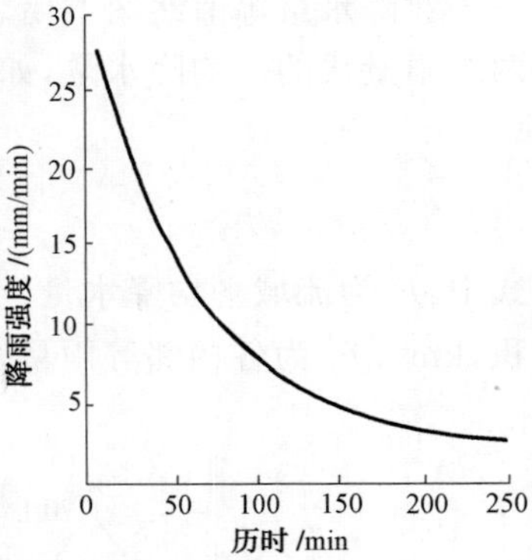

图 2-11　降雨强度-历时曲线

5. 流域平均降水量的计算

雨量站观测到的降水量只代表该站附近小范围内的降水情况，称为点降水量。在水文计算中往往需知道一个流域或地区的平均降水量，或称为面雨量。因此，要从各点降水量值推求流域平均降水量，其计算方法有下列几种。

1)算术平均法

将流域内各站同期降水量相加，再除以站数，即

$$\overline{P}=\frac{1}{n}\sum_{i=1}^{n}p_i \tag{2-16}$$

式中：$\overline{P}$ 为流域平均降水量，mm；p_i 为各站同期降水量，mm；n 为测站数。

此法适用于流域内地形起伏不大，雨量站网分布均匀且较密集的地区。

2)泰森多边形法(Thiessen 法)

泰森多边形法又称垂直平分法。此法是将相邻雨量站用直线连接而成若干个三角形(最好是锐角三角形)，然后对每个三角形各边作垂直平分线，这些垂直平分线和流域边界线将流域分成若干个多边形(一般称为泰森多边形)，每个多边形内各有一个雨量站，此雨量站测得的

降水量代表多边形面积上的平均降水量，如图 2-12 所示。多边形面积作为该雨量站所控制的面积，流域平均降水量按下式计算：

$$\overline{P}=\frac{1}{F}\sum_{i=1}^{n}f_i p_i \tag{2-17}$$

式中：$\overline{P}$ 为流域平均降水量，mm；p_i 为各站同期降水量，mm；F 为流域总面积，km^2；f_i 为各多边形面积，km^2；n 为多边形个数。

式(2-17)可改写为

$$\overline{P}=\frac{f_1}{F}p_1+\frac{f_2}{F}p_2+\cdots+\frac{f_n}{F}p_n \tag{2-18}$$

式中：$\frac{f_i}{F}$为各雨量站控制面积与流域总面积之比值，称为雨量站权重系数，可理解为某一点降水量按其所代表的面积范围加权，求流域平均降水量。

此法适于雨量站点分布不均的流域。此法假定雨量站点所代表的面积在不同降水过程中固定不变，因此与实际降水空间分布不完全符合。

3)等雨量线法

在降水量等值线图上用求积仪或其他方法量得各相邻等雨量线间的面积 f_i，并计算相邻两等雨量线的平均降水量，如图 2-13 所示，然后按下式计算流域平均降水量：

$$\overline{P}=\frac{1}{F}\sum_{i=1}^{n}f_i p_i \tag{2-19}$$

式中：$\overline{P}$ 为流域平均降水量，mm；p_i 为各相邻等雨量线间的平均降水量，mm；F 为流域总面积，km^2；f_i 为各相邻等雨量线间的面积，km^2；n 为等雨量线间的面积块数。

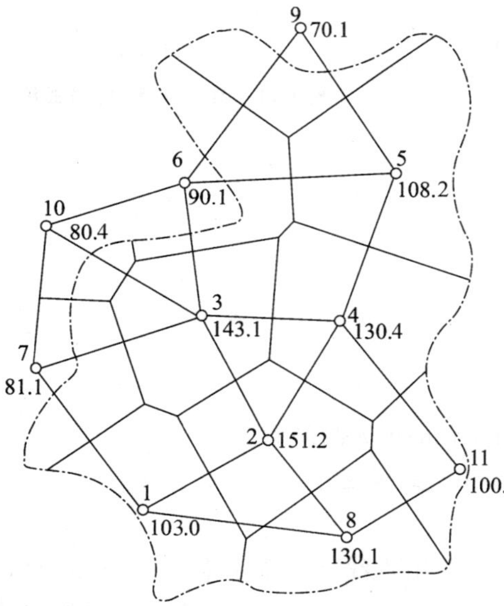

图 2-12　泰森多边形法求流域平均降水量

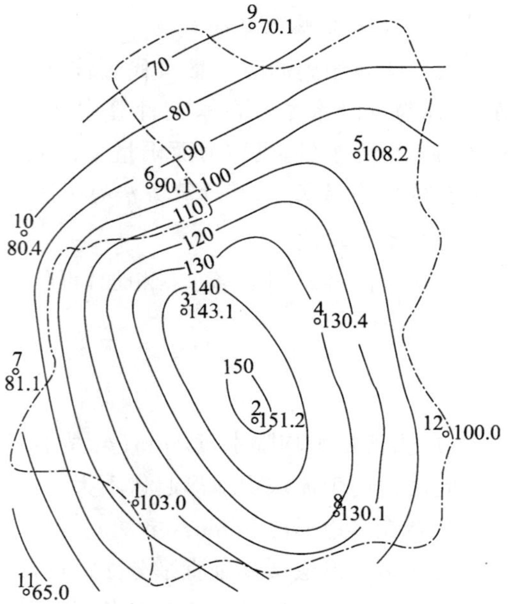

图 2-13　等雨量线法求流域平均降水量

此法需足够数量的雨量站才能绘出反映实际降水空间分布的等水量线。如能满足这一条件，则此法所求的流域平均降水量精度较高。等雨量线法反映地形对降水的影响，因此适于地形变化显著的大流域。

(二)蒸发

蒸发是水转化为水蒸气的过程，蒸发量取决于蒸发表面能量的大小，水蒸气随着能量的释放而散逸到大气中去。水蒸气的散逸有着不同的过程，但是来自开放的水面、土壤和植物的水蒸气的损失机理是基本相同的。在本章中，蒸发定义为液态水通过开放的水面、裸露的土壤或土中植物等变为水汽的转化量。生长在土壤中的植物的散发定义为总蒸散发量中土壤水分通过植物进入大气的那一部分量。

1. 水面蒸发

水面蒸发是在充分供水条件下的蒸发现象，是水分从液态转化为气态逸出水面的过程。水面蒸发包括水分化汽(又称汽化)和水汽扩散两个过程。水分化汽过程如下：水体内部水分子处在连续运动状态，其速度各不相同。当水面的一些分子得到的动能大于其他水分子对它的吸引力，就逸出水面。水温越高，水分子运动越快。由于水汽分子的不规则运动，有一部分水汽分子回到水中，产生凝结。实测的蒸发量指从水面逸出的水分子数量与返回水中的水分子数量之差。水汽扩散有 3 种形式：由于水汽压差而引起的水汽分子从水汽压高处向水汽压低处输送，称分子扩散；由于温差而引起的下层暖湿空气上升和上层冷干空气下沉，称对流扩散；由于刮风，水分子随风吹离，称紊动扩散。

影响水面蒸发的因素有水汽压差、风速、气温和水质等。水汽压差指水面温度的饱和水汽压与水面上空一定高度的实际水汽压之差。它反映水汽浓度梯度，根据扩散理论所提供的概念，蒸发率与水汽压差成正比变化。风速的大小决定紊动扩散的强弱。一般认为，风速越大，水面蒸发率也越高。气温主要控制空气湿度，间接影响水面蒸发。按照道尔顿定律，如风速和相对湿度不变，温度升高 10℃，蒸发量增加 1 倍。水中含有盐分，盐分子会增加分子的吸力，减少蒸发。在同一环境下，海水的蒸发比淡水蒸发少。

单位时间从水面蒸发的水量称为水面蒸发量，以 mm/d 计。水面蒸发量可用仪器直接观测确定，也可估算。我国采用的直接观测水面蒸发量的仪器有 20 cm 直径小型蒸发器、80 cm 直径套盆式蒸发器。20 世纪 60 年代初，E-601 型蒸发器被选为全国标准仪器。蒸发实验站则采用直径 20 cm 的蒸发器与水面面积 100 m^2 的蒸发池和漂浮蒸发器。大型水体的蒸发量的确定要用各种蒸发器测得的蒸发量乘以折算系数。折算系数随蒸发器面积大小、季节和气候区及水热条件、风力影响等的不同而异。其换算关系为

$$E = KE' \tag{2-20}$$

式中：E 为天然水面蒸发量，mm；E'为蒸发器实测蒸发量，mm；K 为蒸发器折算系数。

大型水体的蒸发量的间接估算可用水量平衡法，即根据降水、径流和蓄水量等要素推求自然水体某一时段的水面蒸发量。这种方法的精度受测量误差的影响，应用受到一定限制。

2. 土壤蒸发

土壤蒸发即土壤中所含水分以水汽的形式跃入大气的现象。湿润土壤在蒸发过程中逐渐干燥，一般可分为 3 个阶段。第一阶段，表层土壤的水分蒸发后，能够及时得到下层土壤水分的补充。这时土壤的水分可充分地供给土壤蒸发，其蒸发量等于相同气象条件下的水面蒸发。由于

土壤蒸发，土壤含水量逐渐减少，当其减至小于田间持水量后，则进入第二阶段。此时土壤中供给蒸发的水分逐渐减少，土壤湿度成为影响蒸发的主要因素，土壤蒸发量与土壤含水量大体成正比。当土壤含水量继续减少，减至土壤毛管断裂含水量后，土壤蒸发进入第三阶段。此时毛管向土壤表面输送水分的机制完全破坏，水分只能以水汽形式通过土壤孔隙外逸，土壤蒸发量很小且缓慢。除上述因素外，影响土壤蒸发的因素还有土壤结构、土壤色泽、地势、糙度等。团粒结构的土壤蒸发量小，色泽深的土壤蒸发量大，地势高则气温低、蒸发量少，粗糙地面风的紊动作用强、蒸发量加大。土壤蒸发观测比较困难，精度也比较低，一般测站都不进行土壤蒸发观测。

3．植物散发

土壤中的水分经植物根系吸收后输送至叶面，然后由叶片细胞间隙气孔逸入大气，称为植物散发。气孔具有随外界条件变化而缩放的能力，因而可调节水分散发的强度。因此，植物散发不只是物理过程，而且还是植物生理过程。因为植物生长在土壤中，植物散发与植物所生长的土壤的蒸发总是同时存在的，所以通常将此二者合称陆面蒸发(或腾发)。

4．流域总蒸发

流域总蒸发是流域内所有的水面、土壤以及植被蒸发与散发的总和。由于流域内气象条件与下垫面条件的时空变化复杂，要直接测出一个流域的总蒸发量几乎是不可能。目前采用的方法是从全流域综合角度出发，用水量平衡原理来推算流域总蒸发量。

(三)下渗

下渗是水从土壤表面进入土壤内的运动过程，是水在分子力、毛细管力和重力的作用下在土壤中发生的物理过程，是径流形成的重要环节。它直接决定地面径流量的生成及其大小，影响土壤水和潜水的增长，从而影响表层流、地下径流的形成及其大小。

1．下渗的过程与测量

按水的受力状况和运行特点，下渗过程分为 3 个阶段：

(1)渗润阶段。水主要受分子力的作用，吸附在土壤颗粒之上，形成薄膜水。

(2)渗漏阶段。下渗的水分在毛细管力和重力作用下在土壤颗粒间移动，逐步充填粒间空隙，直到土壤孔隙充满水分。

(3)渗透阶段。土壤孔隙充满水，达到饱和时，水便在重力作用下运动，称饱和水流运动。此时，下渗率维持稳定，称为稳定下渗率。

大量的试验表明，均质土壤充分供水条件下，下渗过程中的水分剖面从上部到底部可划分为以下几层(图 2-14)：紧靠地表处为饱和层；其下为传递层，传递层的厚度随时间逐渐增加，含水量接近饱和，而且比较均匀；传递层之下为湿润层，它的含水量随深度的增加而迅速减小。湿润层的前缘为湿润锋，是湿土与下层干土之间的明显交界面。在天然情况下，由于土壤的非均质结构、裂隙和孔穴等因素的影响，下渗的水分分布要复杂得多。

下渗量的大小一般用下渗率 f 表示，单位时间内、单位面积上渗入土壤中的水量称为下渗率，以 mm/h 或 mm/min 计。在充分供水和一定土壤类型、一定土壤湿度条件下的最大下渗率称为下渗能力。下渗能力随时程而递减，通常用下渗曲线来表示下渗率随时程的变化过程，用下渗量累积曲线表示下渗量随时程的增长过程，下渗量累积曲线上任一时刻的斜率就等于该时刻的下渗率，如图 2-15 所示。在非充分供水条件下，下渗率小于下渗能力，此时的下渗率称为实际下渗率。不同土壤具有不同的下渗能力。

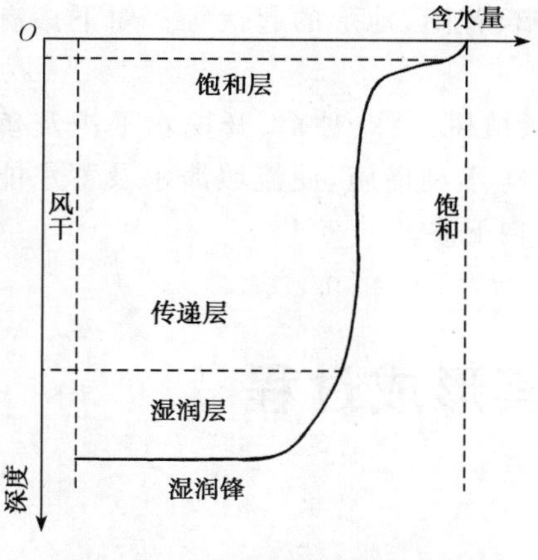

图 2-14　下渗过程中的水分剖面

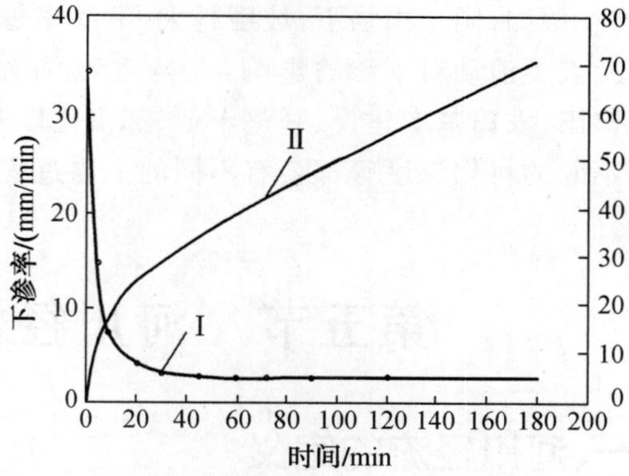

图 2-15　下渗曲线(Ⅰ)及下渗量累积曲线(Ⅱ)

(太原市近郊黄土耕地,1958 年 10 月 11 日)

下渗量一般是在天然条件下通过野外下渗实验来测定,通常有两种途径:

(1)直接测定法,即在流域中选择若干具有代表性的场地进行测验,求出下渗曲线。直接测定法按供水不同又分为注水型和人工降雨型,前者采用单管下渗仪或同心环下渗仪,后者采用人工降雨设备在小面积上进行。

(2)水文分析法,即利用实测的降雨、径流资料,根据水量平衡原理,间接推求平均下渗率。

不少学者根据实验和理论研究提出了许多经验公式和理论公式,较常用的经验公式为霍顿(R. E. Horton)公式:

$$f_t=(f_0-f_c)e^{-\beta t}+f_c \tag{2-21}$$

式中:f_t 为 t 时刻的下渗率,mm/h;f_0 为初始下渗率,mm/h;f_c 为稳定下渗率,mm/h;β 为递减指数,与土壤、植被性质有关;e 为自然对数的底,约等于 2.718 3。

式中的参数 β、f_0 及 f_c 可根据实验资料确定。

2. 影响下渗的因素

影响下渗的因素有土壤性质、降雨、植被、流域地形和人类活动等。

(1)土壤性质对下渗的影响:土壤粒径越大,孔隙越大,稳定下渗率越大;土壤团粒结构增加下渗率。此外,初始土壤含水量对下渗也有影响。干燥土壤吸水力强,下渗率大;湿润土壤下渗率小。但干黏土在供水初期,分子力、毛管力和重力同时作用,初渗率特别大(高于干沙土);后期黏土稳渗率最小。

(2)降雨对下渗的影响:降雨强度(雨强)小于下渗能力时,降雨全部渗入土壤;雨强大于下渗能力时,则产生超渗雨,形成地面径流。在相同土壤水分时,下渗率随雨强增大而增大,尤其在有草皮覆盖的情况下更为明显。但对赤裸土壤,雨强增大,雨滴也增大,增大的雨滴以较大能量撞碰并溅起地表土粒,土粒随下渗水流充塞土壤孔隙,从而使下渗率减小。这种现象对无植被的松散结构土壤(如西北黄土高原的土壤)较为明显。

此外,降雨时程分布、连续或间歇降雨都会影响下渗。

(3)植被对下渗的影响:有植被地区的下渗一般大于裸地的下渗。这是因为植被阻止地面径流,延缓了下渗时间,且枯枝落叶及根系的腐烂使土壤更易透水。

(4)流域地形对下渗的影响：坡度的大小，坡面的向阳、背阳，地形的起伏等都对下渗有一定影响。例如，同一雨强下，坡度越大，下渗率越小。

(5)人类活动对下渗的影响：人类活动，如水土保持、植树造林、种草、开挖水平沟及鱼鳞坑、修梯田、农田基本建设、平整土地、都市化以及灌排水等水利措施，使流域滞水及蓄水能力增加，不同的耕作深度等都会有不同的下渗过程，进而影响下渗。

第五节　河川径流及其形成过程

一、河川径流的定义

由降水或融雪形成的、沿着流域的不同路径流入河流、湖泊或海洋的水流，称为径流。它是水循环的重要组成部分。因此，河川系统上任何一点的径流是由该点以上流域的地面径流以及地下含水层中的回归水所形成的。

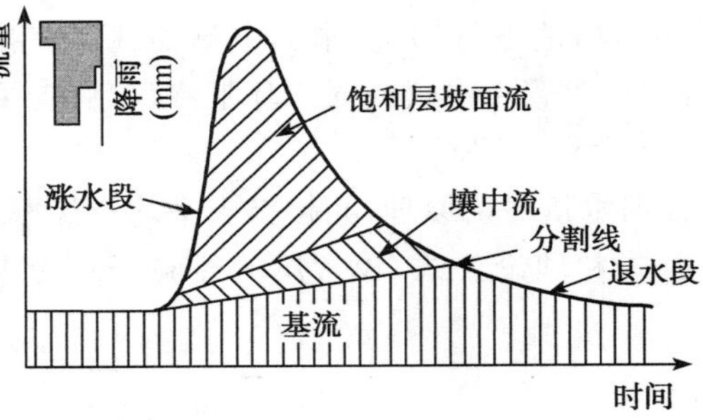

图 2-16　理想流量过程线按不同水源的分解

河川径流由以下各部分组成(图 2-16)：

(1)基流，即地下径流；

(2)通过土壤中的通道、大的孔隙和渗流层的快速表层流，即壤中流；

(3)饱和层坡面流，包括不透水地面和暂时饱和的土层、在水道附近经常处于饱和状态的地面上产生的坡面流，又称地表径流。

壤中流和饱和层上的水流组成了快速水流，快速水流和基流通常可以在流量过程线上加以分解，做法是从流量过程线的起涨点延长到退水段上。分割线上升段的坡度在每一个地区是通过对流量过程线形状的分析、野外观察径流形成过程然后加以不断调整来确定的。河川径流是地球上水循环的一个重要环节，是水量平衡的基本要素之一，更是河流水文情势变化的根本因素。河川径流是工程水文学研究的主要对象。

河川径流可以是：①常年性的，即河道从不干涸；②季节性的，即河流的某些河段在枯水季节发生断流；③间歇性的，即只有在雨后河中才有水流。常年性河流要求地下水位和河床相交，否则渗漏将使河流枯竭。因此，当地下水位随降雨而涨落时，流水的河网会随之而扩展和收缩，如图 2-17 所示。

二、径流的表示方法和度量单位

径流的表示方法和度量单位主要有以下几种。

1. 流量 Q

流量是指单位时间内通过某一过水断面的水量，常用单位为 m^3/s。流量随时间的变化过程可用流量过程线来表示(图 2-16)。该图中的流量是各时刻的瞬时流量。此外，常用的还有

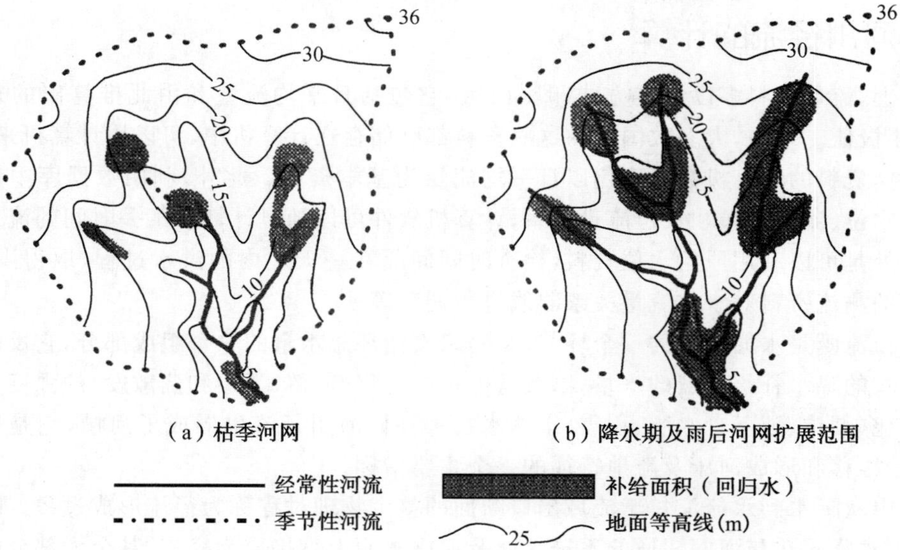

图 2-17　干旱时期和一次降雨过程中的河网范围

日平均流量、月平均流量、年平均流量等指定时段的平均流量。

2. 径流总量 W

一定时段内(日、月、年)通过河流某一断面的总水量称为径流总量,单位为 m^3、万 m^3 或亿 m^3。一个时段的径流总量为

$$W=\overline{Q}T \tag{2-22}$$

式中:$\overline{Q}$ 为该时段内的平均流量,m^3/s;T 为时段长,s。

3. 径流深 R

某一时段内的径流总量平铺在整个流域面积上所得的水层深度称为径流深,单位为 mm,其关系式如下:

$$R=\frac{W}{1\,000F} \tag{2-23}$$

式中:F 为流域面积,km^2。

4. 径流模数 M

径流模数是流域出口断面流量 Q 与流域面积 F 的比值。随着对 Q 赋予的意义不同,如洪峰流量、多年平均流量等,径流模数相应称为洪峰流量模数、多年平均流量模数,常用的单位为 $m^3/(s \cdot km^2)$。计算公式为:

$$M=\frac{Q}{F} \tag{2-24}$$

5. 径流系数 α

径流系数是某一时段的径流深度 R 与相应的降水深度 P 的比值:

$$\alpha=\frac{R}{P} \tag{2-25}$$

三、河川径流的计算

传统上，流量资料多以年鉴方式印刷出版，它包括日平均流量和由此推算出的月平均流量，加上年极值。现在，大多数国家的这些资料都已储存在计算机中，可以用计算机来处理，很多国家水文资料的计算机数据库仍以日平均流量为基本资料。此外，利用数据库中保存的原始观测的水位、流量记录和水位流量关系，计算机软件可以随时计算出某一时间的流量。这种方法的好处是可以利用原始水位资料，检查时间间隔在一天之内的洪水过程，取得洪峰资料，并利用新的测流资料对水位流量关系曲线进行调整等。

河川径流既是水循环中的一个环节，又是水文循环总水量的一个组成部分，它反映了降雨或其他形式的降水补给流域的水量，以及其他水文过程（截留、下渗和蒸散发）的强度和流域蓄水量的变化（湖泊、地下含水层、积雪、土壤水）。同时，河川径流也形成了河槽，它是形成河槽特性、泥沙推移和形成河床及滩地特征的一个主要指标。

流域中从降水到水流汇集于流域出口断面的整个物理过程称为径流形成过程。降水开始后，少量雨水降落在与河网相通的不透水面及河槽水面上直接成为径流，其余大部分的降水并不立即产生径流，而是消耗于植物截流、下渗、填洼和蒸发，经历一个流域蓄渗阶段。雨水通过蓄渗阶段，一部分从地面汇入河网，另一部分通过表层土壤流入河网，还有一部分从地下进入河网，然后在河网中从上游向下游、从支流向干流汇集到流域出口断面，经历一个流域汇流阶段。我国习惯上把上述径流形成过程概括为产流过程和汇流过程两个阶段。关于产流和汇流的内容将在后面的章节做进一步阐述。

四、影响河川径流的因素

影响河川径流的因素可分为 3 类，即流域的气候因素、地理因素和人类活动因素，后两者属于下垫面因素。

（一）气候因素

降雨对径流有直接影响。一般降雨量大，径流量也大。如果其他影响因素不变，当降雨量相同时，降雨历时越短，则降雨强度越大，所产生的洪峰流量也越大，流量过程线呈尖瘦形。降雨的空间分布对径流量也有影响。空间分布均匀的降雨，径流量相对较小。暴雨中心位置在下游，洪峰流量较大；暴雨中心位置在上游，则洪峰流量要小些。

蒸发也是直接影响径流的因素。蒸发量大，水体损失量也大，径流量就小。但是，不同时段和不同地区的蒸发对径流的影响是不同的。例如，年蒸发量对于该年的径流量影响较大，而暴雨期间的蒸发量对于本次暴雨所产生的径流量影响很小。又如，蒸发在湿润地区对径流的影响相对小，在干旱地区对径流的影响相对大。温度和湿度主要影响蒸发过程。

（二）地理因素

流域的地理因素包括流域的地理位置、大小、形状、河道特征、土壤、植被以及湖泊、沼泽等。它们从不同的角度对径流产生影响，如：流域的形状影响汇流过程；河道特征影响水流输送和调蓄能力；土壤、植被影响雨水下渗和植物截留过程；流域地形影响汇流速度和停滞过程。但是，这些地理因素在一定时期内自身的变化是不大的，一般被称为缓变因素。它们不像气候因素，气候因素本身变化很大，因此被称为急变因素。

(三)人类活动因素

人类活动对径流的影响包括量和质两个方面。对径流的量的影响，主要是工程措施和农林措施对水循环过程造成了干扰，改变了水平衡要素，即改变了蒸发与径流的比例，地面径流与地下径流的比例，以及径流在时间上和空间上的分布情况等。对径流的质的影响，主要是人类生活和生产活动对水资源的污染。

在水循环过程中，流域上降水的水汽主要来自流域以外地区。人类活动对流域多年平均降水量的影响不显著，但通过对蒸发量的影响来改变径流量的情况却是很多的。例如，修建水库后，库区原来的陆面蒸发被改变为水面蒸发，因此减少了原来的径流量。也有减少水面蒸发以增加径流的情况，如流入西藏高原上的羊卓雍湖的径流，全部消耗于水面蒸发。若自湖中引水，降低湖水位，缩小湖区面积，就可减少蒸发损失量。农业措施方面，如扩大灌溉面积，不论引用地表水或抽取地下水，都将增加蒸发量而使径流量减少。在改变径流的时空分布方面，水库工程以及引水工程的作用是很明显的。植树种草、兴修梯田、深翻土地等农业措施将增加下渗，减缓地面径流，既可影响蒸发量，又可改变径流的时程分布。

人类活动不仅对径流的数量和质量产生影响，还会对人类生存的环境产生广泛的影响。水利工程或措施除了可以把恶劣的自然环境改造成能够满足人们多种用途的美好环境，也可能损坏原来植被繁茂、生物资源丰富的生态环境，破坏原有的生态平衡，或产生其他新的问题。例如，修建大坝和水库，不仅控制了径流情势，还对水质、气候、生态、地质、地貌等环境要素产生影响。不合理地开采地下水资源使地下水位急剧下降、水质恶化，造成浅层水井报废、地面树木枯萎、地面下沉、咸水入侵等。当不合理地引水时，在引入地区可产生土壤盐渍化、疾病蔓延、污染转移等问题。因此，水利工程建设、水资源开发利用的论证必须把对环境的影响评价作为重要的内容之一。

本章习题

1. 何谓自然界的水循环？产生水循环的原因是什么？

2. 何谓水量平衡原理？水量平衡方程中经常考虑的因素有哪些？

3. 比较大的河流自上而下可分为哪几段？各段有什么特点？

4. 如何确定河流某一指定断面控制的流域面积？

5. 河流与流域有哪些主要特征？

6. 降水可分为哪几种类型？

7. 流域总蒸发包括哪几部分？如何分析确定流域总蒸发量？

8. 下渗过程分为哪几个阶段？影响下渗的因素有哪些？

9. 某闭合流域面积 $F=1\,000\ \text{km}^2$，流域多年平均年降水量 $\overline{P}=1\,400\ \text{mm}$，多年平均流量 $\overline{Q}=20\ \text{m}^3/\text{s}$。今后拟在该流域修建水库，由此增加的水面面积 $\Delta F=100\ \text{km}^2$，按当地蒸发器实测的多年平均蒸发量 $\overline{E}_{器}=2\,000\ \text{mm}$，蒸发器折算系数 $K=0.8$，该流域原来的水面面积极微，可忽略不计。若修建水库前后流域的气候条件保持不变，试问建库后多年平均流量 $\overline{Q}'$ 为多少？

第三章

水文测验与资料整理

第一节　水文测站

水文测验资料是水利工程规划设计和管理运用的基础资料，是对各种水文要素进行系统观测及对观测资料进行整编的总称。根据水文测验资料，可以掌握各地水文要素变化规律，为水资源评价和开发利用、防洪抗旱、水源保护、生态建设提供信息。水文要素包括降水、蒸发、水位、流量、水温、冰凌、泥沙、水质和地下水等。水文要素信息的采集方式有两种，一种是在水文事件发生时进行实际观测，另一种是在水文事件发生后进行调查。

一、水文测站与水文站网

水文测站是进行水文测验、收集水文资料的基本场所，是进行水文观测的基层单位，其主要任务是按照统一标准对指定地点（或断面）的降水、水位、流量、泥沙等水文要素进行观测及资料整编。经过系统地分析计算和整编，水文资料才能作为正式的水文资料刊布或存储于数据库中。单个测站观测到的水文要素信息只代表站址处的水文情况，而流域上的水文情况则须在流域内一些适当地点布站观测，水文测站在地理上的分布网称为水文站网。站网规划需对一个地区或流域的水文测站按统一规划进行合理布局，以最少投资获得最佳整体功能，使水文资料能最大限度地满足水资源开发利用及其他各部门的需要。规划内容包括测站类别、数量、位置、观测项目和年限等。随着经济发展及对水资源开发利用的需要，水文站网必须进行适当的改进、调整和补充。

根据主要观测项目，水文测站可分为水位站、流量站（也称水文站）、雨量站、蒸发站等。

根据测站的性质和作用，水文测站可分为基本站、专用站和实验站。

（1）基本站。基本站是水文主管部门为掌握全国各地的水文情况而设立的，为国民经济各方面服务。基本站要求以最经济的测站数目，满足内插任何地点水文特征值的需要，各站之间应有密切联系，测站的工作内容必须根据《水文测量规范》（SL 58—2014）的规定进行，观测资料须整编刊印。基本站按其观测的主要项目不同，又可分为流量站、水位站、雨量站、泥沙站等。

(2)专用站。专用站是为某种专门目的或某项特定工程的需要而设立的。测站位置、观测项目、观测期限等均可由设站的部门自行规定。

(3)实验站。实验站是为了对某种水文现象的变化规律或对某些水体进行深入研究而设立的,如径流实验站、湖泊(或水库)实验站等。实验站一般由有关研究单位设立。

二、水文测站的设立

水文测站的设立主要包括选择测验河段和布设观测断面、水准点及基线。

1. 选择测验河段

设立水文测站,测验河段应符合两个条件:①必须满足设站的目的和要求;②在保证成果精度的前提下,有利于简化观测和资料整理工作。前者决定了测验河段要在站网规划规定的河段范围内选择;后者就是要尽可能使所选择河段的水位流量关系稳定,从而可以用较容易观测的水位来推求流量,减轻流量的测验工作。这就要求测验河段具有较好的控制条件,对于平原河流,应尽量选择河道顺直、稳定、水流集中、便于布设测验的河段,且尽量避开变动回水、急剧冲淤变化、分流、斜流、严重漫滩等,顺直长度一般不应少于洪水时主槽宽度的 3~5 倍;对于山区河流,应在有石梁、急滩、卡口、急弯或人工堰、坝等的上游附近规整的河段上选站,且河道顺直匀整。闸坝站和水库站,一般设置在建筑物的下游,并且要避开水流紊动的影响。北方河流应尽量避开易发生冰坝、冰塞的河段。

2. 布设断面

水文测站上要布设的必要断面称为测验断面,测验断面可分为基本水尺断面、流速仪测流断面、浮标测流断面和比降断面。流速仪测流断面应尽可能与基本水尺断面重合。浮标测流断面包括上、中、下 3 个断面,中断面一般与流速仪测流断面重合,上、下断面的间距不应小于断面最大平均流速值的 50~80 倍。比降断面的上、下断面,应分别布设在基本水尺断面的上、下游,其间距应视河道水面比降大小,按照《水文测量规范》(SL 58—2014)确定。各断面关系如图 3-1 所示。

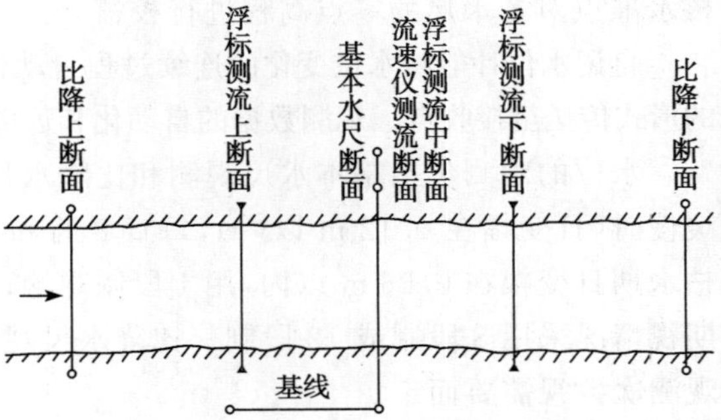

图 3-1　水文测站基线、断面布设示意图

3. 布设水准点及基线

水准点分为基本水准点和校核水准点,前者是测定站上各种高程的基本依据,后者用来校核断面、水尺等的高程。

进行水文测验和断面测量时,需在测验河段岸边布设基线,用来确定测点在测流断面上的平面位置(起点距)。基线通常与测流断面垂直,且起点在测流断面上。为满足起点距测量精度的要求,基线长度应不小于河宽的 0.6 倍,如图 3-1 所示。

三、水文测验的方式

水文测验的方式有驻测、巡测、间测、自动测报系统及水文调查。驻测是我国目前水文测验工作的方式,是为探讨水文特征值在时间上的变化规律和防汛需要而设立的基本水文站,特别是干支流大河控制站,要求对水文要素进行较长时期的连续观测。巡测是观测人员以巡回流动的方式定期或不定期地对一地区或流域内各观测点进行流量等水文要素的观测。间测是中小河流水文站有 10 a 以上实测资料分析证明水位流量历年关系稳定，或其变化在允许误差范围内，对其中一要素(如流量)停测一时期再施测的测停相间的测验方式。停测期间，其值由另一要素(水位)的实测值来推算。自动测报系统具有效率高、速度快、节省人力的特点，主要通过中继站或卫星将水文信息传送到资料接收中心，如雷达探测和气象卫星云图。水文调查是为弥补水文基本站网定位观测的不足或其他特定目的，采用勘测、调查、考证等手段进行收集水文信息的工作。

第二节　水位观测

一、水位观测概述

水位，是指河流、湖泊、水库及海洋等水体的自由水面相对于某一基面的高程，以 m 计。目前全国统一采用青岛附近黄海平面为标准基面，但由于历史原因，仍有沿用以往大沽基面、吴淞基面、珠江基面的，也有使用假定基面、测站基面或冻结基面的。使用水位资料时一定要查清其基面，并进行修正。

水位是反映水流变化的重要标志，观测水位一般采用水尺和自记水位计。

常用的水尺有直立式、倾斜式、矮桩式和悬垂式等。观测时，水面在水尺上的读数加上水尺零点的高程即当时的水位值。因此，水尺零点高程是一个重要的数据，要定期根据测站的校核水准点对各水尺的零点高程进行校核。

自记水位计能将水位变化的连续过程自动记录下来，有的还能将所观测的数据以数字或图像的形式传送至接收点。观测数据的自动化和远传化是国内外水文信息采集方法发展的必然趋势。

水位的观测包括基本水尺观测和比降水尺观测。基本水尺的人工观测频率：当水位变化缓慢时(日变幅在 0.12 m 以内)，每日 8 时和 20 时各测一次(称 2 段制观测，8 时是基本时)；枯水期日变幅在 0.06 m 以内，用 1 段制观测；日变幅在 0.12～0.24 m 时，用 4 段制观测；洪水期视情况采用 8 段制或 12 段制。比降水尺观测的目的是计算水面比降，分析河床糙率等，其观测次数视需要而定。

二、水位观测资料整理

水位观测资料整理工作的内容包括日平均水位、月平均水位、年平均水位的计算。日平均水位的计算方法有两种：若一日内水位变化缓慢，或水位变化较大，但是等时距人工观测或从自记水位计上摘录，采用算术平均法计算；若一日内水位变化较大，且是不等时距观测或从自记水位计上摘录，则采用时间加权法(面积包围法)计算，即将当日 0 时至 24 时水位过程线所包围的面积，除以一日时间求得(图 3-2)。

其计算公式为

$$\overline{Z}=\frac{1}{48}[Z_0\Delta t_1+Z_1(\Delta t_1+\Delta t_2)+\cdots+Z_{n-1}(\Delta t_{n-1}+\Delta t_n)+Z_n\Delta t_n] \tag{3-1}$$

根据逐日平均水位可算出月平均水位和年平均水位及保证率水位。这些经过整理分析处

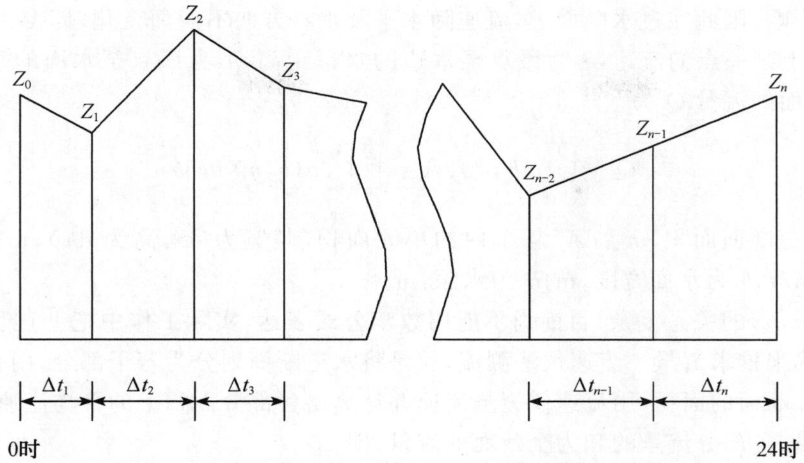

图 3-2 面积包围法示意图

理后的水位信息可提供给各生产单位应用。如刊物中的水文年鉴中，均载有各站的日平均水位表，表中附有月、年平均水位，年及各月的最高、最低水位。汛期水位详细变化过程载于水文年鉴中的汛期水文要素摘录表内。

第三节 流量观测

一、流量观测概述

流量是单位时间内流过江河某一横断面的水量，以 m^3/s 计。它是反映水资源和江河、湖泊、水库等水体水量变化的基本数据，也是河流最重要的水文特征值。流量是根据河流水情变化的特点，在水文站上用各种测流方法进行流量测验取得实测数据，经过分析、计算和整理而得的资料。

测流方法很多，按其工作原理，可分为下列几种类型。

(1)流速面积法：有流速仪法，航空法，比降面积法，积宽法（动车法、动船法和缆道积宽法），浮标法（水面浮标法、小浮标法、深水浮标法等）。

(2)水力学法：包括量水建筑物和水工建筑物测流。

(3)化学法：又称溶液法、稀释法、混合法。

(4)物理法：有超声波法、电磁法和光学法。

(5)直接法：有容积法和重量法，适用于流量极小的沟涧。

流速仪法和水面浮标法是最常用的方法，其中前者精度最高、应用最广。本节主要介绍流速仪法测流。

二、流速仪法测流

1. 测流原理

河流过水断面的形态、河床表面特性、河底纵坡、河道弯曲情况以及冰情等，都对断面内各点流速产生影响，因此在过水断面上，流速随水平及垂直方向不同而变化，即 $V=f(b,h)$。其中：V 为断面上某一点的流速，b 为该点至水边的水平距离，h 为该点至水面的垂直距离。因此，通过全断面的流量 Q 为

$$Q=\int_0^A v(h,d)\,\mathrm{d}A=\int_0^B\int_0^{h_b} v(b,h)\,\mathrm{d}h\,\mathrm{d}b \tag{3-2}$$

式中：A 为水道断面面积，m^2；$\mathrm{d}A$ 为 A 内的单元面积（其宽为 $\mathrm{d}b$，高为 $\mathrm{d}h$），m^2；v 为垂直于 $\mathrm{d}A$ 的流速，m/s；b 为水面宽度，m；h 为水深，m。

因为 $f(b,h)$ 的关系复杂，目前尚不能用数学公式表达，实际工作中把上述积分式变成有限差分的形式来推求流量。流速仪法测流，就是将水道断面划分为若干部分，用普通测量方法测算出各部分断面的面积，用流速仪施测流速并计算出各部分面积上的平均流速，两者的乘积称为部分流量，各部分流量的和为全断面的流量，即

$$Q=\sum_{i=1}^{n} q_i \tag{3-3}$$

式中：q_i 为第 i 个部分的部分流量，m^3/s；n 为部分的个数。

需要注意的是，实际测流时不可能将部分面积分成无限多，而是分成有限个部分，所以实测值只是逼近真值；河道测流需较长时间，不能在瞬时完成，因此实测流量是时段的平均值。

由此可见，测流工作实质上是测量横断面及流速两部分工作。

2. 断面测量

河道水道断面的测量，是在断面上布设一定数量的测深垂线，施测各条测深垂线的起点距和水深并观测水位，用施测时的水位减去水深，即得各测深垂线处的河底高程。

测深垂线的位置，应根据断面情况布设于河床变化的转折处，并且主槽较密，滩地较稀。测深垂线的起点距是指该测深垂线与基线上的起点桩之间的水平距离。

测定起点距的方法有多种。中小河流可在断面上架设过河索道，并直接读出起点距，此法为断面索法；大河上常用仪器测角交会法，常用仪器为经纬仪、平板仪、六分仪等。如用经纬仪测量，在基线的另一端（起点距是一端）架设经纬仪，观测测深垂线与基线之间的夹角。因基线长度已知，即可算出起点距。目前最先进的是用全球定位系统（GPS）定位的方法，它是利用全球定位仪接收天空中的 3 颗人造定点卫星的特定信号来确定其在地球上所处位置的坐标，优点是不受任何天气气候的干扰，24 h 均可连续施测，且快速、方便、准确。

水深一般用测深杆、测深锤或测深铅鱼等直接测量。超声波回声测深仪也可施测水深。它是利用超声波具有定向反射的特性，根据声波在水中的传播速度和超声波从发射到回收往返所经过的时间计算出水深，具有精度好、工效高、适应性强、劳动强度小，且不易受天气、潮汐和流速大小限制等优点。

河道水道断面扩展至历年最高洪水位以上 0.5～10 m 的断面称为大断面。它是用于研究测站断面变化的情况以及在测流时不施测断面可供借用的断面。大断面的面积分为水上、水下两部分。水上部分面积采用水准仪测量的方法进行测量；水下部分面积测量称水道断面测量。测水深工作困难，水上地形测量较易，所以大断面测量多在枯水季节施测，汛前或汛后复测一次。但对断面变化显著的测站，大断面测量一般每年除汛前或汛后施测一次外，在每次大洪水之后应及时施测过水断面的面积。

3. 流速测量

天然河道中一般采用流速仪法测定水流的流速。图 3-3 和图 3-4 分别是旋杯式、旋桨式流速仪。根据测速方法的不同,流速仪法测流可分为积点法、积深法和积宽法。最常用的积点法测速是指在断面的各条垂线上将流速仪放至不同的水深点测速。测速垂线的数目及每条测速垂线上测点的多少是根据流速精度的要求、水深、悬吊流速仪的方式、节省人力和时间等情况而定。国外多采用多线少点测速。国际标准建议测速垂线不少于 20 条,任一部分流量不得超过 10%总流量。表 3-1 为美国 127 条不同河流上的测站流量误差随垂线数的变化,每站断面上布设 100 条以上的测速垂线,对不同测速垂线数目所推求的流量,进行流量误差的统计分析。

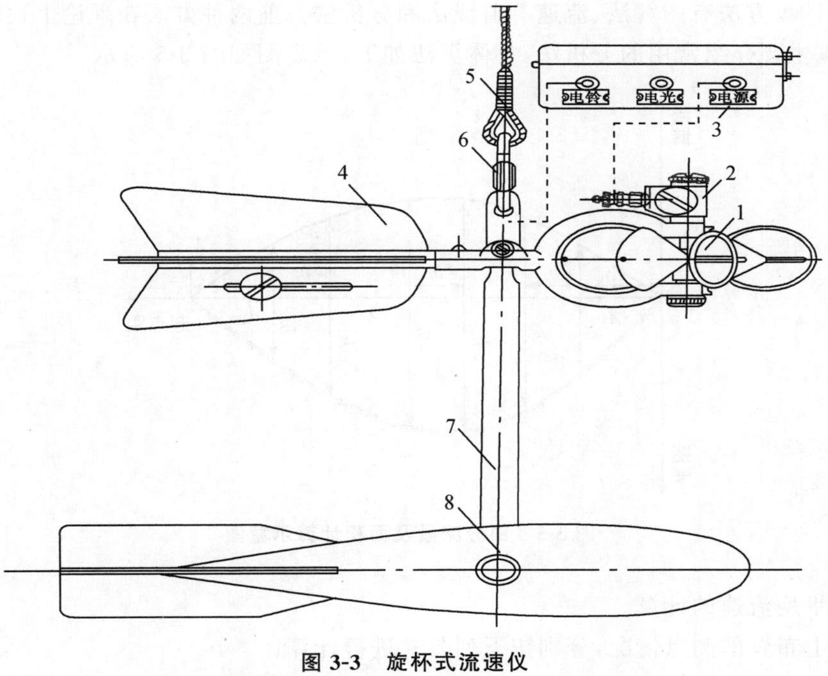

图 3-3 旋杯式流速仪

(水深大于 2.8 m 的一般河流用本法安装测量)

1—旋杯;2—传讯盒;3—电铃计数器;4—尾翼;5—钢丝绳;6—绳钩;7—悬杆;8—铅鱼

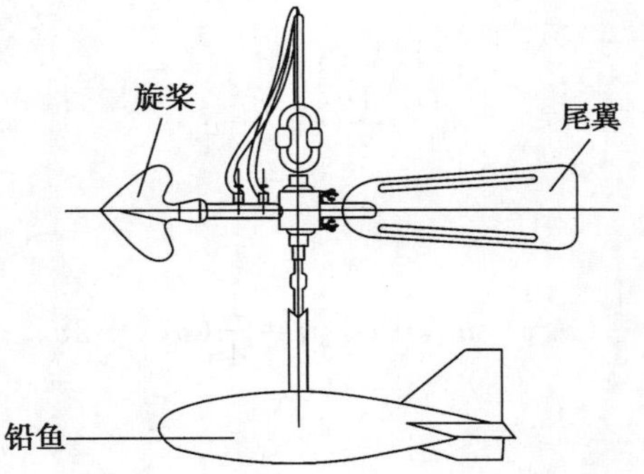

图 3-4 旋桨式流速仪

表 3-1 流量误差随垂线数的变化

测速垂线数/条	8～11	12～15	16～20	21～23	24～30	31～35	104
均方误差	4.2	4.1	2.1	2.0	1.6	1.6	0

畅流期用精测法测流时，如采用悬杆悬吊，当水深大于 1.0 m 可用五点法测流，即在相对水深(测点水深与所在垂线水深之比值)分别为 0.0、0.2、0.6、0.8 和 1.0 处施测。

为了消除流速的脉动影响，各测点的测速历时可在 60～100 s 选用。但当受测流所需总时间的限制时，则可选用少线少点、30 s 的测流方案。

4. 流量计算

流量的计算方法有图解法、流速等值线法和分析法。前两种方法在理论上比较严格，但比较烦琐，这里主要介绍常用的分析法，具体算法如下，示意图如图 3-5 所示。

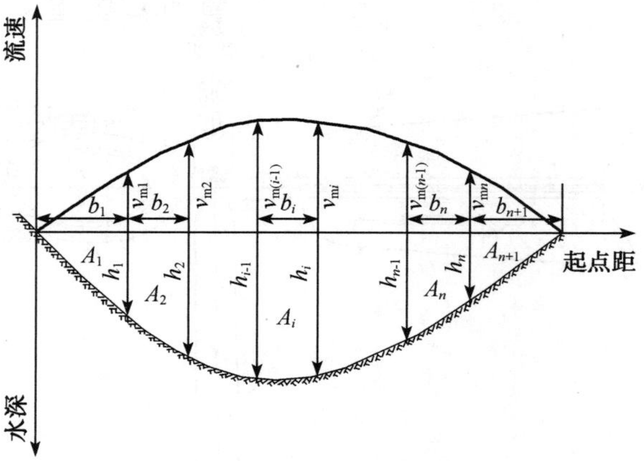

图 3-5 部分流量及面积计算示意图

1)垂线平均流速的计算

视垂线上布置的测点情况，分别按下列公式进行计算：

一点法

$$v_m = v_{0.6} \tag{3-4}$$

二点法

$$v_m = \frac{1}{2}(v_{0.2} + v_{0.8}) \tag{3-5}$$

三点法

$$v_m = \frac{1}{3}(v_{0.2} + v_{0.6} + v_{0.8}) = \frac{1}{4}(v_{0.2} + 2v_{0.6} + v_{0.8}) \tag{3-6}$$

五点法

$$v_m = \frac{1}{10}(v_{0.0} + 3v_{0.2} + 3v_{0.4} + 2v_{0.6} + v_{1.0}) \tag{3-7}$$

六点法

$$v_{\mathrm{m}}=\frac{1}{10}(v_{0.0}+2v_{0.2}+2v_{0.4}+2v_{0.6}+2v_{0.8}+v_{1.0}) \tag{3-8}$$

式中：v_{m} 为垂线平均流速；$v_{0.0}$、$v_{0.2}$、$v_{0.4}$、$v_{0.6}$、$v_{0.8}$、$v_{1.0}$ 为垂线上测点流速，其下角标为测点的相对水深。

2)部分平均流速的计算

岸边部分：由距岸第一条测速垂线所构成的岸边部分（2 个，左岸和右岸，多为三角形）。按下列公式计算：

$$v_1=av_{\mathrm{m1}} \tag{3-9}$$

$$v_{n+1}=av_{\mathrm{m}n} \tag{3-10}$$

式中：a 为岸边流速系数。斜坡岸边 a 为 0.67～0.75，一般取 0.70；陡岸 a 为 0.80～0.90；死水边 a 为 0.50～0.67。

中间部分：由相邻两条测速垂线与河底及水面所组成的部分，部分平均流速为相邻两垂线平均流速的平均值，即

$$v_i=\frac{1}{2}(v_{\mathrm{m}(i-1)}+v_{\mathrm{m}i}) \tag{3-11}$$

3)部分面积的计算

左右岸按三角形面积公式计算，中间部分按梯形面积公式计算。

$$A_1=\frac{1}{2}b_1h_1 \text{ 或 } A_n=\frac{1}{2}b_nh_{n-1} \tag{3-12}$$

$$A_i=\frac{1}{2}b_i(h_{i-1}+h_i) \tag{3-13}$$

4)断面流量的计算

部分流量等于部分面积与部分平均流速的乘积，即

$$q_i=V_iA_i \tag{3-14}$$

式中：q_i、V_i、A_i 分别为第 i 个部分的流量、平均流速和断面积。

所有部分流量之和为测流断面的流量，将式(3-14)的 q_i 代入式(3-3)可得到断面流量 Q。

断面平均流速为

$$\overline{V}=\frac{Q}{A} \tag{3-15}$$

断面平均水深为

$$\overline{h}=\frac{A}{B} \tag{3-16}$$

式中：A 为断面总面积；B 为断面水面宽度。

三、冰期测流

冰期施测流量计算方法如下：

1. 垂线平均流速的计算

六点法

$$v_m=\frac{1}{10}(v_{0.0}+2v_{0.2}+2v_{0.4}+2v_{0.6}+2v_{0.8}+v_{1.0}) \tag{3-17}$$

三点法

$$v_m=\frac{1}{3}(v_{0.15}+v_{0.5}+v_{0.85}) \tag{3-18}$$

二点法

$$v_m=\frac{1}{2}(v_{0.2}+v_{0.8}) \tag{3-19}$$

一点法

$$v_m=Kv_{0.5} \tag{3-20}$$

式中：测点流速的下角标，分别为各测点对于所在测线有效水深（自冰底或冰花底至河底的垂直距离）的相对深度；K 为冰期半深流速系数，一般为 0.88～0.90。

2. 部分面积的计算

冰期部分面积的计算与畅流期相同，但冰期的水深 h 应为在有水漫冰的垂线上的有效水深。在有岸冰或清沟存在时，盖面冰与畅流期交界处同一垂线上的水深用两种数值：当计算盖面冰以下的那一部分面积时，采用有效水深；当计算畅流部分的面积时，采用实际水深（水面算起的水深）。

3. 流量的计算

流量的计算也是先求各部分流量后再求和。但此时应将断面总面积、水浸冰面积、冰花面积与水道断面面积一并算出。在有岸冰或清沟时，可区分计算。这些面积，一般均先分区按梯形面积计算公式计算出部分面积，再求总和即可。

四、浮标法测流

当使用流速仪测流有困难时，使用浮标法测流切实可行。浮标随水流漂移，其速度与水流速度之间有较密切的关系，故可利用浮标漂移速度（称浮标虚流速）与水道断面积来推算断面流量。

水面浮标法是使用较多的浮标测流法。水面浮标常用木板、稻草等材料做成十字形、井字形，下坠重物以保持浮标在水中漂浮稳定，上插小旗以便于观测。在夜间或雾天测流时，应分别采用有发光装置的夜明浮标或能冒彩色烟雾的水面浮标。为减少受风面积保证精度，在满足观测的条件下浮标尺寸应尽可能做得小些。一个测站采用的浮标必须定型统一。

在浮标上断面的上游设浮标投放断面，沿断面均匀投放浮标，投放的浮标数目大致与流速仪测流时的测速垂线数目相当。如遇特大洪水，可直接选用天然漂浮物作浮标，只在中泓部位投放浮标。用秒表观测各浮标流经浮标上、下断面间的运行历时 t，用经纬仪测定各浮标流经浮标中断面(测流断面)的位置(定起点距),上、下浮标断面的距离 L_f 除以 t,即得水面浮标虚流速 V_f 横向分布图。当不能实测断面时,可借用最近施测的断面。从水面浮标虚流速横向分布图上内插出相应各测深垂线处的水面虚流速,再按式(3-9)至式(3-14)求得断面虚流量 Q_f,Q_f 乘以浮标系数 K_f,即得断面流量 Q。

K_f 值的确定一般有实验比测法、经验公式法和水位流量关系曲线法。浮标系数一般湿润地区大、中河流可取 0.85~0.90,小河取 0.75~0.85;干旱地区大、中河流可取 0.80~0.85,小河取 0.70~0.80。

五、物理法测流——声学多普勒流速剖面仪

声学多普勒流速剖面仪(acoustic doppler current profiler)简称 ADCP,是一种用于测量水速的水声学流速计,如图 3-6 所示,其原理类似于声呐。ADCP 主要根据声学多普勒原理,向水中发射固定频率的声波短脉冲,这些脉冲碰到水中的散射体(浮游生物、泥沙等)发生背散射,使 ADCP 接收到回波信号,经过软件处理后得到流速值。其基本原理仍与传统流速仪法一样,将整个测流断面划分为许多子断面,在每个子断面中垂线处测量水深并测量多点的流速,从而得到子断面的平均流速。ADCP 测船航行的轨迹可以是斜线或曲线,具有水跟踪和底跟踪两种功能:水跟踪是由水中颗粒的回波测量水流相对于 ADCP 的速度;底跟踪是由河底或海底的回波测量河底或海底相对于 ADCP 的速度,即测船速度。断面水深由 ADCP 中河底回波强度测出,通过 GPS 可计算出测船的航行轨迹。ADCP 的工作方式有 3 种:船载式(包括走航船装式和走航拖曳式两种)、自容式、直读式。船载式 ADCP 可以在大范围海域内走航测量海流的三维分布;直读式可用于近岸、海洋平台附近测量,一次可以测量一个剖面上若干层海流速度的三维分布和绝对方向;自容式 ADCP 可用于海底、浮标、潜标中进行长期监测。随着现代新技术的发展,多普勒信号处理技术得到了改进和提高,使得 ADCP 测量方法比传统的河流流量测量方法能够大大提高效率,这标志着河流流量测量的现代化。

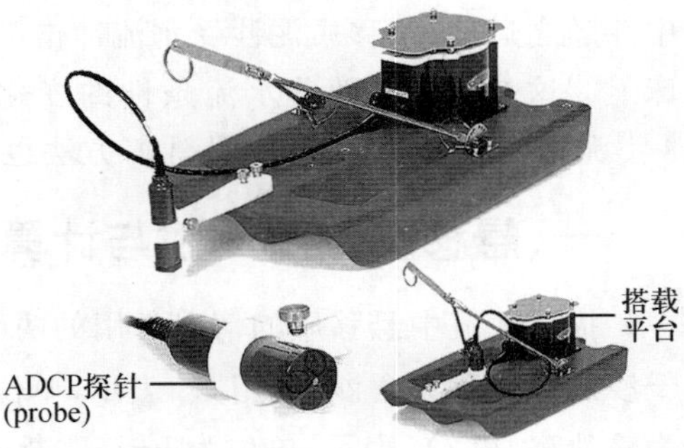

图 3-6 声学多普勒流速剖面仪(ADCP)

六、水文自动测报系统

水文自动测报系统(automatic system of hydrological data acquisition and transmission)由收集、传递和处理水文实时数据的各种传感器、通信设备和计算机等装置组合而成,可在几分钟内完成数据收集和处理,并及时提供重点河段、水库的雨情水情。该系统分为遥测站、信息传输通道和中心控制站 3 部分,主要用于防汛和水利调度。如下泄流量系统采用全数字网络化平台管理,将前端数字视频图像、图像抓拍及控制信号,通过 4G/5G/有线网络传回控制中心及各单位监控中心,可随时掌握现场情况,实现分布监控、集中控制和管理的功能,无须人工巡逻,节省人力物力。其中,雷达流量计适用于河道、灌渠、地下排水管网、防汛预警等场合进行非接触式流速、水位、流量测量。电磁流量计适用于排水、供水管网等场合进行非接触式流速、水位、流量测量。这两种产品都具有功耗低、体积小、可靠性高、维护方便的特点,测量过程不受温度、泥沙、河流污染物、水面漂浮物等因素的影响。

第四节　泥沙测验

天然河流中大都挟带不同数量的泥沙，这些泥沙随水流不停地流动，故称为固体径流。河水挟带泥沙能直接影响河床变化，因此，一方面会引起水库、湖泊、渠道的淤积，给防洪、灌溉、航运带来困难；但另一方面，用挟沙的水流淤灌农田又能改良土壤。故流域规划、水利工程设计与管理运用、河道治理、引洪淤灌、城市供水等都需掌握泥沙资料。

河流中的泥沙，按其运动形式可分为悬移质、推移质和河床质3类。悬移质泥沙悬浮于水中并随之运动；推移质泥沙受水流冲击沿河底移动或滚动；河床质泥沙则相对静止而停留在河床上。这3类泥沙随着水流条件的变化而相互转化。泥沙影响河流的水情及河流的变迁。3类泥沙的特性不同，测验及计算方法也各异。

一、悬移质泥沙测验与计算

描述河流中悬移质的情况常用的两个定量指标是含沙量和输沙率。单位体积浑水内所含干沙的质量称为含沙量，用 C_s 表示，单位为 kg/m^3。单位时间流过河流某断面的干沙质量称为输沙率，以 Q_s 表示，单位为 kg/s。断面输沙率可通过断面上的含沙量测验配合断面流量测量来推求。

1. 含沙量测验

含沙量测验一般需用采样器从水流中采取水样。常用的采样器有横式采样器(图3-7)与瓶式采样器(图3-8)。如果水样是取自固定测点，称为积点式取样；如取样时取样瓶在测线上由上到下(或上下往返)匀速移动，称为积深式取样，该水样代表侧线的平均情况。

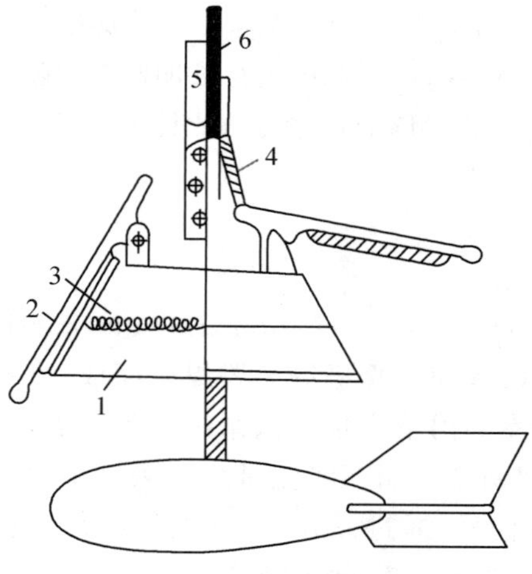

图3-7　横式采样器

1—水筒；2—筒盖；3—弹簧；4—撑木；5—铁锤；6—钢索

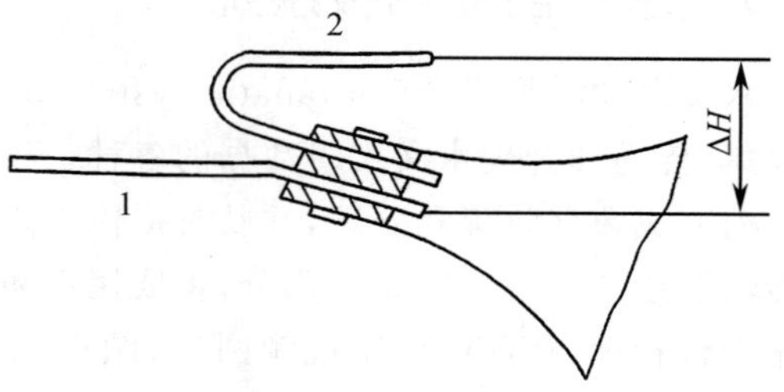

图3-8　瓶式采样器

1—进水管；2—采水管

不论用何种方法取得的水样，都要经过量积、沉淀、过滤、烘干、称重等环节，才能得出一定体积浑水中的干沙质量。水样的含沙量计算公式为

$$C_s=\frac{W_s}{V} \tag{3-21}$$

式中：C_s 为水样含沙量，g/L 或 kg/m^3；W_s 为水样中的干沙质量，g 或 kg；V 为水样体积，L 或 m^3。

当含沙量较大时，也可以使用同位素测沙仪测量含沙量。该仪器主要由铅鱼、探头和晶体管计数器等部分组成。应用时，只要将仪器的探头放至测点，即可根据计数器显示的数字由工作曲线上查出测点的含沙量。它具有准确、及时、不取水样等突出的优点，但应经常对工作曲线进行校正。

2. 输沙率测验

输沙率测验是由含沙量测验与流量测验两部分工作组成的，测流方法前已介绍。为了测出含沙量在断面上的变化情况，需在断面上布置适当数量的取样垂线。一般取样垂线数目不少于规范规定的流速仪精测法测速垂线数的一半。当水位、含沙量变化急剧时，或积累一定资料经过精简分析后，垂线数目可适当减少。但是，不论何种情况，当水面宽大于 50 m 时，取样垂线不应少于 5 条；当水面宽小于 50 m 时，取样垂线不应少于 3 条。垂线上测点的分布视水深及要求的精度而不同，可有一点法、二点法、三点法、五点法等。

根据测点的水样得出各测点的含沙量之后，可用流速加权计算垂线平均含沙量。例如，畅流期垂线平均含沙量计算公式为

五点法

$$C_{sm}=\frac{1}{10v_m}(C_{s0.0}v_{0.0}+3C_{s0.2}v_{0.2}+3C_{s0.6}v_{0.6}+2C_{s0.8}v_{0.8}+C_{s1.0}v_{1.0}) \tag{3-22}$$

三点法

$$C_{sm}=\frac{1}{3v_m}(C_{s0.2}v_{0.2}+C_{s0.6}v_{0.6}+C_{s0.8}v_{0.8}) \tag{3-23}$$

式中：C_{sm} 为垂线平均含沙量，kg/m^3，C_{sj} 为测点含沙量，kg/m^3，下角标 j 为该点的相对水深；v_j 为测点流速，m/s，下角标 j 的含义同上；v_m 为垂线平均流速，m/s。

如果是用积深法取得的水样，其含沙量即垂线平均含沙量。

根据各条垂线的平均含沙量 C_{smj}，配合测流计算的部分流量，即可算得断面输沙率 Q_s (t/s)为

$$Q_s=\frac{1}{100}\left\{C_{sml q_1}+C_{smnq_n}\ \frac{1}{2}\left[(C_{sm1}+C_{sm2})q_2+\cdots+(C_{sm(n-1)}+C_{smn})q_n\right]\right\} \tag{3-24}$$

式中：q_i 为第 i 根垂线与第$(i-1)$根垂线间的部分流量，m^3/s；C_{smi} 为第 i 根垂线的平均含沙量，kg/m^3。

断面平均含沙量为

$$C_s=\frac{Q_s}{q}\times 1\,000 \tag{3-25}$$

式中：q 为断面流量，m^3/s。

3. 单位含沙量与断面平均含沙量及其关系

上面求得的悬移质输沙率是测验当时的输沙情况，而工程上往往需要一定时段内的输沙总量及输沙过程。如果要用上述测验方法来求出输沙的过程是很困难的。人们从不断的实践中发现，当断面比较稳定、主流摆动不大时，断面平均含沙量与断面上某一测点或某一垂线平均含沙量之间有稳定关系，这样就可以通过多次实测资料的分析，建立其相关关系。这种与断面平均含沙量有稳定关系的有代表性的测点或垂线含沙量，称为单位含沙量，简称单沙；相应地把断面平均含沙量简称断沙。经常性的泥沙取样工作可只在此选定的垂线（或其上的一个测点）上进行，这样便极大地简化了测验工作。根据多次实测的断面平均含沙量和单样点含沙量的成果，就能以单沙为纵坐标，以相应断沙为横坐标，点绘单沙与断沙的关系点，并通过点群中心绘出单沙与断沙的关系线（图 3-9）。

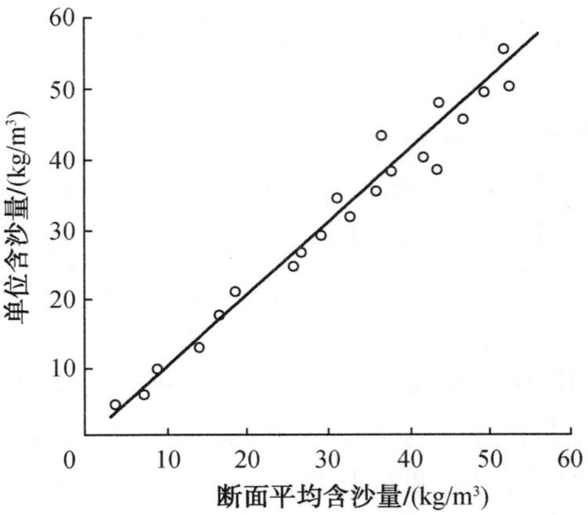

图 3-9　某站单沙与断沙关系

单沙的测次：平水期一般每日定时取样 1 次；含沙量变化小时，可 5～10 d 取样 1 次；含沙量有明显变化时，每日应取样 2 次以上。洪水时期，每次较大洪峰过程，取样次数不应少于 7～10 次。

二、推移质泥沙测验与计算

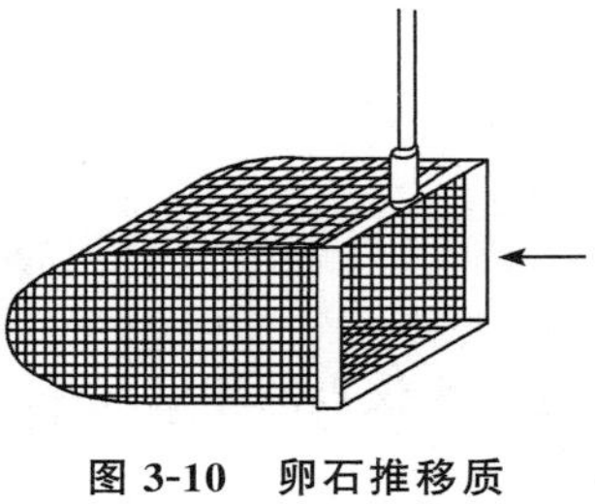

图 3-10　卵石推移质采样器示意图

目前使用的推移质泥沙采样器有沙质和卵石采样器两种形式，卵石推移质采样器如图 3-10 所示。

推移质泥沙测验的工作程序如下：先在断面上布置若干测线，这些测线尽可能与悬移质含沙量的测线重合，但数量可稍少些，并应设在有推移质的范围内；在每条测线上用采样器在河底的一定宽度范围内截取一定时期内通过的推移质，从而计算出断面推移质输沙率。推移质断面输沙率的计算步骤如下：

1. 基本输沙率的计算

各条垂线的基本输沙率用下式计算：

$$q_b = \frac{1\,000 W_b}{tb} \tag{3-26}$$

式中：q_b 为基本输沙率，即单位宽度内的推移质输沙率，kg/(s·m)；W_b 为沙样质量，kg；t 为取样历时，即在河底停放采样器的历时，s；b 为采样器的进口宽度，cm。

2. 断面输沙率的计算

用相邻垂线基本输沙率的均值，乘以两垂线间的距离求得部分输沙率，再求其总和，即得断面输沙率。

三、泥沙颗粒分析及级配曲线

颗粒分析的目的是为开发利用水沙资源、进行水利和其他有关的工程建设服务，取得泥沙颗粒级配的断面分析和变化过程的资料。

泥沙颗粒分析的具体内容，就是将有代表性的沙样按颗粒大小分级，分别求出小于各级粒径的泥沙质量百分数。其成果可绘在半对数坐标纸上并用曲线表示，即泥沙颗粒级配曲线。

泥沙颗粒分析方法应根据泥沙粒径大小、取样多少进行选择，目前常使用的有筛分析法、粒径计法、移液管法等。这些方法也可相互配合使用。

筛分析法适用于粒径大于 0.1 mm 的泥沙颗粒的分析。先取适量沙样烘干称重，根据沙样中的最大粒径准备好粗细筛数只，按大孔径在上、小孔径在下的顺序叠置；将沙样倒入粗筛最上层，加盖后放在振筛机上振动；从最下层筛开始，直至最上层筛为止，依次称量各层筛的净沙重。根据称量结果，小于某粒径沙重百分数 P(%)可按下式计算：

$$P=\frac{A}{W_g}\times 100\% \tag{3-27}$$

式中：A 为小于某粒径沙重，g；W_g 为总沙重，g。

粒径计法、移液管法属于水分析法。它们都是以不同粒径的泥沙颗粒在静水中具有不同的沉速这一特性为依据。颗粒沉降速度及水分析颗粒直径的计算，按颗粒大小，分别选用下列公式。

粒径等于或小于 0.1 mm 时采用斯托克斯公式：

$$\omega=\frac{\gamma_s-\gamma_\omega}{1\,800\mu}D^2 \tag{3-28}$$

粒径为 0.15～1.5 mm 时采用冈察洛夫第三公式：

$$\omega=0.33\sqrt{\frac{(\gamma_s-\gamma_\omega)}{10\gamma_\omega}D} \tag{3-29}$$

式中：ω 为沉降速度，cm/s；D 为颗粒直径，mm；γ_s 为泥沙的比重；γ_ω 为水的比重。

粒径为 0.1～0.15 mm 时，可将式(3-28)与式(3-29)的粒径与沉速关系曲线顺势直接连接查用。

粒径计法适用于粒径为 0.01～1.5 mm 时，分析水样的沙重为 0.3～5.0 g 的泥沙颗粒。

粒径计管是长约 103 cm 的玻璃管。将它垂直安装在分析架上，在管顶用加沙器加入沙样，直接测定不同历时后通过粒径计管下沉的泥沙质量。由于下沉的距离已知，由下沉历时可推出相应沉速，沉速与粒径之间的关系可由前述公式确定。测出不同时段内下沉的泥沙质量，可推求泥沙的颗粒级配情况。

移液管法是按规定的时刻，用一移液管插入量筒中，在规定的深度 L 处，抽取 20～25 cm^3 的悬液作为试样。粒径 d 仍由沉降历时 t 与沉降距离 L 根据沉速公式推算。从试样的含沙量可以推知在全部沙样中，粒径等于及小于 d 的泥沙的沙重百分比，进行一系列观测后，即可推算出该沙样的颗粒级配情况。

悬移质泥沙颗粒分析所用沙样若按积深法采得，则颗分成果即垂线平均颗粒级配。如沙

样是用积点法取得，则只能代表测点上的颗粒级配，此时应用输沙率加权法计算垂线平均颗粒级配。例如，畅流期三点法的计算式为

$$P_{m}=\frac{P_{0.2}C_{s0.2}V_{0.2}+P_{0.6}C_{s0.6}V_{0.6}+P_{0.8}C_{s0.8}V_{0.8}}{C_{s0.2}V_{0.2}+C_{s0.6}V_{0.6}+C_{s0.8}V_{0.8}} \tag{3-30}$$

式中：P_m 为垂线平均小于某粒径的质量百分数，%；$P_{0.2}$ 为 $0.2h$ 水深处的测点小于某粒径的沙重百分数，%，其余依此类推；$C_{s0.2}$ 为 $0.2h$ 水深处的测点含沙量，kg/m^3 或 g/m^3，其余依此类推；$V_{0.2}$ 为 $0.2h$ 水深处的测点流速，m/s，其余依此类推。

凡用全断面混合法取样作颗粒分析，其成果即作为断面平均颗粒级配。否则，应用输沙率加权法计算断面平均颗粒级配。计算公式如下：

$$\overline{P}=\frac{(2q_{s0}+q_{s1})P_{m1}+(q_{s1}+q_{s2})P_{m2}+\cdots+(q_{s(n-1)}+2q_{sn})P_{mn}}{(2q_{s0}+q_{s1})+(q_{s1}+q_{s2})+\cdots+(q_{s(n-1)}+2q_{sn})} \tag{3-31}$$

式中：$\overline{P}$ 为断面平均小于某颗粒粒径的沙重百分数，%；q_{s0}、q_{s1}、…、q_{sn} 为以取样垂线分界的部分输沙率，kg/s 或 t/s；P_{m1}、P_{m2}、…、P_{mn} 为各取样垂线平均小于某粒径的沙重百分数，%。

断面平均颗粒级配，简称断颗。断颗测验与分析都比较费事，常利用单位颗粒级配（简称单颗）与断颗之间的关系，通过观测单颗变化过程来推求断颗的变化过程。

断面平均粒径可根据级配曲线分组，用沙重百分数加权求得。计算公式如下：

$$\overline{D}=\frac{\sum_{i=1}^{n}\Delta P_{i}D_{i}}{100} \tag{3-32}$$

$$D_{i}=\frac{1}{3}(D_{上}+D_{下}+\sqrt{D_{上}D_{下}}) \tag{3-33}$$

式中：$\overline{D}$ 为断面平均粒径，mm；ΔP_i 为某组沙重百分数，%；D_i 为某组平均粒径，mm；$D_{上}$、$D_{下}$分别为某组上限、下限粒径，mm。

第五节　水质监测

水是人类赖以生存的主要物质，根据其用途，不仅有量的要求，而且必须有质的要求。随着社会经济的发展和人口的增加，人类在对水资源需求量不断增加的同时，又未经处理，将大量的生活污水、工业废水、农业回流水等直接排向各种水体，造成江、河、湖、库及地下水资源的污染，引起水质恶化，从而影响水资源的利用及人体健康。因此，必须充分合理地保护、使用和改善水资源，使其不受污染，这就是水质监测的目的。

一、水质监测的任务

水质监测以江、河、湖、库及地下水等的水体和工业废水、生活污水等的排放口为对象进行监测，检查水的质量是否符合国家规定的有关水的质量标准，为控制水污染、保护水源提供依据。其具体任务有以下几项：

(1)提供水体质和量的当前状况数据,判断水的质量是否符合国家制定的质量标准。

(2)确定水体污染物的时空分布及其发展、迁移和转化的情况。

(3)追踪污染物的来源、途径。

(4)收集水环境本底及其变化趋势数据,累积长期监测资料,为制定和修改水质标准及制定水环境保护的方法提供依据。

二、水质监测站网

水质监测站是定期采集实验室分析水样和对某些水质项目进行现场测定的基本单位。它可以由若干个水质监测断面组成。根据设站的目的和任务,水质监测站可分为以下4类:为长期掌握水系水质变化动态,收集和积累水质基本信息而设的基本站;为配合基本站,进一步掌握污染状况而设的辅助站;为某种专门用途而设的专用站;为确定水系自然基本底值(即未受人为直接污染影响的水体质量状况)而设的背景站(又叫本底站)。

水质监测站网规划的过程是:依据有关情报资料确定需要收集的水质信息,并根据收集信息的要求及建站条件确定监测站或水质信息收集体系的地理位置。其总目的是获取对河流水质有代表性的信息,以服务于水资源的利用和水环境质量的控制。水污染流动监测站是将检测仪器、采样装置以及用于数据处理的微机等安装在适当的运载工具上的流动性监测设施,如水污染监测车(或船)。它具有灵活机动、监测项目比较齐全的优点。

三、地表水采样

1. 采样断面和采样点的设置

布点前要做调查研究和收集资料工作,主要收集水文、气候、地质、地貌、水体沿岸城市工业分布、污染源和排污情况、水资源的用途及沿岸资源等资料。再根据监测目的、监测项目和样品类型,结合调查的有关资料综合分析确定采样断面和采样点。采样断面和采样点布设总原则是以最小的断面、测点数,取得科学合理的水质状况的信息。其关键是取得有代表性的水样。为此,布设采样断面、采样点的原则主要考虑以下几点:

(1)在大量废水排入河流的主要居民区和工业区的上、下游。

(2)河口以及湖泊、水库等的主要出入口。

(3)河流主流、河口、湖泊、水库的代表性位置,如主要的用水地区等。

(4)主要支流汇入主流、河流或沿海水域的汇合口。

在一河段一般应设置对照断面、消减断面各一,并根据具体情况设若干监测断面。

2. 采样垂线与采样点位置的确定

各种水质参数的浓度在水体中分布的不均匀性,与纳污口的位置、水流状况、水生物的分布、水质参数特性等有关,因此,布置时应考虑这些因素。

1)河流、湖泊、水库上采样垂线的布置

在污染物完全混合的河段中,断面上的任一位置,都是理想的采样点;若各水质参数在采样断面上,各点之间有较好的相关关系,可选取一适当的采样点,据此推算断面上其他各点的水质参数值,并由此获得水质参数在断面上的分布资料及断面的平均值。一般河流、湖泊、水库在监测断面上采样垂线的设置应符合《水环境监测规范》(SL 219—2013)的规定,见表3-2。

表 3-2　河流、湖泊、水库采样垂线设置

水面宽/m	一般情况	说明
<50	1 条(中泓)	1. 应避开污染带；考虑污染带时，应增设垂线； 2. 能证明该断面水质均匀时，可适当调整采样垂线； 3. 解冻期采样时，可适当调整采样垂线
50～100	2 条(左、右岸有明显水流处)	
100～1 000	3 条(左岸、中泓、右岸)	
>1 000	5～7 条	

2)采样垂线上采样点的布置

垂线上水质参数浓度分布决定于水深、水流情况及水质参数的特性等因素，垂线上采样点的具体布置规定见表 3-3。为避免采集到漂浮的固体和河底沉积物，并规定在至少水面以下、河底以上 50 cm 处采样。

表 3-3　采样垂线上采样点的设置

水深/m	位置	说明
<5	1 点(水面下 0.5 m 处)	1. 水深不足 1.0 m 时，在水深 1/2 处； 2. 封冻时在冰下 0.5 m 处采样，有效水深不足 1.0 m 处时，在水深 1/2 处采样； 3. 潮汐河段应分层设置采样点
5～10	2 点(水面下 0.5 m、水底上 0.5 m 处)	
>10	3 点(水面下 0.5 m，水底上 0.5 m、中层 1/2 水深处)	

3. 采样时间和采样频率

采集的水样要具有代表性，并能同时反映空间和时间上的变化规律。因此，要掌握时间上的周期性变化或非周期性变化以确定合理的采样频率。

为便于进行资料分析，同一河流(湖泊、水库)应力求同步采样，但不宜在大雨时采样。在工业区或城镇附近的河段，应在汛前一次大雨和久旱后第一次大雨产流后，增加一次采样。具体测次，应根据不同水体、水情变化、污染情况等确定。

4. 采样准备工作

1)采样容器材质的选择

因容器材质对水样在贮存期间的稳定性影响很大，要求容器材质具有以下特点：化学稳定性好，可保证水样的各组成成分在贮存期间不发生变化；抗极端温度性能好，抗震，大小、形状和质量适宜，能严密封口且容易打开；材料易得、价格低；容易清洗且可反复使用。如高压低密度聚乙烯塑料和硼硅玻璃可满足上述要求。

2)采样器的准备

根据监测要求不同选用不同采样器。若采集表层水样，可用桶、瓶等直接采样，通常情况下选用常用采水器，当采样地段流量大、水层深时，应选用急流采水器；若采集具有溶解气体的水样，应选用双瓶溶解气体采水器。按容器材质所需要的洗涤方法将选定合适的采水器洗净待用。

3)水上交通工具的准备

一般河流、湖泊、水库采样可用小船。小船经济、灵活，可到达任一采样位置。最好有专用的监测船或采样船。

5. 采样方法

1)自来水的采集

先放水数分钟,使积累在水管中的杂质及陈旧水排除后再取样。采样器须用采集水样洗涤3次。

2)河流、湖泊、水库水的采集

应考虑其水深和流量。表层水样可直接将采样器放入水面下0.3~0.5 m处采样,采样后立即加盖塞紧,避免接触空气;深层水可用抽吸泵采样,并利用船等乘具行驶至特定采样点,将采水管沉降至所规定的深度,用泵抽取水样即可;采集底层水样时,切勿搅动沉积层。

3)工业废水和生活污水的采集

常用采样方法有:瞬时个别水样法、平均水样法、比例组合水样法。采集的水样,有条件在现场测定的项目应尽量在现场测定,如水温、pH、电导率等;不能在现场处理的,在水样采集后的运输和实验室管理过程中,为保证水样的完整性和代表性,使之不受污染、损坏和丢失以及由于微生物新陈代谢活动和化学作用影响而使水样组分发生变化,必须遵守各项保证措施。

四、水体污染源调查

向水体排放污染物的场所、设备、装置和途径等称为水体污染源。水体污染物按污染源释放有害物种类的分类及其来源归纳于表3-4。

表3-4　水体中主要污染物的分类及来源

类别	来　源
无机无毒物	酸、碱、一般无机盐、氮、磷等植物营养物质
无机有毒物	重金属、砷、氰化物、氟化物等
有机无毒物	碳水化合物、脂肪、蛋白质等
无机有毒物	苯酚、多环芳烃、多氯联苯、有机氯农药等

水体污染源的调查过程如下:根据控制污染、改善环境质量的要求,对某一地区水体污染造成的原因进行调查,建立各类污染源档案;在综合分析的基础上选定评价标准,估量并比较各污染源对环境的危害程度及其潜在危险,确定该地区的重点控制对象(主要污染源和主要污染物)和控制方法。

1. 水体污染源调查的主要内容

(1)水体污染源所在单位周围的环境状况,包括地理位置、地形、河流、植被、有关的气象资料、附近地区地下水资源情况、地下水道布置,各种环境功能区如商业区、居民区、文化区、工业区、农业区、林业区、养殖区等的分布,应尽可能详细说明,并在地图上标明。

(2)污染源所在单位的生产生活情况。如对城市生活污水的调查包括:不同水平下的人均耗水量;随着生活水平的提高,水体污染物种类及浓度的变化;商业中心区的饭店、餐馆污水与居民污水在量与质两方面的差异;所调查地区的人口总数、人口密度、居住条件和生活设施等。

(3)污水量及其所含污染物质的量,包括其随时间变化的过程。

(4)污染治理情况。例如:污水处理设施对污水中所含成分及污水量处理的能力、效果;污水处理过程中产生的污泥、干渣等的处理方式;设施停止运行期间污水的去向及监测设施和监测结果等。

(5)污水排放方式和去向以及纳污水体的性状,包括:污水排放通道及其排放路径、排污口的位置,以及排入纳污水体的方式(岸边自流、喷排及其他方式);排污口所在河段的水文水力学特征、水质状况,附近水域的环境功能,污水对地下水水质的影响等。

(6)污染危害及污染发展趋势。污染危害包括污染物对污染源所在单位和社会的危害。对单位的危害主要是对工作人员健康状况的威胁。对社会的危害主要包括:威胁接触或使用污水后的人群的身体健康;影响有关生物群落的组成和生物体内有毒有害物质的积累;发生污染事故并造成危害等。

2. 水体污染源调查的方法

1)表格普查法

由调查的主管部门设计调查表格,发至被调查单位或地区,请受访者如实填写后收取。优点:花费少,调取信息量大。

2)现场调查法

对污染源有关资料的实地调查包括现场勘测、设点采样和分析等。现场调查可以是大规模的,也可以是区域性的、行业性的或个别污染源的所在单位调查。优点:就该次现场调查结果,比其他调查方法都准确;缺点:调查是短时间的,存在着对总体的代表性问题,以及花费大。

3)经验估算法

经验估算法是用由典型调查和研究中所得到的某种关系对污染源的排放量进行估算的办法。要求不高或无法直接获取数据时,该方法不失为一种有效的办法。

五、自动化水文观测系统

自动化水文观测系统(如 OTT HydroMet)主要通过水位计、便携式水质测定仪、地下水分析仪等产品,对自然界水体的水质、水文、气象等要素进行监测,从而实现水质预警、气象观测与预报、河流治理及防洪减灾。OTT HydroMet 参与了中国水利部许多中小河流水文观测系统及重点内陆河湖的生态治理的监测和预警项目的建设。

第六节　地下水监测

1. 地下水监测现状

地下水的基本类型区可以划分为 3 级:根据区域地形地貌特征,分为山丘区和平原区 2 类,称一级基本类型区;根据次级地形地貌及岩性特征,将山丘区分为一般基岩山丘区、岩溶山区和黄土丘陵区 3 类,将平原区分为冲洪积平原区、内陆盆地平原区、山间平原区、黄土台塬区和荒漠区 5 类,称二级基本类型区;根据水文地质条件,将各二级基本类型区分为若干水文地质单元,称三级基本类型区。地下水的特殊类型区包括建制市城市建成区、大型及特大型地下水水源地、超采区、次生盐渍化区和地下水污染区 5 类。地下水的基本类型区与特殊类型区可相互包含或交叉。

根据地下水开采强度,各地下水类型区划分为超采区、强开采区、中等开采区和弱开采区 4 种。

根据监测目的,监测站分为以下 3 类。

(1)基本监测站，包括水位基本监测站、开采量基本监测站、泉流量基本监测站、水质基本监测站和水温基本监测站。其中，水位基本监测站和水质基本监测站分别由国家级监测站、省级行政区重点监测站和普通基本监测站组成。

(2)统测站，由水位统测站和水质统测站组成。

(3)试验站，由不同试验项目的监测站组成。

根据监测方式，基本监测站分为人工监测站和自动监测站 2 类。

2. 地下水站网规划与布设

1)地下水监测站网规划与原则

地下水监测站网规划应在地下水类型区划分、开采强度分区和监测站分类的基础上进行。基本类型区中的冲洪积平原区、内陆盆地平原区和山间平原区，以及特殊类型区，是站网规划的重点，应全面布设监测站；基本类型区中的山丘区及平原区中的黄土台塬区和荒漠区，可根据地下水开发利用情况，选择典型代表区布设监测站。根据监测目的和精度要求，应分别布设基本监测站、统测站和试验站。

2)基本监测站布设

水位基本监测站应分别沿着平行和垂直于地下水流向的监测线布设，各基本类型区不同开采强度分区的水位基本监测站布设密度可参照表 3-5。

表 3-5 水位基本监测站布设密度　　个/10^3 km^2

<table>
<tr><th colspan="2" rowspan="2">基本类型区名称</th><th rowspan="2">监测站布设形式</th><th colspan="4">开采强度分区</th></tr>
<tr><th>超采区</th><th>强开采区</th><th>中等开采区</th><th>弱开采区</th></tr>
<tr><td rowspan="5">平原区</td><td>冲洪积平原区</td><td rowspan="3">全面布设</td><td>8～14</td><td>6～12</td><td>4～10</td><td>2～6</td></tr>
<tr><td>内陆盆地平原区</td><td>10～16</td><td>8～14</td><td>6～12</td><td>4～8</td></tr>
<tr><td>山间平原区</td><td>12～16</td><td>10～14</td><td>8～12</td><td>6～10</td></tr>
<tr><td>黄土台塬区</td><td rowspan="5">选择典型代表区布设</td><td colspan="4" rowspan="5">宜参照冲洪积平原区内弱开采区水位基本监测站布设密度布设</td></tr>
<tr><td>荒漠区</td></tr>
<tr><td rowspan="3">山丘区</td><td>一般基岩山丘区</td></tr>
<tr><td>岩溶山区</td></tr>
<tr><td>黄土丘陵区</td></tr>
</table>

3. 地下水测验

建立随监测、随记载、随整理、随分析的工作制度，各项原始监测数据均应经过记载、校核、复核 3 道工序。监测人员应掌握有关测具的使用、保护和检测技能。测具应准确、耐用并定期检定，检定不合格者，应及时校正或更换，否则不得继续使用。现场监测应做到准时监测，用铅笔记载；监测数据准确，记载的字体工整、清晰，不得涂抹、擦拭。应将本次监测的数据与前一次监测的数据进行对照，发现异常应分析原因，同时检查测具和进行复测，并在备注栏内做出说明。

监测数据应及时进行检查和整理，点绘单项和综合监测资料过程线。进行单项和综合监测资料的合理性检查，分析监测数据发生异常的原因，必要时采取补救措施，对原始记载资料进行校核、复核。原始记载资料不得毁坏和丢失，并按时上报。

国家级水位基本监测站实行自动监测，每日定时采集6次监测数据；省级行政区重点水位基本监测站每日监测1次；普通水位基本监测站汛期宜每日监测1次，非汛期宜每5日监测1次；水位统测站每年监测3次；试验站的水位监测频次，可根据试验目的自行确定。

自动监测站，每日4时、8时、12时、16时、20时、24时应有监测记录，并记录日内最高水位、最低水位及其发生的时、分。每日监测1次的测站，监测时间为每日的8时。每5日监测1次的测站，监测时间为每月1日、6日、11日、16日、21日、26日的8时。统测站每年监测3次，监测时间为每年汛前、汛后和年末，监测日从每5日监测1次的监测中选定，统测时间为相应选定监测日的8时，新疆维吾尔自治区、西藏自治区、甘肃省、青海省、四川省、云南省和内蒙古自治区的阿拉善，可根据具体条件将其中规定的8时改成10时。

地下水水位监测数值以m为单位，精确到小数点后第二位。人工监测水位，应测量2次，间隔时间不应少于1 min，取2次水位的平均值，2次测量允许偏差为±0.02 m。当2次测量的偏差超过±0.02 m时，应重复测量。水位自动监测仪允许精度误差为±0.01 m。每次测量结果应当场核查，发现反常及时补测，保证监测资料真实、准确、完整、可靠。

自动监测仪器每月检查、校测1次，当校测的水位监测误差的绝对值大于0.01 m时，应对自动监测仪器进行校正。布卷尺、钢卷尺、测绳、导线等测具的精度必须符合国家计量检定规程允许的误差规定，每半年检定1次。

水质监测采集水样的频次、分析项目、分析时限、程序、方法、质量控制，水样的存放与运送，水样编号、送样单的填写，分析结果记载表和测具检定要求，均按《水环境监测规范》(SL 219—2013)执行。

水温基本监测站的监测频次为每年4次，分别为每年3月、6月、9月、12月的26日8时。水温监测的同时应监测气温及地下水水位，监测水温、气温的测具，最小分度值应不小于0.2℃，允许误差为±0.2℃。水温监测应符合以下要求：监测水温的测具应放置在地下水水面以下1.0 m处，或放置在泉水、正在开采的生产井出水水流中心处，静置5 min后读数；连续进行两次水温监测，当这两次监测数值之差的绝对值不大于0.4℃时，将这两次监测数值及其算术平均值计入相应原始水温监测记载表中；当两次监测数值之差的绝对值大于0.4℃时，应重复监测。水温测具和气温测具应每年检定1次，检定测具的允许误差为±0.1℃。

第七节　水文调查与水文遥感

目前收集水文资料的主要途径是定位观测，因为定位观测受到时间、空间的限制，收集的资料往往不能满足生产需要，所以必须通过水文调查来补充定位观测的不足，使水文资料更加系统完整，以更好地满足水资源开发利用、水利水电建设及其他国民经济建设的需要。

水文调查的内容分为四大类：流域调查、水量调查、洪水与暴雨调查、其他专项调查。本节主要介绍洪水与暴雨调查。

一、洪水调查

洪水调查中：对历史上的大洪水，应有计划地组织调查；对当年的特大洪水，应及时组织调查；对河道决口、水库溃坝等灾害性洪水，应力争在情况发生时或情况发生后较短时间内进行有关调查。

洪水调查工作包括：调查洪水痕迹、洪水发生的时间、灾情测量、洪水痕迹的高程；了解调查河段的河槽情况；了解流域自然地理情况；测量调查河段的纵横断面；必要时应在调查河段进行简易地形测量；对调查成果进行分析，推算洪水总量、洪峰流量、洪水过程及重现期，最后写出调查报告。

计算洪峰流量时，若调查的洪痕靠近某一水文站，可先求水文站基本水尺断面处的洪水位高程，通过延长该站的水位流量关系曲线，推求洪峰流量。

在新调查的河段无水文站情况下，洪水调查的洪峰流量可采用以下方法。

1. 比降法计算洪峰流量

1)匀直河段洪峰流量计算

$$Q=KJ^{1/2} \tag{3-34}$$

$$K=\frac{1}{n}(AR^{2/3})$$

式中：Q 为洪峰流量，m^3/s；J 为水面比降，‰；K 为河段平均输水率；n 为糙率；A 为河段平均断面积，m^2；R 为河段平均水力半径，m。

2)非匀直河段洪峰流量计算

$$Q=KJ_e^{1/2} \tag{3-35}$$

$$S_e=\frac{h_f}{L}=\frac{h+\left(\frac{\overline{V}_{上}^2-\overline{V}_{下}^2}{2g}\right)}{L} \tag{3-36}$$

式中：S_e 为能面比降；h_f 为两断面间的摩阻损失；h 为上、下两断面的水面落差，m；$\overline{V}_{上}$、$\overline{V}_{下}$ 分别为上、下两断面的平均流速，m/s；L 为两断面间距，m；g 为重力加速度。

3)考虑扩散及弯曲损失时的洪峰流量推算

$$Q=K\sqrt{\frac{h+(1-\alpha)\left(\frac{V_{上}^2}{2g}-\frac{V_{下}^2}{2g}\right)}{L}} \tag{3-37}$$

式中：α 为扩散、弯道损失系数，一般取 0.5；其余符号意义同式(3-36)。

根据以上式子，视不同情况选用公式估算洪峰流量。

糙率 n 可根据实测成果绘制的水位糙率曲线，或糙率表，或附近水文站的糙率资料，经综合分析后确定。对复式断面，可分别计算主槽和滩地的流量，再取其和。

2. 水面曲线法推算洪峰流量

当所调查的河段较长且洪痕较少，各河段河底坡降及断面变化、洪水水面曲线比较曲折时，不宜用比降法计算，可用水面曲线法推算洪峰流量。

水面曲线法的原理是：假定一流量 Q，由所估定的各河段河道糙率 n，自下游一已知的洪水水面点起，向上游逐段推算水面线，然后检查该水面线与各洪痕的符合程度。如大部分符合，表明所假定流量正确；否则，重新修订 Q 值，再推算水面线，直至大部分洪痕符合为止。

二、暴雨调查

以降雨为洪水成因的地区，洪水的大小与暴雨大小密切相关，暴雨调查资料对洪水调查成果起旁证作用。洪水过程线的绘制、洪水的地区组成，也需要组合面上的暴雨资料进行分析。

暴雨调查的主要内容有：暴雨成因、暴雨量、暴雨起讫时间、暴雨变化过程及前期雨量情况、暴雨走向及当时主要风向风力变化等。

对历史暴雨的调查，一般通过群众对当时雨势的回忆或与近期发生的某次大暴雨对比，得出定性概念；也可通过群众对当时地面坑塘积水、露天水缸或其他器皿承接雨量做定量估计，并对一些雨量记录进行复核，对降雨的时、空分布做出估计。

三、水文遥感

遥感技术，特别是航天遥感的发展，使人们能在宇宙空间的高度上，大范围、快速、周期性地探测地球上的各种现象及其变化。遥感技术在水文科学领域的应用称为水文遥感。水文遥感具有以下特点：动态遥感，从定性描述发展到定量分析，遥感、遥测、遥控的综合应用，遥感与地理信息系统相结合。

近些年来，遥感技术在水文水资源领域得到广泛应用并已成为收集水文信息的一种重要手段，尤其在水资源水文调查中的应用更为显著，列举如下几方面。

(1)流域调查。根据卫星图像可以准确查清流域范围、流域面积、流域覆盖类型、河长、河网密度、河流弯曲度等。

(2)水资源调查。使用不同波段、不同类型的遥感资料，容易判读各类地表水，如河流、湖泊、水库、沼泽、冰川、冻土和积雪的分布；还可分析饱和土壤面积、含水层分布，以估算地下水储量。

(3)水质监测。遥感资料进行水质监测可包括分析识别热水污染、油污染、工业废水及生活污水污染、农药化肥污染以及悬移质泥沙、藻类繁殖等情况。

(4)洪涝灾害的监测。包括洪水淹没范围的确定，决口、滞洪、积涝的情况，泥石流及滑坡的情况。

(5)河口、湖泊、水库的泥沙淤积及河床演变，古河道的变迁等。

(6)降水量的测定及水情预报。通过气象卫星传播器获取的高温和湿度间接推求降水量，或根据卫片的灰度定量估算降水量；根据卫星云图与天气图配合预报洪水及进行旱情监测。

此外，还可利用遥感资料分析处理测定某些水文要素，如水深、悬移质含沙量等。利用卫星传输地面自动遥测水文站资料，具有投资低、维护量少、使用方便的优点，且在恶劣天气下安全可靠、不易中断，对大面积、人烟稀少地区更加适合。

第八节　水文资料整理与《水文年鉴》

一、水文资料整理

水文资料整理是对原始的水文资料按科学方法和统一规格进行分析、统计、审核、汇编、刊印或储存等工作的总称。水文测验和水文调查所得的原始资料，篇幅浩繁，只有一份，有些资料在时间上是离散的，不能满足使用要求，只有经过审核、查证，按照统一的标准和规格，整理成系统、简明的图表，汇编成《水文年鉴》或其他形式，才便于使用。此外，通过水文资料整编，还可以发现水文测验技术上存在的问题。整编成果用表格表示，主要表式有反映逐日数值及月年统计值的逐日表，反映实测内容的实测成果表，反映瞬时变化过程的摘录表，以及考证资料、综合图表等。

资料整编工作的程序一般包括考证、定线（只有流量、泥沙、水质等项目有此内容）、制表、合理性检查等。

考证是要查证和订正水文测站有关水文测验的基本情况，将其作为选择整编方法和使用资料的依据。这些情况包括：测站地点及所属水系、流域特征、测验河段特性、水准基面、水准点、水尺零点高程及其变动情况、地下水测井所测含水层的情况、各项目主要测验仪器的型号、主要测验方法等。考证的成果用测站说明表及位置图、测站一览表和在各种表头上的标注等形式载入《水文年鉴》。

定线指按照整编需要，根据实测资料，确定两个水文要素间的关系曲线，作为用一个要素的资料去推算另一个要素的依据。例如，流量测验一般是间断地而不是连续地进行的，为了取得连续的流量资料，就要在整编时定出水位-流量关系曲线，然后用连续观测的水位资料，通过水位-流量关系曲线推算成连续的流量资料。同样，对悬移质含沙量资料，要定出单样含沙量（即代表含沙量或标志含沙量）与断面平均含沙量的关系线；对推移质输沙率的资料，要定出断面平均流速（或流量）与推移质输沙率的关系线；对水质资料，有时要定出流量与离子流量的关系线，作为用前一要素推算后一要素的依据。其他，如水位-面积、水位-流速、水位-库容等关系曲线，在整编中也都是常用的辅助工作曲线。有些关系是稳定的，定线工作比较简单。但在天然江河中，许多测站的关系是不稳定的，这时要查清不稳定的原因，正确处理。有时可以增加一个水力因素参数，建立三变量之间的稳定关系，如测站水面比降经常变动时，可以用附近河段的水面落差作参数，建立水位、落差与流量的稳定关系。这类方法称为水力因素型方法或称为单值化处理。那些不能进行单值化处理的，则只能把两要素的关系看作时间的函数来处理。例如，可以在关系图上按时间顺序绘出绳套形曲线，这类方法称为时序型方法。它要求测量次数足够多，能反映出关系的变化过程。

制表是指按照统一规格编制《水文年鉴》的刊印底表。工作内容包括逐日总量或均值的计算，月、年总量、均值、极值的统计等。极值统计一般为挑选月、年最高、最低或最大、最小值。对降水量资料来说，还要统计不同时段（从若干分钟到若干天）的最大降水量。

合理性检查是利用各种图表来检验整理成果是否符合水文要素的变化规律，以便发现和处理差错。这种检查分为：单站合理性检查，如水位过程线连续性的检查，本站水位、流量、输沙率过程线对照，历年同类关系曲线对照等；综合合理性检查，如相邻测站逐日降水量对照，上下游流量、输沙率过程线对照，上下游干支流月、年平均流量或输沙率的平衡检查等。

二、《水文年鉴》

《水文年鉴》是水文资料的主要来源，是按照统一的要求和规格，并按流域和水系统一编排卷册，逐年刊印的水文资料。把数量庞大、只有一份的水文观测原始记录，分析、整理，编制成简明的图表，汇集刊印成册，供给用户使用，是水文资料储存和传送的一种方式。《水文年鉴》

中载有测站分布图，测站考证资料，各测站的水位、流量、泥沙、水温、冰凌、降水量、蒸发量等资料。我国所有基本水文站的水文资料都以《水文年鉴》刊出，1986 年起陆续实行计算机存储、检索。

此外，各地区水文部门还编制有地区水文手册和各种水文图集，这些水文手册和图集是在分析研究该地区所有水文站资料的基础上编制出来的，载有地区各种水文特征值等值线图及计算各种径流特征值的地区经验公式等。利用水文手册和水文图集可以估算无水文观测资料地区的水文特征值，还有各水利水文编辑刊印的历史洪水调查资料、可能最大暴雨资料及水资源调查资料等，也可供分析使用。

本章习题

1. 水文测站观测的项目有哪些？
2. 水文测站可分为哪些种类？
3. 对于测验河段的选择，主要需考虑的原则是什么？
4. 如何计算日平均水位？
5. 确定河流断面流量的方法有哪些？
6. 什么是含沙量和输沙率？
7. 天然河道中，引起水位-流量关系不稳定的主要因素有哪些？
8. 水质监测的任务是什么？采样方法有哪些？
9.《水文年鉴》包括哪些内容？其有何用途？
10. 水文资料整编包括哪些内容？
11. 为什么要进行河流泥沙的测定？怎样确定断面输沙率？
12. 某河某站横断面如图 3-11 所示，试根据图中所给测流资料计算该站流量和断面平均流速。图中测线水深 $h_1=1.5$ m，$h_2=1.0$ m，$h_3=0.5$ m，$v_{0.2}$，$v_{0.6}$，$v_{0.8}$ 分别表示测线在 $0.2h$，$0.6h$，$0.8h$（h 为水深）处的测点流速，$a_{左}$，$a_{右}$ 分别表示左右岸的岸边系数。

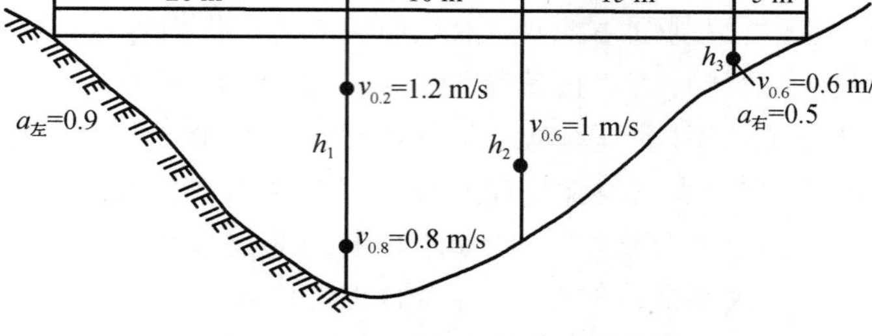

图 3-11　某河某站横断面及测流资料

13. 已知某水文站实测水位、流量成果，根据大断面资料计算出相应的断面面积，见表3-6，试求出各测次的平均流速，并绘制水位-流量、水位-面积、水位-流速关系曲线，求水位为57.62 m时的断面流量。

表 3-6 实测水位、流量成果

水位 Z/m	流量 Q/(m^3/s)	断面面积 A/m^2	平均流速 V/(m/s)
44.35	531	1 210	
45.45	1 200	1 580	
46.41	2 230	1 980	
46.96	2 820	2 210	
47.58	3 510	2 470	

第四章

水文统计基础知识

第一节 概 述

水文现象是一种自然现象，在其自身的发生、发展和演变过程中，受多种因素的影响，水文要素随时间的变化既有确定性的一面，也有随机性的一面。例如，径流在一年之内有丰水期、枯水期的变化，在年与年之间有多水年、少水年的变化，这是径流变化的确定性表现，即必然性规律；径流在未来某一时刻将出现什么量值，一般是不能确切预知的，这是径流变化的随机性表现，即偶然现象或随机现象。

对于必然现象，一般而言，通过物理成因分析，将描述的现象用数学物理方程列出并求解，即可预测以后任意时刻的状态。例如，依据流域上降落的雨量和流域前期湿润情况，通过对暴雨洪水的分析，便可做出洪水过程的预估。水文学中把这种从必然性方面探索水文现象短期变化规律的方法称为成因分析法。

对于偶然现象或随机现象，表面看起来似乎无规律可循，但是观察大量的同类随机现象之后，还是可以看出其规律性的。如河流上任一断面的年径流量是一种随机现象，由于受到许多因素的影响，每年都不相同。但由长期的观测资料分析可知，在上游径流形成条件没有较大变化的情况下，年径流量的平均值是一个相当稳定的数值，并且特大或特小的年径流量值出现的机会都较小，而中等大小的年径流量值出现的机会较大。这种需要大量统计数据才能得出的规律，称为统计规律。水文学把这种从随机性方面研究水文现象长期变化规律的方法称为水文统计方法。

数学上把研究随机现象统计规律的学科称为概率论，而把由随机现象的一部分试验资料去研究总体现象的数字特征和规律的学科称为数理统计。概率论与数理统计是密切相连的，数理统计必须以概率论为基础，概率论往往把由数理统计所提示的事实提高到理论高度去认识。

水文统计的任务就是研究和分析水文随机现象的统计变化特性，并以此为基础对水文现象未来长期变化做出在概率意义下的定量预估，以满足工程规划、设计、施工以及运营期间的需要。

第二节　概率的基本概念

一、事件

在概率论中，对随机现象的观测称为随机试验，随机试验的结果称为事件。事件可以是数量性质的，如某河流某断面处的最大洪峰流量值；也可以是属性性质的，如天气的风、雨、雪、晴、阴等。事件可以分为3类：

(1)必然事件。在每次试验中一定会出现的事件，称为必然事件。例如，流域内大面积降雨且产流的情况下，河中水位上升是必然事件。

(2)不可能事件。在每次试验中都不会发生的事件，称为不可能事件。例如，流域内没有降水，也没有冰雪消融，发生洪水是不可能事件。

(3)随机事件。在一次随机试验中可能发生也可能不发生的事件，称为随机事件。例如，在流域自然地理条件保持不变的情况下，某河流某断面洪水期出现的年最大洪峰流量可能大于某一个数值，亦可能小于某一个数值，事先不能确定，因而它是随机事件。

二、概率

随机事件在试验结果中可能出现也可能不出现，其出现(或不出现)的可能性大小也不相同。为了比较随机事件出现的可能性大小，必须有个数量标准，这个数量标准就是随机事件的概率。

随机事件的概率(也称古典概率)可由下式计算：

$$P(\mathrm{A})=\frac{m}{n} \tag{4-1}$$

式中：$P(\mathrm{A})$为在一定的条件组合下，出现随机事件A的概率；m为出现随机事件A的结果数；n为在试验中所有可能出现的结果数。

显然，对于必然事件，$m=n$，$P(\mathrm{A})=1$；对于不可能事件，$m=0$，$P(\mathrm{A})=0$；对于随机事件，$0\leqslant m\leqslant n$，所以$0\leqslant P(\mathrm{A})\leqslant 1$。

式(4-1)只适用于古典概率事件。所谓古典概率是指试验的所有可能结果都是等可能的，且试验可能结果的总数是有限的。事实上，水文事件一般不具备这种性质。为了计算在一般情况下随机事件的概率，引入随机事件频率的概念。

三、频率

设事件A在n次试验中出现了m次，则

$$W(\mathrm{A})=\frac{m}{n} \tag{4-2}$$

式中：$W(\mathrm{A})$是事件A在n次试验中出现的频率。

当试验次数n不大时，事件的频率是很不稳定的，具有明显的随机性。但当试验次数足

够大时,事件的频率与概率之差会达到任意小的程度,即频率趋于概率。这一点不仅为大量的试验和人类的实践活动所证实,而且在数学理论上也得到了证明。即

$$\lim_{n\to\infty}W(A)=P(A) \tag{4-3}$$

频率是经验值,概率是理论值。当试验次数足够多时,可以用频率来推求概率,即推求随机事件在客观上可能出现的程度。频率和概率之间的这种有机联系给解决实际问题带来很大的方便。当事件(实际问题)不能归结为古典概型时,就可以通过多次试验,把事件的频率作为事件概率的近似值。水文现象无法得到总体,不能用式(4-1)计算水文现象的概率,只能将有限的实测水文资料当作多次重复试验,用式(4-3)推求其频率作为概率的近似值。

四、概率加法定理和乘法定理

除了以上直接确定事件概率的方法以外,还常常采用间接方法确定事件的概率,即按照事件之间的联系,从已知事件的概率来定义其他事件的概率。例如,某测站每年最高水位出现高于某一水位的概率为已知,则通过事件之间的一定联系,可以求得连续 3 年最高水位都高于该水位的概率。为了用间接方法求事件的概率,必须遵循概率论的基本定理。常用的基本定理主要有概率的加法定理和乘法定理。

(一)概率加法定理

在一次试验中,只有一个事件发生,其他事件均不发生,这类事件称为互斥事件。例如:掷硬币时出现正面就不可能出现反面,掷骰子时只能出现一种点子数,河道中每年汛期的最大洪峰流量等,都属于互斥事件。

概率加法定理 互斥的各个事件中,至少有一个事件发生的概率等于各事件发生的概率之和,即

$$P(A_1+A_2+\cdots+A_n)=P(A_1)+P(A_2)+\cdots+P(A_n) \tag{4-4}$$

式中:$P(A_1+A_2+\cdots+A_n)$为出现事件 A_1 或 $A_2,A_3,\cdots,A_n$ 的概率;$P(A_1),P(A_2),\cdots,P(A_n)$为事件 $A_1,A_2,\cdots,A_n$ 发生的概率。

【例 4-1】某测站有 52 a 的实测枯水位记录,各种水位出现的频率如表 4-1 所示,试确定水位 $H\geqslant2.5$ m 和 $H\geqslant2.0$ m 的概率。

表 4-1 某测站枯水位频率计算

水位 H/m	频数 f/a	频率 W/%
4.0	2	3.8
3.5	8	15.4
3.0	10	19.2
2.5	13	25.0
2.0	11	21.2
1.5	6	11.6
1.0	2	3.8
Σ	52	100.0

由概率加法定理可知：

$$P(H \geqslant 2.5)=W(2.5)+W(3.0)+W(3.5)+W(4.0)$$
$$=0.250+0.192+0.154+0.038$$
$$=0.634=63.4\%$$

$$P(H \geqslant 2.0)=W(2.0)+P(H \geqslant 2.5)$$
$$=0.212+0.634$$
$$=0.846=84.6\%$$

(二)概率乘法定理

多个事件中，某一事件的出现并不影响其他事件的出现，此类事件称为独立事件。例如：掷两枚骰子，第一枚出现的点数与第二枚出现的点数无关；河道中每年出现的最高洪水位的数值是相互独立的。

概率乘法定理　几个独立事件同时发生的概率等于各事件发生的概率的乘积，即

$$P(A_1 \cdot A_2 \cdot \cdots \cdot A_n)=P(A_1) \cdot P(A_2) \cdot \cdots \cdot P(A_n) \tag{4-5}$$

式中：$P(A_1 \cdot A_2 \cdot \cdots \cdot A_n)$为事件 $A_1, A_2, \cdots, A_n$ 同时发生的概率。

【例 4-2】有 3 条互不影响的排水渠，它们遭遇溢满破坏的概率各为 1/10，求这 3 条排水渠在工作中同时溢满破坏的概率。

由概率乘法定理可知：

$$P=\frac{1}{10}\times\frac{1}{10}\times\frac{1}{10}=\frac{1}{1\,000}=0.1\%$$

在实际问题中，除了讨论某一事件发生的概率外，还讨论一些不独立事件的概率。对于不独立事件的概率，如在事件 A 发生的前提下事件 B 发生的概率，称为事件 B 在事件 A 发生下的条件概率，简称事件 B 的条件概率，记作 $P(B|A)$。由概率乘法定理可表达为

$$P(AB)=P(A)P(B|A) \tag{4-6}$$

或

$$P(AB)=P(B)P(A|B) \tag{4-7}$$

五、频率与重现期

为便于理解，水文学中常采用重现期的概念。所谓重现期是指某一水文事件的取值在长时期内平均多少年出现一次，又称多少年一遇。

频率 P 与重现期 T 的关系，对下列两种不同情况有不同的表示方法。

(1)研究暴雨洪水问题时，一般设计频率小于 50%，则

$$T=\frac{1}{P} \tag{4-8}$$

式中：T 为重现期，以 a(年)计；P 为频率，以小数或百分数计。

例如，当设计洪水的频率采用 $P=1\%$时，代入式(4-8)得 $T=100$ a，称为百年一遇洪水。

(2)研究枯水问题时，为了保证灌溉、发电及给水等用水需要，设计频率 P 常大于50%，则

$$T=\frac{1}{1-P} \tag{4-9}$$

例如，当灌溉设计保证率 $P=90\%$ 时，代入式(4-9)得 $T=10$ a，称为十年一遇的枯水年。若以此作为设计来水的标准，则说明平均 10 a 中有 1 a 来水小于此枯水年的水量，而其余几年的来水等于或大于此数值，也就是说平均具有 90%的可靠程度。

必须指出，由于水文现象一般并无固定的周期性，上面所讲的频率是指多年中的平均出现机会，重现期也是指多年中平均若干年可以出现一次。例如，百年一遇的洪水，是指大于或等于这样的洪水在长时期内平均 100 a 发生一次，而不能理解为每隔 100 a 就能遇上一次。对于某具体的 100 a 来说，超过这样大的洪水可能有几次，也可能一次都不出现。

第三节　随机变量及其概率分布

一、随机变量

随机试验的结果一般是一个数量，这个量随着试验的重复可以取不同的数值，而且带有随机性，这样的变量称为随机变量。若随机试验的结果不是数量，可以通过适当的方式转换为数量。简言之，随机变量是在随机试验中测量到的数量。水文现象中的随机变量一般是指某种水文特征值，如某站的年降水量、年径流量或洪峰流量等。

随机变量可分为两大类型：

(1)离散型随机变量。若某随机变量仅能取得有限个或可列无穷多个离散数值，则称此随机变量为离散型随机变量。例如：某河一年内出现洪峰的次数只可能取 0,1,2,…，而不能取相邻两数间的任何中间值。

(2)连续型随机变量。若随机变量可以取某一个有限区间内的任何数值，则称此随机变量为连续型随机变量。水文现象大多属于连续型随机变量。例如，某站流量可以在 0 和极限值之间变化，因而它可以是 0 与极限流量之间的任何数值。

二、随机变量的概率分布

随机变量可以取所有可能值中的任何一个值。例如，随机变量 X 可能取 x_1，也可能取 x_2，x_3…但是取某一可能值的机会却是不同的，有的机会大，有的机会小。这就是说，随机变量是以一定的概率来取某一可能值的，即随机变量的取值与其概率有一定的对应关系。例如，随机变量 X 与其概率有下列的对应关系：

$$P(X=x_1)=p_1,\quad P(X=x_2)=p_2,\quad P(X=x_3)=p_3,\quad \cdots,\quad P(X=x_n)=p_n$$

其中：$p_1,p_2,p_3,\cdots,p_n$ 分别表示随机变量 X 取 $x_1,x_2,x_3,\cdots,x_n$ 所对应的概率。一般将这种对应关系称为随机变量的概率分布规律，简称概率分布。

对离散型随机变量，它的概率满足下列两个条件：

(1) $p_n \geqslant 0(n=1,2,\cdots)$;

(2) $\sum p_n = 1$。

对连续型随机变量而言,因为其可能取值为无限多个,而取个别值的概率趋近于零,所以无法研究个别值的概率,只能研究某个区间的概率,即随机变量取某一个区间内数值的概率。例如,周长为 1 m 的轮子在平板上滚动,停在 0.7~0.8 m 的概率为 1/10,停在 0.70~0.71 m 的概率为 1/100,而恰巧停止在某一点,如 0.70 m 处的概率则趋近于零($1/\infty$)。此外,还经常研究随机变量取大于或等于某一个值的概率,即研究 $X \geqslant x$ 的概率,一般将此概率表示为 $P(X \geqslant x)$。当然,同样也研究 $X<x$ 的概率,即研究 $P(X<x)$。且二者是可以互相转换的,所以只需研究一种就够了。水文学上习惯研究 $X \geqslant x$ 的概率及其分布。

事件 $X \geqslant x$ 的概率 $P(X \geqslant x)$ 随随机变量的取值 x 而变化,所以是 x 的函数,这个函数称为随机变量 X 的分布函数,记为

$$F(x)=P(X \geqslant x) \tag{4-10}$$

$P(X \geqslant x)$ 代表随机变量 X 的取值大于 x 的概率。$F(x)$ 的几何曲线如图 4-1 所示,图中纵坐标表示变量 x,横坐标表示概率分布函数值 $F(x)$,在数学上称此为随机变量的概率分布曲线,而在水文学上通常称此为随机变量的累积频率曲线,简称频率曲线。在图 4-1 中,当 $x=x_p$ 时,由分布曲线上查得 $F(x)=P(X \geqslant x_p)=P$,这说明随机变量大于 x_p 的可能性是 $P(\%)$。

由概率加法定理,随机变量 X 落在区间 $[x, x+\Delta x)$ 的概率可用下式表示:

$$P(x+\Delta x > X \geqslant x)=F(x)-F(x+\Delta x) \tag{4-11}$$

从式(4-11)可知,随机变量 X 落入区间 $[x, x+\Delta x)$ 的概率与区间长度 Δx 之比值为 $\dfrac{F(x)-F(x+\Delta x)}{\Delta x}$,表示随机变量 X 落入区间 $[x, x+\Delta x)$ 的平均概率,而

$$\lim_{\Delta x \to 0} \frac{F(x)-F(x+\Delta x)}{\Delta x} = -\lim_{\Delta x \to 0} \frac{F(x+\Delta x)-F(x)}{\Delta x} = -F'(x) \tag{4-12}$$

$F'(x)$ 为分布函数 $F(x)$ 的一阶导数。令

$$f(x)=-F'(x)=\frac{-\mathrm{d}F(x)}{\mathrm{d}x} \tag{4-13}$$

函数 $f(x)$ 刻画了概率分布密度的性质,所以称为分布密度函数,也称为概率密度函数,一般简称密度函数。密度函数 $f(x)$ 的几何曲线称为分布密度曲线或概率密度曲线(图 4-2)。

通过密度函数 $f(x)$ 可以非常方便地求出随机变量 X 落在区间 $\mathrm{d}x$ 上的概率,显然它等于 $f(x)\mathrm{d}x$。$f(x)\mathrm{d}x$ 称为概率元素,随机变量 X 的最大上限一般取无穷大 ∞。$F(x)$ 的几何意义就是表示位于 x 轴上边的密度曲线所包围的面积,如图 4-2 中的阴影部分。通过密度函数可以求出概率分布函数 $F(x)$,即

$$F(x)=P(X \geqslant x)=\int_x^{\infty} f(x)\mathrm{d}x \tag{4-14}$$

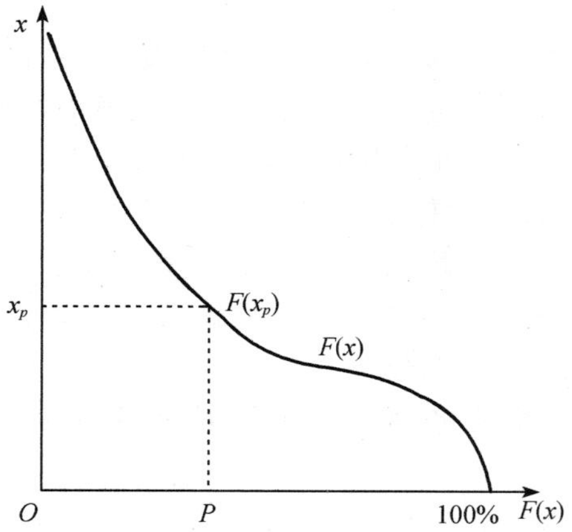

图 4-1 概率分布函数曲线

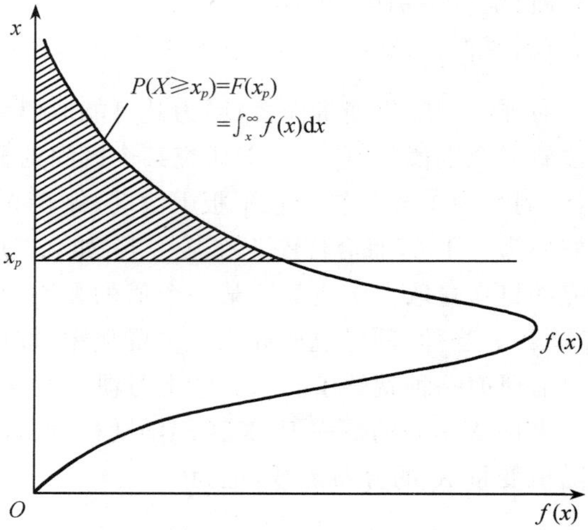

图 4-2 概率密度曲线

由此可见,对连续型随机变量而言,密度函数和分布函数从不同的角度完善地描述了随机变量的概率分布规律,所以是随机变量的基本特征。

【例 4-3】图 4-3 表示某雨量站的年雨量分布曲线。求该站年降雨量在 800～900 mm 的概率。

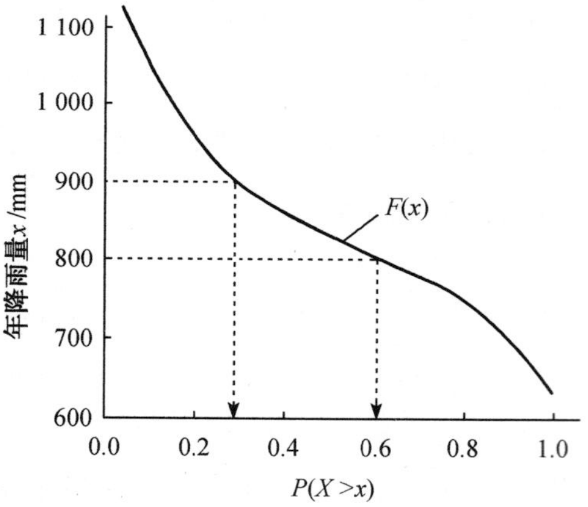

图 4-3 某雨量站年雨量分布曲线

这是求解随机变量落在区间$[x, x+\Delta x)$的概率问题。

由式(4-10)可知:

$$F(800)=P(X\geqslant 800)=0.60$$

$$F(900)=P(X\geqslant 900)=0.26$$

由式(4-11)可知:

$$P(900>X\geqslant 800)=F(800)-F(900)$$
$$=0.60-0.26=0.34$$

即该站年雨量在 800～900 mm 的可能性是 34%。

三、随机变量的统计参数

随机变量的概率分布曲线或分布函数较完整地描述了随机现象。然而在一些实际问题中,随机变量的分布函数不易确定,有时也不一定都需要用完整的形式来说明随机变量,而是只要知道其某些特征数值,能说明随机变量的主要特性。例如,某地的年降水量是一个随机变量,各年不同,有一定的概率分布曲线,若要了解该地区年降水量的大致情况,多年平均降水量就是反映该地降水量多少的一个重要数量指标。这种能说明随机变量统计规律的某些数字特征值,称为随机变量的统计参数。

水文现象的统计参数反映其基本的统计规律,能概括水文现象的基本特性和分布特点。

这些参数具体、明确，便于对水文统计特性进行地区综合，也是频率曲线估计的基础，对于计算成果的合理性分析以及解决缺乏资料地区中小河流的水文计算问题具有重要的实际意义。

统计参数有总体统计参数与样本统计参数之分。在统计数学中，把某种随机变量所取数值的全体，称为总体。从总体中任意抽取的一部分，称为样本。样本中所包括随机变量的个数，称为样本容量。水文现象的总体通常是无限的，它是指自古迄今以至未来长远岁月所有的水文系列；而样本则是指有限期间内观测的系列。显然，水文随机变量的总体是不知道的，这就需要在总体不知道的情况下，依靠有限的样本观测资料去估计总体的统计参数或总体的分布规律。在工程水文计算中常用的统计参数如下。

(一)均值

均值表示随机变量系列的平均情况，说明这一系列总水平的高低。例如，甲河多年平均流量 $\overline{Q}_{甲}=846.3\ \mathrm{m^3/s}$，乙河多年平均流量 $\overline{Q}_{乙}=51.8\ \mathrm{m^3/s}$，说明甲河的水量比乙河丰富。均值是随机变量分布的重心，也是频率曲线方程中的重要参数。水文统计中的均值是水文现象的重要特征值。

设某水文变量的观测系列(样本)为 $x_1,x_2,\cdots,x_n$，其均值为

$$\overline{x}=\frac{x_1+x_2+\cdots+x_n}{n}=\frac{1}{n}\sum_{i=1}^{n}x_i \tag{4-15}$$

(二)均方差

均值能反映系列中随机变量的平均情况，但不能说明系列中各变量值的集中或离散程度。均方差与变差系数是用来反映随机变量的离散程度的参数。例如，有两条河流，其3年内的水位变化如下：

甲河流：$H_{甲1}=28\ \mathrm{m}$，$H_{甲2}=30\ \mathrm{m}$，$H_{甲3}=32\ \mathrm{m}$；

乙河流：$H_{乙1}=20\ \mathrm{m}$，$H_{乙2}=30\ \mathrm{m}$，$H_{乙3}=40\ \mathrm{m}$。

显然，这两条河流3年内的水位均值相等，都等于30 m，但变化程度差别很大，一个的变化范围为28～32 m，而另一个的变化范围为20～40 m。

研究离散程度是以均值为中心来考查的。因此，离散特征参数可用相对于分布中心的离差来计算。设以平均数 $\overline{x}$ 代表分布中心，随机变量与分布中心的离差为 $x-\overline{x}$。因为随机变量的取值有些是大于 $\overline{x}$ 的，有些是小于 $\overline{x}$ 的，故离差有正有负，其平均值为零。为了使离差的正值和负值不致相互抵消，一般取 $(x-\overline{x})^2$ 的平均值的开方作为离散程度的计量标准，并称为均方差(或标准差)，即

$$\sigma=\sqrt{\frac{\sum_{i=1}^{n}(x_i-\overline{x})^2}{n}} \tag{4-16}$$

均方差取正号，其单位与 x 相同。不难看出，如果各变量取值 x_i 距离 $\overline{x}$ 较远，则 σ 大，表明此变量分布较分散，离散程度大；如果 x_i 距离 $\overline{x}$ 较近，则 σ 小，表明此变量分布比较集中，离散程度小。按式(4-16)计算上述两条河流水位的均方差：$\sigma_{甲}=1.63\ \mathrm{m}$；$\sigma_{乙}=8.16\ \mathrm{m}$。显然，甲河流水位离散程度较小，乙河流水位离散程度较大。

（三）变差系数

均方差虽然能说明系列的离散程度，但对均值不相同的两个系列，用均方差来比较其离散程度就不合适了。例如，甲地区的年雨量均值 $\overline{P}_{甲}=1\ 200$ mm，均方差 $\sigma_{甲}=360$ mm；乙地区的年雨量均值 $\overline{P}_{乙}=800$ mm，均方差 $\sigma_{乙}=280$ mm，这时就难以用 σ 来判断这两个地区年雨量分布的离散程度哪一个大。因为尽管 $\sigma_{甲}>\sigma_{乙}$，但同时也有 $\overline{P}_{甲}>\overline{P}_{乙}$。

为了克服以均方差衡量系列离散程度的这种缺点，数理统计中用均方差与均值之比作为衡量系列相对离散程度的一个参数，这个参数称为变差系数，记为 C_v，又称离差系数（或离势系数）。变差系数是一无因次的数，其计算式为

$$C_v=\frac{\sigma}{\overline{x}}=\sqrt{\frac{\sum_{i=1}^{n}(K_i-1)^2}{n}} \tag{4-17}$$

式中：K_i 为模比系数，$K_i=x_i/\overline{x}$。从式(4-17)中可以看出，变差系数 C_v 可以理解为变量 x 换算成模比系数 K_i 以后的均方差，C_v 越大，表明系列的变化程度越大。由式(4-17)可得出上述两个地区年雨量的变差系数，$C_{v甲}=0.30$，$C_{v乙}=0.35$，即说明乙地区的年雨量离散程度要比甲地区的大。

（四）偏态系数

变差系数只能反映系列的离散程度，但它不能反映系列在均值两旁的分布情况，即系列在均值两旁的分布是否对称的问题。如果不对称，是大于均值的取值出现的机会多，还是小于均值的取值出现的机会多。用于描述系列不对称（偏态）的参数，称为偏态系数（或偏差系数），记为 C_s，其计算式为

$$C_s=\frac{\frac{\sum_{i=1}^{n}(x_i-\overline{x})^3}{n}}{\sigma^3}=\frac{\sum_{i=1}^{n}(x_i-\overline{x})^3}{n\sigma^3}=\frac{\sum_{i=1}^{n}(K_i-1)^3}{nC_v^3} \tag{4-18}$$

偏态系数也是一个无因次数。当随机变量大于均值与小于均值的出现机会相等时，亦即当系列取值对称于 $\overline{x}$ 时，$C_s=0$，此时均值所对应的频率为50%。当系列对于 $\overline{x}$ 不对称时，$C_s\neq0$。其中，当小于均值的出现机会多时，均值所对应的频率大于50%，此时正离差的立方占优势，$C_s>0$，为正偏（或右偏）；相反，当大于均值的出现机会多时，均值所对应的频率小于50%，此时负离差的立方占优势，$C_s<0$。

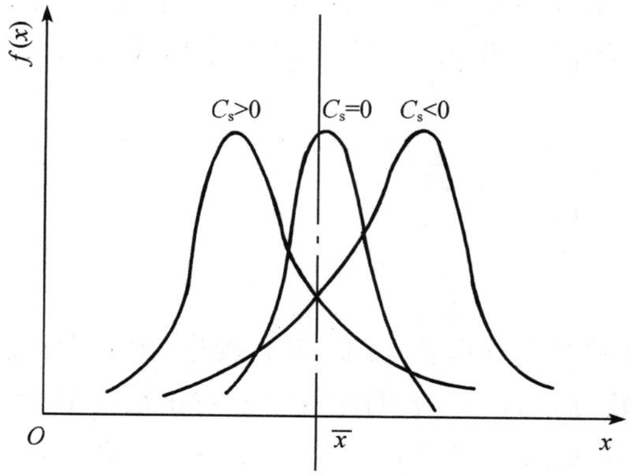

图 4-4　C_s 对密度曲线的影响

上述概念如从总体分布的密度曲线来看，就会更加清楚。如图4-4所示，曲线下的面积以均值为界，对 $C_s=0$，左边等于右边；对 $C_s>0$，左边大于右边；对 $C_s<0$，左边则小于右边。

（五）矩

矩在力学中广泛地用来描述质量的分布（静力

矩、惯性矩），而在统计学中常用矩来描述随机变量的分布特征。上述参数，有些可以用矩来表示。

矩可分为原点矩和中心矩两种。

1. 原点矩

随机变量 X 对原点离差的 r 次幂的数学期望 $E(X^r)$，称为随机变量 X 的 r 阶原点矩，以符号 m_r 表示，即

$$m_r=E(X^r) \quad (r=0,1,2,\cdots,n)$$

对离散型随机变量，r 阶原点矩为

$$m_r=E(X^r)=\sum_{i=1}^{n}x_i^r p_i \tag{4-19}$$

对连续型随机变量，r 阶原点矩为

$$m_r=E(X^r)=\int_{-\infty}^{\infty}x^r f(x)\mathrm{d}x \tag{4-20}$$

当 $r=0$ 时，$m_0=E(X^0)=\sum_{i=1}^{n}p_i=1$，即零阶原点矩就是随机变量所有可能取值的概率之和，其值等于 1。

当 $r=1$ 时，$m_1=E(X^1)$，即一阶原点矩就是数学期望，也就是算术平均数。

2. 中心矩

随机变量 X 对分布中心 $E(X)$ 离差的 r 次幂的数学期望 $E\{[X-E(X)]^r\}$，称为 X 的 r 阶中心矩，以符号 μ_r 表示，即

$$\mu_r=E\{[X-E(X)]^r\}$$

对离散型随机变量，r 阶中心矩为

$$\mu_r=E\{[X-E(X)]^r\}=\sum_{i=1}^{n}[x_i-E(X)]^r p_i \tag{4-21}$$

对连续型随机变量，r 阶中心矩为

$$\mu_r=E\{[X-E(X)]^r\}=\int_{-\infty}^{\infty}[x-E(X)]^r f(x)\mathrm{d}x \tag{4-22}$$

当 $r=0$ 时，$\mu_0=E\{[X-E(X)]^0\}=\int_{-\infty}^{\infty}[x-E(X)]^0 f(x)\mathrm{d}x=\int_{-\infty}^{\infty}f(x)\mathrm{d}x=1\cdot\mu_0=1$。

当 $r=1$ 时，$\mu_1=E\{[X-E(X)]\}=\int_{-\infty}^{\infty}[x-E(X)]f(x)\mathrm{d}x=\int_{-\infty}^{\infty}xf(x)\mathrm{d}x-E(X)\int_{-\infty}^{\infty}f(x)\mathrm{d}x=E(X)-E(X)=0$。

当 $r=2$ 时，$\mu_2=E\{[X-E(X)]^2\}=\sigma^2$，即随机变量 X 的二阶中心矩就是标准差的平方（称为方差）。

当 $r=3$ 时，$\mu_3=E\{[X-E(X)]^3\}$，由式(4-18)可知，$C_s=\mu_3/\sigma^3$。

综上所述，算术平均数、变差系数、偏态系数都可以用各种矩来表示。矩的概念及其计算在工程水文计算中经常遇到。

第四节　水文频率分布曲线

水利水电工程的规划设计，常常需要知道大于或等于某一特征值的频率是多少，也就是要提供一定频率的水文数值，这就需要绘制频率曲线。水文计算中习惯上把由实测资料(样本)所绘制的频率曲线称为经验频率曲线，而把由数学方程式所表示的频率曲线称为理论频率曲线。选择哪一种频率曲线作为水文频率分布线型的理论频率曲线，主要取决于其与大多数水文资料的经验频率点据的配合情况。分布线型的选择与统计参数的估算，一起构成了频率计算的两大内容。经验频率的计算及经验频率曲线的绘制是水文频率计算的基础，经验频率曲线在实际应用中有一定的实用性。

一、经验频率曲线

1. 经验频率计算公式

设某水文要素的系列(样本系列)共有 n 项，按由大到小的次序排列为：$x_1, x_2, \cdots, x_m, \cdots, x_n$，则在系列中大于及等于 x_1 的出现次数为 1，其频率为 $1/n$；大于及等于 x_2 的出现次数为 2，其频率为 $2/n$；…；大于及等于 x_m 的出现次数为 m，其频率为 m/n，等等。

上述经验频率按下式计算：

$$P=\frac{m}{n}\times 100\% \tag{4-23}$$

式中：P 为大于和等于 x_m 的经验频率；m 为 x_m 的序号，即大于和等于 x_m 的项数；n 为样本容量，即观测资料的总项数。

由于水文资料都是样本资料，欲从这些资料来估计总体的规律就有不合理的地方。例如，当 $m=n$ 时，最末项 x_n 的频率为 $P=100\%$，即样本的末项 x_n 就是总体中的最小值，样本之外不会出现比 x_n 更小的值，这显然不符合实际情况。因为随着观测年数的增多，总会有更小的数值出现。因此，有必要选用比较合乎实际的公式。现行有代表性的经验频率公式主要有：

数学期望公式

$$P=\frac{m}{n+1}\times 100\% \tag{4-24}$$

切哥达也夫公式

$$P=\frac{m-0.3}{n+0.4}\times 100\% \tag{4-25}$$

海森公式

$$P=\frac{m-0.5}{n}\times 100\% \tag{4-26}$$

后两个公式在统计学上都有一定的理论依据，但具体推导比较复杂。目前我国水文上广泛采用的是数学期望公式。

2. 经验频率曲线绘制方法及存在问题

现以某站 10 a 的实测最大洪峰流量资料为例，说明经验频率曲线的绘制和使用方法。具体步骤如下：

(1)将逐年实测的年最大洪峰流量(水文变量)填入表 4-2 中第(1)、(2)列。

表 4-2　某站年最大洪峰量经验频率计算表

年份	年最大洪峰流量 $Q_m/(m^3/s)$	序号	由大到小排列的 $Q_m/(m^3/s)$	经验频率 $P=\frac{m}{n+1}\times 100\%$
(1)	(2)	(3)	(4)	(5)
1961	720	1	2 650	9.1
1962	1 080	2	2 060	18.2
1963	1 030	3	1 440	27.3
1964	1 250	4	1 420	36.4
1965	1 440	5	1 370	45.5
1966	1 420	6	1 250	54.5
1967	1 120	7	1 120	63.6
1968	2 060	8	1 080	72.7
1969	1 370	9	1 030	81.8
1970	2 650	10	720	90.9

(2)将第(2)列的年最大洪峰流量按由大到小递减次序重新排列，填入第(4)列；第(3)列是"序号"列，自上而下为 1,2,3,…,10。

(3)按数学期望公式(4-24)分别计算经验频率 $P=\frac{m}{n+1}\times 100\%$，填入第(5)列。

(4)以第(4)列的 Q_m 为纵坐标，以第(5)列的 P 为横坐标，在频率格纸上点绘经验频率点，然后徒手目估，绘制通过点群中间的一条光滑曲线，即该站的年最大洪峰流量经验频率曲线，如图 4-5 所示。

(5)根据工程设计标准指定的频率值，在曲线上查出所需的水文数据。如设计频率为 10%，则从图 4-5 上可查得设计年最大洪峰流量为 2 550 m^3/s。

经验频率曲线完全是根据实测资料绘出的，当实测资料较长或设计标准要求较低时，经验频率曲线尚能解决一些实际问题。但是，工程设计时往往要推求稀遇的洪水，如 $P=1\%$、0.1%、0.01%，而目前实测资料一般只有几十年，计算的经验频率点只有几十个。因此，需要查用的经验频率曲线上端部分往往没有实测点据控制，即使采用频率格纸使经验频率曲线变直一些，但要进行曲线外延时仍有相当的主观成分，会使设计水文数据的可靠程度受到影响。另外，水文要素的统计规律有一定的地区性，但是我们很难直接利用经验频率曲线把这种地区性的规律综合出来，没有这种地区性规律，就无法解决无实测水文资料的小流域的水文计算问题。为解决这些问题，人们提出用数学方程式表示的频率曲线来配合经验点据，这就是理论频率曲线。

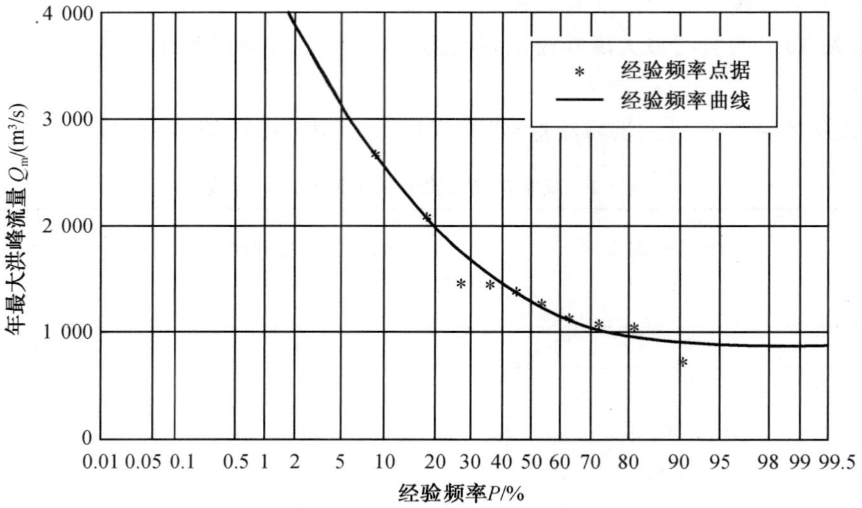

图 4-5　某站年最大洪峰流量经验频率曲线

二、理论频率曲线

探求频率曲线的数学方程，即寻求水文频率分布线型，一直是水文分析计算中一个争论性很强的课题。水文随机变量究竟服从何种分布，目前还没有充足的论证，而只能以某种理论线型近似代替。这些理论线型并不是从水文现象的物理性质方面推导出来的，而是根据经验资料从数学的已知频率函数中选出来的。迄今为止，国内外采用的理论线型已有 10 余种，诸如正态曲线、皮尔逊Ⅲ(P-Ⅲ)型曲线、对数皮尔逊Ⅲ型曲线、耿贝尔(EV-Ⅰ)型曲线以及克里茨基-闵凯里(K-M)型曲线等。不过，从现有资料来看，正态曲线、皮尔逊Ⅲ型曲线和对数皮尔逊Ⅲ型曲线比较符合水文随机变量的分布。因此，这 3 种曲线(尤其是 P-Ⅲ型曲线)用得最多，现简介如下。

1. 正态曲线

自然界中许多随机变量具有一种类似的概率密度分布。数学中，这类分布的共性被抽象成一种分布概型，称为“正态分布”。

正态分布具有如下形式的概率密度函数：

$$f(x)=\frac{1}{\sigma\sqrt{2\pi}}e^{-\frac{(x-\overline{x})^2}{2\sigma^2}}\quad(-\infty<x<+\infty)\tag{4-27}$$

式中：$\overline{x}$ 为平均数；σ 为均方差；e 为自然对数的底。

正态分布的密度曲线有下面几个特点：

(1)单峰；

(2)对于均值 $\overline{x}$ 对称，即 $C_s=0$；

(3)曲线两端趋于 $\pm\infty$，并以 x 轴为渐近线。

正态分布密度函数中只包含两个参数，平均数 $\overline{x}$ 和标准差 σ。若某个随机变量呈正态分布，只要求出它的 $\overline{x}$ 和 σ，其分布便完全决定了。

可以证明，正态分布曲线在 $\overline{x}\pm\sigma$ 处出现拐点，并且

$$P_{\sigma}=\frac{1}{\sigma\sqrt{2\pi}}\int_{\overline{x}-\sigma}^{\overline{x}+\sigma}\mathrm{e}^{-\frac{(x-\overline{x})^2}{2\sigma^2}}\mathrm{d}x=0.683$$

$$P_{3\sigma}=\frac{1}{\sigma\sqrt{2\pi}}\int_{\overline{x}-3\sigma}^{\overline{x}+3\sigma}\mathrm{e}^{-\frac{(x-\overline{x})^2}{2\sigma^2}}\mathrm{d}x=0.997$$

正态分布曲线与 x 轴围成的全部面积显然等于 1。这就是说，$\overline{x}\pm\sigma$ 区间的面积占全部面积的 68.3%，$\overline{x}\pm3\sigma$ 区间的面积占全部面积的 99.7%，见图 4-6。

2. 皮尔逊Ⅲ(P-Ⅲ)型曲线

英国生物学家皮尔逊注意到物理学、生物学以及经济学上的有些随机变量不具有正态分布，因此致力于探求各种非正态的分布曲线，最后提出 13 种分布曲线的类型。根据实践经验，在我国与水文资料配合较好的是其中的Ⅲ型曲线。行业标准《水利水电工程设计洪水计算规范》(SL 44—2006)中规定：频率曲线的线型一般应采用皮尔逊Ⅲ型曲线，特殊情况经分析论证后也可采用其他线型。目前，我国水文统计计算基本上都是采用皮尔逊Ⅲ型曲线。

皮尔逊Ⅲ型曲线是一条一端有限、一端无限的不对称单峰正偏曲线，如图 4-7 所示，数学上称为伽马分布，其概率密度函数为

$$f(x)=\frac{\beta^{\alpha}}{\Gamma(\alpha)}(x-a_0)^{\alpha-1}\mathrm{e}^{-\beta(x-a_0)} \tag{4-28}$$

式中：$\Gamma(\alpha)$ 为 α 的伽马函数；α、β、a_0 分别为皮尔逊Ⅲ型分布的形状、尺度和位置参数。

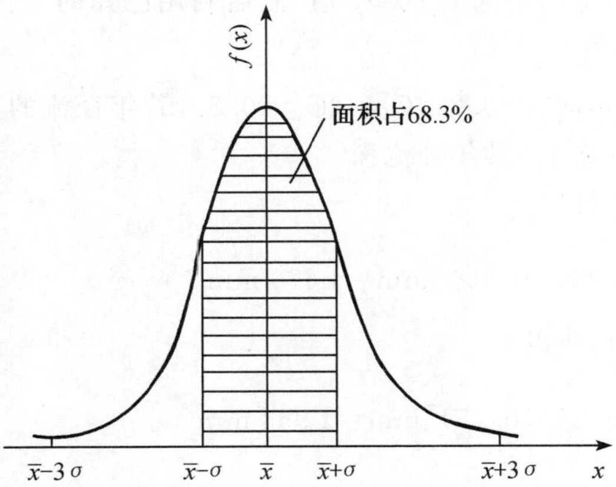

图 4-6　正态分布的概率密度

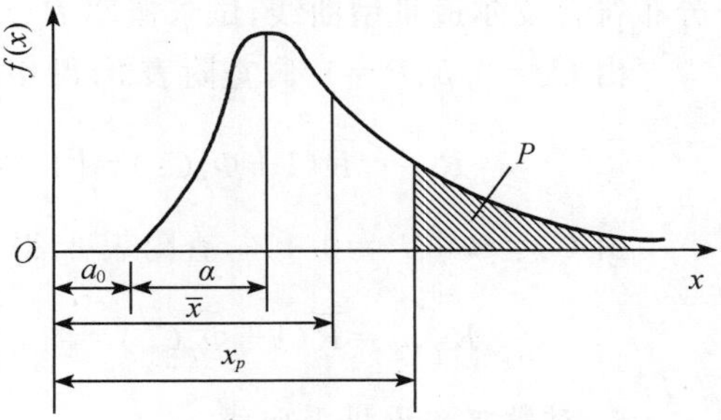

图 4-7　皮尔逊Ⅲ型曲线

显然，3 个参数确定以后，该密度函数随之确定。可以证明，这 3 个参数与总体的 3 个统计参数 $\overline{x}$、C_{v}、C_{s} 具有下列关系：$\alpha=\frac{4}{C_{\mathrm{s}}^2}$，$\beta=\frac{2}{\overline{x}C_{\mathrm{v}}C_{s}}$；$a_0=\overline{x}\left(1-\frac{2C_{\mathrm{v}}}{C_{\mathrm{s}}}\right)$。

工程水文计算中，一般需求出指定频率 P 所对应的随机变量取值 x_p，这需通过对密度函数曲线积分，求出大于及等于 x_p 的累积频率 P 值：

$$P=P(x\geqslant x_p)=\frac{\beta^{\alpha}}{\Gamma(\alpha)}\int_{x_p}^{\infty}(x-a_0)^{\alpha-1}\mathrm{e}^{-\beta(x-a_0)}\mathrm{d}x \tag{4-29}$$

显然，x_p 取决于 α、β、a_0 和 P 4 个参数，并且当 α、β、a_0 3 个参数为已知时，则 x_p 只取决于 P 了。α、β、a_0 与分布曲线的 $\overline{x}$、C_v、C_s 有关。因此，只要 $\overline{x}$、C_v、C_s 3 个参数一经确定，x_p 仅与 P 有关，也就是说，可由 P 唯一地来计算 x_p。但是直接由积分式计算是非常繁杂的，实际的做法是通过变量转换，根据拟定的 C_v 值进行积分，并将成果制成专用表格供查用，可使计算工作大大简化。令

$$\Phi=\frac{x-\overline{x}}{\overline{x}C_v} \tag{4-30}$$

则有

$$x=\overline{x}(1+C_v\Phi) \tag{4-31}$$

$$dx=\overline{x}C_v d\Phi \tag{4-32}$$

这里，Φ 的均值为零，均方差为 1，称为标准化变量（水文学中通常称 Φ 为离均系数）。将式(4-31)、式(4-32)代入式(4-29)，化简后可得

$$P(\Phi>\Phi_p)=\int_{\Phi_p}^{\infty} f(\Phi,C_s)d\Phi \tag{4-33}$$

式中，被积函数只含有一个待定参数 C_s。因为其他两个参数 $\overline{x}$ 和 C_v 都包含在 Φ 中，所以只要假定一个 C_s 值，便可从式(4-33)通过积分求出 P 与 Φ_p 之间的关系。C_s、P 与 Φ_p 的对应数值见附表 3。

在进行频率计算时，由已知的 C_s 值，查 Φ 值表得出不同 P 的 Φ_p 值，然后利用已知的 $\overline{x}$、C_v 值，通过式(4-31)即可求出与各种 P 对应的 x_p 值。

【例 4-4】已知某地年平均径流深 $\overline{R}=1\,000$ mm，$C_v=0.25$，$C_s=2C_v=0.50$，若年径流的分布符合皮尔逊Ⅲ型曲线，试求概率 $P=1\%$ 及 $P=0.1\%$ 的年径流深。

由 $C_s=0.5$、$P=1\%$，查附表 3，得 $\Phi_p=2.68$，所以

$$R_{1\%}=\overline{R}(1+\Phi_p C_v)=[1\,000\times(1+2.68\times0.25)]\text{mm}=1\,670\text{ mm}$$

由 $C_s=0.5$、$P=0.1\%$，查附表 3，得 $\Phi_p=3.81$，所以

$$R_{0.1\%}=\overline{R}(1+\Phi_p C_v)=[1\,000\times(1+3.81\times0.25)]\text{mm}=1\,953\text{ mm}$$

3. 对数皮尔逊Ⅲ型曲线

美国水资源委员会对频率分析计算曾推荐采用对数皮尔逊Ⅲ型曲线，这种分布尤其是对暴雨资料拟合较好，对洪水与年径流资料的拟合也有一定精度。因此，对数皮尔逊Ⅲ型分布在美国和其他一些西方国家有较大影响。澳大利亚工程师协会也建议在澳大利亚采用这种线型。

设有某水文随机变量 X，对变量 X 取对数得一新的随机变量，即

$$Y=\ln X$$

Y 服从皮尔逊Ⅲ型分布时，X 的分布称为对数皮尔逊Ⅲ型分布。因此，Y 和 X 的密度函数分别为

$$f(y)=\frac{\beta^{\alpha}}{\Gamma(\alpha)}(y-a_0)^{\alpha-1}e^{-\beta(y-a_0)} \tag{4-34}$$

$$f_1(x)=f(y)\frac{dy}{dx}=\frac{\beta^{\alpha}}{x\Gamma(\alpha)}(\ln x-a_0)^{\alpha-1}e^{-\beta(\ln x-a_0)} \tag{4-35}$$

其中 3 个参数 α、β、a_0 的表达式与前面完全相同，不过此时的 $\overline{x}$、C_v、C_s 应为水文随机变量取对数后的相应统计参数。

由以上可知，工程实际中，只要将水文系列取对数后转换成新的系列，便与前面所讲的皮尔逊Ⅲ型曲线相同，即可绘制频率曲线。

第五节 统计参数估计方法

在概率分布函数中都含有一些表示分布特征的参数，如皮尔逊Ⅲ型分布函数中就包含 $\overline{x}$、C_v、C_s 3 个参数。为了具体确定出概率分布函数，就得估计出这些参数。因为水文现象的总体通常是无限的，所以只能依靠有限的样本观测资料去估计总体的统计参数或总体的分布规律。

由样本估计总体参数的方法很多，视概率分布曲线类型不同而异。水文上采用的有矩法、三点法、权函数法、适线法、概率权重矩法、极大似然法、分位数下限法等。下面对常用的几种方法进行简要的介绍。

一、矩法

如前所述，统计参数算术平均数、变差系数、偏态系数都可以用矩来表示。当 $n\to\infty$ 时，样本的分布将趋近于总体的分布，因此，样本的各阶矩也必相应地趋向于总体的各阶矩。参数估计的矩法就是根据这个性质，以样本矩估计总体矩，并得到总体分布参数的估计值。该方法计算简便，事先不用选定频率曲线线型，是频率分析计算中广泛使用的一种方法。

经证明，样本原点矩 $\hat{m}_r$ 的数学期望正好是总体原点矩 m_r，但样本中心矩 $\hat{\mu}_r$ 的数学期望不是总体的中心矩 μ_r，需要把 $\hat{\mu}_r$ 经过修正后再求其数学期望，得到 μ_r。这个修正的数值称为该参数的无偏估计量，然后以它作为参数估计值。

(1)样本均值：均值的无偏估计仍为样本估计值。即

$$\overline{x}=\frac{1}{n}\sum_{i=1}^{n}x_i \tag{4-36}$$

(2)样本变差系数：样本二阶中心矩的数学期望为

$$E(\hat{\mu}_2)=\frac{n-1}{n}\mu_2 \quad 或 \quad E\left(\frac{n}{n-1}\hat{\mu}_2\right)=\mu_2$$

因此，C_v 的无偏估计量为

$$C_v=\sqrt{\frac{n}{n-1}}\sqrt{\frac{1}{n}\sum_{i=1}^{n}(K_i-1)^2}=\sqrt{\frac{\sum_{i=1}^{n}(K_i-1)^2}{n-1}} \tag{4-37}$$

式中：$K_i=\frac{x_i}{\overline{x}}$。

(3)样本偏态系数：样本三阶中心矩的数学期望为

$$E(\hat{\mu}_3)=\frac{(n-1)(n-2)}{n^2}\mu_3 \quad 或 \quad E\left[\frac{n^2}{(n-1)(n-2)}\hat{\mu}_3\right]=\mu_3$$

因此，C_s 的无偏估计量为

$$C_s=\frac{n^2}{(n-1)(n-2)}\frac{\sum_{i=1}^{n}(K_i-1)^3}{nC_v^3}\approx\frac{\sum_{i=1}^{n}(K_i-1)^3}{(n-3)C_v^3} \quad (当 n 较大时) \tag{4-38}$$

用上述的无偏估值公式计算总体参数时，其假定是样本容量足够大，计算出来的统计参数可望等于相应总体参数。而对某一个具体样本，计算出的参数可能大于总体参数，也可能小于总体参数，两者存在误差。因此，由有限的样本资料算出的统计参数去估计总体的统计参数总会出现一定的误差。这种由随机抽样而引起的误差，在统计上称抽样误差。为叙述方便，下面以样本平均数为例说明抽样误差的概念和估算方法。

样本平均数 $\overline{x}$ 也是一种随机变量。既然它是一种随机变量，那么就具有一定的概率分布，称此分布为样本平均数的抽样分布。抽样分布越分散表示抽样误差越大，反之亦然。对某个特定样本的平均数而言，它对总体平均数 $\overline{x}_总$ 的离差便是该样本平均数的抽样误差。对于容量相同的各个样本，其平均值的抽样误差当然是不同的。由于 $\overline{x}_总$ 是未知的，对某一特定的样本，其样本平均值的抽样误差无法准确地求得，只能在概率意义下做出某种估计。样本平均数的抽样误差与其抽样分布密切有关，其大小可以用表征抽样分布离散程度的均方差 $\sigma_{\overline{x}}$ 这个指标来度量。为了着重说明度量的是误差，一般将 $\sigma_{\overline{x}}$ 改称样本平均值的均方误。据中心极限定理，当样本容量较大时，样本平均数的抽样分布趋近于正态分布。这样，便有下列关系：

$$P(\overline{x}-\sigma_{\overline{x}}\leqslant\overline{x}_总\leqslant\overline{x}+\sigma_{\overline{x}})=68.3\%$$

和

$$P(\overline{x}-3\sigma_{\overline{x}}\leqslant\overline{x}_总\leqslant\overline{x}+3\sigma_{\overline{x}})=99.7\%$$

也就是说，如果随机抽取一个样本，以此样本的均值作为总体均值的估计值时，有 68.3% 的可能性其误差不超过 $\sigma_{\overline{x}}$，有 99.7% 的可能性其误差不超过 $3\sigma_{\overline{x}}$。

上述对样本平均数抽样误差的分析，可以适用于其他样本参数。C_v 和 C_s 的抽样误差可以用 C_v 的抽样均方误 σ_{C_v} 和 C_s 的抽样均方误 σ_{C_s} 来度量。根据数理统计理论，可推导出各参数均方误的公式。当总体为皮尔逊Ⅲ型分布（C_s 为 C_v 的任意倍数）时，样本参数的均方误公式为

$$\sigma_{\overline{x}}=\frac{\sigma}{\sqrt{n}} \tag{4-39}$$

$$\sigma_\sigma=\frac{\sigma}{\sqrt{2n}}\sqrt{1+\frac{3}{4}C_s^2} \tag{4-40}$$

$$\sigma_{C_v}=\frac{C_v}{\sqrt{2n}}\sqrt{1+2C_v^2+\frac{3}{4}C_s^2-2C_vC_s} \tag{4-41}$$

$$\sigma_{C_s}=\sqrt{\frac{6}{n}\left(1+\frac{3}{2}C_s^2+\frac{5}{16}C_s^4\right)} \tag{4-42}$$

表 4-3 列出 $C_s=2C_v$ 时各特征数的抽样误差。由表中可见，$\overline{x}$ 及 C_v 的误差小，而 C_s 的误差特别大。当 $n=100$ 时，C_s 的误差还在 40%～126%，$n=10$ 时则在 126%以上。目前，水文资料一般都很短（$n<100$），直接由矩法计算得出的 C_s 估值抽样误差太大，一般取 C_v 值的倍数。

表 4-3　$C_s=2C_v$ 时样本参数的均方误(相对误差)　　%

C_v	不同 n 对应的 $\sigma_{\overline{x}}$				不同 n 对应的 σ_{C_v}				不同 n 对应的 σ_{C_s}			
	100	50	25	10	100	50	25	10	100	50	25	10
0.1	1	1	2	3	7	10	14	22	126	178	252	399
0.3	3	4	6	9	7	10	25	23	51	72	102	162
0.5	5	7	10	16	8	11	16	25	41	58	82	130
0.7	7	10	14	22	9	12	17	27	40	56	80	126
1.0	10	14	20	32	10	14	20	32	42	60	85	134

【例 4-5】已知某枢纽处实测 21 a 的年最大洪峰流量资料列于表 4-4 中第(1)、(2)列。试根据该资料用矩法初估参数。

(1)点绘经验频率曲线：将原始资料按由大到小次序排列，列入表 4-4 中第(4)列；用公式 $P=\frac{m}{n+1}\times100\%$ 计算经验频率，列入表 4-4 中第(8)列，并将第(4)列与第(8)列的对应数值点绘经验频率于频率格纸上，见图 4-8。

(2)按无偏估值公式计算统计参数：

①计算年最大洪峰流量的均值见表 4-4 和图 4-8。

$$\overline{Q}=\frac{\sum_{i=1}^{n}Q_i}{n}=\frac{26\,170}{21}=1\,246(\mathrm{m^3/s})$$

式中：$\sum_{i=1}^{n}Q_i=26\,170\ \mathrm{m^3/s}$ 为表 4-4 中第(4)列的总和。

②计算变差系数：

$$C_v=\sqrt{\frac{\sum_{i=1}^{n}(K_i-1)^2}{n-1}}=\sqrt{\frac{4.242\,3}{21-1}}=0.46$$

式中：$K_i=\frac{Q_i}{\overline{Q}}$ 为各项的模比系数，列于表中第(5)列；$\sum_{i=1}^{n}(K_i-1)^2=4.242\,3$ 为第(7)列的总和。

表 4-4　某枢纽处年最大洪峰流量频率计算表

年份	洪峰流量 $Q_i/(m^3/s)$	序号	由大到小排列 $Q_i/(m^3/s)$	模比系数 K_i	K_i-1	$(K_i-1)^2$	$P=\frac{m}{n+1}\times100\%$
(1)	(2)	(3)	(4)	(5)	(6)	(7)	(8)
1945	1 540	1	2 750	2.20	1.20	1.44	4.6
1946	980	2	2 390	1.92	0.92	0.946	9.0
1947	1 090	3	1 860	1.49	0.49	0.240	13.6
1948	1 050	4	1 740	1.40	0.40	0.160	18.2
1949	1 860	5	1 540	1.24	0.24	0.057 6	22.7
1950	1 140	6	1 520	1.22	0.22	0.048 4	27.3
1951	790	7	1 270	1.02	0.02	0.000 4	31.8
1952	2 750	8	1 260	1.01	0.01	0.000 1	36.4
1953	762	9	1 210	0.971	−0.029	0.000 8	40.9
1954	2 390	10	1 200	0.963	−0.037	0.001 4	45.4
1955	1 210	11	1 140	0.915	−0.085	0.007 2	50.5
1956	1 270	12	1 090	0.875	−0.125	0.015 6	54.6
1957	1 200	13	1 050	0.843	−0.157	0.024 6	59.1
1958	1 740	14	1 050	0.843	−0.157	0.024 6	63.6
1959	883	15	980	0.786	−0.214	0.045 8	68.2
1960	1 260	16	883	0.708	−0.292	0.085 3	72.7
1961	408	17	794	0.637	−0.363	0.131 8	77.3
1962	1 050	18	790	0.634	−0.366	0.134 0	81.8
1963	1 520	19	762	0.611	−0.389	0.151 3	86.4
1964	483	20	483	0.388	−0.612	0.374 5	90.9
1965	794	21	408	0.327	−0.673	0.452 9	95.4
总计	26 170	—	26 170	21.001	+3.500 −3.499	4.242 3	—

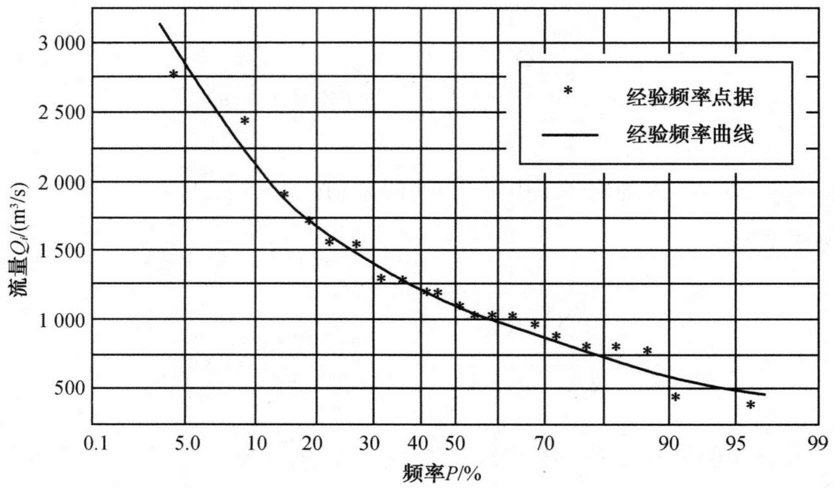

图 4-8　某枢纽处年最大洪峰流量频率曲线

二、三点法

当资料系列较长时，按无偏估值公式计算 $\overline{x}$、C_v 的工作量较大，而三点法则比较简便。因为皮尔逊Ⅲ型曲线的方程中包含 $\overline{x}$、C_v、C_s 3 个参数，如果待求的皮尔逊Ⅲ型曲线已经画出，就可以从这个曲线上任取 3 个点，其坐标为(x_{p1}、P_1)、(x_{p2}，P_2)及(x_{p3}，P_3)，把这 3 个点的纵坐标值代入原方程中，便得到 3 个方程，联解便可求得 3 个参数值，这就是三点法的基本思路。但是，现在的问题是皮尔逊Ⅲ型曲线待求，只有知道了 3 个参数后才能画出。

实际的做法是，先按经验频率点据绘出经验频率曲线，在此曲线上读取 3 个点，并假定这 3 个点就在待求的皮尔逊Ⅲ型曲线上，这样，可由式(4-31)建立如下的联立方程：

$$\left.\begin{aligned} x_{p1} &= \overline{x} + \sigma\Phi(P_1, C_s) \\ x_{p2} &= \overline{x} + \sigma\Phi(P_2, C_s) \\ x_{p3} &= \overline{x} + \sigma\Phi(P_3, C_s) \end{aligned}\right\} \tag{4-43}$$

解上述方程组，消去均方差 σ，得

$$\frac{x_{p1}+x_{p3}-2x_{p2}}{x_{p1}-x_{p3}} = \frac{\Phi(P_1,C_s)+\Phi(P_3,C_s)-2\Phi(P_2,C_s)}{\Phi(P_1,C_s)-\Phi(P_3,C_s)} \tag{4-44}$$

令

$$S = \frac{x_{p1}+x_{p3}-2x_{p2}}{x_{p1}-x_{p3}} \tag{4-45}$$

并定名 S 为偏度系数，当 P_1、P_2、P_3 取定时，则有

$$S = M(C_s) \tag{4-46}$$

的函数关系。有关 S 和 C_s 的关系已制成表格，见附表 5。由式(4-45)求得 S 后，查表即可得到 C_s 值。三点法中的 P_2 一般都取 50%，P_1 和 P_3 则取对称值，即 $P_3 = 1 - P_1$。若 n 在 20 左右，可取 $P = 5\%\text{-}50\%\text{-}95\%$；若 n 在 30 左右，则可取 $P = 3\%\text{-}50\%\text{-}97\%$。其余类推。

由式(4-43)可得

$$\sigma = \frac{x_{p1}-x_{p3}}{\Phi(P_1,C_s)-\Phi(P_3,C_s)} \tag{4-47}$$

及

$$\overline{x} = \overline{x}_{p2} - \sigma\Phi(P_2,C_s) = x_{50\%} - \sigma\Phi_{50\%} \tag{4-48}$$

式中：$[\Phi(P_1,C_s)-\Phi(P_3,C_s)]$及 $\Phi_{50\%}$ 只与 C_s 有关，其关系也已制成表，见附表 6。这样由前面确定的 $\Phi_{50\%}$ 即可确定$[\Phi(P_1,C_s)-\Phi(P_3,C_s)]$及 $\Phi_{50\%}$ 之值，进而可确定 σ、$\overline{x}$。最后，由 σ 和 $\overline{x}$ 便可计算 C_v 值。

$$C_v = \frac{\sigma}{\overline{x}}$$

三点法比较简单，但弱点是难以得到 3 个点的精确位置，一般在目估的经验频率曲线上选取，其结果因人而异，有一定的任意性。与矩法一样，三点法在实践中很少单独使用，一般都是

与适线法相结合，作为适线法初选参数的一种手段。

【例 4-6】采用例 4-5 的最大洪峰流量资料，按三点法初选参数进行配线。其具体步骤如下：

(1)点绘经验频率曲线，见图 4-8。

(2)由经验频率曲线上读得 $Q_{5\%}=2\,600\ \mathrm{m^3/s}$，$Q_{50\%}=1\,100\ \mathrm{m^3/s}$，$Q_{95\%}=408\ \mathrm{m^3/s}$。

(3)由式(4-45)可以求出：

$$S=\frac{Q_{5\%}+Q_{95\%}-2Q_{50\%}}{Q_{5\%}-Q_{95\%}}=\frac{2\,600+408-2\times1\,100}{2\,600-408}=0.37$$

查附表 5，当 $S=0.37$ 时，$C_s=1.31$。再查附表 6，当 $C_s=1.31$ 时，$\Phi_{50\%}=-0.209$，$\Phi_{5\%}-\Phi_{95\%}=3.142$，由此可以算出：

$$\sigma=\frac{Q_{5\%}-Q_{95\%}}{\Phi_{5\%}-\Phi_{95\%}}=\frac{2\,600-408}{3.142}=697.6$$

$$\overline{Q}=Q_{50\%}-\sigma\Phi_{50\%}=[1\,100-697.6\times(-0.209)]\mathrm{m^3/s}=1\,246\ \mathrm{m^3/s}$$

$$C_v=\frac{\sigma}{\overline{Q}}=\frac{697.6}{1\,246}=0.56$$

三、权函数法

该法是矩法概念的推广，也是对矩法的重要改进。下面介绍其要点。

对 P-Ⅲ型分布可推导得

$$\left.\begin{aligned}C_s&=4\overline{x}C_v\frac{E}{G}\\E&=\frac{1}{n}\sum_{i=1}^{n}(x_i-\overline{x})\varphi(x_i)\\G&=\frac{1}{n}\sum(x_i-\overline{x})^2\varphi(x_i)\end{aligned}\right\}\tag{4-49}$$

$$\varphi(x_i)=\frac{1}{\sigma\sqrt{2\pi}}\mathrm{e}^{-\frac{1}{2}\left(\frac{x_i-\overline{x}}{\sigma}\right)^2}\tag{4-50}$$

式中：$\varphi(x_i)$为权函数；E、G 分别为一阶和二阶加权中心矩；$\overline{x}$、σ 和 C_v 仍以上述矩法估计。

权函数的引入使估计 C_s 只用到二阶矩，和矩法相比降了一阶，从而有效地提高了 C_s 估计精度。此外，权函数增加了靠近均值各项的权重，削减了远离均值各项的权重，也有助于提高 C_s 的估计精度。

上述权函数法只对 C_s 的估计进行了改进，实际上矩法估计的 $\overline{x}$ 和 C_v 精度还不够高，仍需改善。途径有二：一是以数值积分求矩代替累加求矩；二是再引入一个权函数。这样在原权函数法的基础上就派生出了数值积分单权函数法和数值积分双权函数法。这些方法较为繁杂，限于篇幅这里就不做介绍，请参考有关文献。

【例 4-7】采用例 4-6 的资料，按权函数法估计参数。其步骤如下：

(1)按矩法或三点法先估计参数 $\overline{Q}$、C_v。根据例 4-6 的结果，选取 $\overline{Q}=1\ 246\ m^3/s$，$C_v=0.56$，由此可算出 $\sigma=\overline{Q}C_v=697.8$。

(2)按权函数法计算 C_s。

①计算权函数值：

$$\varphi(Q_i)=\frac{1}{\sqrt{2\pi}\sigma}e^{-\frac{1}{2}\left(\frac{Q_i-\overline{Q}}{\sigma}\right)^2}$$

并列于表 4-5 中第(3)列。

②由表 4-4 中第(6)、(7)两列的数值，计算 $(K_i-1)\varphi(Q_i)$ 和 $(K_i-1)^2\varphi(Q_i)$ 的值，并分别列于表 4-5 中第(4)、(5)列。

表 4-5　权函数法计算表

序号	由大到小排列的 $Q_i/(m^3/s)$	$\varphi(Q_i)/10^{-5}$	$(K_i-1)\varphi(Q_i)/10^{-5}$	$(K_i-1)^2\varphi(Q_i)/10^{-5}$
(1)	(2)	(3)	(4)	(5)
1	2 750	7.05	8.46	10.15
2	2 390	16.55	15.23	14.00
3	1 860	38.10	18.67	9.14
4	1 740	42.91	17.16	6.87
5	1 540	49.41	11.86	2.85
6	1 520	49.41	10.98	2.42
7	1 270	53.35	1.07	0.02
8	1 260	53.37	0.53	0.01
9	1 210	53.32	−1.55	0.04
10	1 200	53.28	−1.97	0.07
11	1 140	52.85	−4.49	0.38
12	1 090	52.23	−6.53	0.81
13	1 050	51.58	−8.10	1.27
14	1 050	51.58	−8.10	1.27
15	980	50.11	−10.72	2.30
16	883	47.44	−13.85	4.05
17	794	44.46	−16.14	5.86
18	790	44.32	−16.22	5.94
19	762	43.29	−16.84	6.55
20	483	31.71	−19.41	11.88
21	408	28.48	−19.17	12.90
$\sum$	26 170		−59.13	98.78

③计算 C_s。因为

$$E=\frac{1}{n}\sum_{i=1}^{n}(Q_i-\overline{Q})\varphi(Q_i)=\frac{\overline{Q}}{n}\sum_{i=1}^{n}(K_i-1)\varphi(Q_i)$$

$$G=\frac{1}{n}\sum_{i=1}^{n}(Q_i-\overline{Q})^2\varphi(Q_i)=\frac{\overline{Q}^2}{n}\sum_{i=1}^{n}(K_i-1)^2\varphi(Q_i)$$

所以

$$C_s=-4\overline{Q}C_v\frac{E}{G}=-4C_v\frac{\sum_{i=1}^{n}(K_i-1)\varphi(Q_i)}{\sum_{i=1}^{n}(K_i-1)^2\varphi(Q_i)}$$

$$=-4\times 0.56\times\frac{-59.13\times 10^{-5}}{98.78\times 10^{-5}}$$

$$=1.34$$

第六节　水文频率计算方法——适线法

适线法(亦称配线法)是以经验频率点据为基础,给它们选择一条最合适的理论频率曲线,并以此来估计水文要素总体的统计规律。

一、适线法的具体步骤

(1)将实测资料由大到小排列,计算各项的经验频率,在频率格纸上点绘经验频率点据(纵坐标为变量的取值,横坐标为对应的经验频率)。

(2)选定水文频率分布线型(一般选用皮尔逊Ⅲ型)。

(3)假定一组参数 $\overline{x}$、C_v 和 C_s。为使假定值大致接近实际,求出 3 个参数的值,作为第一次 $\overline{x}$ 和 C_v 的假定值。当用矩法估计时,因 C_s 的抽样误差太大,一般不计算 C_s,而是根据经验假定 C_s 为 C_v 的某一倍数。

(4)根据假定的 $\overline{x}$、C_v 和 C_s,查附表 4,得出相应于不同频率 P 的 K_p 值,根据 $x_p=K_p\overline{x}$ 计算值 x_p。以 x_p 为纵坐标,P 为横坐标,即可得到频率曲线。将此曲线画在绘有经验频率点据的图上,看与经验频率点据配合的情况如何,若不理想,则修改参数再次进行计算。

(5)最后根据频率曲线与经验频率点据的配合情况,从中选择一条与经验频率点据配合最佳的曲线,相应于该曲线的参数便看作总体的参数估计值。

(6)根据指定频率确定相应的水文变量设计值。

二、统计参数对理论频率曲线形状的影响

(一)均值 $\overline{x}$ 对频率曲线的影响

当固定皮尔逊Ⅲ型频率曲线的另外两个参数 C_v 和 C_s 时,由于均值 $\overline{x}$ 的不同,可以使频率曲线发生很大变化。将 $C_v=0.5$、$C_s=1.0$,$\overline{x}$ 分别为 50、75、100 的 3 条皮尔逊Ⅲ型频率曲

线同绘于图 4-9 中。从图中可以看出以下两点规律：

(1)C_v 和 C_s 相同时，由于均值不同，频率曲线的位置也不同，均值大的频率曲线位于均值小的频率曲线之上；

(2)均值大的频率曲线比均值小的频率曲线陡。

(二)变差系数 C_v 对频率曲线的影响

为了消除均值的影响，以模比系数 K 为变量绘制频率曲线，如图 4-10 所示。

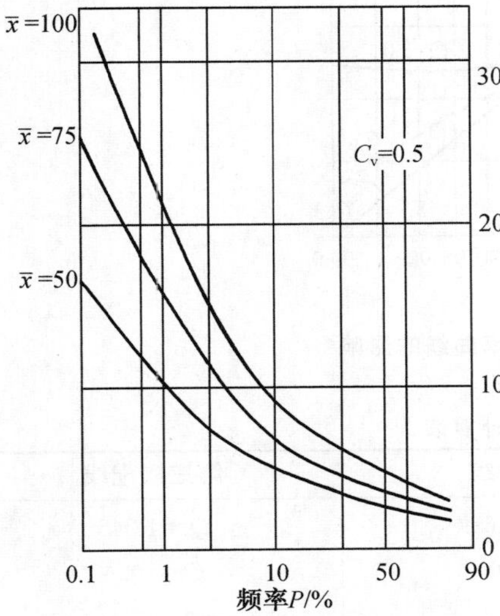

图 4-9　不同 $\overline{x}$ 对频率曲线的影响

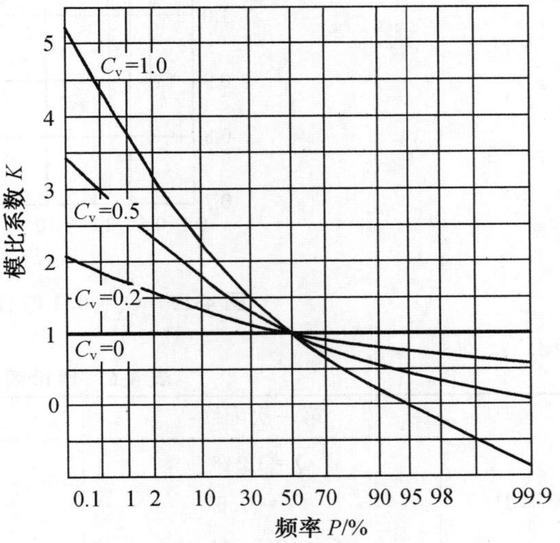

图 4-10　$C_s=1.0$ 时各种 C_v 对频率曲线的影响

图中 $C_s=1.0$。当 $C_v=0$ 时，说明随机变量的取值都等于均值，故频率曲线即 $K=1$ 的一条水平线。C_v 越大，说明随机变量相对于均值越离散，因而频率曲线将越偏离 $K=1$ 的水平线。随着 C_v 的增大，频率曲线的偏离程度也逐渐增大，频率曲线显得越来越陡。

(三)偏态系数 C_s 对频率曲线的影响

图 4-11 所示为 $C_v=0.1$ 时各种 C_s 对频率曲线的影响情况。从图中可以看出，正偏情况下，C_s 越大，均值(即图中 $K=1.0$)对应的频率越小，频率曲线的中部越向左偏，且上段越陡，下段越平缓。当 $C_s=0$ 时，频率曲线变成一条直线了。

【例 4-8】采用例 4-5 的最大洪峰流量资料，按矩法初估参数进行配线，并求百年一遇的设计洪峰流量。

(1)求经验频率，点绘经验频率曲线(见例 4-5)。

(2)按无偏估值公式计算统计参数(见例 4-5)。

(3)选配理论频率曲线：

①$\overline{Q}=1\ 246\ \text{m}^3/\text{s}$，取 $C_v=0.5$，并假定 $C_s=2C_v=1.0$，查附表 4，得出相应于不同频率 P 的 K_p 值，列入表 4-6 中第(2)列，乘以 $\overline{Q}$ 得相应的 Q_p 值，列入表 4-6 中第(3)列。

将表 4-6 中第(1)、(3)两列的对应数值点绘曲线，发现理论频率曲线的中段与经验频率点据配合较好，但头部偏于经验频率点据的下方，而尾部又偏于经验频率点据的上方。

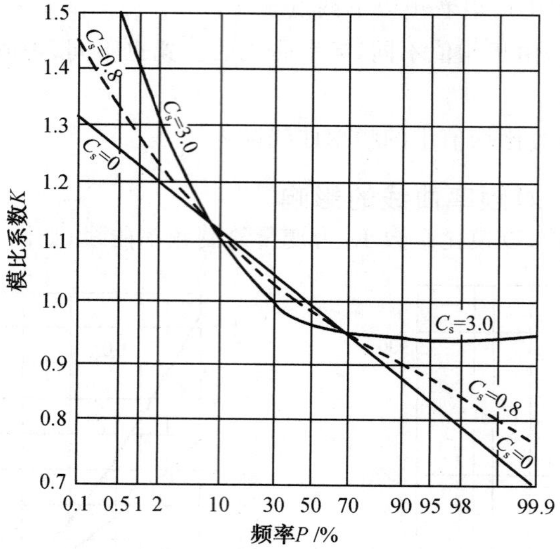

图 4-11 $C_v=0.1$ 时各种 C_s 对频率曲线的影响

表 4-6 理论频率曲线选配计算表

频率 P/%	第一次配线		第二次配线		第三次配线	
	$\overline{Q}=1\ 246$ $C_v=0.5$ $C_s=2C_v=1.0$		$\overline{Q}=1\ 246$ $C_v=0.6$ $C_s=2C_v=1.2$		$\overline{Q}=1\ 246$ $C_v=0.6$ $C_s=2.5C_v=1.5$	
	K_p	Q_p	K_p	Q_p	K_p	Q_p
(1)	(2)	(3)	(4)	(5)	(6)	(7)
1	2.51	3 217	2.89	3 600	3.00	3 738
5	1.94	2 417	2.15	2 680	2.17	2 704
10	1.67	2 080	1.80	2 243	1.80	2 243
20	1.38	1 720	1.44	1 794	1.42	1 770
50	0.92	1 146	0.89	1 109	0.86	1 071
75	0.64	797	0.56	698	0.56	698
90	0.44	548	0.35	436	0.39	486
95	0.34	424	0.26	324	0.32	399
99	0.21	262	0.13	162	0.24	299

②改变参数，重新配线。第一次配线结果表明，需要增大 C_v 值。现取 $C_v=0.6$，$C_s=2C_v=1.2$，再查附表 4，得相应于不同 P 的 K_p 值，并计算 Q_p 值，列于表 4-6 中第(4)、(5)列，用第(1)、(5)两列的对应数值点绘曲线，经与经验点据配合，发现头部配合较好，但尾部比经验点据偏低较多。

③再次改变参数，第三次配线。在第二次配线的基础上，为使尾部抬高一些与经验点据相配合，需增大 C_s 值。因此，取 $C_v=0.6$，$C_s=2.5C_v=1.5$，再次计算理论频率曲线，用第(1)、(7)两列的对应数值点绘曲线，可以看出与经验点据配合较为合适，即作为采用的理论频率曲线，如图 4-12 所示。

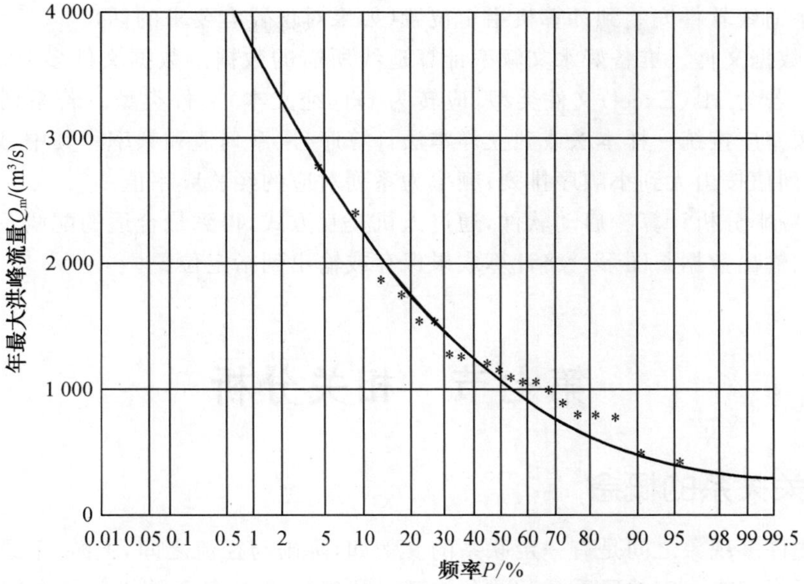

图 4-12　某枢纽年最大洪峰流量理论频率曲线

④推求百年一遇的设计洪峰流量：由图 4-12，查 $P=1\%$ 对应的流量为 $Q_p=3\ 736\ m^3/s$。

由上述几个算例可知，矩法、三点法估计的 C_s 与最后配线的成果出入很大，而权函数法估计的 C_s 比较接近实际，即权函数法估计的 C_s 精度较高，这正是权函数法的优点。但权函数法估计 $\overline{x}$、C_v 较为繁杂，需要配合其他方法（如矩法、三点法）使用。

目估适线的关键在于“最佳配合”的判别，因缺乏客观标准，计算成果在一定程度上受到人为因素的影响。为克服这一缺点，应用中出现一种优化适线。

三、水文频率计算适线软件简介

计算机技术的发展为水文频率计算提供了非常便捷的途径，目前，很多地区的不同流域都根据当地的具体情况开发了水文频率计算软件。

水文频率适线软件的使用方法大致相同：从文件中读取数据，绘制 P-Ⅲ型分布频率曲线，通过人机交互方式，得到最合适的配线及其参数。软件包括以下功能：

(1)从文件中读取系列数据，绘制经验频率曲线，支持连续或不连续系列（核心功能）；

(2)通过参数估计，给出统计参数的估计值，并绘制理论频率曲线（核心功能）；

(3)采用目估适线法，通过手动调整参数进行配线（核心功能）；

(4)根据统计参数，给定设计频率求设计值，或者反算；

(5)直接给定参数，绘制理论频率曲线（特色功能）；

(6)图形漫游功能（放大、缩小、还原、移动）；

(7)保存、输出图形，支持 BMP（位图）和 WMF（矢量图）两种格式；

(8)输出计算成果表到文本文件。

水文频率适线软件的基本操作步骤如下：

(1)安装软件。首先要根据软件对环境的要求配置计算机，如操作系统、输出端口等。然后将水文频率适线软件安装到计算机指定位置(如果对位置有要求的话)。

(2)准备数据文件。准备好水文频率计算适线所需的数据。数据文件多要求为 txt(纯文本)文件类型,若为 xls(Excel)文件类型,应转为 txt(纯文本)文件类型。若系列包含特大值,则特大值的频率应按统一样本法或独立样本法计算序号、系列值和频率。其中,序号从 1 开始连续编号;系列值按由大到小顺序排列;频率为系列对应的经验频率值。

(3)水文频率分析计算。启动软件,通过人机交互方式,得到最合适的配线及其参数。

(4)保存、输出数据与图形。将计算成果保存或输出到指定位置。

第七节　相关分析

一、相关关系的概念

自然界中许多现象之间是有一定联系的。例如,降雨与径流之间,上游、下游洪水之间,水位与流量之间都存在一定的联系。相关分析就是研究两个或多个随机变量之间的关系,又称回归分析。

在水文计算中,经常遇到某一水文要素的实测资料系列很短,而与其有关的另一要素的资料却比较长,这样我们就可以通过相关分析来把短期系列资料延长。此外,在水文预报中也经常采用相关分析的方法。

两种现象(变量)之间的关系一般可以有 3 种情况。

(一)完全相关(函数关系)

两个变量 x 与 y 之间,如果每给定一个 x 值,就有一个完全确定的 y 值与之对应,则这两个变量之间的关系就是完全相关(或称函数关系)。其相关的形式可为直线关系或曲线关系,如图 4-13 所示。

(二)零相关(没有关系)

两变量之间毫无联系,或某一现象的变化不影响另一现象的变化,则这两个变量之间的关系为零相关(或称没有关系),如图 4-14 所示。

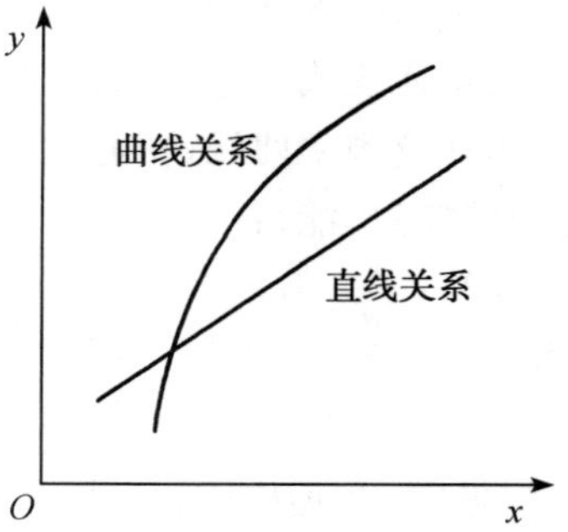

图 4-13　完全相关

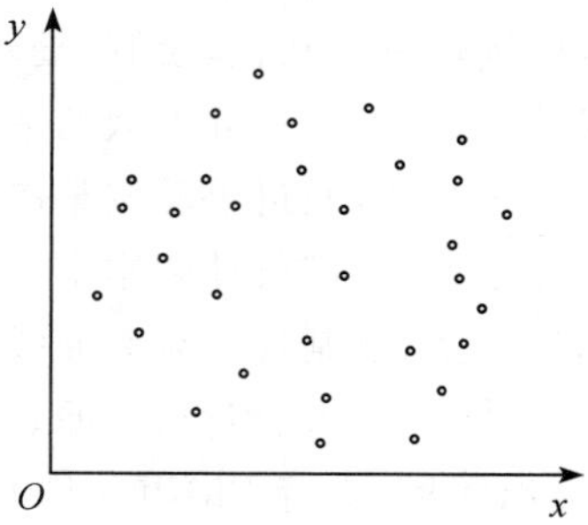

图 4-14　零相关

(三)统计相关(相关关系)

若两个变量之间的关系介于完全相关和零相关之间,则称为统计相关。在水文计算中,由于影响水文现象的因素错综复杂,有时为简便起见,只考虑其中最主要的一个因素而略去其次要因素,如径流与相应的降雨量之间的关系,或同一断面的流量与相应水位之间的关系等。如果把它们的对应数值点绘在方格纸上,便可看出这些点虽有点散乱,但其平均关系还是有一个明显的趋势,这种趋势可以用一定的曲线(包括直线)来配合,如图 4-15 所示。

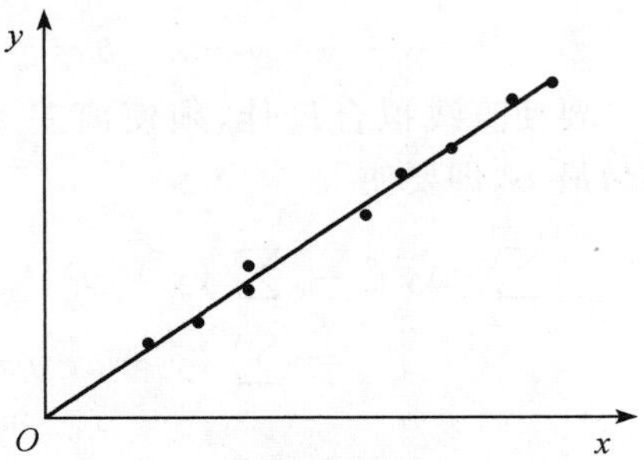

(a) 直线相关

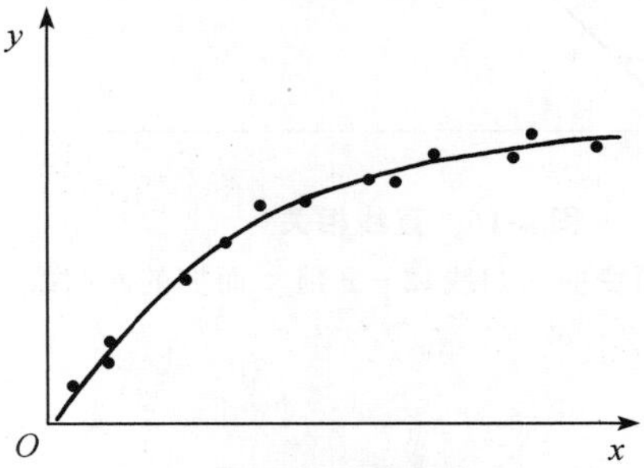

(b) 曲线相关

图 4-15　统计相关

相关分析就是分析、判别变量与变量之间有无相关关系,是什么关系,相关关系的密切程度如何,并进行统计检验。当通过相关分析已推断其间存在相关关系时,则可应用回归分析确定因变量和自变量之间的关系式,一般将这样的关系式称为相关方程或回归方程。

二、相关的种类

相关关系一般分为下列两大类:

(1)简相关:研究两个变量之间的相关关系。简相关可分为直线相关和曲线相关两种。

(2)复相关(多元相关):研究 3 个或 3 个以上变量的相关关系。在简相关中,只考虑某一个变量受一个主要因素的影响,而忽略其他因素。当主要影响因素不止一个时,其中任何一个都不宜忽视,这时就不能采用简相关分析,而要采用复相关分析了。

由于水文计算中直线相关应用最多,而曲线相关较为复杂,用得比较少,本节以介绍直线相关为主。

三、简相关

(一)回归方程及误差

设 x_i、y_i 代表两系列的观测值,计有 n 对,把对应值点绘于方格纸上,如其散布图的平均趋势近似于直线,则可用直线来近似地代表这种相关关系。若点据分布较集中,可以直接利用作图的方法求出相关直线,称为图解法。该法简便实用,在一般情况下,可以得到较满意的结果。若点据分布较分散,难以目估定线,最好采用分析法来确定相关线的方程,即回归方程。设该直线方程的形式为

$$y=a+bx \tag{4-51}$$

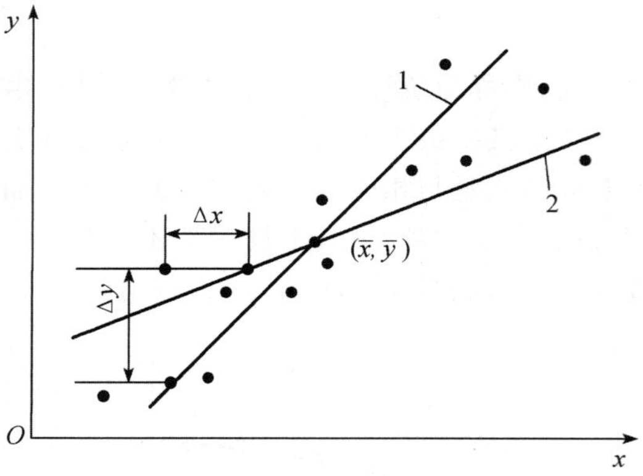

图 4-16　直线相关

1—y 倚 x 而变的回归线；2—x 倚 y 而变的回归线

式中：x 为自变量；y 为倚变量；a、b 为待定常数。

从图 4-16 中可以看出，观测点与配合直线在纵轴方向的离差为

$$\Delta y = y_i - y$$

或

$$y_i - y = y_i - a - bx_i$$

要使直线拟合最佳，须使离差 Δy 的平方和为最小，即要使

$$\sum (\Delta y)^2 = \sum (y_i - y)^2 = \sum (y_i - a - bx_i)^2$$

为极小值。

欲使上式取得极小值，可分别对 a 和 b 求一阶偏导数，并使其等于零：

$$\begin{cases} \dfrac{\partial \sum (y_i - y)^2}{\partial a} = 0 \\ \dfrac{\partial \sum (y_i - y)^2}{\partial b} = 0 \end{cases}$$

求解这个方程组，可得

$$b = r\frac{\sigma_y}{\sigma_x} \tag{4-52}$$

及

$$a = \overline{y} - b\overline{x} = \overline{y} - r\frac{\sigma_y}{\sigma_x}\overline{x} \tag{4-53}$$

而

$$\begin{aligned} r &= \frac{\sum (x_i - \overline{x})(y_i - \overline{y})}{\sqrt{\sum (x_i - \overline{x})^2 \sum (y_i - \overline{y})^2}} \\ &= \frac{\sum (K_x - 1)(K_y - 1)}{\sqrt{\sum (K_x - 1)^2 \sum (K_y - 1)^2}} \\ &= \frac{\sum (K_x - 1)(K_y - 1)}{(n-1)C_{vx}C_{vy}} \end{aligned} \tag{4-54}$$

式中：σ_x、σ_y 分别为 x、y 系列的均方差；$\overline{x}$、$\overline{y}$ 分别为 x、y 系列的平均值；C_{vx}、C_{vy} 分别为 x、y 系列的离势系数；r 为相关系数，表示 x、y 间关系的密切程度（以后详述）。

将式(4-52)、式(4-53)代入式(4-51)中,得

$$y-\overline{y}=r\frac{\sigma_y}{\sigma_x}(x-\overline{x}) \tag{4-55}$$

式(4-55)称为 y 倚 x 的回归方程,其图形称为回归线或相关线,如图 4-16 中的线 1 所示。

$r\frac{\sigma_y}{\sigma_x}$是回归线的斜率,一般称为 y 倚 x 的回归系数,并记为 $R_{y/x}$,即

$$R_{y/x}=r\frac{\sigma_y}{\sigma_x}$$

在 R 的下角标中,y(分子)表示倚变数,x(分母)表示自变数。为便于记忆,回归方程可化为下列形式:

$$\frac{y-\overline{y}}{\sigma_y}=r\frac{x-\overline{x}}{\sigma_x} \tag{4-56}$$

同理,可推得 x 倚 y 的回归方程,见图 4-16 中的线 2。

$$x-\overline{x}=r\frac{\sigma_x}{\sigma_y}(y-\overline{y}) \tag{4-57}$$

或

$$\frac{x-\overline{x}}{\sigma_x}=r\frac{y-\overline{y}}{\sigma_y} \tag{4-58}$$

其拟合情况如图 4-16 所示,一般 y 倚 x 与 x 倚 y 两条回归线并不会重合,但有一公共交点$(\overline{x},\overline{y})$,在使用时必须辨别清楚。由 x 求 y 时,用式(4-55);由 y 求 x 时,用式(4-57)。

x 和 y 并非确定性的关系,故对于任意 $x=x_0$,无法精确地知道其相应的 y_0 值。不过将 $x=x_0$ 代入回归方程可算得 y_0 的估计值 $\hat{y}_0=a+bx_0$。我们自然希望知道,若用 $\hat{y}_0$ 作 y_0 的估计值时,其偏差究竟有多大。或者说,对于任一固定的 $x=x_0$,需要推断出已给定的概率落在什么范围内(即对 y_0 做区间估计)。

虽然对于固定的 x_0 来说,其相应的 y_0 值无法确切地知道,但它的取值总还是遵循一定规律的。这是因为,由于各随机因素的影响,相应于 x_0 的 y_0 总是按一定的分布在 $\hat{y}_0$ 上下波动,而波动规律一般都可以认为是正态分布。也就是说,y_0 是具有正态分布的随机变量,其平均数一般以 $\hat{y}_0$ 来加以估计,而均方差近似地为

$$S_y=\sqrt{\frac{\sum(y_i-y)^2}{n-2}} \tag{4-59}$$

式中:S_y 为 y 倚 x 回归线的均方误;y_i 为观测点据的纵坐标值;y 为由 x_i(观测点据的横坐标值)通过回归线求得的纵坐标值;n 为观测项数。

在估计误差时,常将均方差改称均方误。所以 S_y 通常称为 y 倚 x 回归线的均方误。

同样,x 倚 y 回归线的均方误 S_x 为

$$S_x=\sqrt{\frac{\sum(x_i-x)^2}{n-2}} \tag{4-60}$$

可以证明，回归线的均方误 S 与系列的标准差 σ 有下列关系：

$$S_y=\sigma_y\sqrt{1-r^2} \tag{4-61}$$

和

$$S_x=\sigma_x\sqrt{1-r^2} \tag{4-62}$$

$$\sigma_y=\sqrt{\sum(y_i-\overline{y})^2/(n-1)} \tag{4-63}$$

$$\sigma_x=\sqrt{\sum(x_i-\overline{x})^2/(n-1)} \tag{4-64}$$

式中：σ_x、σ_y 分别代表 x、y 系列的标准差。

由以上讨论可知，y_0 近似服从正态分布，其均值为 $\hat{y}_0$，而标准差为 S_y。因而由正态分布的性质可知 y_0 落在 $\hat{y}_0\pm3S_y$ 范围内的概率约为 99.7%。

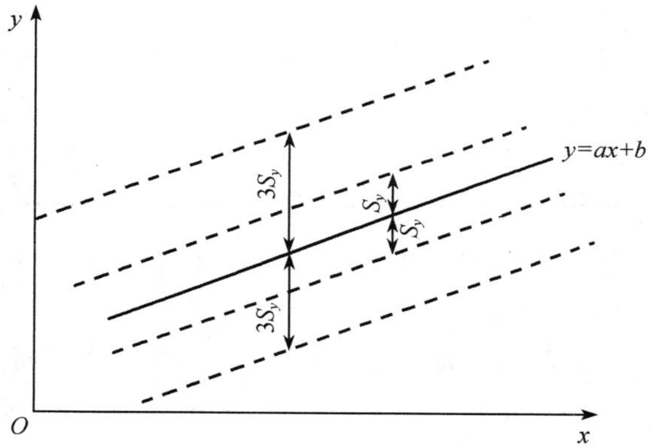

图 4-17　y 倚 x 回归线的误差

于是，对于任一固定的 $x=x_0$，有 68.3%的把握断言，若用 $\hat{y}$ 作为 y_0 的估值时，其误差不超过 S_y；同样，可以有 99.7%的把握断言，其误差不超过 $3S_y$。显然，S_y 越小，则由回归方程计算而得的 $\hat{y}_0$ 值来估计 y_0，误差就越小。

随着 x 取值的变化，y 的误差区间的上、下限如图 4-17 所示，是一族平行于回归直线的直线。

必须指出，在讨论上述误差时，没有考虑样本的抽样误差。事实上，只要用样本资料来估计回归方程中的参数，抽样误差就必须存在。可以证明，这种抽样误差在回归线的中段较小，而在上下两段较大，在使用回归线时，对此必须给予注意。

(二)相关系数

回归线只能表示两种变量之间的关系式，但不能说明其关系的密切程度。对于相关的密切程度，通常以相关系数 r 来表示。

(1)若 $r^2=1$，则均方误 S_y(或 S_x)$=0$，表示所有对应值 x_i、y_i 均落于回归线上，只有函数关系才能如此。因此，$r^2=1$ 表示函数关系(最密切关系)。

(2)若 $r^2=0$，则 $S_y=\sigma_y$(或 $S_x=\sigma_x$)。此时误差 S 达最大值，说明 y 的变化与 x 毫无直线关系，或 x 的变化与 y 毫无直线关系，即这两种变量可能没有关系(零相关)或者为非直线关系。

(3)若 $0<r^2<1$，当 r 越接近 1 时，S 越小。即 r 越接近 1，点据越靠近回归直线，x_i、y_i 间

的关系越密切。r 为正值时，表示正相关；r 为负值时，表示负相关。

点据分布和相关关系大小的示例参见图 4-18。

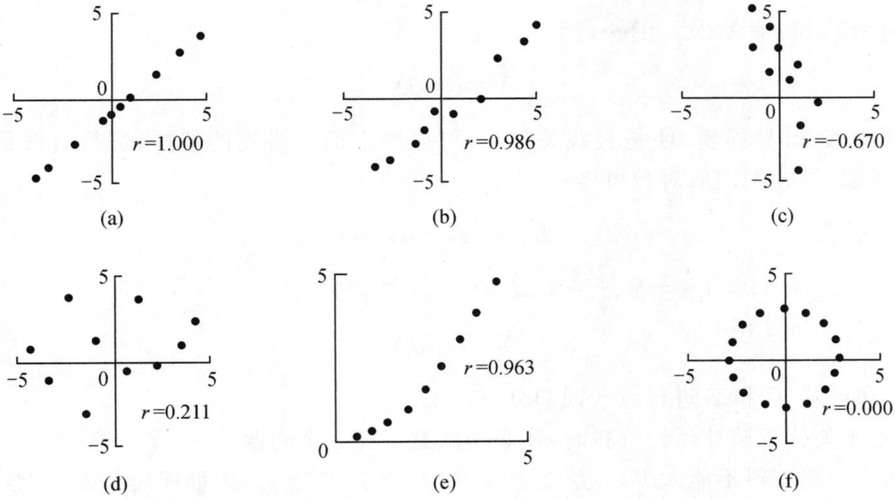

图 4-18　点据分布和相关关系大小示意图

在相关分析中，相关系数是根据有限的实际资料(样本)计算出的，不免带有抽样误差。因此，为了推断两变量之间是否真正存在相关关系，必须对样本相关系数进行统计检验。这种检验的实质在于找出一个临界的相关系数值 r_α，只有当样本相关系数 $|r|$ 大于这个临界值，即 $|r|>r_\alpha$ 时，才能在一定的信度水平下推断总体是相关的。在统计检验相关系数时，多应用一种最简便的 t 检验法。该法的关键在于把样本相关系数的分布变换成另一变量 t 的分布，所以得名 t 检验法。其基本原理如下：总体不相关的两变量，由于抽样，样本相关系数不一定为零。例如，大量计算的结果表明，对于容量 $n=36$ 的样本，其相关系数 $|r|>0.5$ 的机会还不是太小的。样本相关系数的大小是各种各样的，其出现的概率也各不相同，即样本相关系数 r 具有一定的概率分布。

(三)回归线(方程)应用中的问题

相关分析的第一步是将两个变量的经验数据点绘于坐标图上，判断是否有相关趋势。如有一定趋势，则可以考虑绘制回归线(图解法或分析法均可)。相关分析的先决条件是变数间确实存在关系。因此，应用相关分析法时，首先须对研究变量进行成因分析，研究一个变量是否直接受另一变量的影响，或者两个变量之间虽无直接关系，又是否同受第三个变量的影响。总之，要研究变量间是否确有物理上的联系。即使根据经验资料发现可能存在关系时，也须从理论上加以证实，决不可由表面数字轻下结论，以致把物理上毫无关系的两个随机变量认为有相关关系。如果水文现象之间的关系表现为直线关系，一般可考虑绘制回归直线。但要注意，回归直线或回归方程是根据样本资料推估出的，在直线上下两端误差较大，因此在插补资料时，外延部分应特别慎重。

某些水文现象的关系并不表现为直线关系，而是一种曲线关系。这时，可凭经验选配一种曲线函数形式，通过函数转换将原变量转换成新变量。若新变量在图上显示出直线关系，则仍然可以利用直线相关法进行计算。实际工作中，多用下面两种曲线函数：幂函数($y=ax^b$)和

指数函数($y=ae^{bx}$)。对于幂函数,等式两边取对数可得

$$\lg y=\lg a+b\lg x$$

令 $\lg y=Y$、$\lg x=X$ 及 $c=\lg a$,则

$$Y=c+bX \tag{4-65}$$

因此,就 X 和 Y 而言,便是直线关系了,可以照上面所讲述的那样,进行直线回归分析。对于指数函数,等式两边取对数可得

$$\lg y=\lg a+bx\lg e$$

因 $\lg e=0.4343$,令 $\lg y=Y$、$x=X$、$d=0.4343b$,则

$$Y=c+dX \tag{4-66}$$

这样,即可对 X 和 Y 进行直线回归分析。

在使用相关分析插补延长资料时,还必须注意下列 3 个问题:

(1)同期观测资料不能太少,一般要求 n 在 10 或 12 以上,否则抽样误差太大,会影响成果的可靠性。

(2)要有较大的相关系数。前面讨论的对样本相关系数的检验要求 $|r|\geqslant r_{\alpha}$,仅是为了排除总体不相关,以此推论总体是相关的。然而,当总体相关系数虽不为零,但绝对值很小时,用相关法展延资料,不能提高设计成果的精度。换言之,要确定一个总体相关系数的下界,只有当总体相关系数的绝对值大于这个下界值时,插补延长才是有意义的。一般认为这个下界值是 0.8。

(3)要注意假相关。假如两个独立的随机变量(无相关关系),通过某种数学处理后,从外表上看这两个变量就显示出某种相关关系,这种现象称为假相关。例如,两个随机变量 x_1 和 x_2 没有关系,另选一个与 x_1 和 x_2 完全无关的变量 x_3 去分别除 x_1 和 x_2,这样得出两种比值,然后计算它们之间的相关系数。若共同变量 x_3 的离势系数为其余两变量离势系数的 2 倍,则相关系数近似地为 0.8。显然,这两种比值之间的相关是不真实的,是假象。

在工程水文计算中,若用无量纲的变量或标准化的变量进行相关分析,常常会造成假相关。因此,为了避免出现假相关,应直接寻求因变量和自变量之间的关系。

【例 4-9】某河相邻两站流域的自然条件基本相似,并具有同期(1936—1955 年)20 a 流量观测资料(表 4-7),试作相关分析。

这里,用下游站的流量资料作为自变量 x,上游站的作为倚变量 y,作 y 倚 x 的相关计算,列于表 4-7。

$$\overline{x}=\frac{282\,790}{20}=14\,140(\mathrm{m^3/s})$$

$$\overline{y}=\frac{231\,200}{20}=11\,560(\mathrm{m^3/s})$$

$$C_{vx}=\sqrt{\frac{\sum(k_x-1)^2}{n-1}}=\sqrt{\frac{0.4971}{19}}=0.162$$

表 4-7　某河上、下游两站年平均流量(y,x)相关计算表

序数	年份	年平均流量/(m^3/s) x	y	$x-\overline{x}$	$y-\overline{y}$	k_x-1	k_y-1	$(k_x-1)^2$	$(k_y-1)^2$	$(k_x-1)\cdot(k_y-1)$
(1)	(2)	(3)	(4)	(5)	(6)	(7)	(8)	(9)	(10)	(11)
1	1936	10 800	9 820	−3 340	−1 740	−0.236	−0.151	0.055 7	0.022 8	0.035 6
2	1937	15 000	12 800	860	740	0.061	0.064	0.003 7	0.004 1	0.003 9
3	1938	17 400	14 400	3 260	2 840	0.231	0.246	0.053 4	0.060 5	0.056 3
⋮	⋮	⋮	⋮	⋮	⋮	⋮	⋮	⋮	⋮	⋮
18	1953	12 700	10 700	−1 440	−860	−0.102	−0.074	0.010 4	0.005 5	0.007 5
19	1954	18 600	14 400	4 460	2 840	0.315	0.246	0.099 2	0.060 5	0.077 5
20	1955	14 500	12 000	360	440	0.025	0.038	0.000 6	0.001 4	0.001 0
共计		282 790	231 200	−10	0	−0.003	0.002	0.497 1	0.431 9	0.450 5
平均		14 140	11 560							

$$C_{vy}=\sqrt{\frac{\sum(k_y-1)^2}{n-1}}=\sqrt{\frac{0.431\,9}{19}}=0.151$$

$$\sigma_x=\overline{x}C_{vx}=14\,140\times0.162=2\,291(m^3/s)$$

$$\sigma_y=\overline{y}C_{vy}=11\,560\times0.151=1\,746(m^3/s)$$

$$r=\frac{\sum(k_x-1)(k_y-1)}{\sqrt{\sum(k_x-1)^2\sum(k_y-1)^2}}=\frac{0.450\,5}{\sqrt{0.497\,1\times0.431\,9}}=0.97$$

相关系数的统计检验，在 $\alpha=0.01$ 时，据 $n=20$，查附表 7 得 $r_\alpha=0.56$。所以，$r=0.97>0.56$，可以推断总体是相关的。

又回归系数

$$R_{y/x}=r\frac{\sigma_y}{\sigma_x}=0.972\times\frac{1\,746}{2\,291}=0.741$$

回归方程为

$$y-\overline{y}=R_{y/x}(x-\overline{x})$$

$$y-11\,560=0.741(x-14\,140)$$

或

$$y=0.741x+1\,082$$

回归直线的均方误为

$$S_y=\sigma_y\sqrt{1-r^2}=1\,746\sqrt{1-0.97^2}\ m^3/s=424\ m^3/s$$

四、复相关(多元相关)

在简相关中,我们只研究一种现象受另一种主要现象的影响,而忽略不计其他次要因素。但是,如果主要影响因素不止一个,而且其中几个都不能忽略时,则应采用复相关分析。

和简相关一样,复相关同样也有线性相关和非线性相关两种形式。

具有两个自变量的线性复相关回归方程式的一般形式为

$$z=a+bx+cy \tag{4-67}$$

式中:z 为倚变量;y、x 为自变量。

复相关的分析计算一般比较复杂,在实际工作中采用图解法直接确定相关线。其步骤与简相关图解法大致相同,先根据同期观测资料在方格纸上点绘相关点,可以取倚变量 z 为纵坐标,x 为横坐标,在相关点(x_i,z_i)旁注明对应的 y_i,然后根据图上相关点群的分布及 y_i 值的变化趋势,绘出一组"y_i 的等值线",其绘法与绘制地形图上的等高线相类似。这样绘制的一组线图就是复相关图,如图 4-19 所示,图 4-19(a)为非线性复相关图,图 4-19(b)为线性复相关图。除图解法外,还可用分析法计算复相关回归方程,即多元线性回归方程。

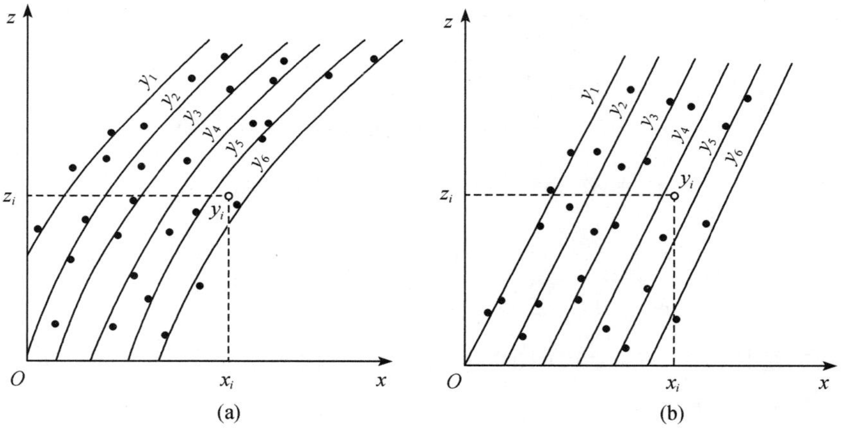

图 4-19　复相关图

和简相关一样,求出复相关方程后,还必须计算复相关系数,计算式为

$$r_{z/xy}=\sqrt{\frac{r_{zx}^2+r_{zy}^2-2r_{zx}r_{zy}r_{xy}}{1-r_{xy}}} \tag{4-68}$$

复相关系数也需要进行统计检验。关于复相关的分析计算,读者可参考有关书籍。

与频率分析一样,相关分析也有许多程序和软件,Microsoft Excel 就可以作简相关、复相关分析。

本章习题

1. 概率和频率有什么区别和联系？

2. 分布函数与密度函数有什么区别和联系？

3. 正态分布的密度曲线的特点是什么？

4. 皮尔逊Ⅲ型概率密度曲线的特点是什么？

5. 重现期(T)与频率(P)有何关系？$P=90\%$的枯水年，其重现期(T)为多少年？含义是什么？

6. 何谓抽样误差？如何减小抽样误差？

7. 为什么在水文计算中广泛采用配线法？

8. 现行水文频率计算配线法的实质是什么？简述配线法的方法步骤。

9. 统计参数 $\overline{x}$、C_v、C_s 含义是什么？它们对频率曲线的影响如何？

10. 怎样进行水文相关分析？它在水文上解决哪些问题？

11. 为什么要对相关系数进行显著性检验？如何检验？

12. 某水文站 42 a 的年最大洪峰流量资料列于表 4-8，试分别用矩法、权函数法、三点法估算统计参数。

表 4-8　某水文站历年年最大洪峰流量资料

年份	$Q_i/(m^3/s)$	年份	$Q_i/(m^3/s)$	年份	$Q_i/(m^3/s)$	年份	$Q_i/(m^3/s)$
1965	1 676	1976	597	1987	761	1998	2 589
1966	601	1977	214	1988	980	1999	2 100
1967	562	1978	196	1989	1 029	2000	872
1968	697	1979	929	1990	1 463	2001	545
1969	407	1980	1 828	1991	540	2002	188
1970	2 259	1981	343	1992	1 077	2003	920
1971	402	1982	413	1993	571	2004	660
1972	777	1983	493	1994	1 995	2005	1 945
1973	614	1984	372	1995	1 840	2006	1 104
1974	490	1985	214	1996	880		
1975	990	1986	1 117	1997	1 033		

13. 采用题12的资料，按适线法选配理论频率曲线，并求百年一遇的设计洪峰流量。

14. 甲、乙两相邻流域有同期的年径流模数观测资料，数据见表4-9。试用相关分析法求甲流域年径流模数为5.60 L/(s·km²)时乙流域的年径流模数。

表4-9　甲、乙流域年径流模数表　　L/(s·km²)

流域	年径流模数										
甲	4.26	4.75	5.38	5.00	6.13	5.81	4.75	6.00	4.38	6.50	4.13
乙	2.88	3.00	3.45	3.26	4.05	4.00	3.02	4.30	2.88	4.67	2.75

第五章

设计年径流的分析计算

第一节 概 述

在一个年度内，通过河流出口断面的水量称为该断面以上流域的年径流量，它可用年平均流量、年径流深、年径流总量或年径流模数表示。我国水文年鉴中，年径流量是按日历年度统计的，而在水文水利计算中，年径流量常是按水文年度或水利年度统计的，水文年度的起止日期是根据水文循环规律来划分的。在我国南方，以一年的雨季来临河水上涨时开始，到次年枯水期结束为止，作为一个水文年；北方河流，考虑到开河和融雪情况，以春汛作为水利年度的起点；水库则以开始蓄水作为水利年度的起点。对于一个地区，年径流量的大小直接反映了地表水资源的多少。

年径流量及其分配过程与人民生活密切相关。通常河川径流在一年内和年际的变化很大，往往与用水部门对水量的需求存在矛盾。为了解决水量供需之间的矛盾，必须修建水利工程(如水库)，对天然径流进行人工调节，按需水要求泄放。例如，当年径流量(年来水量)在年内的变化与用水量的年内变化在时间上不协调而产生缺水量，需要水库丰水期蓄水，枯水期供水；当连续枯水年出现时，缺水问题更加严重，要求水库在丰水年蓄水，枯水年补水。而修建这些工程必须进行设计年径流的分析计算及工程供水能力的估计。

年径流量及其分配对水利工程的规模有重要影响，对于以季或年调节水库，在同样的干旱年份，即使年来水量相近，但年内分配不同，水库工程的规模也不同，如图 5-1 所示。

图 5-1 为某河某断面以上流域某年径流和灌溉用水的简化示意图。图中 $\overline{Q}$ 代表年平均流量，Q_R 代表灌溉用水量，在丰水时段 T_1 内，天然来水过剩($Q_1>Q_R$)，而在枯水时段 T_2 内，天然来水不足($Q_2<Q_R$)，为保证后一时段能充分供水，必须将前一时段内部分过剩水量存蓄在水库里以备后一时段之用。显然，水库的库容

$$V=(Q_R-Q_2)T_2 \tag{5-1}$$

式(5-1)表明，为保证用水所需要的水库库容 V 的大小决定于径流的天然过程和用水过程

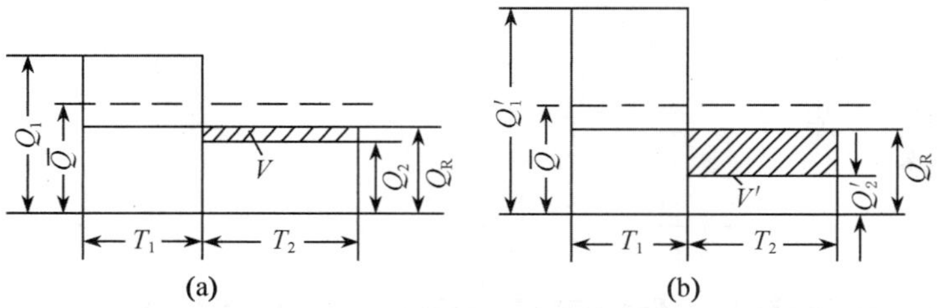

图 5-1　某河断面以上流域某年经流和灌溉用水的简化示意图

之间的差别。如果用水过程已定，库容就只决定于天然径流的年内分配过程。图 5-1(a)径流年内分配比图 5-1(b)径流年内分配均匀，所需水库库容 $V<V'$。若有 20 a 年径流量资料，在用水量相同情况下，按公式(5-1)可求得 20 个大小不同的库容值。那么，到底用哪个库容值来设计水库呢？库容大些，用水的保证程度(保证率)就高些，但投资多；反之，库容小些，投资少，但用水保证程度就低些。这里涉及设计标准问题，也就是设计保证率问题。设计保证率就是用水量在多年期间能够得到充分满足的概率。

由以上可知，在水利工程的规划设计阶段，要分析工程规模、来水、用水、设计保证率四者之间的关系，经过技术经济的综合比较来确定工程规模。其中，设计保证率由用水部门(如灌溉、航运、发电、工业及民用供水)根据规范，并结合实际情况综合确定；工程规模，要依据来水与用水的平衡分析，由水利计算来确定；有关灌溉、发电等用水量的计算将在有关专业课中介绍；来水问题(包括来水量大小和来水量的时间变化)由水文计算来解决。

设计年径流计算的主要任务是分析研究年径流量的变化(年际变化和年内分配)规律，提供工程设计需要的来水资料，作为确定工程规模的主要依据。

第二节　年径流的变化特性

通过对年径流资料的统计分析，可以看出年径流变化的一些特性。

一、径流的年内变化

我国绝大部分河流径流量的年内变化主要取决于年降水量的季节变化：①12 月份至翌年 2 月份，大部分河流径流量仅占年径流量的 4%～6%，南方河流可占 6%～10%，台湾河流占 10%～12%，黑龙江流域北部的一些河流不足 1%；②3—5 月份，北方地区、西南大部分地区和四川盆地，径流量占年径流量的 6%～10%，新疆西北部阿尔泰山区，一般为 20%，长江、南岭之间的两湖盆地可达 40%；③6—8 月份，黄淮海平原及辽宁沿海，径流量占年径流量的 60%～90%，长江以南和云贵高原以东的大部分地区可达 60%；④9—11 月份，我国大部分地区径流量占年径流量的 20%～30%，海南岛是该时期我国径流量最丰富的地区，可达 50%，径流量最少的干旱半干旱地区只占 10%以下。

二、径流的年际变化

年径流量在年际存在丰水年和枯水年的现象，有些河流丰水年径流量可达平水年的 2～3

倍，而枯水年径流量仅为平水年的 1/10～1/5，可见不同年份年径流量的变化较大。此外，我国一些河流的年径流量在多年变化中有丰水年组和枯水年组交替出现的现象，参见表 5-1。表中，松花江哈尔滨站曾出现 12 a(1916—1927 年)的枯水年组，这一时段的平均年径流量比正常年份少 43％，也曾出现过连续 7 a(1960—1966 年)的丰水年组，这一时段的平均年径流量比多年平均值多 32％。

表 5-1　我国一些河流连续枯水年段统计表

流域	控制断面	多年平均流量 Q_N/(m^3/s)	连续枯水年		
			起止年份	年数/a	平均流量 Q_n/(m^3/s)
松花江	哈尔滨	1 190	1916—1927	12	678
黄河	三门峡	1 350	1922—1932	11	994
鸭绿江	云峰	278	1939—1950	12	236
嫩江	尼尔基	338	1967—1977	11	258
淮河	蚌埠	788	1970—1979	10	703
长江	汉口	23 400	1955—1963	9	21 322
沅江	五强溪	2 060	1955—1966	12	1 771
新安江	新安江	388	1956—1968	13	265
郁江	西津	1 620	1952—1962	11	1 314
闽江	竹岐	1 750	1963—1972	10	1 388
修水	柘林	254	1956—1965	10	210
汉江	安康	608	1965—1973	9	525
岷江	高场	2 840	1969—1979	11	2 570

年径流量的年际变化可以用变差系数 C_v 来表示。我国年径流量的变差系数 C_v 的地区分布大致如下：江淮丘陵和秦岭一线以南，C_v 在 0.5 以下，其中两湖盆地以南一般在 0.3～0.4，湖北西部山区、贵州大部和广西北部地区，C_v 在 0.3 以下；云南中部、四川盆地，C_v 一般超过 0.5；淮河流域大部分地区 C_v 在 0.6～0.8；华北平原 C_v 可超过 1.0，部分河流达 1.4 以上，是我国年径流量的 C_v 值最大的地区；东北地区山地 C_v 较小，一般在 0.5 以下，而松辽平原、三江平原则较大，在 0.8 以上；黄河流域(除甘肃北部、宁夏及内蒙古境内)C_v 一般在 0.6 以下；内陆河流域，天山西段、祁连山区 C_v 最小，在 0.2 左右，天山东段、阿尔泰山在 0.3～0.5；内蒙古高原西部 C_v 一般大于 1.0。

年径流极值比(最大年径流量与最小年径流量之比)K 也可反映年径流量多年变化的幅度。长江以南各河的 K 值一般在 5 以下，北方可达 10 以上，如海河流域潮白河苏庄站 K 值为 19.3。以冰川融水为主要补给的河流年径流的 K 值则很小，如伊犁河雅马渡站的 K 值为 1.8。大江大河的 K 值有随面积增大而减小的趋势。

三、径流的地区性变化

我国年径流量分布的总体趋势是：自东南向西北递减，近海大于内陆，山地大于平原。

径流的地区分布与纬度、地形和天气形势等因素有关。我国东南沿海地区，年降水量大，径流量也大；气候以南岭和秦岭为界，南岭以南，年平均气温高，年降水量大，年径流量也大，属亚热带地区；秦岭以北属北温带，年平均气温低，年降水量较小，年径流量也小；南岭至秦岭之间为过渡带。我国的年径流量既有一定的地理变化和垂直变化，也有局部地区的特殊变化。按年径流深等值线图可将全国划分为5个带，即丰水带、多水带、过渡带、少水带和干涸带。

(1)丰水带：年径流深在800 mm以上，包括浙江、福建、台湾、广东、海南的大部分，湖南、江西、广西南部及部分山地，西藏东南部和云南西南部。其中某些地区年径流深最大可达5 000 mm。

(2)多水带：年径流深为200～800 mm，包括东北东部山地，淮河至秦岭以南的长江中下游地区，云南、广西大部，西藏东部。

(3)过渡带：年径流深为50～200 mm，包括松嫩平原一部分，三江平原，辽河下游平原，华北平原，山西、陕西大部，青藏高原中部，祁连山区，新疆西部山区。

(4)少水带：年径流深为10～50 mm，包括松辽平原中部，辽河上游，内蒙古高原南缘，黄土高原大部，青藏高原北部、西部的部分低山丘陵区。

(5)干涸带：年径流深小于10 mm，包括内蒙古高原、阿拉善高原、河西走廊、柴达木盆地、准噶尔盆地、塔里木盆地、吐鲁番盆地等。

四、枯季径流

(一)枯季径流的形成及其特点

枯季径流又称枯水径流。所谓枯季，又称枯水期，即枯水发生的时期。其相应的水位和流量分别称枯水位和枯水流量。

我国大部分地区属季风气候区，有明显的多雨和少雨季节。枯水期的长短与降水年内分配关系密切，大多数河流一年内可出现两次枯水期，一次在10月份后至翌年雨季前，另一次往往是由于伏旱，在夏季内短暂出现。

枯季降雨量很少，河川枯季径流主要由流域蓄水补给，随着流域蓄水量的亏耗，流量不断衰减，流量过程一般呈较稳定的消退规律，这是枯季径流的特点。

另外，我国大部分河川径流量年内分配极不均匀，枯水径流量占全年径流量的比重较小。以全国大部分中等流域(流域面积为500～3 000 km^2)冬季(12月份至翌年2月份)径流量为例：华北、东北地区大多数河流，冬季径流量仅占全年径流量的3%以下；湖南、江西南部和南岭以南一些地区，冬季径流量可占全年径流量的10%左右；台湾东北部，由于冬雨较多，冬季径流量可占全年的20%左右。

(二)枯季径流的影响因素

影响枯季径流的因素主要包括下垫面、气候和人类活动因素。下垫面因素包括流域的地质和水文地质条件、流域面积、河槽切割深度、河网密度及湖泊、沼泽、植被等；气候因素包括流域的前期降水和枯水期的降水以及蒸发等；人类活动因素指人类对流域的大规模开发利用等。

流域的地质和水文地质条件，决定了流域可能的地下水储量及补给特性。例如：在岩溶地区常有持久而稳定的地下水补给，枯水流量较大，变化较小。在相同的水文地质条件下，流域面积、河槽切割深度和河网密度等自然地理特征，通常反映了地下库容的大小和可能截获地下水补给水量的多少。在相似地区或一条河流上，枯水流量模数一般随流域面积的增加而递增，但有些河流的中下游或干旱地区的河流，因河槽没有切割到含水层，沿程得不到深层地下水补给或补给甚少，而蒸发、渗漏量很大，枯水流量模数随流域面积的增加而减小。植被(含森林)对枯水径流的作用在不同地区有不同的效果：一方面植被能阻滞地表径流，有利于水分下渗，增加地下水储量；另一方面，植被的散发会消耗地下水，减少地下水储量。湖泊、沼泽有直接或间接地以丰补枯的调节能力。流域的前期降水对枯水期的流域蓄水有很大影响，枯水期的降水以及蒸发等因素对缓解或加剧偏枯程度有一定作用。

气候因素往往是通过下垫面的自然地理因素间接地对枯季径流产生影响。

人类活动可直接影响枯水径流，如修建水库水电站调节径流，能增加下游部分河段枯水径流，工农业提、引水，会减少下游枯水流量，有时甚至引起河流断流。流域大规模的水保措施、造林、精耕细作等改变流域自然地理条件的活动，将间接地影响枯水径流。

(三)枯季径流分析的重要意义

对于无水库调节的水利工程，枯季径流是决定工程运营情况的主要因素，如水电站的保证出力、农业灌溉和给水工程的给水定额、航运工程的通航水深、工程施工截流等都直接受枯季径流量的影响。同时，枯季径流的利用对水资源的可持续性也会产生直接影响。

我国半干旱半湿润地区的水资源供需矛盾十分突出。以位于该区的黄河、淮河、海河、滦河和辽河等流域为例，这些流域经济发达，人口众多，人均水资源占有量仅有几百立方米，亩均水资源占有量不足 500 m^3，在国际公认的贫水线以下。受季风气候影响，我国半干旱半湿润地区干湿季节分明。干季(枯季)，降水量稀少，枯水期持续时间长，而此期间又恰是农业用水的高峰时期，为供水的关键季节。枯季的水资源供需矛盾尤为尖锐，目前已严重地制约了这一地区社会经济的持续、健康发展。如何充分地利用有限的水资源，以保障社会经济发展的用水需求，已引起了广泛关注，成为当前亟待研究和解决的重要课题。

解决枯季的水资源供需矛盾问题：一是需要在宏观规划上对水资源进行合理配置；二是需要在日常管理中实施计划用水和科学调度。这些都需要在对枯季径流分析的基础上，获得枯季水资源的预测信息。实践证明，没有可靠的水情测报结果作为依据，水量分配协议、用水计划和节水计划等都将无法科学地付诸实施，也难以对水资源进行合理调度。因此，枯季水资源分析对于水资源的合理开发和高效利用具有十分重要的现实意义。

第三节　具有长期实测径流资料时设计年径流的分析计算

在水利工程规划设计阶段，为了确定工程规模，要求水文计算提供未来工程运行期间的径流过程。水利工程的使用年限一般长达几十年甚至上百年，要通过成因分析的途径确切地预报未来长期的径流过程是不可能的。目前是用当地过去的长期径流变化过程来代表未来的径流变化过程。研究认为，年径流量是简单的独立随机变量，年径流量系列可作为随机系列。把 n 年实测年径流量系列(样本容量为 n)作为年径流量总体的随机样本，如图 5-2 所示。如果实测系列具有较好的代表性，能够反映总体分布规律，那么可以由 n 年实测年径流系列求得的样本分布函数 $F_n(x)$ 去推断总体分布函数 $F(x)$，以此来作为未来工程运行期间（K 年）年径流量的分布规律。

所谓具有长期实测径流资料，一般指 $n \geqslant 30$ a，而且这些资料必须具备"三性"：可靠性、一致性和代表性。下面介绍水文资料的"三性"审查方法。

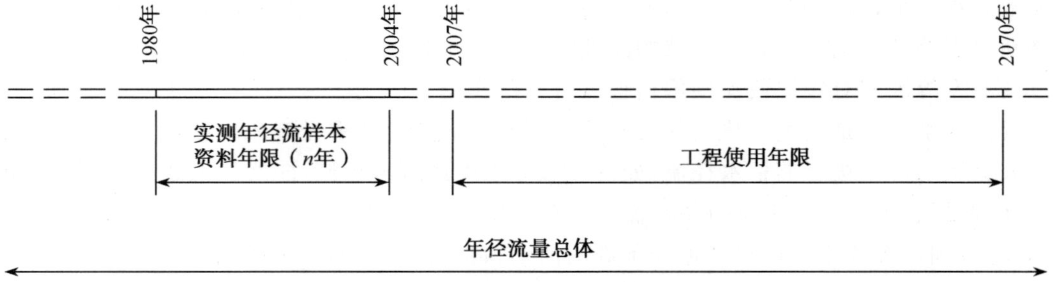

图 5-2　年径流量总体和样本示意图

一、水文资料的审查

水文资料是水文分析计算的依据，它直接影响着工程设计的精度。因此，对于所使用的水文资料必须慎重地进行审查。这里所谓审查就是审查实测年径流量系列的可靠性、一致性和代表性。

（一）资料的可靠性审查

可靠性审查是对原始资料可靠程度的检验。径流资料通常是以《水文年鉴》的方式刊发，一般情况下是比较可靠的，但可能存在个别错误，应对其测验及整编方法进行审查。一般应注意以下几种情况：

（1）水位观测的方法、精度，水位过程线有无异常情况。

（2）流速测验及流量计算的方法。如高水测流时采用的浮标系数过高或过低，均会导致汛期流量偏大或偏小。

（3）水位流量关系曲线的绘制及延长方法，历年水位流量关系曲线受河道变迁引起的变化情况。

（4）上、下游站的水量应符合水量平衡原则。例如，可用下式检验：

$$\sum_{i=1}^{n} W_i + \Delta W = W_{下游} \tag{5-2}$$

式中：W_i 为上游干支流各站年径流总量，$10^4\ m^3$；ΔW 为区间年径流总量，$10^4\ m^3$；$W_{下游}$ 为下游站年径流总量，$10^4\ m^3$。

（二）资料的一致性审查

1. 一致性分析的必要性

应用数理统计方法的前提之一是要求统计系列具有一致性，即组成统计系列的每个资料具有同一物理成因，不同成因的资料不能作为一个统计系列。

对于年径流量而言，其一致性是建立在气候条件和下垫面条件稳定的基础上的，如影响年径流量的因素长期没有显著的变化，则说明其成因是一致的，否则，资料的一致性便遭到了破坏。一般认为气候的变化是极其缓慢的，因而可以认为气候条件是相对稳定的。而下垫面条件由于人类活动而迅速变化，致使资料的一致性受到破坏，因此必须对受到人类活动影响的水文资料进行还原计算，使之还原到天然状态。所谓"天然状态"，是指流域内径流在形成过程中没有受到人为影响（包括农田灌溉、跨流域引水、分洪决口、水库蓄泄、工业及生活用水等）。在人为因素的影响下，径流量将会发生显著的变化。例如，永定河官厅站多年平均还原水量占天然水量的20%，枯水年的还原水量占天然水量的比重竟高达50%以上，不能忽视。还原后的若干年径流量资料再加入历史上未受人类活动影响的资料，组成基本上具有一致性的系列，方可进行统计分析。径流还原的方法有分项调查法、降雨径流模式法及蒸发差值法等。分项调查法是还原计算的基本方法，介绍如下。

2. 分项调查法径流还原计算

1)还原计算的基本原理

根据水量平衡原理可以写出以下公式：

$$W_{天然}=W_{实测}+W_{还原} \tag{5-3}$$

$$W_{还原}=W_{农业}+W_{引水}+W_{蒸发}+W_{调蓄}+W_{工业}+W_{渗漏}+W_{生活}+W_{水保}+W_{分洪}+W_{其他} \tag{5-4}$$

式中：$W_{天然}$为还原后的天然径流量，$10^4\ m^3$；$W_{实测}$为实测径流量，$10^4\ m^3$；$W_{还原}$为还原总水量，$10^4\ m^3$；$W_{农业}$为农业灌溉净耗水量，$10^4\ m^3$；$W_{引水}$为跨流域引水量（引出为正，引入为负），$10^4\ m^3$；$W_{蒸发}$为水面面积扩大增加的蒸发量，$10^4\ m^3$；$W_{调蓄}$为计算时段始末蓄水工程的蓄水变量（增加为正，减少为负），$10^4\ m^3$；$W_{工业}$为工业净耗水量，$10^4\ m^3$；$W_{渗漏}$为水库渗漏水量，$10^4\ m^3$；$W_{生活}$为生活净耗水量，$10^4\ m^3$；$W_{水保}$为水土保持措施对径流的影响水量，$10^4\ m^3$；$W_{分洪}$为河道分洪水量（分出为正，分入为负），$10^4\ m^3$；$W_{其他}$为城市化、地下水开发等对径流的影响，$10^4\ m^3$。

各项计算可按要求采取总量还原法或过程还原法，前者适用于只要求年总量还原，后者适用于要求分时段（汛期、非汛期或逐月）还原。

2)总量还原法

总量还原法是先计算各分项还原水量，各分项还原水量仍主要按水量平衡原理计算，包括农业灌溉净耗水量、跨流域引水量、水面面积扩大增加的蒸发量、水库蓄水量的变化量、工业和生活净耗水量和水库渗漏量等，再加实测径流量即天然径流量。

3)过程还原法

在径流分析计算中，有时需要径流量的年内分配过程，如按汛期、非汛期或逐月计算。当还原水量不太大时，对于水源为引水或提水工程的农业灌溉净耗水量和跨流域引入水量，可按灌溉需水过程的比例分配到年内各月。工业和生活净耗水量则平均分配。如水源为蓄水工程，其农业灌溉水量、跨流域引出水量、水库水面增加耗水量、水库蓄水量的变化量、工业和生活净耗水量则可根据典型水库的实测资料，计算出拦蓄量分配百分数，然后将总还原水量乘以分配百分数求得年内分配过程。水库渗漏量可按月平均水位分配。

(三)资料的代表性审查

n 年实测年径流量只是总体的一部分,用它来反映总体的分布规律,不可避免地存在抽样误差。抽样误差的大小,取决于 n 年年径流量系列代表性的高低。样本对总体代表性的高低,可以理解为所抽取的样本分布参数与总体分布参数的接近程度。由于年径流量总体分布参数是未知的,样本分布参数的代表性不能就其本身获得检验,通常只能通过与更长系列的分布参数进行比较来衡量。具体方法如下:

在气候一致区或水文相似区内,以观测期更长的水文站或气象站的年径流量系列或年降水量系列作为参证变量,系列长度为 N 年,与设计代表站 n 年径流系列有 n 年同步观测期。如果参证变量的 N 年系列的统计参数(主要是均值和变差系数)与参证变量的 n 年系列的统计参数接近,则说明参证变量的 n 年系列在 N 年系列中具有较好的代表性,从而可说明设计代表站 n 年的年径流系列也具有较好的代表性。反之,说明代表性不足。如果经过审查后,发现长、短系列的统计参数相差较大,说明短系列的代表性不足,此时应设法对短系列进行插补延长以提高其代表性。

【例 5-1】设计站 A 具有 30 a 短系列(1970—1999 年)年径流量资料,为了检验这一系列的代表性,选择与设计变量有成因联系,具有 50 a 长系列(1950—1999 年)的邻近流域 B 站为参证站,将 B 站的年径流量作为参证变量。经分析,A、B 两站年径流量的时序变化具有较好的同步性(A 站的年径流量随时间的变化基本上与 B 站是同步的),因此认为 B 站作为参证站是合适的。首先计算参证变量长系列 N 年(1950—1999 年)的统计参数,再计算短系列 n 年(1970—1999 年)的统计参数,得 $\overline{R}_N=210$ mm,$C_{vN}=0.3$,$C_{sN}=2C_{vN}$;$\overline{R}_n=218$ mm,$C_{vn}=0.3$,$C_{sn}=2C_{vn}$。长、短系列统计参数甚为接近,说明参证站年径流量短系列在长系列中具有代表性。又因为 A 站与 B 站年径流量具有同步性,所以推估 A 站的短系列年径流量在其本身的长系列中也具有代表性,近似地认为在其总体中也具有代表性。

还可采用下列方法检验资料的代表性。n 年径流系列中每年的径流值都在其均值的上下跳动,并有丰、枯水年组交替出现的现象。对于 n 年径流系列,如果包括了丰水段、平水段和枯水段,且丰、枯水段又大致对称分布,则代表性较好,否则代表性较差。一般地说,径流系列越长,代表性越好,但也不尽然。如果系列中丰水段数多于枯水段数,则年径流量可能偏丰,反之可能偏枯。若减少其中一个丰水段或枯水段,其代表性可能更好,对此必须做认真、细致的分析。

例如,长江宜昌站 1878—1985 年共 108 a 系列中,年径流量丰枯交替出现,大致有 5 个丰枯水循环周期,每个循环周期 13～31 a 不等,平均约 20 a,每个循环周期年平均流量在 14 200～14 900 m^3/s,变幅为多年平均值的 1.5%,C_v 变化在 0.106～0.112,说明宜昌站 108 a 径流系列具有较好的代表性。

1949 年以前的资料,观测精度相对较差。20 世纪 50 年代初期,由于资料短缺,研究人员曾大量使用这类观测成果。但随着观测期的不断增长,有时不用这些资料,代表性可能更好。这类问题需慎重对待,必须经充分论证以决定取舍。

一个较长的水文周期往往长达几十年甚至几百年的时间,而一般水文站目前尚无如此长的径流系列。在条件许可时,可以在水文相似区内进行综合性年径流量或年降水量的周期分析,并结合历史旱涝分析,做出合理的判断。

二、长系列操作法设计年、月径流系列的分析计算

所谓长系列操作就是根据设计条件下的历年逐月径流过程(来水)和历年逐月用水过程,逐年进行来水、用水平衡计算。首先,对实测径流资料系列进行审查和分析,按水利年度排列为一个新的年、月径流系列。然后,从这个长系列中选出代表段。代表段中应包括丰、平、枯水年,并且有一个或几个完整的调节周期;代表段的年径流量均值、变差系数应与长系列的相近,即这个代表段在长系列中具有代表性。这样就可以用这个代表段的年、月径流量过程来代表未来工程运行期间的年、月径流量变化。这个代表段就是水利计算所要求的"设计长期年、月径流系列",如表 5-2 所示。

表 5-2　某站年、月径流量表

年份	各月份平均流量/(m^3/s)												年平均流量/(m^3/s)
	3	4	5	6	7	8	9	10	11	12	1	2	
1958—1959	16.50	22.00	43.00	17.00	4.63	2.46	4.02	4.84	1.98	2.47	1.87	21.60	11.90
1959—1960	7.25	8.69	16.30	26.10	7.15	7.50	6.81	1.86	2.67	2.73	4.20	2.03	7.78
1960—1961	8.21	19.50	26.40	26.40	7.35	9.62	3.20	2.07	1.98	1.90	2.35	13.20	10.00
1961—1962	14.70	17.70	19.80	30.40	5.20	4.87	9.10	3.46	3.42	2.92	2.48	1.62	9.64
1962—1963	12.90	15.70	41.60	50.70	19.40	10.40	7.48	2.79	5.30	2.67	1.79	1.80	14.40
1963—1964	3.20	4.98	7.15	16.20	5.55	2.28	2.13	1.27	2.18	1.54	6.45	3.87	4.73
1964—1965	9.91	12.50	12.90	34.60	6.90	5.55	2.00	3.27	1.62	1.17	0.99	3.06	7.87
1965—1966	3.90	26.60	15.20	13.60	6.12	13.40	4.27	10.50	8.21	9.03	8.35	8.48	10.40
1966—1967	9.52	29.00	13.50	25.40	25.40	3.58	2.67	2.23	1.93	2.76	1.41	5.30	10.20
1967—1968	13.00	17.90	33.20	43.00	10.50	3.58	1.67	1.57	1.82	1.42	1.21	2.36	10.90
1968—1969	9.45	15.60	15.50	37.80	42.70	6.55	3.52	2.54	1.84	2.68	4.25	9.00	12.60
1969—1970	12.20	11.50	33.90	25.00	12.70	7.30	3.65	4.96	3.18	2.35	3.88	3.57	10.30
1970—1971	16.30	24.80	41.00	30.70	24.20	8.30	6.50	8.75	4.25	7.96	4.10	3.80	15.10
1971—1972	5.08	6.10	24.30	22.80	3.40	3.45	4.92	2.79	1.76	1.30	2.23	8.76	7.24
1972—1973	3.28	11.70	37.10	16.40	10.20	19.20	5.75	4.41	4.53	5.59	8.47	8.89	11.30
1973—1974	15.40	38.50	41.60	57.40	31.70	5.86	6.56	4.55	2.59	1.63	1.76	5.21	17.70
1974—1975	3.28	5.48	11.80	17.10	14.40	14.30	3.84	3.69	4.67	5.16	6.26	11.10	8.42
1975—1976	22.40	37.10	58.00	23.90	10.60	12.40	6.26	8.51	7.30	7.54	3.12	5.56	16.90

注:～～～～～表示供水期。

运用长系列操作法,保证率的概念比较明确,但对水文资料要求较高,必须提供设计年、月径流量系列。在实际工作中,一般不具备上述条件;同时,在规划设计阶段需要多方案进行比较,计算工作量太大。因此,在规划设计中小型水利工程时,广泛采用代表年法(设计代表年法或实际代表年法)。

三、设计代表年法设计年径流量分析计算

设计代表年年径流量及年内分配的计算步骤为:①根据审查分析的长期实测径流量资料,按工程要求确定计算时段,对各种时段径流量进行频率计算,求出指定频率的各种时段的设计流量值;②在实测径流资料中,按一定的原则选取各种代表年,对灌溉工程只选枯水年为代表年,对水电工程一般选丰水、平水、枯水 3 个代表年;③求设计时段径流量与代表时段径流量的比值,对代表年的径流过程按此比值进行缩放,即得设计的年径流过程线。

(一)设计时段径流量的计算

1. 计算时段的确定

计算时段的确定与工程要求有关。对灌溉工程来说,一般取灌溉期作为计算时段,也可取灌溉期内主要需水期为计算时段,如某双季稻灌区灌溉期为 4—10 月份,而主要需水期为 7—9 月份,可以取 7 个月和 3 个月两种计算时段来统计时段径流量。对水电工程来说,枯水期水量和年水量决定发电效益,因此,可取枯水期或年作为计算时段。

2. 频率计算

当计算时段确定后,就可根据历年逐月径流资料统计时段径流量。若计算时段为年,则按水利年度统计年、月径流量。水利年度的起止时间可能每年不同,一般按多年平均情况,以每年某月 1 日为固定起点。将实测年、月径流量按水利年度排列后,计算每一年度的年平均径流量,并按大小次序排列,即构成年径流量计算系列。若选定的计算时段为 3 个月(或其他时段),则根据历年逐月径流量资料,统计历年最枯 3 个月的水量,不固定起止时间,可以不受水利年度分界的限制。同样,把历年最枯 3 个月的水量按大小次序排列,即构成计算系列。

《水利水电工程水文计算规范》(SL/T 278—2020)规定,径流频率计算依据的资料系列应在 30 a 以上。

有了年径流量系列或时段径流量系列,即可用前面讲述的适线法,推求指定频率的设计年径流量或指定频率的设计时段径流量。

适线时要考虑全部经验点据。如点据与曲线拟合不佳时,应侧重考虑中、下部点据,适当照顾上部点据。年径流频率计算中,C_s/C_v 值按具体适线情况而定,一般可采用 2~3。

3. 成果的合理性分析

分析的主要内容是对径流系列的均值、变差系数及偏态系数进行审查,分析工作的主要依据是水量平衡原理和径流的地理分布规律。

(1)多年平均年径流量的检查。如前所述,影响多年平均年径流量的因素是气候因素,而气候因素是具有地理分布规律的,所以多年平均年径流量也具有地理分布规律。将设计站与上下游站和邻近流域的多年平均径流量进行比较,便可判断所得成果是否合理。若发现不合理现象,应检查其原因,做进一步分析论证。

(2)年径流量变差系数的检查。反映径流年际变化程度的年径流量的 C_v 值也具有一定的地理分配规律。我国许多省、区编制的水文图集中绘有年径流量 C_v 等值线图,可据此检查年径流量 C_v 值的合理性。但是,这些 C_v 值等值线图一般是根据大中流域的资料绘制的,与某些有特殊下垫面条件的小流域年径流量 C_v 值可能并不协调,在分析检查时应进行深入分析。一般说来,小流域的调蓄能力较小,它的 C_v 值比大流域大些。

(3)年径流量偏态系数的检查。有人认为可以利用 C_s/C_v 值的地理分布规律，来检查 C_s 的合理性。但 C_s/C_v 值是否真正具有地理分布规律，还有待进一步研究。C_s 值的合理性检查尚无公认的适当办法。

【例 5-2】拟兴建一水利水电工程，某河某断面有 18 a(1958—1976 年)的流量资料，见表 5-2。试求 $P=10\%$ 的设计丰水年、$P=50\%$ 的设计平水年、$P=90\%$ 的设计枯水年的设计年径流量。

(1)进行年、月径流量资料的审查分析，认为 18 a 实测系列具有较好的可靠性、一致性和代表性。

(2)将表 5-2 中的年平均径流量组成统计系列，按照适线法进行频率分析，从而求出指定频率的设计年径流量，频率计算结果如下：

均值：$\overline{Q}=11\ \mathrm{m^3/s}$，$C_v=0.32$，$C_s=2C_v$

$P=10\%$ 的设计丰水年：$Q_{丰p}=K_{丰}\overline{Q}=1.43\times11\ \mathrm{m^3/s}=15.7\ \mathrm{m^3/s}$

$P=50\%$ 的设计平水年：$Q_{平p}=K_{平}\overline{Q}=0.97\times11\ \mathrm{m^3/s}=10.7\ \mathrm{m^3/s}$

$P=90\%$ 的设计枯水年：$Q_{枯p}=K_{枯}\overline{Q}=0.62\times11\ \mathrm{m^3/s}=6.82\ \mathrm{m^3/s}$

(二)设计年径流量的年内分配计算

根据工程要求，求得设计频率的设计年径流量后，还必须进一步确定月径流过程。目前常用的方法是：首先从实测年、月径流量资料中按一定的原则选择代表年；然后依据代表年的年内径流过程，将设计年径流量按一定比例进行缩放，求得所需的设计年径流年内分配过程。

1. 代表年的选择

代表年从实测径流资料中选取，应遵循下述两条原则：

(1)选取年径流量与设计值相近的年份。

(2)选取对工程不利的年份。在实测径流资料中水量接近的年份可能不止一年，应选用水量在年内的分配对工程较为不利的年份作为代表年，使工程设计偏于安全。一般来说，对灌溉工程，应选灌溉需水期径流量比较枯，而非灌溉期径流量又相对较丰的年份。这种年内分配经调节计算后，需要较大的库容才能保证供水。以这种代表年的年径流分配形式代表未来工程运行期间的径流过程，所确定的工程规模对供水来说具有一定的安全保证程度。对水电工程，则应选取枯水期较长、枯水期径流量又较枯的年份。

水电工程一般选丰水、平水和枯水 3 个代表年，而灌溉工程只选枯水年作为代表年。

2. 年径流年内分配计算

按上述原则选定代表年径流过程线后，求出设计年径流量与代表年年径流量之比值 $K_{年}$ 或求出设计供水期水量与代表年的供水期水量之比值 $K_{供}$，即

$$K_{年}=\frac{Q_{年,p}}{Q_{年,代}}\quad 或\quad K_{供}=\frac{Q_{供,p}}{Q_{供,代}} \tag{5-5}$$

然后，以 $K_{年}$ 或 $K_{供}$ 乘以代表年的逐月平均流量，即得设计年径流的年内分配过程。

【例 5-3】接前例，求设计丰水年、设计平水年及设计枯水年的设计年径流的年内分配。

1)代表年的选择

$P=10\%$ 的设计丰水年，$Q_{年,10\%}=15.7\ \mathrm{m^3/s}$，按水量接近、分配不利(汛期水量较丰)原

则，选 1975—1976 年为丰水代表年，$Q_{年,代}=16.9\ m^3/s$。

$P=50\%$的设计平水年，$Q_{年,50\%}=10.7\ m^3/s$，按能反映汛期、枯水期的起止月份和汛期、枯水期水量百分比满足平均情况的年份的原则，选 1960—1961 年（$Q=10.00\ m^3/s$）作为平水代表年。

$P=90\%$的设计枯水年，$Q_{年,90\%}=6.82\ m^3/s$，与之相近的年份有 1971—1972 年（$Q=7.24\ m^3/s$）、1964—1965 年（$Q=7.87\ m^3/s$）、1959—1960 年（$Q=7.78\ m^3/s$）、1963—1964 年（$Q=4.73\ m^3/s$）4 年。考虑分配不利，即枯水期水量较枯，选取 1964—1965 年作为枯水代表年，1971—1972 年做比较用。

2)以年水量控制求缩放倍比 K

设计丰水年

$$K_{丰}=\frac{Q_{年,p}}{Q_{年,代}}=\frac{15.7}{16.9}=0.929$$

设计平水年

$$K_{平}=\frac{10.7}{10.0}=1.07$$

设计枯水年

$$K_{枯}=\frac{6.82}{7.87}=0.867(1964—1965\text{ 年代表年})$$

$$K_{枯}=\frac{6.82}{7.24}=0.942(1971—1972\text{ 年代表年})$$

3)设计年径流年内分配计算

以缩放倍比 K 乘以各自代表年的逐月径流，即得设计年径流年内分配，结果见表 5-3。

这种推求设计年径流过程的方法，称为同倍比缩放法。该方法简单易行，计算出来的年径流过程仍保持原代表年的径流分配形式，但求出的设计年径流过程，只是计算时段（年或某一时段）的径流量符合设计频率的要求。有时需要几个时段和全年的径流量同时满足设计频率，则使用同频率缩放法。具体计算方法与由流量资料推求设计洪水中的“同频率放大法”相同。

四、实际代表年法的年、月径流量分析计算

实际代表年法就是从实测年、月径流量系列中，选取出一个实际的干旱年作为代表年，用其年径流分配过程直接与该年的用水过程相配合而进行调节计算，求出调节库容，来确定工程规模。选出的年份称为实际代表年，其年、月径流量，就是实际代表年的年、月径流量。用这种方法求出的调节库容不一定符合规定的设计保证率，但由于曾经发生的干旱年份给人以深刻的印象，认为只要这样年份的供水得到保证，就达到修建水库工程的目的。实际代表年法概念清楚、比较直观，在小型灌溉工程设计中应用较广。

表 5-3　某站以年水量控制，同倍比缩放的设计年、月径流量

m^3/s

年份	月份												全年	
	3	4	5	6	7	8	9	10	11	12	1	2	总量	平均
枯水代表年(1964—1965 年)	9.91	12.50	12.90	34.60	6.90	5.55	2.00	3.27	1.62	1.17	0.99	3.06	94.50	7.87
$P=90\%$的设计枯水年	8.59	10.80	11.20	29.90	5.97	4.82	1.73	2.83	1.40	1.02	0.86	2.67	81.80	6.82
枯水代表年(1971—1972 年)	5.08	6.10	24.30	22.80	3.40	3.45	4.92	2.79	1.76	1.30	2.23	8.76	86.90	7.24
$P=90\%$的设计枯水年	4.80	5.76	22.80	3.40	3.45	3.25	4.63	2.63	1.66	1.22	2.10	8.25	81.80	6.82
平水代表年(1960—1961 年)	8.21	19.50	26.40	24.60	7.35	9.62	3.20	2.07	1.98	1.90	2.35	1.32	120.40	10.00
$P=50\%$的设计平水年	8.78	20.90	28.20	26.30	7.86	10.30	3.42	2.21	2.12	2.03	2.51	1.41	128.80	10.70
丰水代表年(1975—1976 年)	22.40	37.10	58.00	23.90	10.60	12.40	6.26	8.51	7.30	7.54	3.12	5.56	202.70	16.90
$P=10\%$的设计丰水年	20.80	34.50	53.90	22.20	9.85	11.50	5.82	7.90	6.78	7.00	2.90	5.17	188.30	15.70

第四节　具有短期实测径流资料时设计年径流量的分析计算

当实测年径流量系列不足 30 a,或虽有 30 a,但系列代表性不足,应进行插补延长。然后,根据展延后的系列进行频率计算。在实际工作中这种情况是经常遇到的。具有短期实测径流资料时,设计年、月径流量计算的关键是系列的展延。本节主要介绍径流系列的展延方法。在水文计算中,通常应用图解相关法或相关分析法来展延系列。

一、参证变量的选择

参证变量应具备下列几个条件:

(1)参证变量与设计变量在成因上有密切联系。

(2)参证变量与设计变量要有一段较长的同步观测资料,以便建立相关关系。

(3)参证变量应具有充分长的实测资料,并具有较好的代表性。

根据上述条件,结合具体的资料情况,可以选择不同的参证资料(如流域降水资料或上、下游站径流资料)来展延设计站的年、月径流量,不同的年份可用不同的参证资料来展延,同一年份可用两种以上参证资料来展延时,从中选用精度高者的成果,如图 5-3 所示。

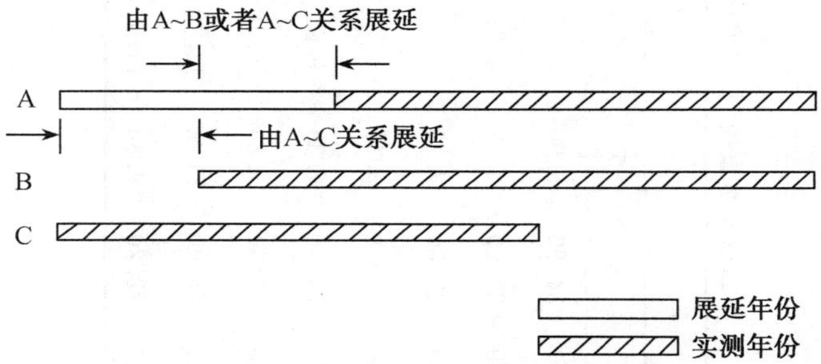

图 5-3　选用不同参证变量展延系列示意图

A—设计站年、月径流系列;B、C—参证站资料系列

在水文计算中,通常用径流量或降水量作为参证变量,有时也用其他变量(如气温)作为参证变量。下面重点讲述利用径流量和降水量资料展延系列的方法。

二、相关法展延系列

(一)利用径流量资料展延系列

当设计站上游或下游站有充分实测年径流量时,往往可以利用上、下游站的年径流量资料来展延设计站的年径流量系列。如果设计站与参证站所控制的流域面积相差不多,一般可获得良好的结果。当自然地理条件和气候条件在地区上的变化很大时,两站年径流量间的相关关系可能不好。这时,可以在相关图中引入区间径流量(或区间年降水量)作为参变量,来改善相关关系。

当设计站上、下游无长期测站时，经过分析，可利用自然地理条件相似的邻近流域的年径流量作为参证变量。

当设计站实测年径流量系列过短，难以建立年径流量相关关系时，可以利用设计站与参证站月径流量（或季径流量）之间的关系来展延系列。由于影响月（季）径流量的因素远比影响年径流量的因素多，月（季）径流量的相关关系也就不如年径流量相关关系那样密切，用月（季）径流量关系来展延系列，一般误差较大。

选好参证变量并建立关系图后，即可根据实测的参证变量，从相关图上查出设计站年径流量的对应值，从而把设计站系列展延到一定长度。

（二）利用降水量资料展延系列

当不能利用径流量资料来展延系列时，可以利用流域内或邻近地区的降水量资料来展延。对于湿润地区，如我国长江流域及南方各省，年径流量与年降水量之间存在较密切的关系，用流域平均年降水量作参证变量来展延年径流量系列，一般可以得到良好的效果；对于干旱地区，年径流量与年降水量之间的关系不太密切，难以利用这个关系来展延年径流量系列。

当设计站的实测年径流量系列过短，不足以建立年降水量与年径流量的相关关系时，也可用月降水量与月径流量之间的关系来展延月、年径流量系列。

需要注意，按日历时间统计月降水量和月径流量，有时月末的降水量所产生的径流量在下月初流出，造成月降水量与月径流量不相对应的情况。因此，二者之间的关系一般较弱，有时点据散乱而无法定相关关系线。解决的办法如下：将月末降水量的部分或全部计入下个月的降水量中；或者将下月初流出的径流量计入上个月的径流量中，使月降水量和月径流量相对应。这样可以使月降水量和月径流量之间的关系得到改善。

当流域蓄水量影响较大时，也会使月降水量和月径流量不相对应。由于不同月份的流域蓄水量不同，即使是月降水量相同，相应的月径流量也会相差较大，甚至不降水的月份，也会有较大的径流量产生，这主要是流域前期蓄水造成的（比如枯水期的月径流量一般由地下水供应，几乎与本月少量的降水量无关），此时不可利用月降水径流关系来展延枯水期的月径流量。

有了经插补延长的年径流量系列，就可进行频率计算和年内分配计算，计算方法与具有长期实测径流资料的情况完全相同。

第五节　缺乏实测径流资料时设计年径流量的分析计算

在中小型水利工程的规划设计中，经常遇到没有实测径流资料，或者有短期实测径流资料但又无法展延的情况。在这种情况下，只能通过间接途径来推求设计年径流量。目前常用的方法是水文比拟法和等值线图法。

一、水文比拟法

水文比拟法是将气候与自然地理条件一致的参证站的资料，移用到设计流域使用的方法。应用水文比拟法的关键是选取恰当的参证流域。

(一)参证流域的选择原则

(1)参证流域应具有长期实测径流资料,且代表性好。

(2)参证流域与设计流域必须属于同一气候区,且下垫面条件相似。

(3)参证流域与设计流域面积不能相差太大,最好不超过15%。

(二)多年平均年径流量的计算

1. 直接移用

当设计站与参证站处于同一河流的上、下游,且参证流域面积与设计流域面积相差不大时,或两站虽不在一条河流上,但气候与下垫面条件相似时,可以直接把参证流域的多年平均年径流深移用过来,作为设计流域的多年平均年径流深 $\overline{R}_{设}$,即

$$\overline{R}_{设}=\overline{R}_{参} \tag{5-6}$$

2. 修正移用

当两个流域面积相差较大,或气候与下垫面条件有一定差异时,要将参证流域的多年平均年径流量 $\overline{Q}_{参}$ 修正后再移用过来,即

$$\overline{Q}_{设}=K_{R}\overline{Q}_{参} \tag{5-7}$$

式中:K_{R} 为考虑不同影响因素时的修正系数。

如果只考虑面积不同的影响,则

$$\overline{K}_{R}=\frac{\overline{F}_{设}}{\overline{F}_{参}} \tag{5-8}$$

如果考虑设计流域与参证流域上多年平均降水量的不同,即 $\overline{P}_{设}$ 不等于 $\overline{P}_{参}$,但径流系数接近时,其修正系数为

$$\overline{K}_{R}=\frac{\overline{P}_{设}}{\overline{P}_{参}} \tag{5-9}$$

式中:$\overline{F}_{设}$、$\overline{F}_{参}$ 分别为设计流域、参证流域的流域面积,km^2;$\overline{P}_{设}$、$\overline{P}_{参}$ 分别为设计流域、参证流域的多年平均年降水量,可从水文手册中查得,mm。

(三)年径流变差系数设置的估算

移用参证流域的年径流量 C_v 值时要求:

(1)两站所控制的流域特征大致相似。

(2)两流域属于同一气候区。如果考虑影响径流的因素有差异时,可采用修正系数 K,则设计流域年径流深变差系数为

$$C_{vR设}=KC_{vR参} \tag{5-10}$$

式中:$K=\frac{C_{vx设}}{C_{vx参}}$;$C_{vx设}$、$C_{vx参}$ 分别为设计流域、参证流域年降水量的变差系数,可从水文手册中查得;$C_{vR参}$ 为参证流域年径流深的变差系数,可从水文手册中查得。

(四)年径流量偏态系数 C_s 的估算

年径流量的 C_s 值一般通过 C_s 与 C_v 的比值定出。可以将参证站 C_s 与 C_v 的比值直接移用或做适当的修正。在实际工作中,常采用 $C_s=2C_v$。

二、等值线图法

作为影响流域多年平均径流量主要因素的降水量和蒸发量,它们都具有明显的地理分布规律。而流域下垫面因素对多年平均径流量也有影响,这是非分区性因素。为消除非分区性因素的影响,通常将流域多年平均年径流量除以流域面积,得多年平均年径流深(mm)。将有资料流域的多年平均年径流深数据,点绘在流域面积的形心处(沿不同方向,将流域面积等分为二的直线的交点,一般视为流域的形心,山区点绘在流域平均高程处)。根据众多测站的多年平均年径流深数据,即可绘制多年平均年径流深等值线图。

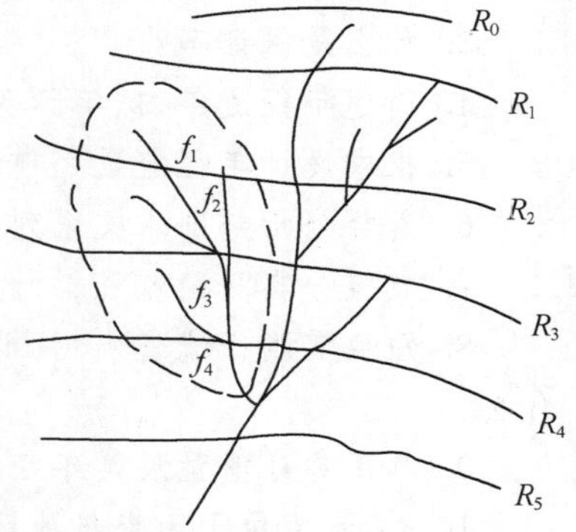

图 5-4 用等值线图推求多年平均年径流深示意图

利用等值线图推求无资料流域多年平均年径流深,须首先在图上勾画出流域范围,定出流域形心。在流域面积较小、流域内等值线分布均匀的情况下,可由通过流域形心的等值线确定该流域的多年平均年径流深,或根据形心附近的两条等值线,按比例内插求得。如流域面积较大,或等值线分布不均匀时,可用等值线间的面积加权计算流域多年平均年径流深。如图 5-4 所示,流域多年平均年径流深可由下式求得:

$$R_{设}=\frac{0.5(R_1+R_2)f_1+0.5(R_2+R_3)f_2+\cdots+0.5(R_{n-1}+R_n)f_{n-1}}{F} \tag{5-11}$$

式中:$R_{设}$ 为设计站流域多年平均年径流深,mm;f_i 为两相邻等值线间的部分流域面积,km^2,$i=1,2,\cdots,n$;F 为总流域面积,km^2;R_i 为等值线所代表的多年平均年径流深,mm,$i=1,2,\cdots,n$。

利用等值线图查算多年平均年径流深的方法,适用于中等流域,对于小流域使用时需慎重。对小流域的年径流深,下垫面因素起主要作用,小流域内河槽下切深度一般不大,不能获取全部的地下径流,可出现枯水季长时期断流现象等。此时小流域的多年平均径流深比处于同一地区中等流域的多年平均径流深小。而等值线图多由中等流域水文站资料绘制而成,因此,使用等值线图来推求小流域多年平均径流深,应根据流域实际情况适当加以修正。

年径流量 C_v 值具有地理分布规律,也可以利用有资料流域的 C_v 值,绘制年径流深 C_v 值等值线图,供缺乏径流资料的流域查用。年径流深 C_v 值等值线图绘制方法与多年平均年径流深等值线图的方法相同,对于等值线图的精度,前者低于后者,用于查取缺乏资料的小流域年径流深的 C_v 值,误差可能较大(一般由图上查得的 C_v 值偏小)。

根据上述方法求得年径流量的 3 个统计参数后,可以通过频率计算求得设计枯水年或丰水、平水、枯水 3 个设计年径流量。

至于缺乏实测资料时设计年径流量的年内分配，广泛采用水文比拟法来推求。即直接移用参证流域各种代表年的月径流量分配比，乘以设计年径流量即得设计年径流量的年内分配过程。参证流域各种代表年的月径流量分配比，可由水文手册中查得。

本 章 习 题

1. 什么是年径流量？什么是设计年径流量？

2. 日历年、水文年、水利年各有何含义？

3. 什么是保证率？

4. 简述年径流年内、年际变化的主要特性。

5. 推求设计年径流量之前，需要对水文资料进行哪几方面的审查？

6. 怎样分析判别水文系列代表性的高低？怎样提高水文系列代表性？

7. 有充分实测径流资料时，怎样用设计代表年法推求设计年径流量及其年内分配？

8. 短缺实测径流资料时，设计年径流量计算的关键是什么？应用水文比拟法的关键是什么？

9. 利用参证变量展延年径流系列，应如何选择参证变量？

10. 某水库位于无资料地区，设计断面 A 的位置如图 5-5 所示，A 断面以上流域面积为 284 km^2，设 A 点即流域重心。

(1) 已知多年平均年径流深及相应的 C_v 等值线（图 5-6），试推求 $P=10\%$，$P=50\%$，$P=90\%$ 的设计年径流总量。采用 $C_s=2C_v$。

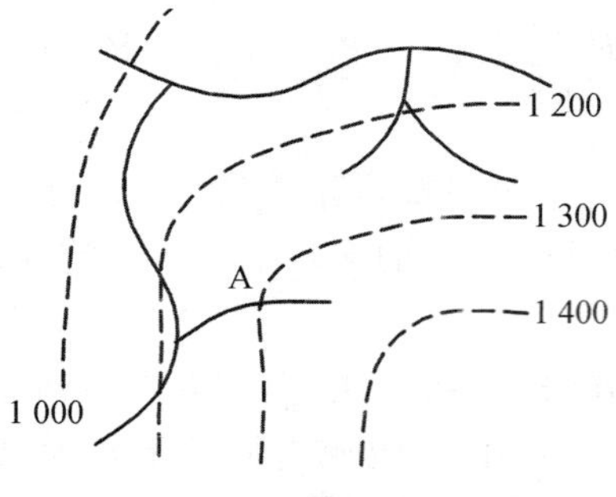

图 5-5　年径流深等值线图(单位:mm)

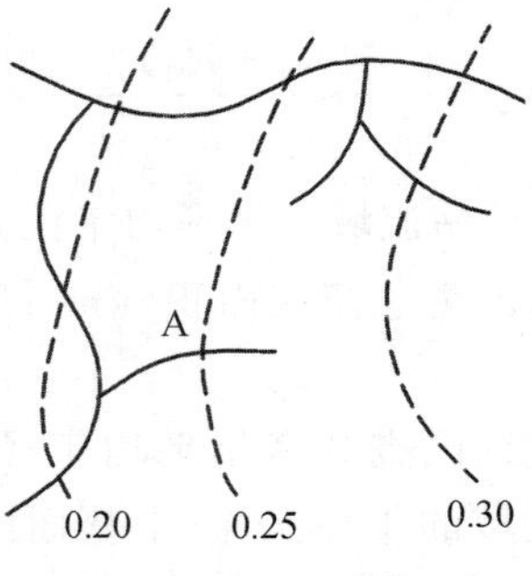

图 5-6　年径流 C_v 等值线图

(2) 根据流域所在分区，查得设计流域年径流年内分配比如表 5-4 所示，求设计枯水年的年径流年内分配过程（以 mm 为单位）。

表 5-4　设计流域年径流年内分配比

月份	1	2	3	4	5	6	7	8	9	10	11	12	全年
分配比/%	1.0	3.3	10.5	13.2	13.7	36.6	7.3	5.9	2.1	3.5	1.7	1.2	100

11. 某流域有甲、乙、丙3个水文站，如图5-7所示。各站年径流资料年限分别为：甲站，1963—2003年；乙站，1976—2003年；丙站，1976—2003年。通过图解相关发现，甲与丙的关系不理想，而甲与乙的关系较密切，乙与丙的关系尚可。是否可以建立甲与乙的径流相关来展延乙，再建立乙与丙的相关关系来展延丙站的资料？如果甲、乙两站资料都较长，如何展延丙站资料？

12. 飞口水利枢纽位于青河中游(图5-8)，控制流域面积为10 100 km^2，其主要任务为发电。已知飞口站与青口站径流资料相关关系较好。试根据表5-5至表5-7所给资料推求飞口站设计频率为95%时的年径流量；与本流域上下游站和流域资料比较，分析成果的合理性；从所给表中选择一个典型年，计算设计年径流量的年内分配。

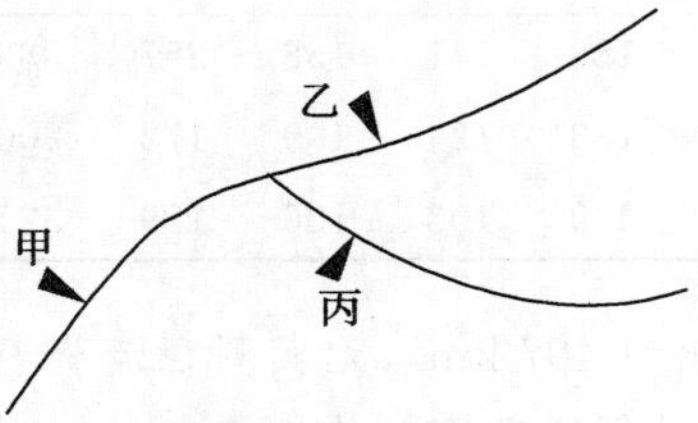

图5-7　某流域测站分布图

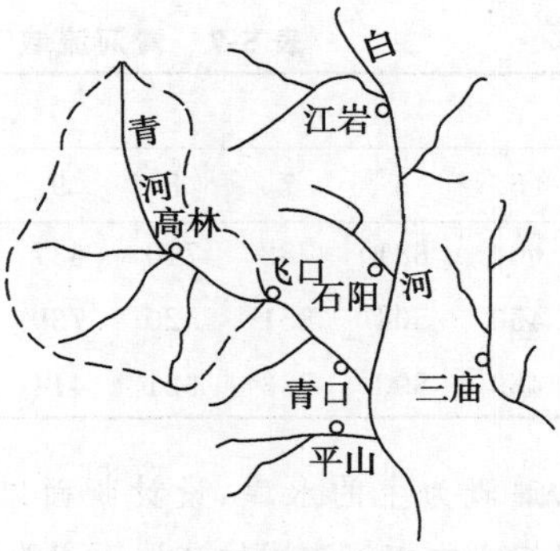

图5-8　青河及附近流域测站位置图

表5-5　青河流域飞口、青口站实测年径流量表　m^3/s

站名	1965—1966	1966—1967	1967—1968	1968—1969	1969—1970	1970—1971	1971—1972	1972—1973	1973—1974
飞口						396	596	459	577
青口	665	750	540	695	810	430	643	516	664

站名	1974—1975	1975—1976	1976—1977	1977—1978	1978—1979	1979—1980	1980—1981	1981—1982
飞口	560	514	438	377	462	508	564	548
青口	594	559	464	400	505	528	614	603

表 5-6　本流域及相邻流域各测站控制面积及年径流量统计参数

站名	流域面积/ km^2	多年平均流量/ (m^3/s)	多年平均径流深/ mm	变差系数 C_v
青口	11 800	583	1 560	0.18
高林	8 520	433	1 600	0.22
江岩	5 810	260	1 410	0.21
三庙	5 440	266	1 540	0.20
平山	3 340	144	1 360	0.23
石阳	2 900	140	1 520	0.25

表 5-7　青河流域飞口站枯水年逐月平均流量表　m^3/s

年　份	月　份												年均
	5	6	7	8	9	10	11	12	1	2	3	4	
1976—1977	604	681	782	710	637	449	279	188	141	138	257	389	438
1977—1978	450	504	851	520	739	442	231	183	124	109	172	200	377
1970—1971	483	893	733	621	414	360	259	329	103	106	129	321	396

13. 某以灌溉为主的水库，设计断面以上流域面积为 497 km^2，无实测径流资料，但气候和下垫面条件都相似的相邻流域的流域面积为 535 km^2，设计保证率 80%的年径流为 8.5 m^3/s。试用水文比拟法推求设计站保证率为 80%的设计年径流。

第六章

流域产流与汇流计算

第一节 概 述

由降雨形成流域出口断面径流的过程是十分复杂的,由降雨资料来推求出口断面的流量及其过程,需要通过流域的产流和汇流计算来实现。因此,产流、汇流计算是径流预报及由暴雨资料推求设计洪水的基础。

如前所述,径流的形成过程可以概括为产流过程和汇流过程。产流过程实际上就是将降雨扣除损失的过程,而损失量包括植物截流、雨期蒸发、地表调蓄、包气带土壤储存(占主要部分)等。那么产流计算的中心任务就是由降雨资料扣除损失来推求净雨量及其过程。为了简化计算,损失雨量一般只考虑包气带土壤储存部分的雨量,而将其他部分忽略不计,并引进流域两种产流模式:一种适用于包气带较薄(地下水埋藏较浅),气候湿润,包气带缺水量可以被一次降雨蓄满的蓄满产流模式;另一种适用于包气带较厚,气候干旱,降雨量较少,包气带缺水量不可能被一次降雨所蓄满的超渗产流模式。本章在产流计算部分重点学习在这两种产流模式下如何进行产流的分析与计算,即解决如何由降雨及其过程推求净雨量及其过程的问题。

在产流计算的基础上学习汇流计算,首先应根据所掌握的资料确定流域汇流方案,汇流方案可概化为集中流域汇流计算的方法:等流时线法、时段单位线法和瞬时单位线法。汇流计算的核心任务是运用这些计算方法,根据产流计算得到的流域净雨量及其过程,计算出流域出口断面的地表径流过程、地下径流过程和总径流过程。本章学习的内容可由图 6-1 的流程图表示。

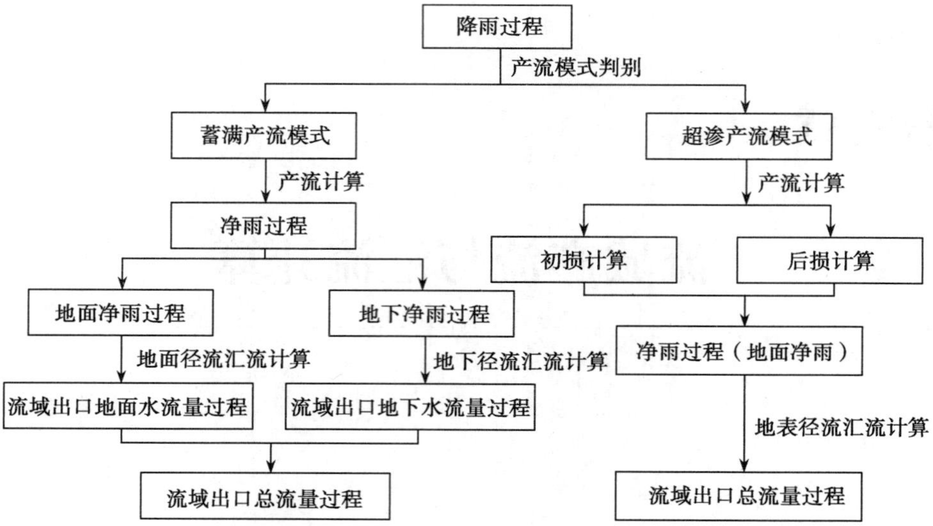

图 6-1　由流域降雨过程推求流域出口径流过程流程图

第二节　流域产流、汇流要素计算

流域产流、汇流要素指的是在产流、汇流计算过程中不同环节涉及的基本参量，这些参量可以通过对流域实测资料的分析整理得到，流域产流、汇流要素的确定是流域产流、汇流分析计算的基础。

一、降雨资料分析

流域产流、汇流计算主要是运用成因分析法建立流域上降雨与径流之间的定量关系，所以首先要对流域降雨资料进行整理。

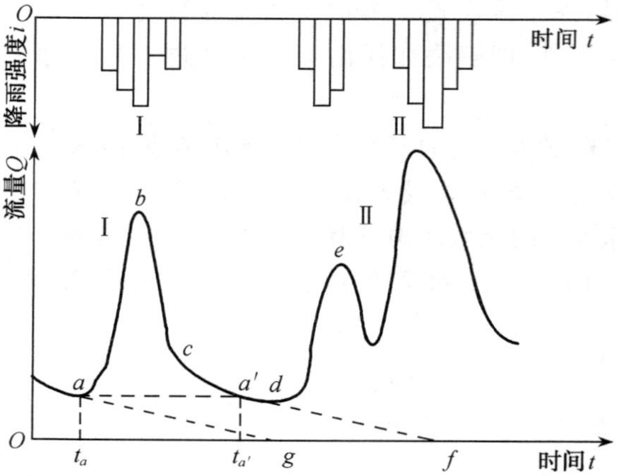

图 6-2　洪水场次划分及径流分割

降雨资料是指流域上各雨量站实测的降雨量、降雨强度、降雨历时、降雨过程等基础资料，对这些资料进行分析的目的是求出流域的面降雨量及其过程。由单站降雨量推求流域面降雨量的方法在第二章已经介绍过，这里强调的是，由于不同雨量站测得的降雨过程不同，在推求流域面降雨量时应注意采用不同站相同时段的雨量资料进行分析计算。另外要注意，分析得到的面降雨量与流域出口的洪水场次要相对应。如图6-2所示，把洪水划分为两次，对应的流域面降雨也应划分为两次，即降雨Ⅰ对应洪水Ⅰ，降雨Ⅱ对应洪水Ⅱ。

二、径流量计算

(一)径流过程线分析

若流域内发生一场暴雨,则可以在流域出口断面观测到其形成的洪水过程线。以图 6-2 中降雨Ⅰ为本次降雨,在与之对应的实测洪水过程中,不仅包括本次降雨所形成的地表径流、壤中流、浅层地下径流,而且还包括非本次降雨所形成的深层地下径流(基流)、前次洪水尚未退完的部分水量(图 6-2 中 $agt_a a$ 部分代表的水量),以及本次洪水尚未退完而又加入的后期降雨径流(如第二场洪水过程Ⅱ)。要计算本次场降雨所形成的径流,必须将这些非本次降雨所产生的径流划分出去。

从径流形成过程分析可知,地表径流与壤中流汇流情况相近,出流快、退尽早,并在洪水总量中占的比例较大,故常将两者合并分析计算,统称为地面径流。地面径流退尽后,洪水过程线只剩浅层地下径流和深层地下径流,流量明显减小,会使过程线退水段上出现一拐点。因为地下径流出流慢、退尽也慢,所以洪水过程线尾部呈缓慢下降趋势,像这种一次洪水尚未退尽,又遭遇另一次洪水的情况经常发生。所以,要想把一次降雨所形成的各种径流分割独立开,需要两种意义的分割:次洪水过程的分割与水源划分。

(二)次洪水过程的分割

次洪水过程分割的目的是把几次暴雨所形成的、混在一起的径流过程线独立分割开来。此类分割常采用退水曲线进行。分割时,可将退水曲线在待分割的洪水过程线(应与退水曲线纵、横坐标比例一致)的横坐标上水平移动,尽可能使某条地面退水曲线与洪水退水段吻合,沿该线绘出分割线即可。

退水曲线是反映流域蓄水量消退规律的过程线,可按下述方法综合多次实测流量过程线的退水段求得:取若干条洪水过程线的退水段,采用相同的纵、横坐标比例,绘制在透明纸上;绘制时,将透明纸沿时间坐标轴左右移动,使退水段的尾部相互重合,做出一条光滑的下包线,该下包线即地下水标准退水曲线,反映地下径流的消退规律;以下包线为基础,上面一组退水曲线为地面径流退水曲线,如图 6-3 所示。

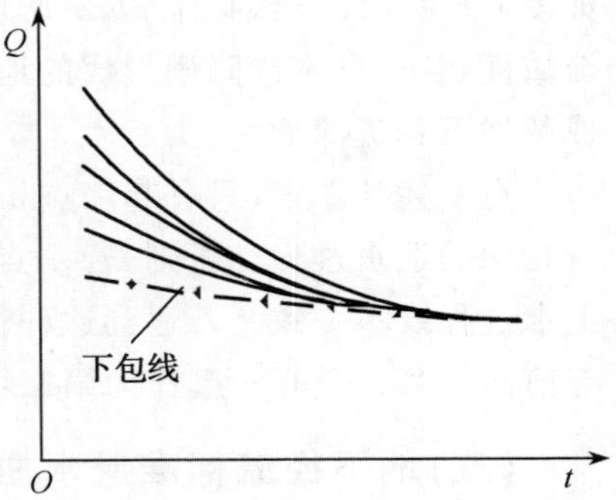

图 6-3　地下径流退水曲线

(三)水源划分

次洪水过程的分割完成后,再进行地面径流、浅层地下径流、深层地下径流的划分,即按水源进一步划分径流。

深层地下径流由承压水补给形成,其特点是小而稳定,常称为基流,可以通过分析、调查径流资料合理选定。选定基流流量后,从洪水起涨点 a 作一水平线,即可在洪水过程线底部平行割除基流,如图 6-4 所示。该线以下径流即深层地下径流。

地面径流与浅层地下径流的分割常采用斜线分割法:用退水曲线确定洪水退水段上的拐点 c,从洪水起涨点 a 向 c 点画一斜线,该线以上为地面径流,该线与平行线之间为浅层地下径流,如图 6-5 所示。

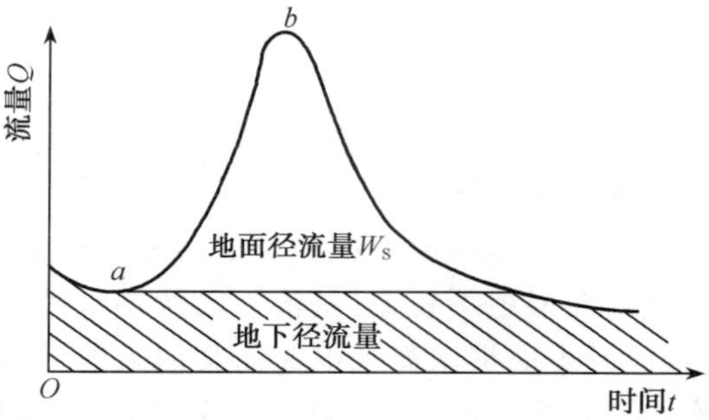

图 6-4　水平线分割法

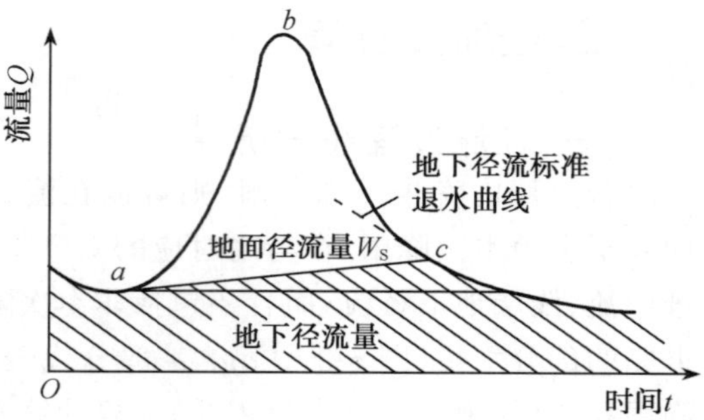

图 6-5　斜线分割法

(四)径流量的计算

分割完成后,各种径流过程即可独立开,可计算其径流量,即求各自面积,分别得地面径流和地下径流,两者相加后得总径流。从图 6-2 可知,如果能求得退水曲线 ag 和 $ca'df$,便能求得降雨Ⅰ所形成的洪水总量 W_R,即由 $abca'df$ 线与 agf 线所包的面积。但实际上 f 和 g 两点会滞后很长时间,故 W_R 不宜按退水曲线直接去求。

比较实用的方法是利用地下径流退水曲线相对稳定的性质来推求,近似认为前期降雨所形成的在 a 点以后的地下径流过程线 ag 与 a'点(与 a 点同流量)以后的 $a'df$ 线趋势一致,即 ag 线向后平移至 $t_{a'}$ 便可与 $a'df$ 线重合。因此,W_R 可改用下面的方法计算:过起涨点 a 作一水平线,交本次洪水的退水过程线于 a'点,则 $t_a abca't_{a'}$ 线与时间轴包围面积所代表的水量就等于 W_R。W_R 除以流域面积 F,即本次降雨形成的总径流深 R,它包括地面径流和地下径流。如图 6-5 所示,ac 线以上 $abca$ 所包围面积代表的水量即本次洪水的地面径流量 W_S,W_S 除以流域面积 F,即本次降雨形成的地面径流深 R_s,从总径流深 R 中减去 R_s,就得到本次降雨形成的地下径流深 R_g。

在上述计算中,只有起涨点 a 比较低,即 a 点的流量全为地下径流,才可能使 a 点和 a'点有相同的退水过程。否则,若 a 点过高,则流量中可能包有地面径流成分,使 a 点和 a'以后的退水过程线不一致。若遇到这种情况,如图 6-2 中的第三个峰,则不宜单独作为一场洪水,应与前面的第二个峰一起作为第二场洪水Ⅱ。

(五)地下径流标准退水曲线

洪水的退水流量来自流域蓄水的消退。天然状况下,地面蓄水(如湖泊、河网)消退较快,地下蓄水消退较慢,形成不相同的退水过程。图 6-3 是对多次洪水消退过程综合的流域退水曲线。上面的线簇反映地面蓄水的消退,降雨量、降雨强度、降雨分布等不同,造成各场洪水不一致;下包线反映地下蓄水的消退,较为稳定,称为地下径流标准退水曲线。其绘制方法是:首先,以相同的比例尺,在方格纸上绘出各场洪水的退水流量过程线;其次,用一张透明的纸先描绘出其中一条最低的退水过程线,然后移到另一场洪水的退水段,在保持时间坐标轴重合条件下左右移动透明纸,使方格纸上的退水过程线在后部与透明纸上的相重合,并把它也描绘在透明纸上。如此逐一描绘,就形成了图 6-3 的地下径流标准退水曲线。

地下径流标准退水曲线可用下式描述:

$$Q_t = Q_0 e^{-t/k_g} \tag{6-1}$$

式中：Q_t 为 t 时刻流量，m^3/s；Q_0 为 $t=0$ 时刻流量，m^3/s；k_g 为地下水退水参数或地下水蓄水常数，具有时间因次。

三、前期流域蓄水量及前期影响雨量的计算

降雨开始时流域的湿润状况，对本次降雨产生径流的多少影响较大，是流域产流计算中要考虑的重要因素。流域的湿润程度常用流域蓄水量 W 或其定量指标——前期影响雨量 P_a 表示。本节分别介绍它们的计算方法。

（一）前期流域蓄水量 W 的计算

流域蓄水量是指在流域影响土层内土壤含蓄的吸湿水、薄膜水和毛管悬着水，是土壤能够保持而不在重力作用下流走的水分，它在雨后由于土壤蒸发和植物散发而消耗，对流域产流有重要影响。降雨一定时，雨前流域蓄水量大，损失小，则净雨量多，径流大；反之，则净雨量少，径流也小。

天然状态下，土层的蓄水量存在两种极限情况：一是长期无雨，土壤十分干燥，沿土层深度分布的土壤含水量都相应地降至最小值，可以近似地认为这种状态的蓄水量为零；二是充分湿润时，土壤含水量都达到田间持水量，此时蓄水量（不包括重力水）达最大值，按照上面规定的零点，其值将等于田间持水量与最小蓄水量之差在土壤深度上的积分。由 W'_m 表示流域该点土壤蓄水量的上限，称为该点的蓄水容量。该点的实际蓄水量 W' 将在 0～W'_m 变化。

流域上不同点的蓄水容量 W'_m 是不同的，可以从零变化到点最大蓄水容量 W'_m，全流域平均值以 W_m 表示，称为流域蓄水容量。当全流域产流计算时，W_m 为该次降雨的最大损失雨量。人们常常利用这一概念来确定 W_m，其做法是：从长期记录中选择久旱无雨、流域极为干旱时（流域蓄水量基本上降到零点），又遇大雨，雨后能使包气带蓄满的降雨径流资料来推求 W_m，其计算公式为

$$W_m = P - R - E \tag{6-2}$$

式中：W_m 为流域蓄水容量，mm；P 为流域平均降雨量，mm；R 为 P 产生的总径流深，mm；E 为雨期蒸发量，mm，如降雨时间短可忽略不计。

一个流域的蓄水容量反映该流域蓄水能力的基本特征，比较稳定。我国大部分湿润地区的经验表明，W_m 一般为 80～120 mm，流域实际蓄水量将在 0～W_m 变化。

实际上，一般缺乏实测的流域土壤含水量资料，须通过间接计算来推求前期流域蓄水量 W。利用流域水量平衡方程，有如下计算公式：

$$W_{t+1} = W_t + P_t - R_{pt} - E_t \tag{6-3}$$

式中：W_{t+1} 为第 $t+1$ 天开始时刻的流域蓄水量，mm；W_t 为第 t 天开始时刻的流域蓄水量，mm，为计算 W_{t+1} 的起始条件；P_t 为第 t 天的流域面降雨量，mm；R_{pt} 为 P_t 产生的总径流深，mm，由实测径流资料计算；E_t 为第 t 天的流域蒸散发量，mm。

由流域的 P、R、E 资料逐日连续计算，便可求得各日的流域蓄水量 W。按式(6-3)计算流域蓄水量，物理概念明确，成果精度较高，但计算工作量大，多用于水文预测。对于设计情况，

为简便起见，常用前期影响雨量 P_a 作为衡量流域湿润程度的指标，来反映流域蓄水量的大小。

(二)流域前期影响雨量 P_a 的计算

前期影响雨量 P_a 是指本次降雨前流域的实际蓄水量，它来自本次降雨以前流域上的多次降雨。前期降雨与本次降雨的时间间隔越近，则对 P_a 的影响越大。可以假定一个小于1的系数 K(折减系数)的 n 次方来表示影响程度，假定本次降雨发生在 t 日，P_a 的计算公式为

$$P_{a,t}=KP_{t-1}+K^2P_{t-2}+\cdots+K^nP_{t-n} \tag{6-4a}$$

$$P_{a,t}\leqslant W_m \tag{6-4b}$$

式中：$P_{a,t}$ 为本次降雨初的土壤含水量(t 日的土壤含水量)；P_{t-1}、P_{t-2}、P_{t-n} 分别为本次降雨前1天、2天、n 天的降雨量，mm；K 为流域蓄水日消退系数。

K 值可由式(6-5)计算：

$$K=1-\frac{\overline{E}_m}{W_m} \tag{6-5}$$

式中：$\overline{E}_m$ 为流域的月平均日蒸发能力，与同条件下的80 cm套盆式蒸发皿的日蒸发量接近。

将式(6-4a)进行变换，得到计算 P_a 的递推公式：

$$P_{a,t}=K(P_{t-1}+P_{a,t-1}) \tag{6-6}$$

可利用式(6-6)逐日计算土壤含水量 P_a 值，计算起点可取连续降雨使土壤含水量达 W_m 时的 $P_a=W_m$，或长时间无雨时的 $P_a=0$。

【例6-1】某流域5月18日至6月5日的降雨过程如表6-1所示，经分析求得该流域 $W_m=100$ mm，5月份多年平均的流域日蒸散发能力为5 mm，6月份为6.2 mm，推求各日的前期影响雨量。

$$5月份 \quad K_5=1-\frac{\overline{E}_m}{W_m}=1-\frac{5}{100}=0.95$$

$$6月份 \quad K_6=1-\frac{\overline{E}_m}{W_m}=1-\frac{6.2}{100}=0.938$$

5月18日—19日这两天雨量很大，已远远超过了 W_m，因此可以认为 P_a 已经达到 W_m，故取20日开始时的 P_a 为100 mm，其后逐日的 P_a 按式(6-6)计算。例如，5月21日 $P_a=0.95(100+10.1)$ mm >100 mm，故取 $P_a=100$ mm，5月22日 $P_a=0.95(100+1.2)$ mm $=96.1$ mm，5月23日 $P_a=0.95(96.1+0)$ mm $=91.3$ mm，依此类推，结果如表6-1第4列。

表 6-1 P_a 计算示例

时间	P_t/mm	K	P_a/mm	时间	P_t/mm	K	P_a/mm
(1)	(2)	(3)	(4)	(1)	(2)	(3)	(4)
5月18日	68.2	0.95		5月28日		0.95	70.7
5月19日	35.6			5月29日	11.3		67.2
5月20日	10.1		100	5月30日	0.5		74.6
5月21日	1.2		100	5月31日			71.3
5月22日			96.1	6月1日		0.938	66.9
5月23日			91.3	6月2日	6.6		62.8
5月24日			86.7	6月3日	32.6		66.1
5月25日			82.4	6月4日	16		91.6
5月26日			78.3	6月5日			100
5月27日			74.4	⋮	⋮		⋮

注：W_m＝100 mm；P_a 为一天开始时刻的前期影响雨量。

第三节　流域产流分析计算

如此前所述，流域产流分析计算的目的就是从已知的流域降雨过程（面降雨过程），推求流域上的净雨过程。其关键是根据流域的具体情况，选用相应的流域产流模式。基于流域水量平衡原理，在已知降雨过程中减去不产生径流的降雨损失量，就得到相应的净雨过程。净雨量在数值上等于径流量，但必须通过流域汇流过程才能在流域出口断面形成径流过程。因此，从过程上来看径流滞后于净雨。

一、流域产流模式

考察流域上沿垂向的土壤结构，以地下水面为界：地下水面以下土壤处于饱和含水状态，是由土壤颗粒和水分组成的二相系统，称为饱水带；地下水面以上，土壤孔隙未达饱和，是土壤颗粒、水分、空气同时存在的三相系统，称为包气带。包气带具有吸收、储存、输送水分的功能，这种功能使得包气带对降雨起着再分配作用，而包气带对降雨再分配作用的不同，决定了流域的不同产流模式。

（一）蓄满产流模式

蓄满产流又称饱和产流或超蓄产流，多发生在湿润地区。这些地区雨量丰沛，地下水位一般较高，包气带较薄，而且植被较好，表土发育，地面下渗能力较大，因此，汛期降雨后包气带缺水（未达到田间持水量）很容易得到满足，当包气带含水量达到田间持水量后，下渗率趋于稳定。在包气带未蓄满，下渗率未达稳定之前不产生径流，这时降雨均补给包气带蓄水，而当包气带蓄满后，降雨就全部形成径流。降雨强度超过稳定下渗率的那部分降雨则产生地面径流，相应的净雨为地面净雨。以稳定入渗率 f_c 下渗的水量形成地下径流，这部分雨量为地下净雨。因此，降雨产生的总径流量为地面径流与地下径流之和。

设流域包气带最大蓄水容量为 W_m，降雨开始前流域土壤含水量为 W_0，则本次降雨的损失量为 $W_m - W_0$，降雨量 $P > W_m - W_0$ 为蓄满产流模式下的产流条件。根据水量平衡原理得到总径流深 R(mm)的表达式：

$$R = P - E - (W_m - W_0) \tag{6-7}$$

式中各符号意义同前。

(二)超渗产流模式

超渗产流多发生在干旱半干旱地区或湿润地区的干旱季节。干旱半干旱地区降雨量少，地下水埋藏深，包气带很厚，而且植被条件较差，土壤结构密实，地面下渗能力较小，因此降雨不容易使包气带蓄满。在产流过程中由于雨水的不断下渗，包气带中下渗锋面不断下移，下渗率随时间不断减小，但在整个降雨过程中，包气带达不到蓄满状态，下渗的降雨量只是暂时存储于包气带中，而后耗于蒸发，不会形成地下径流。只有当降雨强度超过入渗强度时，来不及下渗的雨水才形成地面径流。因此，超渗产流模式下没有地下净雨。

(三)产流模式的判别

一个流域的产流模式，是气候、地质、地貌、土壤结构等因素综合作用的结果。长年气候干燥的流域，因蒸发量大，土壤缺水量较大，很难被降雨蓄满，径流基本来源于超渗雨。气候湿润地区，土壤缺水量小，降雨产流的模式多为蓄满产流。

下垫面特征，除土壤含水量外，还包括土壤物理特性、土层结构、植被条件、地形以及地下水等因素。若土壤颗粒细小、结构密实、植被度低、地下水埋深大，因下渗率小，多以超渗模式产生径流。如土壤颗粒大、结构疏松、植被度高、地下水埋深小，则多以蓄满模式产生径流。

根据我国的情况，气候呈明显的地带性分布。我国淮河流域及以南地区和东北的东部，年降雨量在700 mm以上，年径流系数大于0.4，这些地区以蓄满产流为主；黄河流域部分区域和西北地区、东北西部地区年降雨量不足400 mm，年蒸发量大，径流系数小于0.2，为典型的超渗产流区；华北和东北的部分地区，年降雨量在400～800 mm，如海河、滦河流域，产流情况比较复杂，表现为由蓄满产流向超渗产流过渡的特点，属混合产流区。

一个区域的产流模式并非固定不变：湿润地区的干旱季节，就可能发生超渗产流；干旱地区的多雨季节或干旱地区的山区，土层较薄，植被良好，土壤下渗能力强，可能产生蓄满产流。无论何种产流模式，在产流初期只是在流域的局部区域发生，称为局部产流；随着降雨量和降雨强度的增加，产流面积也将不断增大，最后达到全流域产流。

二、蓄满产流模式下的产流量计算

(一)降雨径流相关图法

1. 概述

将影响径流深 R 的因素，如降雨量 P、降雨开始时的流域蓄水量 W 或前期影响雨量 P_a、降雨历时或降雨强度等，在成因分析和统计相关相结合的基础上，根据以往的流域实测资料建立各不同因素与径流深的关系图，如图6-6所示，便是该流域的降雨径流相关图。按照所考虑的因素个数不同，降雨径流相关图分为三变量(P-P_a-R)降雨径流相关图和多变量降雨径流相关图。这些图反映了流域的产流规律，因此，当已知流域降雨、降雨前流域蓄水量等因素时，可由图查出相应的产流量。这种推求径流量的方法简单，又有一定的精度，所以实际工作中应用较为广泛。降雨径流相关图大体可分为两大类：一种是按地面径流深和其他因素点绘的相关图，称为降雨地面径流相关图，这种类型的相关图是基于超渗产流模式建立的，国外的降雨径流相关图多为此种；另一种是按总径流深与其他因素间的关系点绘的相关图，称为降雨总径流相关图，这种类型的相关图是基于蓄满产流模式建立的。两种降雨径流相关图在称呼上一般不加区别，应用时应注意区分。本节重点讲解基于蓄满产流模式建立的三变量降雨径流相关图。

2. 降雨径流相关图的建立

我国湿润半湿润地区最常用的是 P-P_a-R 三变量降雨径流相关图法，如图 6-6 所示。该图的绘制方法如下：首先，以次降雨量 P 为纵坐标，以该次降雨产生的径流深 R（包括地面和地下径流）为横坐标，对流域实测的各场洪水相应的 P、R 在图上绘一个点，并把 P_a 值注在旁边（如图中各点旁边所注数字）；然后，按点群分布的趋势，照顾大多数点据，绘出 P_a 的等值线。从降雨径流的成因分析，该图应符合以下规律：①P 相同时，P_a 越大，损失越小，R 越大，故 P_a 等值线的数值是从左向右增大的；②P_a 相同时，P 越大，损失相对于 P 越小，径流系数越大，P-R 线的坡度随 P 的增大而减缓，趋于一个定值，使曲线变为直线，直线坡度不应小于 45°。在湿润地区，随 P 的增大，降雨径流相关图的上段表现为一组平行等距离直线，这一特点有利于曲线的外延。相关图做好后，应从总体上进行评定。若有些点据较分散，应反复检验分析各种可能原因，调整计算参数，对点据进行校正，直至该图达到精度要求为止。

降雨径流关系也可简化为 $R=f(P+P_a)$ 的形式，以 $P+P_a$ 为纵坐标，R 为横坐标，如图 6-7 所示，做法与图 6-6 相同。

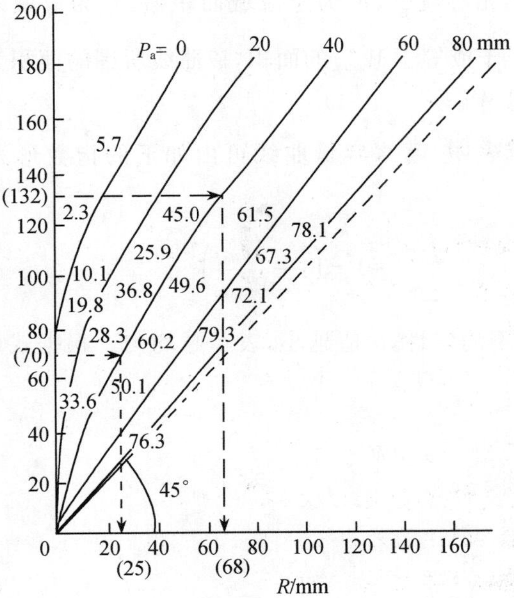

图 6-6　降雨径流相关图(P-P_a-R)

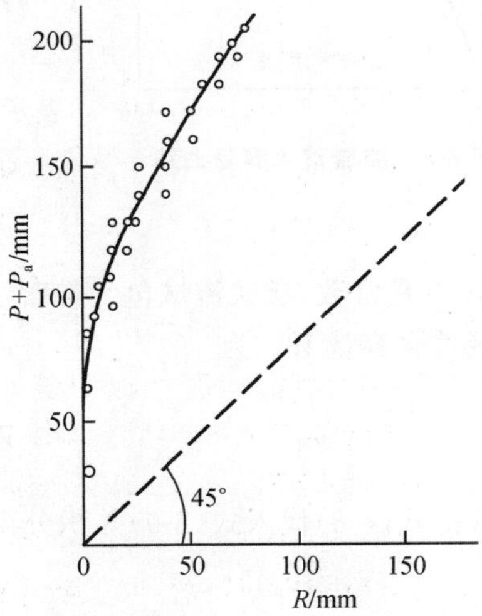

图 6-7　某流域 $P+P_a$-R 三变量相关图

建立这种经验相关图，必须有足够多的实测资料，才能反映不同降雨特性和流域特征的综合经验关系。对于没有实测暴雨洪水资料的区域，可利用地形、土壤、植被、气候等条件相似的邻近地区的降雨径流相关图来估算降雨的产流量。

3. 降雨径流相关图的应用

P-P_a-R 相关图做好后，就可以根据降雨过程及降雨开始时的 P_a 值，在图上求出净雨过程。例如：有一场两个时段的降雨，第一时段雨量 70 mm，第二时段雨量 62 mm，降雨开始时土壤前期影响雨量为 40 mm。在图 6-6 $P_a=40$ mm 的线上，由 $P_1=70$ mm 查得 $R_1=25$ mm，再由 $P_1+P_2=132$ mm 查得 $R_1+R_2=68$，则第二时段净雨 $R_2=(R_1+R_2)-R_1=43$ mm。对于多时段降雨过程，依此类推就可以求出净雨过程，即流域产流过程。若降雨开始时 P_a 不在等值线上，可用内插法进行计算。

(二)流域蓄水容量曲线法

1. 流域蓄水容量曲线

流域上，下垫面状况（包括地表植被、包气带的厚薄、土质、土壤结构等）在空间上分布不均匀，导致在一场降雨前流域土壤缺水量的空间分布也不均匀。由于在其他条件相同情况下，缺水量小的地方降雨后容易蓄满而先产流，造成一个流域产流过程在空间分布上的不均匀，在全流域产流前，存在部分区域蓄满先产流的现象，一般用流域蓄水容量曲线表征流域土壤缺水量分布的不均匀性。

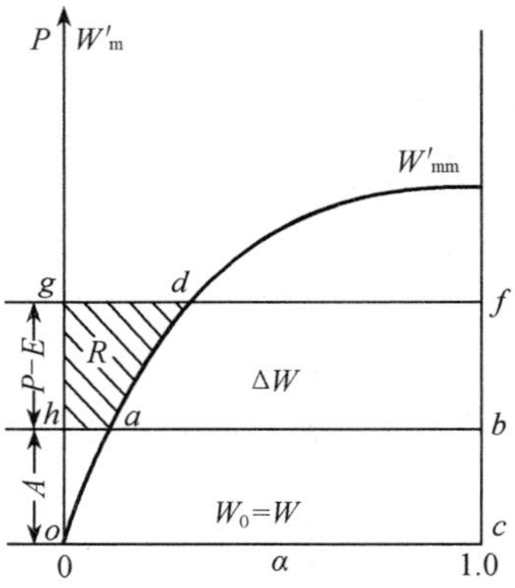

图 6-8　流域蓄水容量曲线

流域蓄水容量曲线是将流域内各不同点包气带的蓄水容量 W'_m，按从大到小的顺序排列，得到的一条蓄水容量与相应面积关系的统计曲线，如图 6-8 所示。图中纵坐标 W'_m 为不同地点包气带蓄水容量值，W'_{mm} 为其最大值，单位以 mm 表示，横坐标 α 为面积的相对值 $\frac{f}{F}$，F 为全流域面积值，f 为流域内包气带蓄水容量小于或等于 W'_{mm} 的面积，该曲线所围的面积为全流域的蓄水容量 W_m。

大量分析表明，蓄水容量曲线可由如下的指数形式方程表示：

$$\alpha=1-\left(1-\frac{W'_m}{W'_{mm}}\right)^b \tag{6-8}$$

式中：b 是常数，反映流域包气带蓄水容量的不均匀性，b 值越小，表示越均匀。根据式(6-8)，流域蓄水容量 W_m 为

$$W_m=\int_0^{W'_{mm}}(1-\alpha)\mathrm{d}W'_m \tag{6-9}$$

把式(6-8)代入式(6-9)并积分得

$$W_m=\frac{W'_{mm}}{1+b} \tag{6-10}$$

2. 产流量计算

一般情况下，流域降雨前的初始土壤含水量不为零，假定此时流域蓄水容量为 W_0，这时初始土壤含水量的分布直接影响流域降雨的产流量值，各次降雨前的流域初始含水量是不相同的，从多次平均的角度，我们认为其分布规律也符合流域蓄水容量曲线，则这时流域点蓄水

容量的最大值 A 可通过下面的积分计算：

$$W_0=\int_0^A(1-\alpha)\mathrm{d}W'_{\mathrm{m}} \tag{6-11}$$

通过积分计算可得

$$A=W'_{\mathrm{mm}}\left[1-\left(1-\frac{W_0}{W_{\mathrm{m}}}\right)^{\frac{1}{b+1}}\right] \tag{6-12}$$

当流域面降雨量为 P、雨期流域蒸散发量为 E 时，在图 6-8 中，根据流域水量平衡，阴影部分的面积为本次降雨的流域产流量 R，ΔW 为由于本次降雨增加的流域蓄水量，相应的计算公式为

当 $A+P-E<W'_{\mathrm{mm}}$ 时

$$\begin{aligned}R&=(P-E)-\Delta W=(P-E)-\int_A^{A+P-E}(1-\alpha)\mathrm{d}W'_{\mathrm{m}}\\&=(P-E)-(W_{\mathrm{m}}-W_0)+W_{\mathrm{m}}\left(1-\frac{A+P-E}{W'_{\mathrm{mm}}}\right)^{b+1}\end{aligned} \tag{6-13}$$

当 $A+P-E\geqslant W'_{\mathrm{mm}}$ 时

$$R=(P-E)-(W_{\mathrm{m}}-W_0) \tag{6-14}$$

如果已知流域的面降雨过程，根据不同时段的面降雨量、雨期蒸散发量与降雨初期流域蓄水容量，利用式(6-13)或式(6-14)可方便地计算出流域的净雨过程。

3. 地面、地下净雨的划分

由式(6-13)或式(6-14)求得的为蓄满产流模式下的总径流量，它由地面径流量和地下径流量组成，由于地面径流和地下径流在流域上的汇流途径不同，为了求得流域出口的总径流过程，需把总净雨量及其过程划分为地面和地下净雨。

根据蓄满产流的原理，只有在已经蓄满的流域面积上才会产流，随着流域产流面积的增大，产流量(净雨量)也会增大。在产流面积 F_{R} 上，降雨入渗已经达到稳定入渗率 f_{c}，当 Δt 时段的降雨强度 i 大于 f_{c} 时，该时段产生的地面径流量为 $F_{\mathrm{R}}\Delta t(i-f_{\mathrm{c}})$，流域地面径流深为 $R_{\mathrm{s}}=\frac{F_{\mathrm{R}}\Delta t(i-f_{\mathrm{c}})}{F}$，地下径流量为 $F_{\mathrm{R}}\Delta t f_{\mathrm{c}}$，流域地下径流深为 $R_{\mathrm{g}}=\frac{F_{\mathrm{R}}\Delta t f_{\mathrm{c}}}{F}$；当 Δt 时段的降雨强度 i 小于 f_{c} 时，则该时段不产生地面径流，地下径流量为 $F_{\mathrm{R}}\Delta t i$，流域地下径流深为 $R_{\mathrm{g}}=\frac{F_{\mathrm{R}}\Delta t i}{F}$。以上各式中 F 为全流域面积，由流域蓄水容量曲线可知 $\frac{F_{\mathrm{R}}}{F}=\alpha$，又 F_{R} 上的总径流深为 $R=R_{\mathrm{s}}+R_{\mathrm{g}}=\frac{F_{\mathrm{R}}(P-E)}{F}$，由此可得 $\frac{F_{\mathrm{R}}}{F}=\frac{R}{P-E}=\alpha$，所以，$\alpha$ 既是流域产流面积比，也是流域的径流系数。由以上的分析可以方便地求出一场降雨在流域产生的地下径流量，从前面求得的流域径流总量中减去地下径流量就是流域的地面径流量。Δt 时段流域地下径流量的计算公式如下：

当 $P-E\geqslant f_{\mathrm{c}}\Delta t$ 时

$$R_{\mathrm{g}}=\alpha f_{\mathrm{c}}\Delta t=\frac{R}{P-E}f_{\mathrm{c}}\Delta t \tag{6-15}$$

当 $P-E \leqslant f_c \Delta t$ 时

$$R_g = R \tag{6-16}$$

一场降雨往往包括若干时段，则地下径流总量为各时段地下径流量之和：

$$\sum R_g = \sum_{P-E \geqslant f_c \Delta t} f_c \frac{R}{P-E} \Delta t + \sum_{P-E < f_c \Delta t} R \tag{6-17}$$

由式(6-15)和式(6-16)可知，只要已知流域的 f_c，就可把蓄满产流的总径流量划分为地面、地下径流量两部分；而式(6-17)则可用来根据 $\sum R_g$ 求 f_c，从实测洪水过程线中分割出地下径流量 $\sum R_g$，并从与该次洪水对应的降雨过程 P-t 计算出产流过程 R-t，按式(6-17)需经过反复试算求出 f_c 值。

【例 6-2】试根据某流域一次洪水资料分析确定其 f_c 值。该次洪水 $R=61.8$ mm，按以上方法求得的 $R_g=28.0$ mm，相应的降雨、蒸散发过程及产流计算所得的时段总径流量、时段末的产流面积比列于表 6-2。计算时段长度 $\Delta t=6$ h。

表 6-2　某流域某次洪水相应的 P、E、R 和 α 动态变化过程

时间	$P-E$/mm	R/mm	$\alpha=\frac{R}{P-E}$
1966 年 4 月 16 日 8 时	4.2	2.0	0.48
14 时	14.6	10.5	0.72
20 时	31.6	29.1	0.92
17 日 2 时	25.9	25.9	1.00
8 时	3.2	3.2	1.00
14 时	0.5	0.5	1.00
20 时	0.6	0.6	1.00

设 $f_c=1.0$ mm/h，根据表 6-2 所列数据，有

$$\begin{aligned}&\sum_{P-E \geqslant f_c \Delta t} f_c \frac{R}{P-E} \Delta t + \sum_{P-E < f_c \Delta t} R \\ &= 1 \times (0.72+0.92+1.00) \times 6 \text{ mm} + (2.0+3.2+0.5+0.6) \text{mm} \\ &\approx 22.1 \text{ mm}\end{aligned}$$

以上两项之和不等于 28.0 mm，故假设 $f_c=1.0$ mm/h 不合理。再设 $f_c=1.4$ mm/h，则有

$$\begin{aligned}&\sum_{P-E \geqslant f_c \Delta t} f_c \frac{R}{P-E} \Delta t + \sum_{P-E < f_c \Delta t} R \\ &= 1.4 \times (0.72+0.92+1.00) \times 6 \text{ mm} + (2.0+3.2+0.5+0.6) \text{mm} \\ &\approx 28.5 \text{ mm}\end{aligned}$$

以上两项之和为 28.5 mm，与 28.0 mm 很接近，故得本次洪水的 f_c 为 1.4 mm/h。

三、超渗产流模式下的产流量计算

(一)基本原理

超渗产流模式下降雨的各种损失中，渗入土壤的水量往往占主要部分，因此可采用下渗曲线扣损。如图 6-9 所示，如果已知流域的下渗曲线 $f(t)$，那么由降雨强度过程 $i(t)$，扣除下渗强度过程 $f(t)$就可以得到净雨强度过程 $h(t)$，即 $f(t)$与 $i(t)$所包围的部分。显然，这一净雨过程只有地面净雨没有地下净雨。$f(t)$线以下部分全部是降雨损失量。

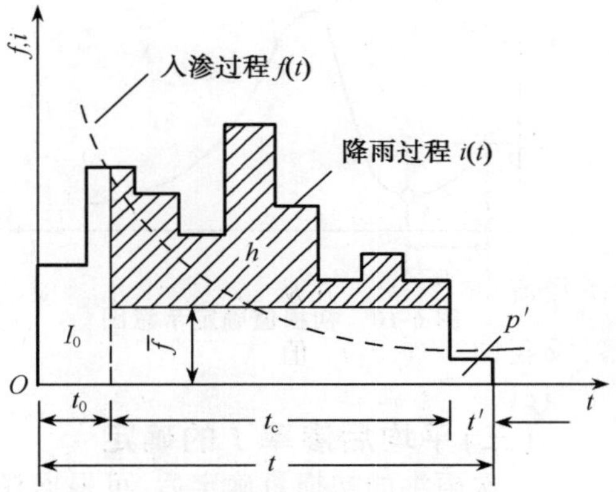

图 6-9 超渗产流模式下初损后损法示意图

下渗曲线用于超渗产流计算，概念清楚，但由于下渗资料以及雨量资料缺乏等，实际工作中往往难以直接应用。通常采用简化的方法，即初损后损法。该方法把下渗损失过程简化为初损和后损两个阶段。产流前的损失称为初损，初损量以 I_0 表示，初损历时为 t_0；产流后的损失称为后损。为了简化计算，常将后损阶段的损失过程概化为平均损失过程，用 $\overline{f}$ 表示流域平均后渗率，即稳定下渗率，t_c 和 t'分别为后损阶段产流历时和不产流历时，则后损量为 $\overline{f}t_c$ 及后期不产流的雨量 p'之和。因此，按水量平衡原理，降雨 P 所形成的径流深 R_s 可用下式表示：

$$R_s = P - I_0 - \overline{f}t_c - p' \tag{6-18}$$

利用上式进行产流计算，关键是要确定初损量 I_0 及其过程和流域平均后渗率 $\overline{f}$。

(二)初损量 I_0 的确定

初损量 I_0 是指在超渗产流模式下，流域开始产流时刻以前的累积面雨量，单位为 mm。由一次降雨的实测洪水过程线及与其对应的面降雨量累积曲线，便可定出该次降雨的初损量 I_0。对于小流域，由于汇流时间短，出口断面的流量起涨点大体反映了产流开始时刻，因此，起涨点以前流域平均面雨量累积值可作为流域初损的近似值，如图 6-10 所示。对于较大流域，也可在流域内找集水面积较小的流量站按上述方法近似确定。如降雨分布不均匀，流域上主要产流区远离出口站，应分别绘制各产流区的累积面雨量过程线，估计各产流区到出口站的汇流时间 t，以比起涨时刻提前 t 时间的产流区累积面雨量为各站的初损值，然后选用其中的最大值，或各产流区初损平均值作为该次降雨的初损值。

各次降雨求得的初损值与雨前土壤含水量有关。前期干旱，初损量较大；前期湿润，则反之。因此，可根据多次实测雨洪资料分析得出 P_a、I_0 值，点绘两者的关系图。如关系不密切，可加入初损期降雨平均强度 $\overline{i}_0$ 为参数。$\overline{i}_0$ 大，雨水大量超渗，初损 I_0 就小；反之，则 I_0 大。也可建立以月份为参数的 P_a 与 I_0 相关图，如图 6-11 所示。

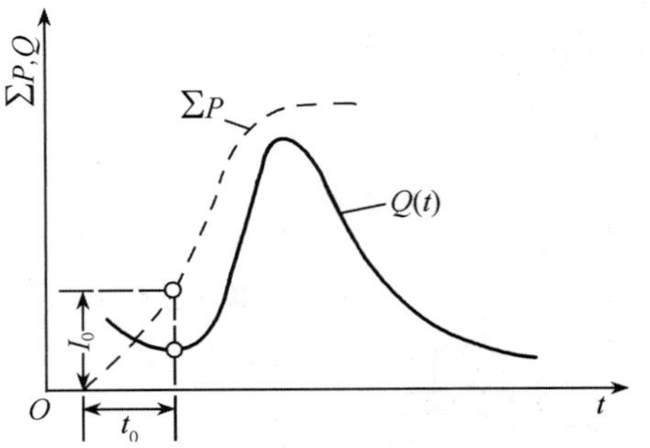

图 6-10　初损值确定示意图

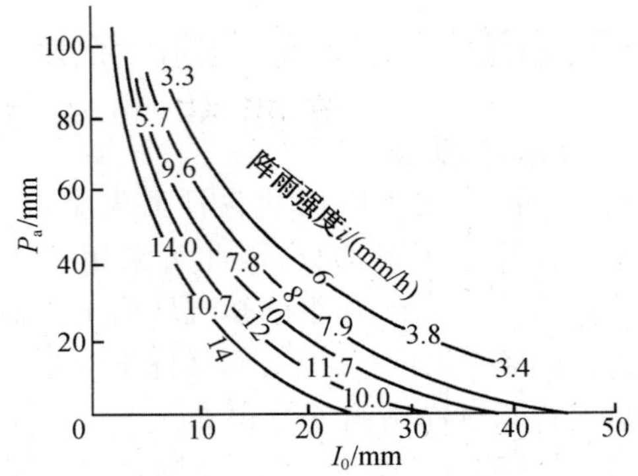

图 6-11　P_a-i-I_0 相关图

(三)平均后渗率 $\overline{f}$ 的确定

一次雨洪的初损量确定后,可根据降雨径流对应关系,按式(6-19)反推平均后渗率 $\overline{f}$:

$$\overline{f}=\frac{P-R_s-I_0-p'}{t-t_0-t'} \tag{6-19}$$

式中:t'为降雨后期不产流的降雨历时,h。

对多次实测雨洪资料进行分析求得 $\overline{f}$,取其平均值作为流域的平均后渗率,供产流计算使用。将确定的 P_a-I_0 相关图和流域的平均后渗率 $\overline{f}$ 作为初损后损法的产流计算方案。应用时,只要有降雨资料及前期影响雨量 P_a,结合式(6-19),就可由降雨过程推求净雨过程。

【例 6-3】某流域已建立 P_a-I_0 相关图,且分析得流域平均后渗率 $\overline{f}=1.5$ mm/h。某次降雨过程如表 6-3 中所示,前期影响雨量 $P_a=15.4$ mm,试推求该次降雨的净雨过程。

由 $P_a=15.4$ mm,查 P_a-I_0 相关图得到 $I_0=31.0$ mm。由表中降雨过程可知,要满足初损量 $I_0=31.0$ mm 的初损历时 $t_0=6$ h。因此,第 3 时段后渗历时 $t_c=2$ h,后渗量 $\overline{f}t_c=2\times1.5$ mm$=3.0$ mm;第 4、5、6 时段后渗量均为 4.5 mm;最后时段的后渗量等于降雨量 1.9 mm。按水量平衡方程逐时段计算得净雨过程 $R_s(t)$,如表 6-3 最后一列。本次降雨的净雨总量为 29.4 mm。

表 6-3　初损后损法推求净雨过程

时间	P/mm	I_0/mm	$\overline{f}t_c$/mm	$R_s(t)$/mm
3—6 时	1.2	1.2		
6—9 时	16.8	17.8		
9—12 时	36.0	12.0	3.0	21.0
12—15 时	8.8		4.5	4.3
15—18 时	5.4		4.5	0.9
18—21 时	6.6		4.5	3.2
21—24 时	1.9		1.9	0
合计	76.7	31.0		29.4

第四节　流域汇流分析计算

降雨在流域各点上产生的净雨，经过坡面和河网汇流到流域出口断面，形成流域出口的径流过程，称为流域汇流。按净雨流至流域出口的途径和特征不同，汇流计算时，一般分为地面汇流和地下汇流。由地面净雨进行地面汇流计算可求得流域出口的地面径流过程；由地下净雨进行地下汇流计算则可求出流域出口的地下径流过程；二者叠加得到流域出口的总径流过程。地面径流过程是流域出口洪水的主要成分，也是本节学习的重点。

一、等流时线法汇流计算

我们知道，地面径流的汇集过程包括坡面汇流和河网汇流两个相继发生的过程。在分析计算中我们经常把坡面汇流和河网汇流过程作为一个整体，即流域汇流过程来处理。

流域上降雨以后，当满足了初损，净雨开始时，离出口断面最近的坡面的净雨首先注入河槽并流达出口断面，这时出口断面的流量起涨。当流域较远处的净雨也通过流域坡面与河槽流达出口断面，近处的漫流雨水仍在注入河槽时，出口断面的流量就逐渐增大。

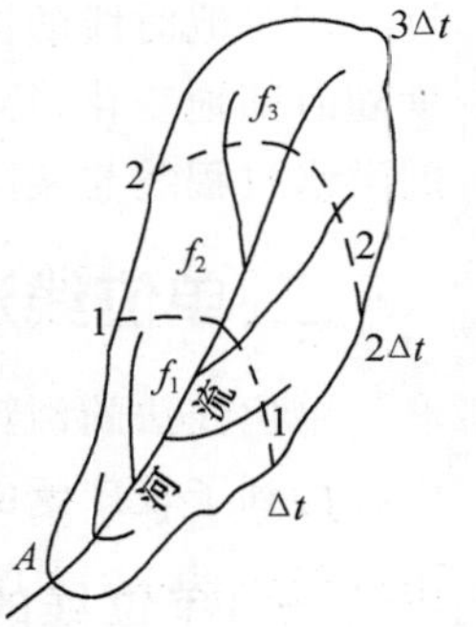

图 6-12　流域等流时线示意图

通常把流域上各点地面净雨流达出口断面的时间 t 称为汇流时间，将流域最远点的汇流时间称为流域最大汇流时间，用 τ_m 表示。将流域上具有相同汇流时间的点连在一起形成的线称为等流时线，如图 6-12 中的虚线(图中 Δt 为单位汇流时段长)。两条相邻等流时线之间的面积称为等流时面积，如图中的 f_1、f_2、f_3。全流域面积 $F=f_1+f_2+f_3$。下面分析在该流域上，由不同历时的净雨所形成的地面径流过程。假定净雨历时 t 为 $2\Delta t$，流域汇流时间 $\tau_m=3\Delta t$，两个时段的净雨深分别为 h_1、h_2，则所产生的地面径流过程计算公式如表 6-4 所示。

表 6-4　流域上两个相邻时段净雨在流域出口产生的地面径流过程计算表

时间 t	净雨 h_1 在出口断面形成的地面径流	净雨 h_2 在出口断面形成的地面径流	出口断面的总地面径流
0	0	0	0
Δt	$\frac{h_1 f_1}{\Delta t}$	0	$\frac{h_1 f_1}{\Delta t}$
$2\Delta t$	$\frac{h_1 f_2}{\Delta t}$	$\frac{h_2 f_1}{\Delta t}$	$\frac{h_1 f_2+h_2 f_1}{\Delta t}$
$3\Delta t$	$\frac{h_1 f_3}{\Delta t}$	$\frac{h_2 f_2}{\Delta t}$	$\frac{h_1 f_3+h_2 f_2}{\Delta t}$
$4\Delta t$	0	$\frac{h_2 f_3}{\Delta t}$	$\frac{h_2 f_3}{\Delta t}$
0	0	0	0

同理，还可以求出 3 个时段($t=\tau_m=3\Delta t$)与 4 个时段($t=4\Delta t>\tau_m=3\Delta t$)的净雨所形成的地面径流过程。可以分析出：

(1)当 $t<\tau_m$ 时，部分面积及全部净雨深参与形成流域出口的最大流量；

(2)当 $t=\tau_m$ 时，全部面积及全部净雨深参与形成流域出口的最大流量；

(3)当 $t>\tau_m$ 时，全部面积及部分净雨深参与形成流域出口的最大流量。

经分析可知，任一时刻的地面径流量 Q_s 是由许多项组成的，即第一块面积 f_1 上的 t 时段净雨 $\frac{h_t}{\Delta t}$，第二块面积 f_2 上的 $t-1$ 时刻的净雨 $\frac{h_{t-1}}{\Delta t}$，…，同时到达出口断面组合成 t 时刻的地面流量 Q_{st}。计算公式如下：

$$Q_{st}=\frac{h_t f_1+h_{t-1}f_2+h_{t-2}f_3+\cdots}{\Delta t}\times\frac{1\,000}{3\,600}=0.278\frac{1}{\Delta t}\sum_{i=1}^{n}h_{t-i+1}f_i \tag{6-20}$$

径流过程线的底宽，即洪水涨落总历时为 $T=t+\tau_m$。由此可见，径流过程不仅与流域汇流时间有关，而且随净雨历时而变化。

用等流时线的汇流原理，便可由设计净雨推求设计洪水过程线。但在实际情况下，汇流速度随时随地变化，等流时线的位置也是不断发生变化的，而且河槽还存在调蓄作用，所以求出的洪水过程线与实际情况有较大出入，还需经过河网调蓄改正。

二、单位线法汇流计算

单位线法的汇流计算，在具有一定实测资料的流域，无论在做水文预报还是推求设计洪水中都得到了较广泛的应用，效果较好。

(一)单位线的意义和基本假定

单位线是一种特定流域出口断面的地面径流过程线，反映流域降雨和地面径流的关系，具体是指一个单位时段内，均匀地降落到一定流域上的单位净雨深，在流域出口断面所产生的地面径流过程线。单位时段常选为 3 h、6 h、12 h、24 h 等，单位净雨深一般采用 10 mm。

在分析与使用单位线上，应遵循以下两条基本假定：

(1)同一流域上，如两次净雨的历时相同，但净雨深不同，各为 h_1、h_2，则两者所产生的地面径流过程线形状相似，两者的洪水过程线底宽(洪水历时)与涨洪、退洪历时完全相同，对应时段的流量坐标与净雨深成正比$\left(\frac{Q_{a1}}{Q_{b1}}=\frac{h_1}{h_2}\right)$，如图 6-13 所示，我们把该假定称为倍比假定。

(2)同一流域上，两相邻单位时段 Δt 的净雨深 h_1、h_2，各自在出口断面形成的地面径流过程线 Q_a-t 和 Q_b-t，彼此互不影响，即它们的形状相似，只是因为净雨深 h_1 比 h_2 错开一个单位时段 Δt，所以两条过程线的相应点(如起涨、洪峰、终止等)也恰好错开一个 Δt，如图 6-14 所示。

也就是说，连续两时段净雨深(h_1、h_2)所产生的总的地面径流过程线 Q-t，是由 h_1 产生的地面径流过程线 Q_a-t 和 h_2 产生的地面径流过程线 Q_b-t(比前者错后一个单位时段)叠加而得，因此，该假定被称为叠加假定。

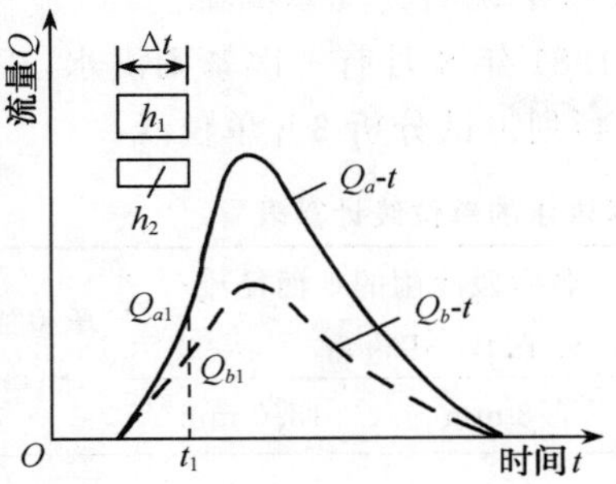

图 6-13 净雨产流的倍比假定

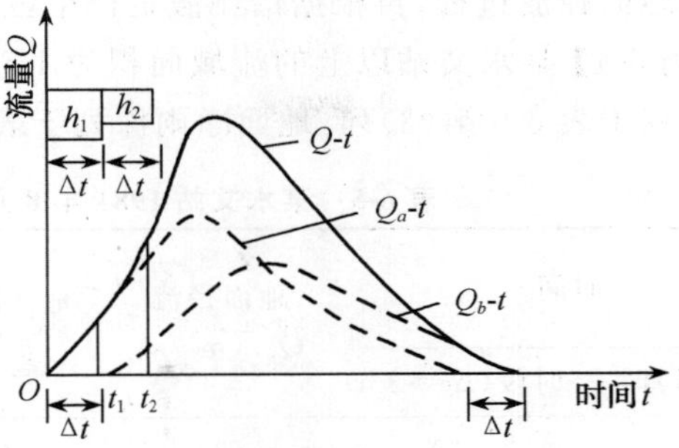

图 6-14 净雨产流的叠加假定

(二)单位线的推求

单位线综合反映了流域上的净雨过程与流域出口断面地面径流过程间的对应关系，为了应用单位线进行流域汇流计算，必须首先得到流域的单位线。单位线是根据实测的流域降雨过程在流域产流计算基础上得到流域净雨过程，运用单位线的两个基本假定，通过分析该净雨过程与其对应的流域出口断面的地面径流过程(由实测径流过程得到)间的数量关系而求得。

流域上每次实测的降雨-径流过程都可分析出一条单位线，流域单位线是多次降雨-径流过程分别求出的单位线的综合平均值。

单位线推求的基本步骤如下：

(1)选用流域实测暴雨径流资料。如为进行洪水预报而分析单位线，则大、中、小洪水都应选择一定的数量；对于推求设计洪水，则主要选择大暴雨和对应的洪水资料。为了计算上的方便，尽可能选孤立洪水径流过程作为分析对象。

(2)对实测的径流过程线进行地下径流分割，求出相应的地面径流过程和地面径流深。

(3)根据流域上不同雨量站实测降雨过程(与流域出口实测径流过程对应)，求出流域面雨量过程，再通过流域产流分析计算，得到流域与实测地面径流过程对应的地面净雨过程。

(4)应用两个基本假定，推求流域的单位线。

(5)对求得的单位线进行必要修正，使单位线的径流量与流域上 10 mm 的净雨量相等，并且光滑无突变。

(6)取多次暴雨径流资料，分析得出多条单位线，取其平均值作为设计依据。

下面介绍常用的几种由流域净雨过程推求单位线的基本方法。

(1)缩放法。如果选择的单峰径流过程是由一个单位时段的净雨 $h(t)$ 所形成的，那么只需要从径流过程线上分割出地面径流过程 $Q_s(t)$，再利用倍比假定，按式(6-21)就可求得单位线 $q(t)$。

$$q(t)=\frac{10}{h(t)}Q_s(t) \tag{6-21}$$

该方法是最简单的推求单位线的方法，但只适用于一个时段净雨的情况。

(2)分析法。当流域上的地面径流过程是由几个时段的净雨所形成时，则需要用分析法推求单位线。该方法是利用单位线的两项基本假定，先把实测的总地面径流过程分解为各时段净雨的地面径流过程，再根据倍比假定得单位线。下面举例说明其具体步骤。

【例 6-4】某水文站以上的流域面积为 1 521 km²，1981 年 8 月有一次暴雨洪水，相应的地面径流列于表 6-5 第(3)列，地面净雨深列于表 6-5 第(4)列。试分析 3 h 单位线。

表 6-5　某水文站 1981 年 8 月一次暴雨洪水的单位线计算表

时间		地面径流 Q_s/(m³/s)	地面净雨深 h/mm	各时段净雨的地面径流/(m³/s)		单位线 $q(t)$/(m³/s)
月/日/时	时段($\Delta t=3$ h)			7.8 mm	13.0 mm	
(1)	(2)	(3)	(4)	(5)	(6)	(7)
8/6/8	0	0		0		0
8/6/11	1	349	7.8	349	0	448
8/6/14	2	902	13.0	320	582	410
8/6/17	3	735		202	533	259
8/6/20	4	452		115	337	148
8/6/23	5	254		62	192	79
8/7/2	6	134		31	103	40
8/7/5	7	66		14	52	18
8/7/8	8	28		5	23	6
8/7/11	9	8		0	8	0
8/7/14	10	0			0	
合计		2 929 合 20.8 mm	20.8			1 408 合 10 mm

使用单位线的两个假定，将地面径流过程分解为 7.8 mm 产生的地面径流和 13.0 mm 产生的地面径流，分析计算过程如下：

$$Q_{s,0}=0 \quad \Rightarrow \quad Q_{s1,0}=0$$

由叠加假定，$Q_{s,1}=Q_{s1,1}+Q_{s2,0} \quad \Rightarrow \quad Q_{s1,1}=Q_{s,1}-Q_{s2,0}$。

由倍比假定，$Q_{s2,0}=\frac{h_{s2}}{h_{s1}}Q_{s1,1}=0$，则 $Q_{s1,1}=349\ \mathrm{m^3/s}$。

同理，有以下各式：

$$Q_{s,2}=Q_{s1,2}+Q_{s2,1} \quad \Rightarrow \quad Q_{s1,2}=Q_{s,2}-Q_{s2,1}$$

$$Q_{s2,1}=\frac{h_{s2}}{h_{s1}}Q_{s1,1}=\frac{13.0}{7.8}\times 349\ \mathrm{m^3/s}=582\ \mathrm{m^3/s}$$

$$Q_{s1,2}=(902-582)\mathrm{m^3/s}=320\ \mathrm{m^3/s}$$

$$Q_{s,3}=Q_{s1,3}+Q_{s2,2} \quad \Rightarrow \quad Q_{s1,3}=Q_{s,3}-Q_{s2,2}$$

$$Q_{s2,2}=\frac{h_{s2}}{h_{s1}}Q_{s1,1}=\frac{13.0}{7.8}\times 320\ \mathrm{m^3/s}=533\ \mathrm{m^3/s}$$

$$Q_{s1,3}=(735-533)\mathrm{m^3/s}=202\ \mathrm{m^3/s}$$

$$Q_{s,j}=Q_{s1,j}+Q_{s2,j-1} \quad \Rightarrow \quad Q_{s1,j}=Q_{s,j}-Q_{s2,j-1}$$

$$Q_{s2,j-1}=\frac{h_{s2}}{h_{s1}}Q_{s1,j-2}$$

式中：$Q_{s,j}$ 为第 j 时刻的总地面径流量，m^3/s；$Q_{s1,j}$、$Q_{s1,j-2}$、$Q_{s2,j-1}$ 分别为第 1 时段和第 2 时段的净雨在各自的第 j、$j-1$、$j-2$ 时刻的地面径流量，在计算 $Q_{s2,j-1}$ 时，$Q_{s1,j-2}$ 为已知值。

计算结果列于表 6-5 中的第(5)列和第(6)列。运用倍比假定，对第(5)列乘以 10/7.8[或对第(6)列乘以 10/13]，便可计算出单位线 $q(t)$，结果如表 6-5 中第(7)列。

由于单位线的两项假定并不完全符合实际，上述计算的单位线有时会出现不合理的现象。例如，计算的单位线径流深不正好等于 10 mm，单位线的纵坐标出现上下跳动，或单位线历时不能满足式(6-22)的要求：

$$T_s=T-t_s+1 \tag{6-22}$$

式中：T_s 为单位线历时(时段数)，h；T 为地面径流历时(时段数)，h；t_s 为地面净雨历时(时段数)，h。

若出现上述情况，则需要进行修正，使最后确定的单位线径流深正好等于 10 mm，底宽等于 $T-t_s+1$，形状为光滑的单峰曲线。

(3)试错优选法。当地面净雨过程有 3 个或 3 个以上时段时，用分析法推求单位线常因计算过程中误差累积太快，使计算工作难以进行到底，在这种情况下比较有效的办法是改用试错优选法。

试错优选法就是先假定一条单位线，按倍比假定计算各时段相应的地面径流过程，然后再按叠加假定将各时段净雨的地面径流过程叠加，求得地面的总地面径流过程，若能与实测的地面径流过程较好地吻合，则假设的单位线即所求。否则，对原假设的单位线进行调整，重新试算，直至吻合最好为止。该法应用计算机进行颇为方便。

(三)不同时段单位线的转换

实际降雨的时段经常和流域已有的单位线的时段长不相符，不能直接应用单位线由净雨过程推求流域出口的地面径流过程。而且，同一流域不同单位时段的单位线线型存在很大差距。此时，需要将单位线的时段进行转换，由已知时段长度的单位线转化为需要时段长度的单位线。

单位线的时段转换可以利用 S 曲线实现。假定流域上每单位时段的净雨均为 10 mm，且降雨连续不断，这样在流域出口产生的地面径流过程线称为 S 曲线，以 $S(t)$ 表示。S 曲线可以应用基本假定由已知单位线通过叠加求得，可以认为 S 曲线就是单位线的累积曲线。

对于要把时段长度为 Δt_0 的单位线转化为时段长度为 Δt 的单位线情况，这个过程如图 6-15 所示，图中 Δh 为与 $q'(t)$ 对应的流域面净雨深，其计算过程可用式(6-23)表示：

$$q(\Delta t,t)=\frac{\Delta t_0}{\Delta t}[S(t)-S(t-\Delta t)] \tag{6-23}$$

式中：$q(\Delta t,t)$ 为所求时段单位线，h；Δt_0 为原单位线时段长，h；Δt 为所求单位线时段长，h；$S(t)$ 为时段长为 Δt_0 的 S 曲线；$S(t-\Delta t)$ 为平移 Δt 的 S 曲线。

如将前例中分析的 3 h 单位线转换为 6 h 单位线时，首先计算时段长为 3 h 的 S 曲线，即计算各时段的单位线流量累计值；其次，将 3 h 的 S 曲线向后平移 6 h，则两 S 曲线之间各时段

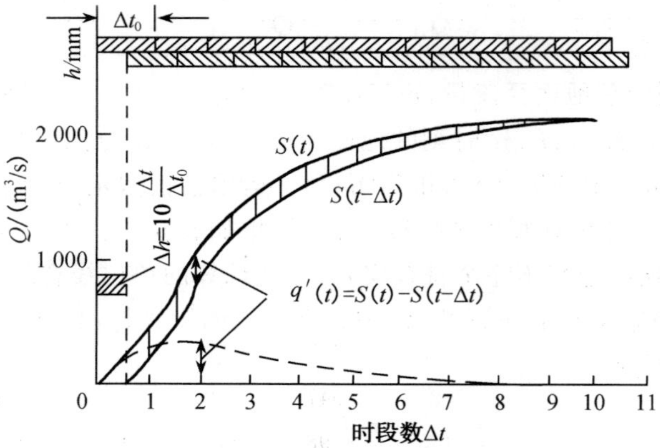

图 6-15　单位线时段转换示意图

流量差值过程线就相当于 6 h 20 mm 净雨形成的地面径流过程线 $q'(t)$，根据倍比假定，将 $q'(t)$ 除以 2 即 6 h 单位线。计算过程和结果列于表 6-6。

表 6-6　3 h 单位线转换为 6 h 单位线计算表　　m^3/s

时段(Δt=3 h)	3 h 单位线	$S(t)$	$S(t-6)$	$S(t)-S(t-6)$	6 h 单位线
0	0	0		0	0
1	448	448		448	224
2	410	858	0	858	429
3	259	1 116	448	669	334.5
4	148	1 265	858	407	203.5
5	79	1 344	1 117	227	113.5
6	40	1 384	1 265	119	59.5
6	18	1 402	1 344	58	29
8	6	1 408	1 384	24	12
9	0	1 408	1 402	6	3
10		1 408	1 408	0	0

(四)单位线的应用

求出需要时段长度的单位线以后，就可以根据单位线的倍比假定，先求出各时段净雨所产生的地面径流过程，再应用叠加假定求得流域出口总的设计(或预报)地面径流过程。

【例 6-5】某水文站以上流域面积为 1 521 km^2，二百年一遇的设计净雨量如表 6-7 第(2)列，该流域上 3 h 单位线如表中第(3)列，已求得设计地下径流过程[表中第(10)列]。试求二百年一遇的设计洪水过程。

计算过程如表 6-7 所示，二百年一遇的设计洪水流量列于表中第(11)列。

表 6-7　某水文站二百年一遇的设计洪水计算表

时间/h	设计净雨量/mm	单位线 q/(m^3/s)	各时段净雨产生的地面径流/mm 5.6	30.6	23.1	12.0	3.4	总地面径流/(m^3/s)	设计地下径流/(m^3/s)	设计洪水流量/(m^3/s)
(1)	(2)	(3)	(4)	(5)	(6)	(7)	(8)	(9)	(10)	(11)
0		0	0					0	34	34
3	5.7	448	255	0				255	38	294
6	30.6	410	234	1 371	0			1 605	43	1 647
9	23.1	259	148	1 255	1 035	0		2 436	46	2 484
12	12.0	148	84	793	947	538	0	2 362	51	2 413
15	3.4	79	45	453	598	492	152	1 741	56	1 796
18		40	23	242	342	311	139	1 056	60	1 116
21		18	10	122	182	178	88	581	64	645
24		6	3	55	92	95	50	296	68	364
26		0	0	18	42	48	27	135	73	208
30				0	14	22	14	49	77	126
33					0	7	6	13	81	95
36						0	2	2	86	88
39							0	0	90	90

(五)单位线法存在的问题及处理办法

单位线是通过对流域上的实测降雨-径流资料分析得出的，流域出口的径流过程是流域上各点净雨通过流域汇流形成的最终结果，因此，根据这些资料分析得出的单位线必然反映了一次径流形成过程中所有因素对汇流的影响，这些因素包括汇流速度及其变化、流域河网调蓄作用等，这是单位线的重要优点，也是单位线在实际工程中被广泛应用并取得良好效果的原因。但在分析计算单位线过程中，采用的两个基本假定是近似地将流域的径流生成过程视为线性系统，这并不完全符合实际，因此，单位线法仍存在一些问题，有必要弄清并寻找解决问题的办法。

(1)净雨地区分布不均匀的影响及处理办法。同一流域，净雨在流域上的平均强度相同。但暴雨中心靠近下游时，汇流途径短，河网对径流的调蓄作用小，从而使单位线的洪峰流量偏高，峰现时间提前；相反，暴雨中心在流域的上游，流程长，流域调蓄能力强，运用这样的洪水分析出的单位线，洪峰低，峰现时间滞后。所以在大流域或狭长流域，降雨、产流不均匀时，可按暴雨中心位置把单位线分型，如图 6-16 所示。

(2)净雨强度对单位线的影响及处理办法。理论和实践都表明，其他条件相同，净雨强度越大，流域汇流速度越快，用这样的洪水分析出来的单位线的洪峰比较高，峰现时间也提前；反之，由净雨强度小的中、小洪水分析得出的单位线，洪峰低，峰现时间也要滞后，如图 6-17 所示。针对这一问题，目前的处理方法是：分析出不同净雨强度的单位线，并研究单位线与净雨强度的关系。进行预报或推求设计洪水时，可根据具体的净雨强度选用相应的单位线。

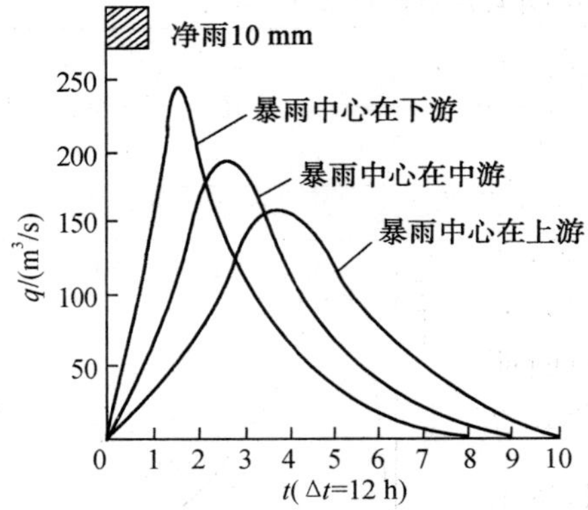

图 6-16 暴雨中心对单位线的影响

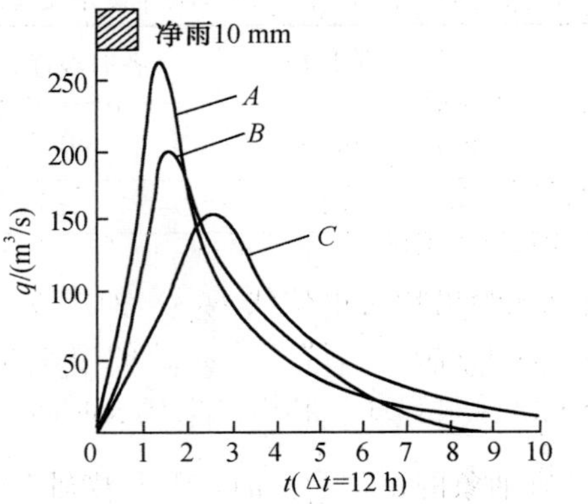

图 6-17 净雨强度对单位线的影响

A:$h\geqslant 40$ mm/h　B:25 mm/h$\leqslant h<40$ mm/h

C:$h<25$ mm/h

三、瞬时单位线法汇流计算

1945 年克拉克(C. O. Clark)提出瞬时单位线概念以后,1956 年及 1960 年纳西(J. E. Nash)进一步推导出瞬时单位线的数学方程,用矩法确定其中的参数,并提出了时段转换等一整套方法,从而发展了谢尔曼提出的单位线法。本节介绍目前在我国已得到广泛应用的纳西瞬时单位线法,如图 6-18 所示。

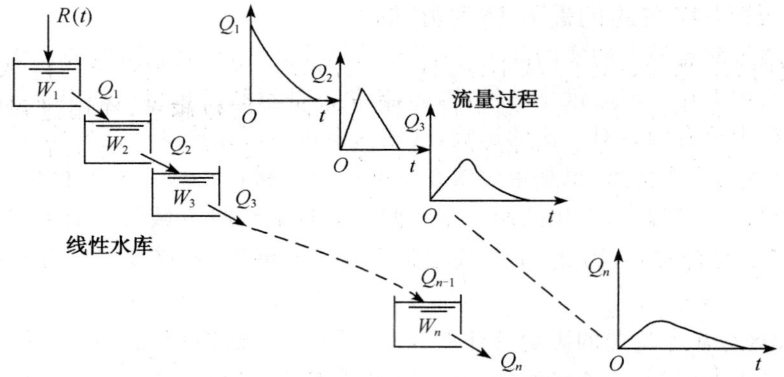

图 6-18 纳西瞬时单位线法原理

瞬时单位线是指无穷小时段流域上均匀分布的单位净雨所形成的流域出口断面的地面径流过程线,常用 $u(t)$ 或 $u(0,t)$ 表示,其中"0"表示无穷小时段。瞬时单位线集中反映了流域的汇流特性,可用数学方程式来表示汇流模型,而且参数个数较少,便于流域暴雨洪水关系的理论研究和地区综合,在流域汇流计算中具有重要意义。

(一)基本原理

纳西设想流域的汇流作用可由 n 个相同的串联线性调蓄水库的作用来代替,如图 6-18 所示。那么,流域出口断面的流量过程便是流域净雨经过这些水库调蓄后的出流过程。根据这

个设想，应用脉冲函数及拉普拉斯变换，推导出瞬时单位线的数学方程为

$$u(t)=\frac{1}{K\Gamma(n)}\left(\frac{t}{k}\right)^{n-1}\mathrm{e}^{-\frac{t}{k}} \tag{6-24}$$

式中：$\Gamma(n)$为 n 的伽马函数；n 为线性水库的个数；K 为线性水库的调蓄系数，具有时间因次。

式(6-24)中仅有两个参数 n、K，当 n、K 一定时，便可由该式绘出瞬时单位线 $u(t)$，如图 6-19 所示，它表示流域上瞬时($\Delta t\to 0$)降 1 个单位的净雨在流域出口断面形成的流量过程线。其横坐标代表时间 t，纵坐标代表流量，具有抽象的单位$\frac{1}{\mathrm{d}t}$。$u(t)$线与横轴包围的面积，按水量平衡原理应等于 1 个单位水量，即

$$\int_0^{\infty}u(t)\mathrm{d}t=1 \tag{6-25}$$

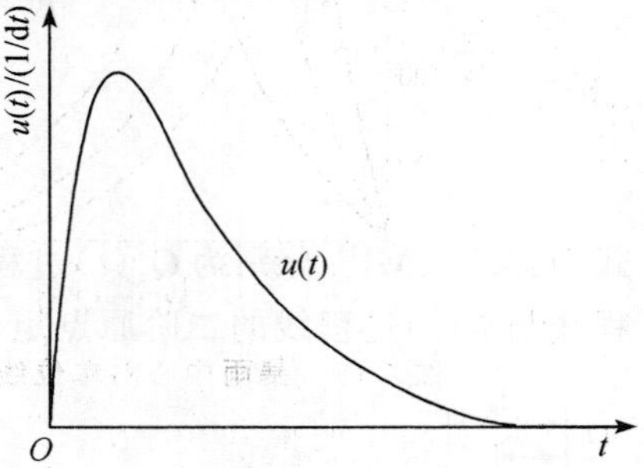

图 6-19　瞬时单位线示意图

(二)参数 n、K 对瞬时单位线形状的影响

令式(6-24)对时间 t 的一阶导数为零，则可求出瞬时单位线上涨段历时为

$$t_{涨}=K(n-1) \tag{6-26}$$

其相应最大纵坐标为

$$u(t)_{\mathrm{m}}=\frac{1}{K\Gamma(n)}\left(\frac{n-1}{\mathrm{e}}\right)^{n-1} \tag{6-27}$$

当 n 一定时，K 越大，$u(t)_{\mathrm{m}}$ 越小，$t_{涨}$越大，即净雨过程所受的调节程度越高；当 K 一定时，n 越大，$u(t)_{\mathrm{m}}$ 越小，$t_{涨}$越大，即净雨过程所受的调节次数越多，净雨过程所受的调节程度也越高；当 $n=1$ 时，$t_{涨}=0$，瞬时单位线成乙字形。参数 n、K 对瞬时单位线的影响如图 6-20 所示。

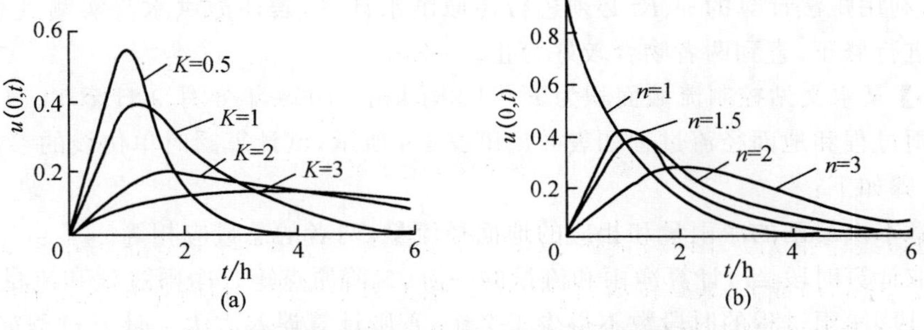

图 6-20　参数 n、K 对瞬时单位线的影响

n、K 代表流域的调蓄特征，对同一流域，这两个参数值一般比较稳定。不同流域的 n、K 不同。

(三)参数 n、K 的确定

纳西利用统计数学中矩法的概念,推导出由实测地面净雨过程 $h(t)$ 和相应的流域出口断面地面径流过程 $Q_s(t)$ 确定 n、K 的公式:

$$K=\frac{M_Q^{(2)}-M_h^{(2)}}{M_Q^{(1)}-M_h^{(1)}}-(M_Q^{(1)}+M_h^{(1)}) \tag{6-28}$$

$$n=\frac{M_Q^{(1)}-M_h^{(1)}}{K} \tag{6-29}$$

式中:$M_Q^{(1)}$、$M_h^{(1)}$ 分别为 $Q_s(t)$ 过程线与 $h(t)$ 过程线的一阶原点矩;$M_Q^{(2)}$、$M_h^{(2)}$ 分别为 $Q_s(t)$ 过程线与 $h(t)$ 过程线的二阶原点矩。

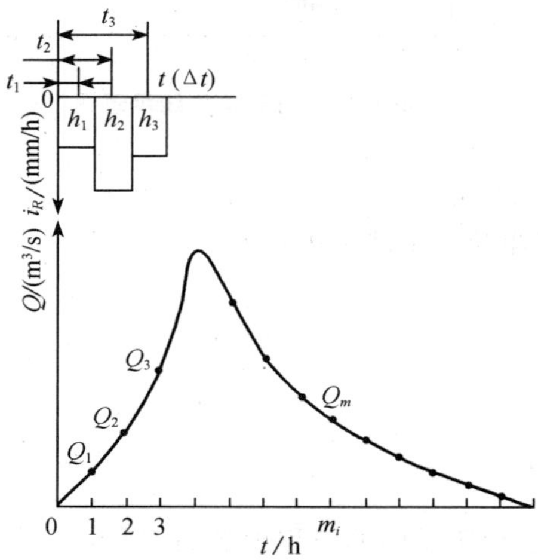

图 6-21　矩值计算示意图

由实测地面净雨过程 $h(t)$ 及实测地面径流过程 $Q_s(t)$,用差分式计算一阶、二阶原点矩(图 6-21)的计算公式如下:

$$M_h^{(1)}=\frac{\sum h_i t_i}{\sum h_i} \tag{6-30}$$

$$M_h^{(2)}=\frac{\sum h_i (t_i)^2}{\sum h_i} \tag{6-31}$$

$$M_Q^{(1)}=\frac{\sum Q_i m_i}{\sum Q_i}\Delta t \tag{6-32}$$

$$M_Q^{(2)}=\frac{\sum Q_i m_i^2}{\sum Q_i}(\Delta t)^2 \tag{6-33}$$

在计算 n、K 时,尽量选取流域上分布均匀、强度大的暴雨所形成的孤立洪水作为分析对象,一般地,利用矩法计算的 n、K 必须进行还原洪水计算,若还原洪水与实测洪水吻合不好,要对 n、K 进行修正,直到两者吻合较好为止。

【例 6-6】某水文站控制流域面积为 $F=1\ 884\ \text{km}^2$,1959 年 6 月 9 日至 11 日测到一次洪水,相应净雨过程和地面径流过程如表 6-8 和表 6-9 所示,试计算瞬时单位线的参数 n、K。

计算步骤如下:

(1)计算本次暴雨的净雨量和相应的地面径流量,两者的总量应相等。

(2)选取计算时段 Δt,计算净雨和流量的一阶、二阶原点矩。净雨过程和流量过程可以采取不同的时段,净雨过程的时段数不得少于 2 个,否则计算误差太大。计算过程如表 6-8 和表 6-9 所示。本例 $\Delta t=6$ h。

(3)参数计算:

$$K=\frac{M_Q^{(2)}-M_h^{(2)}}{M_Q^{(1)}-M_h^{(1)}}-(M_Q^{(1)}+M_h^{(1)})=5.0$$

$$n=\frac{M_Q^{(1)}-M_h^{(1)}}{K}=2.86$$

表 6-8 净雨过程与净雨原点矩计算表

时间	净雨过程 h/mm	t/h	ht/(mm·h)	ht^2/(mm·h²)	备注
(1)	(2)	(3)	(4)	(5)	(6)
6 月 9 日 2 时					$M_h^{(1)}=\frac{\sum h_i t_i}{\sum h_i}=\frac{187.2}{40.8}=4.59(\text{h})$
6 月 9 日 8 时	30.0	3	90.0	270.0	
6 月 9 日 14 时	10.8	9	97.2	874.8	$M_h^{(2)}=\frac{\sum h_i (t_i)^2}{\sum h_i}=\frac{1\,144.8}{40.8}=28.06(\text{h}^2)$
合计	40.8		187.2	1 144.8	

表 6-9 地面径流过程与地面径流原点矩计算表

时间	Q_s/(m³/s)	m_i	$Q_{s,i}m_i$/(m³/s)	$Q_{s,i}m_i^2$/(m³/s)	备注
(1)	(2)	(3)	(4)	(5)	(6)
6 月 9 日 2 时	0				
6 月 9 日 8 时	407	1	407	407	$h=\frac{3\,558\times3\,600\times6}{1\,884\times1\,000}$
6 月 9 日 14 时	888	2	1 776	3 552	$=40.8(\text{mm})$
6 月 9 日 20 时	985	3	2 955	8 865	$M_Q^{(1)}=\frac{\sum Q_i m_i}{\sum Q_i}\Delta t$
6 月 10 日 2 时	707	4	2 828	11 312	
6 月 10 日 8 时	314	5	1 570	7 850	$=\frac{11\,218\times6}{3\,558}=18.92(\text{h})$
6 月 10 日 14 时	155	6	930	5 580	
6 月 10 日 20 时	64	7	448	3 136	$M_h^{(2)}=\frac{\sum Q_i m_i^2}{\sum Q_i}(\Delta t)^2$
6 月 11 日 2 时	38	8	304	2 432	
6 月 11 日 8 时	0	9	0	0	$=\frac{43\,134\times6^2}{3\,558}=436.43(\text{h}^2)$
合计	3 558		11 218	43 134	

(四)由瞬时单位线推求单位线

瞬时单位线是由瞬时净雨产生，而实际应用时无法提供瞬时净雨，因此，在流域汇流计算时需要将瞬时单位线转换成时段单位线。转换方法是利用 S 曲线将瞬时单位线转换成净雨时段为 Δt，净雨深为 10 mm 的时段单位线，这里的 S 曲线是瞬时单位线的积分曲线。

先通过瞬时单位线方程的积分求 S 曲线：

$$S(t)=\int_0^t u(t)\mathrm{d}t=\frac{1}{\Gamma(n)}\int_0^t\left(\frac{t}{K}\right)^{n-1}\mathrm{e}^{-t/k}\mathrm{d}\left(\frac{t}{K}\right) \tag{6-34}$$

图 6-22 就是此积分 S 曲线图形。

当 $t\to\infty$ 时，

$$S(t)_{\mathrm{m}}=\int_0^{\infty}u(t)\mathrm{d}t=1 \tag{6-35}$$

将 $t=0$ 为起点的 S 曲线 $S(t)$ 向后平移一个时段，就可以得到另外一条 S 曲线 $S(t-\Delta t)$，如图 6-22 所示。这两条 S 曲线之间的纵坐标差值可表示为

$$u(\Delta t,t)=S(t)-S(t-\Delta t) \tag{6-36}$$

即图 6-22 中的 $u(\Delta t,t)_1$、$u(\Delta t,t)_2$、…。这些 $u(\Delta t,t)$ 又构成一个新图形，称为 Δt 的无因次时段单位线，如图 6-23 所示。从图 6-23 可以看出

$$\sum u(\Delta t,t)=1 \tag{6-37}$$

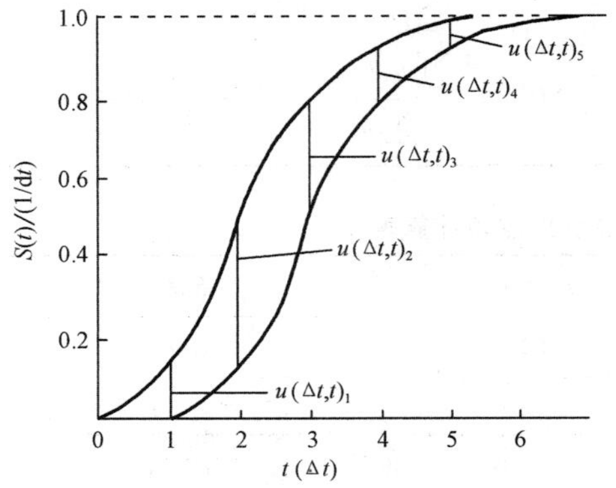

图 6-22　瞬时单位线 S 曲线

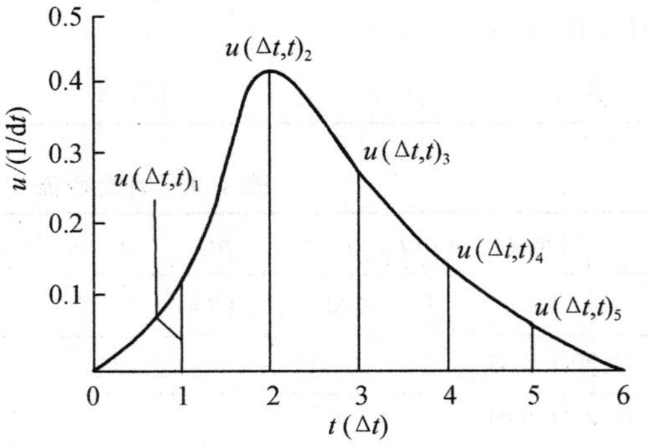

图 6-23　无因次时段单位线

有了无因次时段单位线，还需转换成 10 mm 净雨的单位线。设净雨时段为 Δt，净雨深为 10 mm 的单位线也是每隔一个时段 Δt 读取一个流量 q，则有

$$\sum q=\frac{10F}{3.6\Delta t} \tag{6-38}$$

式中：$\sum q$ 为 10 mm 净雨时段单位线纵坐标之和，m^3/s；F 为流域面积，km^2；Δt 为净雨时段长度，h。

由式(6-37)、式(6-38)得

$$\frac{\sum q}{\sum u(\Delta t,t)}=\frac{\dfrac{10F}{3.6\Delta t}}{1} \tag{6-39}$$

因此，10 mm 净雨时段单位线的各纵坐标为

$$q_i=\frac{10F}{3.6\Delta t}u_i(\Delta t,t) \tag{6-40}$$

当 n、K 值已知时，瞬时单位线的 S 曲线可用积分方法求得，实际工作中可以用 S 曲线查用表(见附表 8)或一些常用的计算机软件求得 S 曲线。

【例 6-7】某河某水文站控制流域面积 $F=1\ 884\ km^2$，瞬时单位线的参数 $n=2.9$，$K=5.7$，求该流域 6 h 单位线，如表 6-10 所示。

表 6-10 时段单位线计算表

时间 t/h	t/K	$S(t)$	$S(t-\Delta t)$	$u(t,\Delta t)$	6 h 单位线 $q(t)/(m^3/s)$
0	0	0		0	0
6	1.053	0.166	0	0.166	145
12	2.105	0.480	0.166	0.314	274
18	3.158	0.723	0.480	0.243	212
24	4.211	0.865	0.723	0.142	124
30	5.263	0.938	0.865	0.073	64
36	6.316	0.973	0.938	0.035	31
42	7.368	0.988	0.973	0.015	13
48	8.421	0.995	0.988	0.007	6
54	9.474	0.998	0.995	0.003	3
60	10.526	0.999	0.998	0.001	1
66	11.579	1.000	0.999	0.001	1
72	12.632	1.000	1.000	0	0
合计				1.000	874(合 10 mm)

(五)瞬时单位线的非线性问题及处理

由每场暴雨洪水分析出的参数 n、K 值并不完全相同,而是随净雨强度的大小而变化,不符合倍比假定,水文学上把这种现象称为非线性。目前一般的处理办法是在分析出 n、K 的基础上,寻求它们随净雨强度变化的规律,以便在使用时按照具体的雨情选择相应的 n、K 值。另外,流域降雨不均匀也会引起 n、K 的非线性问题,这时可采用与时段单位线类似的处理办法,即根据不同暴雨中心位置对 n、K 的影响进行分析处理。

四、地下净雨的汇流计算

下渗的雨水有一部分渗透到地下潜水面,然后沿水力坡度最大的方向流入河网,最后汇至流域出口断面,形成地下径流过程。地下径流过程的计算可以采用地下水单位线法、地下线性水库演算法等。

(一)地下线性水库演算法

许多资料分析表明,可以把地下净雨的汇流概化为地下水库的线性调蓄作用,即地下水的储量与其出流量的关系为线性函数。下渗的净雨量为其入流量,经地下水库调节后的出水量就是流域出口断面的地下径流过程。因此,联立求解地下水蓄泄方程与地下水的水量平衡方程,就可求出流域出口断面的地下净雨的汇流过程,即联立求解以下方程组:

$$\left.\begin{aligned} I_g - Q_g &= \frac{dW_g}{dt} \\ W_g &= k_g Q_g \end{aligned}\right\} \tag{6-41}$$

式中:I_g 为地下水库的入流量,即降雨对地下水的补给强度,m^3/s;Q_g 为地下水库的出流量,m^3/s;W_g 为地下水库蓄水量,m^3;k_g 为地下水库蓄水常数,反映地下水的平均汇集时间,h。

实际计算时，可将上述写为有限差分形式的演算式。对某时段 Δt 有：

$$Q_{g2}=\frac{\Delta t}{k_g+0.5\Delta t}\bar{I}_g+\frac{k_g-0.5\Delta t}{k_g+0.5\Delta t}Q_{g1} \tag{6-42}$$

$$\bar{I}_g=\frac{1\,000\times h\times F}{3\,600\times\Delta t}=\frac{0.278\times h\times F}{\Delta t} \tag{6-43}$$

式中：Q_{g1}、Q_{g2} 分别为时段始、末地下径流的出流量，m^3/s，若上次洪水的地面径流量已退尽，本次洪水开始时的起涨流量即第一时段初的地下径流出流量；$\bar{I}_g$ 为时段内地下径流的平均入流量，m^3/s；h 为时段内的地下净雨量，mm；Δt 为计算时段长度，h；F 为流域面积，km^2。

地下水的蓄水常数 k_g 以 h 计，可根据实测退水资料按式(6-1)推算。根据上式逐时段计算，就可以求出地下净雨的汇流过程。

(二)简化计算

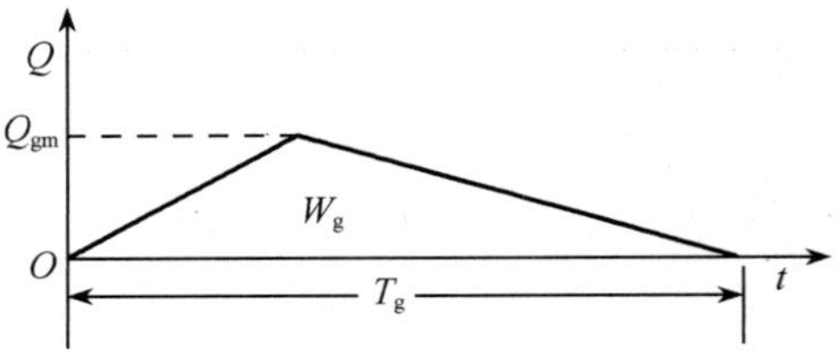

图 6-24 地下净雨三角形汇流过程

洪水计算的重点在洪峰部分，由于地下径流过程平缓，在一次洪水的洪峰流量中所占比例较小，在实际工作中，常将地下径流的出流过程概化为三角形(图 6-24)，其底宽 T_g 为地面径流过程线底宽的 n 倍(常取 2～3 倍)。

由于地下径流的总量为

$$W_g=0.1hF \tag{6-44}$$

根据三角形面积计算公式有

$$W_g=0.5Q_{gm}T_g \tag{6-45}$$

所以

$$Q_{gm}=\frac{2W_g}{T_g}=\frac{0.2hF}{T_g} \tag{6-46}$$

式中：W_g 为地下径流总量，$10^4\,m^3$，h 为地下净雨总量，mm；Q_{gm} 为地下径流洪峰流量，其出现时间一般为地面径流的终止点，m^3/s；T_g 为地下径流总历时，s；F 为流域面积，km^2。

本 章 习 题

1. 如何由流域上雨量站的实测降雨量资料计算流域面降雨量过程？
2. 在进行流域产流分析计算时，为什么要将总净雨过程划分为地面、地下净雨过程？
3. 什么是地下径流退水曲线？如何应用该曲线从总径流过程中划分出地面径流？
4. 分析流域蓄水容量和前期影响雨量的区别和联系。
5. 什么是流域的蒸发能力？如何确定流域前期影响雨量的折减系数？
6. 什么是流域降雨径流相关图？如何应用该图由流域降雨过程推求净雨过程？
7. 什么是流域蓄水容量曲线？如何应用该曲线确定流域净雨量？

8. 流域的产流模式有哪几种？在应用时如何进行判别？

9. 在蓄满产流模式下，如何划分地面、地下净雨过程？

10. 在超渗产流模式下，如何求得后损率 $\overline{f}$？简述 $\overline{f}$ 与流域稳渗率 $\overline{f}_c$ 的区别。

11. 什么是初损？影响初损的主要因素有哪些？

12. 什么是流域的等流时线？如何应用等流时线进行流域汇流计算？

13. 什么是流域的单位线？推求流域单位线需要哪些资料？

14. 为什么需要进行流域单位线的时段转换？如何根据单位线进行流域汇流计算？

15. 什么是瞬时单位线？如何由瞬时单位线推求流域的时段单位线？

16. 瞬时单位线中有哪两个重要参数？它们对瞬时单位线的形状有何影响？

17. 试用表 6-11 中的某流域降雨量资料推求流域的逐日前期影响雨量 P_a。该流域的流域蓄水容量 W_m=90 mm，这段时期流域蒸发能力为 E_m=7.0 mm/d，7 月 10 日前连续发生了较大降雨。

表 6-11　某流域降雨量资料

日期	10 日	11 日	12 日	13 日	14 日	15 日	16 日	17 日	18 日
雨量/mm	2.1		0.4		3.8	26.7	25.6	9.8	
P_a/mm									

18. 某流域实测 4 月份的一次降雨、径流过程，如表 6-12 所示，已经求得了各时段雨量 P、蒸发量 E 及产流量 R，经分析，该次降雨产生的径流深为 71.8 mm，其中地下径流深为 28.0 mm。试推求稳定下渗率 f_c。

表 6-12　某流域 4 月份的一次降雨、径流资料

时间	$P-E$/mm	R/mm	$\frac{R}{P-E}$
4 月 17 日 8 时			
14 时	4.2	2.0	0.48
20 时	14.6	10.5	0.72
4 月 18 日 2 时	31.6	29.1	0.92
8 时	25.9	25.9	1.00
14 时	3.2	3.2	1.00
20 时	0.5	0.5	1.00
4 月 19 日 2 时	0.6	0.6	1.00

19. 已知某流域面积 $F=1\,800\ km^2$，某次流域实测径流资料如表 6-13 所示，流域降雨过程为 6 日 23 时至 7 日 5 时降雨量 18.5 mm，7 日 5 时至 7 日 11 时降雨量 68.2 mm，7 日 11 时至 7 日 17 时降雨量 4.2 mm，流域产流模式为超渗产流。试采用斜线分割法（地面径流终止点为 9 日 20 时）去除地下径流，运用初损后损法推求流域的后损率 $\overline{f}$。

表 6-13　某流域某次实测径流资料

时间	流量/(m^3/s)	时间	流量/(m^3/s)	时间	流量/(m^3/s)
6 日 20 时	144	8 日 2 时	700	9 日 8 时	202
7 日 2 时	133	8 日 8 时	420	9 日 14 时	166
7 日 8 时	1 539	8 日 14 时	309	9 日 20 时	156
7 日 14 时	1 481	8 日 20 时	264		
7 日 20 时	962	9 日 2 时	237		

20. 某流域面积为 300 km^2，已知一次暴雨产生的地面径流过程如表 6-14 所示，流域产流模式为超渗产流，初损为 10 mm，平均后损率为 0.5 mm/h，求该流域 6 h 10 mm 单位线。流域降雨过程为 6 日 6 时至 6 日 9 时降雨量 10 mm，6 日 9 时至 6 日 15 时降雨量 33 mm，6 日 15 时至 6 日 21 时降雨量 6 mm。

表 6-14　某流域一次暴雨产生的地面径流过程

时间	流量/(m^3/s)	时间	流量/(m^3/s)	时间	流量/(m^3/s)
6 日 6 时	0	7 日 6 时	90	8 日 6 时	15
6 日 12 时	30	7 日 12 时	70	8 日 12 时	5
6 日 18 时	80	7 日 18 时	50	8 日 18 时	0
7 日 0 时	100	8 日 0 时	25		

第七章

设计洪水计算

第一节　概　　述

一、洪水与设计洪水的概念

流域内发生暴雨或融雪时所形成的大量地面径流迅速汇入河流，使河道流量激增、水位猛涨，这便形成了洪水。另外，还可能出现由于冰坝或大坝溃决等特殊情况而形成的洪水。洪水通过河道的任一断面都有一个过程，如图 7-1 所示从 A 到 C 的曲线。AC 曲线下的面积为洪水总量，B 点为洪峰，Q_m 为洪峰流量。

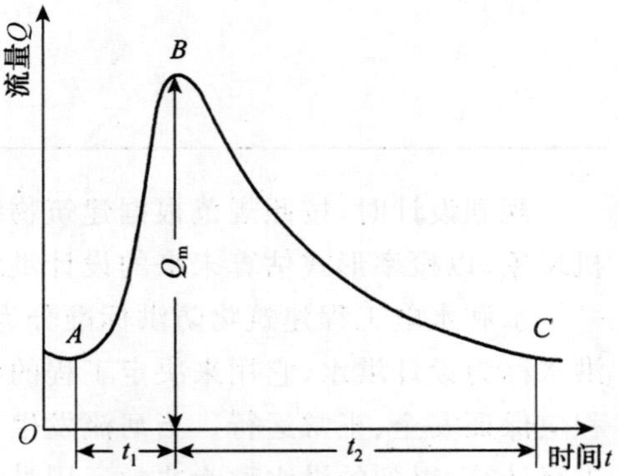

图 7-1　洪水过程示意图

当河槽中的洪水流量超过河段洪水宣泄能力(即安全泄量)时就会泛滥成灾。为防治洪灾，可采取多种防洪工程措施，如在上游修建水库，在中游开辟蓄滞洪区，在下游开挖疏浚河道、修筑堤防等。

在规划设计各种防洪工程时，必须选择一个相应的洪水作为依据。若此洪水定得过大，则会使工程造价增多而不经济，但工程比较安全；若此洪水定得过小，虽然工程造价降低，但遭受洪水破坏的风险增大。如何选择对设计的水工建筑物较为合适的洪水作为依据，涉及一个标准问题，称为设计标准。根据我国国情，水利部会同有关部门于 1994 年共同制定了《防洪标准》(GB 50201—1994)作为强制性国家标准，2014 年该标准进行了修订，颁发了新的《防洪标准》(GB 50201—2014)，依据工程规模、效益和在国民经济中的重要性，将水利水电枢纽工程分为 5 等，如表 7-1 所示。

表 7-1 水利水电枢纽工程的等别

工程等别	水库		防洪		治涝面积/万亩	灌溉面积/万亩	供水对城镇工矿企业的重要性	水电站装机容量/10^4 kW
	工程规模	总库容/10^8 m^3	对城镇工矿企业的重要性	保护农田/万亩				
Ⅰ	大(1)型	≥10	特别重要	≥500	≥200	≥150	特别重要	≥120
Ⅱ	大(2)型	<10,≥1.0	重要	<500,≥100	<200,≥60	<150,≥50	重要	<120,≥30
Ⅲ	中型	<1.0,≥0.10	比较重要	<100,≥30	<60,≥15	<50,≥6	比较重要	<30,≥5
Ⅳ	小(1)型	<0.10,≥0.01	一般	<30,≥5	<15,≥3	<6,≥0.5	一般	<5,≥1
Ⅴ	小(2)型	<0.01,≥0.001	一般	<5	<3	<0.5	一般	<1

水利水电枢纽工程的水工建筑物,根据其所属枢纽工程的等别、作用和重要性分为 5 级,如表 7-2 所示。

表 7-2 水工建筑物的级别

工程等别	永久性水工建筑物级别		临时性水工建筑物级别
	主要建筑物	次要建筑物	
Ⅰ	1	3	4
Ⅱ	2	3	4
Ⅲ	3	4	5
Ⅳ	4	5	5
Ⅴ	5	5	

规划设计时,按照规范根据建筑物级别选定不同频率作为防洪标准。这样,把洪水作为随机现象,以概率形式估算未来的设计洪水,同时以不同频率来处理安全与经济的关系。

水利水电工程建筑物防洪标准分为正常运用和非常运用两种。按正常运用标准计算出的洪水称为设计洪水,它用来决定工程的设计洪水位、设计泄洪流量等。当设计洪水发生时,工程应保证安全、正常运行。当河流发生比设计洪水更大的洪水时,选定一个非常运用洪水标准进行计算,得到的洪水称为非常运用洪水或校核洪水。宣泄校核洪水时,泄洪设施(包括非常泄洪措施)应保证满足泄量的要求,可允许消能设施和次要建筑物部分破坏,但不应影响枢纽工程主要建筑物的安全或发生河流改道等重大灾害性后果。《防洪标准》(GB 50201—2014)中规定了水库工程水工建筑物的防洪标准,如表 7-3 所示,其他水利工程的防洪标准见相应规范。

设计洪水计算是指水利水电工程设计中所依据的设计标准(由重现期或频率表示)的洪水的计算,包括正常运用洪水和非常运用洪水两种情况,计算内容包括设计洪峰流量、不同时段设计洪量及设计洪水过程线 3 个要素。

表 7-3　水库工程水工建筑物的防洪标准

水工建筑物级别	防洪标准(重现期)/a				
	山区、丘陵区			平原区、滨海区	
	设计	校核		设计	校核
		混凝土坝、浆砌石坝	土坝、堆石坝		
1	1 000～500	5 000～2 000	可能最大洪水(PMF)或10 000～5 000	300～100	2 000～1 000
2	500～100	2 000～1 000	5 000～2 000	100～50	1 000～300
3	100～50	1 000～500	2 000～1 000	50～20	300～100
4	50～30	500～200	1 000～300	20～10	100～50
5	30～20	200～100	300～200	10	50～20

二、设计洪水的计算方法

在进行设计洪水计算之前，首先要根据水利工程的等别确定建筑物的级别和相应的设计标准，设计洪水计算就是推求出与水工建筑物设计标准同频率(或重现期)的洪水。对具体工程，因其特点和设计要求不同，设计洪水计算的内容也不同。如无调蓄能力的堤防、桥涵、灌溉渠道等，对工程起控制作用的是洪峰流量，故只需对设计频率的洪峰流量进行计算；蓄滞洪区工程，则主要计算设计频率的不同时段的洪水总量；而对于水库工程，洪水的峰、量、过程都很重要，则需分别计算出设计频率洪水的 3 个要素。另外，施工设计还需要计算分期(季或月)洪水等。

目前，我国设计洪水的计算方法，根据具体资料条件和工程设计要求，可大致分为以下几种：

(1)由流量资料推求设计洪水。根据水利水电工程所在位置或其上下游的洪水资料，推求设计洪水。学习的主要内容包括计算指定频率的设计洪峰流量和各时段的设计洪量，然后按典型放大方法进一步推求设计洪水过程。

(2)由暴雨资料推求设计洪水。根据工程所在流域或邻近流域暴雨资料，以及多次可供流域产流、汇流分析计算用的降雨、径流对应观测资料来推求设计洪水。学习内容包括运用频率分析方法推求设计暴雨过程，以设计暴雨过程为基础进行流域产流、汇流计算，求出流域出口(工程位置)的设计洪水过程。该方法是一种统计分析与成因分析相结合的方法。

(3)最大可能洪水的推求。一些重要的水利水电工程的建筑物采用最大可能洪水作为非常运用下的设计洪水(即校核洪水)。推求最大可能洪水时，首先由工程所在流域的水文气象资料推求可能最大暴雨，在此基础上计算可能最大洪水。

第二节　由流量资料推求设计洪水

一、设计洪峰流量及设计洪量的推求

应用数理统计方法，由流量资料推求设计洪水的洪峰及不同时段的洪量，称为洪水频率计算。《水利水电工程设计洪水计算规范》(SL 44—2006)指出，对于大中型工程应尽可能采用流量资料来计算设计洪水。

(一)资料审查

在应用资料之前,首先要对原始水文资料进行审查,洪水资料必须可靠,有必要的精度,而且具备频率分析所必需的一些统计特性,例如,洪水系列中各项洪水相互独立,且服从同一分布等。

资料审查的内容和年径流量资料相似,即对资料的可靠性、一致性和代表性进行审查。

洪水资料包括实测和调查洪水资料,对实测资料的审查重点应放在资料观测和整编质量较差的年份,以及对设计洪水计算成果影响较大的大洪水年份,并注意了解测站的变迁、水尺零点及河道的冲淤变化,以及流域内人类活动情况等。对调查洪水的审查,应多方面分析论证洪峰流量、洪水总量的数值及重现期的可靠性,并注意不要遗漏考证期内的大洪水。

为使洪水资料具有一致性,要求在调查观测期中,洪水形成条件相同。当使用的洪水资料受人类活动(如修建水工建筑物、整治河道等)的影响有明显变化时,应进行还原计算,使洪水资料换算到天然状态的基础上。

洪水的总体难以获得,故洪水资料的代表性,反映在样本系列能否代表总体分布上。一般认为,资料年限越长,并能包括大、中、小等各种洪水年份,则代表性较好。

进行系列代表性分析的方法有两种:一种是通过实测资料与历史洪水调查及文献考证资料进行对比分析,看其是否包含大、中、小洪水年份以及特大洪水年份;另一种是与本河流上下游站或邻近流域水文站的长系列资料进行对比。如果本河流上下游站或邻近流域水文站与本站洪水具有同步性,则可以认为两站的关系比较密切;如果这些站又具有长期的实测洪水资料,则可用这些长系列资料的代表性来评定本站的代表性。如参证系列这段时期代表性较好,则可以判断本站同期资料也具有较好的代表性。历史洪水调查和历史文献考证水文系列的插补延长,是增进代表性的重要手段。

《水利水电工程设计洪水计算规范》(SL 44—2006)中规定,为了使样本具有一定的代表性,要求实测洪水年数不少于 30 a。结合我国水文观测的进展情况,年数可以增加,以提高资料代表性。

(二)选样

洪水频率计算是把每年的洪水过程作为一次随机事件。所谓选样,是指从每年的全部洪水过程中,选取哪些特征值来组成频率计算的样本系列作为分析研究的对象,以及如何在持续的实测洪水过程线上选取这些特征值。设计洪水计算不应把不同成因、不同类型洪水(如暴雨洪水、融雪洪水或溃坝洪水)的特征值放在同一系列进行频率计算。

对于洪峰流量,每年只选取最大的一个瞬时洪峰流量。若有 n 年资料,就应选出 n 个最大洪峰流量,组成洪峰流量的样本系列。

对于洪量,采用固定时段独立选取年最大值法进行选样。首先确定统计时段,习惯上常取时段长度为 1 d、3 d、5 d、7 d、10 d、15 d、30 d 等。就具体的工程而言,不必统计上述全部时段,可根据洪水特性和工程设计要求,选定 2～3 个计算时段。若遇连续多峰型河流、水库调洪历时较长或下游有防洪错峰要求时,可根据具体情况多选几个时段。计算时段应包括调洪控制时段和洪水总历时。若有 n 年资料,各不同时段分别选出 n 个最大洪水量,组成不同时段的洪水量样本系列。同一年内所选取的不同时段洪水量,可发生在同一次洪水中,也可不发生在同一次洪水中，关键在于选取最大值。如图 7-2 中，1 d 最大洪水量与 3 d、5 d 最大洪水量不属于同一次洪水。

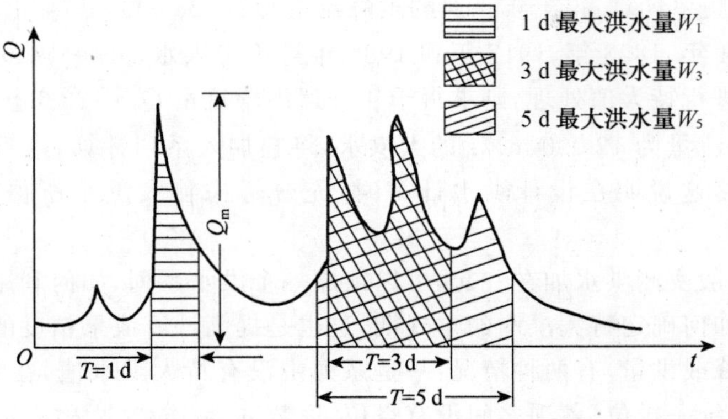

图 7-2　年最大值法选样示意图

(三)资料的插补延长

为提高资料的代表性，应设法对实测资料和其中缺测的资料进行插补延长。关于洪量资料的插补延长，可参考径流资料的分析处理方法，这里只简单介绍洪峰流量资料的插补延长。

由流量资料展延系列，要根据上下游水文站、干支流水文站、邻近相似河流测站的流量资料进行相关分析。如两站相距较远，控制面积相差较大时，可能相关关系不好，此时应设法改善其关系，或以区间测站相应流量为参数进行复相关分析，或以上游测站和支流流量之和与下游测站相应流量进行相关分析等。如相关关系较为密切，便可以用来展延系列。

当河流设计断面处没有实测资料，而其上下游附近有实测流量资料，如果两处控制的流域面积相差不大(不超过 20%)，全流域暴雨分布较为均匀，且区间河道无特殊的调蓄作用，可按下式将实测流量资料换算至设计断面处：

$$Q_{设}=\left(\frac{F_{设}}{F_{参}}\right)^{n}Q_{参} \tag{7-1}$$

式中：$Q_{设}$、$Q_{参}$分别为设计断面及参证站的洪峰流量，m^3/s；$F_{设}$、$F_{参}$分别为设计断面及参证站控制的流域面积，km^2；n 为指数，可根据本河流或邻近河流上下游实测洪水资料分析确定。对大中河流，n 值一般为 0.5～0.7；对较小河流(流域面积小于 100 km^2)，一般 $n>0.7$。

(四)特大洪水的处理

所谓特大洪水，通常是指比系列中的一般洪水大得多的稀遇洪水，它可以出现在实测资料系列中，也可以经实地调查或文献考证而获得(又称历史洪水)。

目前，我国河流的实测流量资料系列还不长，只根据实测资料来推算百年一遇、千年一遇等稀遇洪水，难免有较大的抽样误差。而且每当出现一次大洪水后，重新计算的设计洪水就会发生很大变动，使得成果极不稳定。

通过实地调查和文献考证，常可获得一些历史上曾发生过的特大洪水的信息。水利工程设计实践证明，如能很好地应用历史洪水资料，并合理地处理这些特大洪水，就相当于将洪水样本由实测年限 n 延长到调查考证年限 N，从而增加了样本的代表性，使得设计成果质量明显提高。

如华北某河在 1955 年进行规划时，据当时 20 a 资料推得千年一遇洪峰流量 Q_m = 7 500 m^3/s，而在 1956 年发生了一次特大洪水，实测洪峰流量达 13 100 m^3/s，将此洪水加入系列按 n=21 a 进行频率计算，得千年一遇的洪峰流量 Q_m=25 900 m^3/s，可见，原计算成果很不稳定。若加入 1794 年、1853 年、1917 年和 1939 年等历史洪水，并将 1956 年的实测洪水与历史洪水放在一起，进行特大值处理，则求得千年一遇洪峰流量 Q_m=22 600 m^3/s。1963 年该河又发生了实测洪峰流量为 12 000 m^3/s 的大洪水，将它加入系列计算，得千年一遇的洪峰流量 Q_m=23 300 m^3/s。这说明在设计洪水计算时，充分考虑特大洪水所得的成果就比较稳定合理。

特大洪水和一般实测洪水加在一起，可以组成一个洪水系列，如何利用这样的系列进行频率计算，关键在于如何确定特大洪水的重现期，这也是提高计算成果精度的关键。

洪水系列(洪峰或洪量)有两种情况：一是系列中没有特大洪水值，在频率计算时，各项数值直接按大小顺序统一排位，各项之间没有空位，序数 m 是连续的，称为连续系列，参见图 7-3(a)；二是系列中有特大洪水值，特大洪水值的重现期(N)必然大于实测系列年数 n，而在 $N-n$ 年内各年的洪水数值无法查得，它们之间存在一些空位，由大到小是不连续的，称为不连续系列，参见图 7-3(b)。

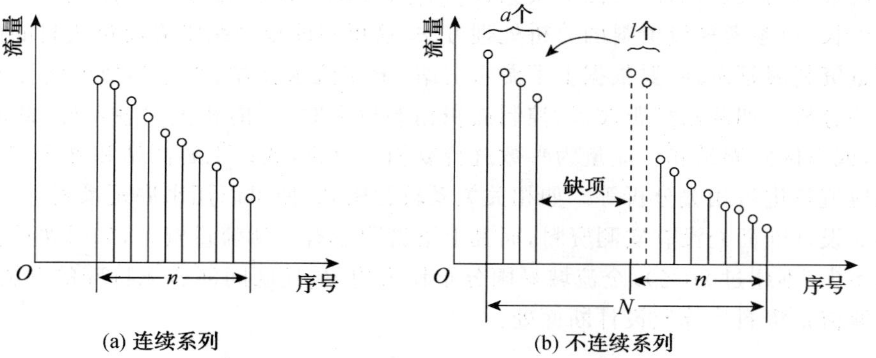

图 7-3 连续系列和不连续系列示意图

连续系列中各项经验频率的确定，已在第四章中论述，不再重复。

不连续系列的经验频率，有两种估算方法。

(1)独立样本法：把实测系列与特大值系列都看作从总体中独立抽出的两个随机连续样本，各项洪水可分别在各个系列中进行排位，实测系列的经验频率仍按连续系列经验频率公式(7-2)计算。

$$P_m=\frac{m}{n+1} \tag{7-2}$$

特大洪水系列的经验频率计算公式为

$$P_M=\frac{M}{N+1} \tag{7-3}$$

式中：m 为实测系列由大至小排列的序号($m=l+1,l+2,\cdots$)；P_m 为实测系列第 m 项的经验频率；n 为实测系列的年数；M 为特大洪水由大至小排列的序号；P_M 为特大洪水第 M 项的经验频率；N 为自最远的调查考证年份至今的年数；l 为实测系列中特大洪水的项数。

(2)统一样本法：将实测系列与特大值系列共同组成一个不连续系列，作为代表总体的一个样本，不连续系列各项可在历史调查期 N 年内统一排位。

假设在历史调查期 N 年中有特大洪水 a 项，其中有 l 项发生在 n 年实测系列之内，N 年中的 a 项特大洪水的经验频率仍用式(7-3)计算。实测系列中其余的$(n-l)$项，则均匀分布在 $1 \sim P_{Ma}$ 频率范围内，P_{Ma} 为特大洪水最末项 $M=a$ 的经验频率，即

$$P_{Ma}=\frac{a}{N+1} \tag{7-4}$$

式中：a 为在 N 年中连续顺位的特大洪水项数。

实测系列第 m 项的经验频率的计算公式为

$$P_m=P_{Ma}+(1-P_{Ma})\frac{m-l}{n-l+1} \tag{7-5}$$

上述两种方法中，第一种方法比较简单，但在假定不连续系列是两个相互独立的连续样本条件下，没有对式(7-2)进行严格的推导。当调查考证期 N 年中的特大洪水确系连续而无错漏，为避免历史洪水的经验频率与实测系列的经验频率的重叠现象，采用第二种方法较为合适。以上两种方法所得经验频率的计算结果是很接近的。

(五)频率曲线线型选择

样本系列各项的经验频率确定之后，就可以在概率格纸上确定经验频率点据的位置并做出经验频率曲线。点绘时，可以不同符号分别表示实测、插补和调查的洪水点据，历史洪水的若干个点据应标明发生年份。洪水总体的频率曲线线型是未知的，为使设计工作规范化，便于各地设计洪水估计结果具有可比性，世界上大多数国家根据当地长期洪水系列经验点据拟合情况，选择一种能较好地拟合大多数系列的理论线型，以供本国或本地区有关工程设计使用。《水利水电工程设计洪水计算规范》(SL 44—2006)规定频率曲线线型一般应采用皮尔逊Ⅲ型。特殊情况，经分析论证后也可采用其他线型。特别是对于偏态系数 C_s 较大，如 $C_s>2$，而又需要计算大频率设计洪水时，皮尔逊Ⅲ型曲线往往难以给出理想的结果。

(六)频率曲线参数估计

在洪水频率计算中，我国规范统一规定采用配线法。配线法有两种：一种是经验配线法(或称目估配线法)，另一种是优化配线法。

经验配线法是在经验频率点据和频率曲线线型确定之后，通过调整参数使曲线与经验频率点据配合得最好，此时的参数就是所求的曲线线型的参数，从而可以计算设计洪水值。一般说来，年代越久的历史特大洪水加入系列进行配线，对合理选定参数的作用越大，但这些资料本身的误差可能较大。因此，在配线时不宜机械地通过特大洪水点据，否则使曲线对其他点群偏离过大，但也不宜脱离大洪水点据过远。

矩法在洪水频率分析中被广泛使用。由矩法估计的参数及由此求得的频率曲线总是系统偏小，其中尤以 C_s 偏小更为明显。

在用矩法初估参数时，对于不连续系列，假定 $n-l$ 年系列的均值和均方差与除去特大洪

水后的 $N-a$ 年系列的相等，即 $\overline{x}_{N-a}=\overline{x}_{n-l}$，$\sigma_{n-a}=\sigma_{n-l}$，可以导出参数计算公式：

$$\overline{x}=\frac{1}{N}\left(\sum_{j=1}^{a}x_j+\frac{N-a}{n-l}\sum_{i=l+1}^{n}x_i\right) \tag{7-6}$$

$$C_v=\frac{1}{\overline{x}}\sqrt{\frac{1}{N-1}\left[\sum_{j=1}^{a}(x_j-\overline{x})^2+\frac{N-a}{n-l}\sum_{i=l+1}^{n}(x_i-\overline{x})^2\right]} \tag{7-7}$$

式中：x_j 为特大洪水变量，$j=1,2,\cdots,a$；x_i 为一般洪水变量，$i=l+1,l+2,\cdots,n$；其余符号意义同前。

偏态系数 C_s 属于高阶矩，用矩法算出的参数值及由此求得的频率曲线与经验点据往往相差较大，故一般不用矩法计算，而是参考附近地区资料选择一个 C_s/C_v 值。对于 $C_v<0.5$ 的地区，可试用 $C_s/C_v=3\sim4$ 进行配线；对于 $0.5<C_v<1.0$ 的地区，可试用 $C_s/C_v=2.5\sim3.5$ 进行配线；对于 $C_v>1.0$ 的地区，可试用 $C_s/C_v=2\sim3$ 进行配线。

优化配线法是在一定的配线准则（即目标函数）下，求解与经验点据拟合最优的频率曲线的统计参数方法。随着计算机的推广应用，带有一定准则的适用于计算机的优化配线方法常被设计单位使用。优化配线法按不同的配线准则可分为 3 种：离差平方和最小准则（OLS）、离差绝对值和最小准则（ABS）、相对离差平方和最小准则（WLS）。具体内容可参见有关文献。

（七）设计洪峰、洪量的确定

根据上述方法计算的参数初估值，用配线法求出洪水频率曲线，然后在频率曲线上求得相应于设计频率的设计洪峰和各统计时段的设计洪量。

有关水文频率曲线配线法的步骤、计算实例，以及配线时应考虑的事项，已在第四章第四节中做了具体介绍，但未涉及特大洪水处理问题，本节将用一个实例，考虑加入特大洪水，说明用矩法配线推求设计洪峰的方法。

【例 7-1】某坝址断面处水文站有 1949—1978 年共 30 a 的洪峰流量资料。1979 年进行设计时，经调查考证获得两次历史洪水资料：1788 年 $Q_m=9\,200\ m^3/s$，是 1788 年以来的最大值；1909 年 $Q_m=6\,710\ m^3/s$，是 1909 年以来的第 2 位。实测系列中的 1954 年为 1909 年以来的第 1 位，$Q_m=7\,400\ m^3/s$；1788—1909 年的其他洪水情况未能查清。根据以上资料，推求千年一遇的设计洪峰流量。

（1）计算经验频率：从 1909 年以来的调查考证期 $N_1=70$ a 中，已查清没有遗漏比 1954 年更大的洪水，故 1954 年、1909 年可分别排为 70 a 中的第 1 位、第 2 位；而 1788 年应为调查考证期 $N_2=191$ a 中的第 1 位，因为在 1788—1909 年其他洪水具体情况不明，所以 1909 年以后的洪水不能提出来放在 191 a 中一起排位。根据以上分析，由分别处理法计算各年洪峰流量的经验频率，如表 7-4 所示。

（2）初估统计参数：分别用式（7-6）、式（7-7）计算均值和偏差系数有

$$\overline{Q}_m=2\,835\ m^3/s,\quad C_v=0.497$$

（3）配线并推求设计值：取 $\overline{Q}_m=2\,840\ m^3/s$，$C_v=0.5$，$C_s=3.5C_v$，理论曲线与经验曲线配合较好（图 7-4）。由理论曲线查得设计洪峰流量为 $10\,735\ m^3/s$。

表 7-4　洪峰流量经验频率计算表

按时间次序排列		按流量大小排序		$N_2=191$ a		$N_1=70$ a		$n=30$ a	
年份	流量/(m^3/s)	年份	流量/(m^3/s)	序号	频率/%	序号	频率/%	序号	频率/%
1788	9 200	1788	9 200	1	0.52				
1909	6 710	1954	7 400			1	1.4		
1954	7 400	1909	6 710			2	2.8		
1949	3 128								
1950	1 190	1955	4 230					2	6.4
1951	4 190	1951	4 190					3	9.6
1952	3 860	1953	4 030					4	12.9
1953	4 030	1952	3 860					5	16.1
⋮	⋮	⋮	⋮	⋮	⋮	⋮	⋮	⋮	⋮
1974	2 000	1977	1 540					26	83.9
1975	2 720	1972	1 490					27	87.1
1976	2 350	1978	1 360					28	90.3
1977	1 540	1966	1 240					29	93.4
1978	1 360	1950	1 190					30	96.8

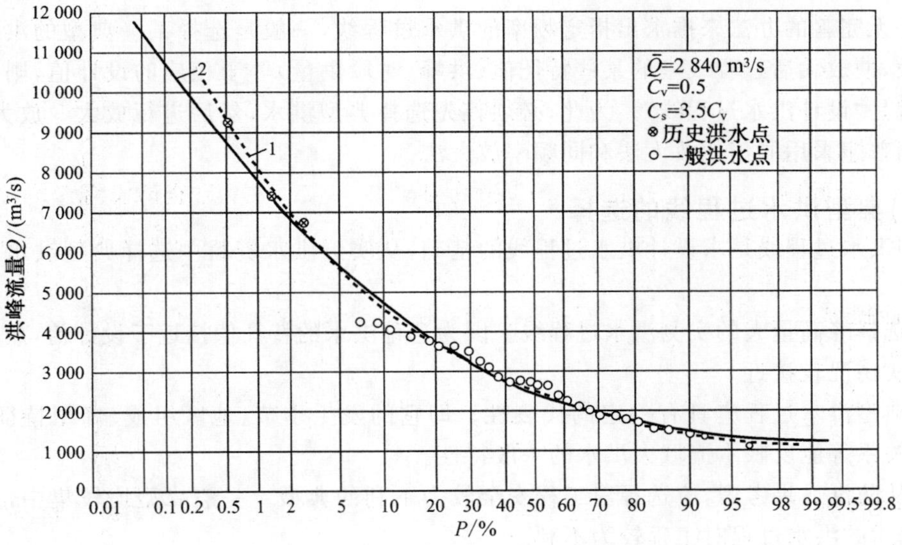

图 7-4　洪峰流量频率曲线

1—经验频率曲线；2—理论频率曲线

(八)计算成果的合理性检查与抽样误差

计算成果的合理性检查就是利用各统计参数间的相互关系和地理分布规律,对计算成果进行对比分析,以防止各种原因带来的差错。一般从以下 3 个方面进行。

(1)本站各种成果间的分析对比。从各种历时的洪量频率曲线之间的关系检查,要求不同历时洪量的频率曲线不应相交,并保持合理的间距。洪量的各种统计参数和设计值与历时之间存在一定关系:一般随着历时增加,洪量的均值和设计值也增加,而时段平均流量的均值和 C_v、C_s 则减小;但对于连续暴雨次数较多和调蓄作用大的河流,随着历时的增加,C_v、C_s 反而加大。

(2)与上下游及邻近地区河流的分析成果进行对比。如气候、地形条件相似,则洪峰、洪量的均值应自上游向下游递增,其模数则由上游向下游递减。

如将上下游站、干支流站同历时最大洪量的频率曲线绘在一起,下游站、干流站的频率曲线应高于上游站和支流站,曲线间距的变化也有一定的规律。

(3)根据暴雨频率分析成果进行比较。一般来说,洪水的径流深应小于相应天数的暴雨深,而洪水的 C_v 值应大于相应暴雨量的 C_v 值。

通过合理性分析,如发现明显不合理之处,应分析原因,将成果加以修正。

对大型工程或重要的中型工程,用频率分析计算的校核标准洪水应计算抽样误差。经综合分析检查后,如成果有偏小的可能,应加安全修正值,一般不超过计算值的 20%。抽样误差的计算可参考《水利水电工程设计洪水计算规范》(SL 44—2006)的有关规定。

二、设计洪水过程的推求

设计洪水过程线是指相应于某一设计标准(设计频率)的洪水过程线。通过洪水频率计算可求得设计洪峰流量及不同时段的设计洪量。但在规划设计中常常还需要一条完整的设计洪水过程线,作为确定水工建筑物规模和尺寸的依据。洪水过程是极为复杂的随机过程,目前水文学中并无完善的办法来推求出指定频率的洪水过程线,一般是选择某一典型的洪水过程线加以放大,使放大后过程线中的某些特征值(洪峰、时段洪量)等于相应的设计值,则可认为该过程线就是“设计洪水过程线”。为此,必须首先选择典型洪水,然后进行放大。放大的方法,目前我国普遍采用同倍比放大法和同频率放大法。

(一)典型洪水过程线的选择

典型洪水过程线是求设计洪水过程线的基础,从实测洪水资料中选择典型洪水应遵循以下原则。

(1)选择峰高量大的实测洪水过程线。因为这种洪水的特征值接近于设计值,放大后变形小,与真实情况较接近。

(2)典型洪水过程应具有一定的代表性。即它的发生季节、地区组成、峰型特征、洪水历时、峰量关系等能反映本流域大洪水的一般特性。

(3)从防洪后果考虑,应选择对工程安全较为不利的典型。一般峰型比较集中,且主峰出现时间偏后的洪水过程对工程较为不利。

有时,按上述原则可选出几个典型,则可分别放大,求得几条设计洪水过程线,供调洪计算时选用。

(二)典型洪水过程线的放大

1. 同倍比放大法

将典型洪水过程线上各个时刻的流量都按同一个倍比值进行放大,求得设计洪水过程线,这种放大方法称为同倍比放大法。它适用于主要由洪峰或某时段洪量控制的防洪工程。当洪峰起决定性作用时,以峰控制,当某时段洪量起决定性作用时,以量控制,因此,放大倍比也有相应的两种。

以峰控制时,放大倍比由式(7-8)求出:

$$K_Q=\frac{Q_{mp}}{Q_{md}} \tag{7-8}$$

式中:K_Q 为以峰控制的放大系数;Q_{mp} 为设计洪峰流量;Q_{md} 为典型过程的洪峰流量。

以量控制时,放大倍比由式(7-9)求出:

$$K_{Wt}=\frac{W_{tp}}{W_{tD}} \tag{7-9}$$

式中:K_{Wt} 为以量控制的放大系数;W_{tp} 为控制时段 t 的设计洪量;W_{tD} 为典型洪水过程在控制时段 t 的最大洪量。

同倍比放大法简便,放大后的洪水过程与典型过程形状相似,但往往难以使峰、量同时符合设计标准。

2. 同频率放大法

将典型洪水过程线按几个不同的放大倍比值放大,使放大后的设计洪水过程线的洪峰和各时段的洪量分别等于设计洪峰和设计洪量,也就是说,要使求得的设计洪水过程线峰、量都能符合同一个设计频率。这种放大方法就称为同频率放大法。目前大、中型水库规划设计中主要采用此法。

当选定控制时段为 1 d、3 d、7 d 时,各种放大倍比值可按下列公式推求:

最大 1 d 洪量放大比 K_1 为

$$K_1=\frac{W_{1p}}{W_{1D}} \tag{7-10}$$

最大 3 d 洪量放大比 K_3 为

$$K_3=\frac{W_{3p}-W_{1p}}{W_{3D}-W_{1D}} \tag{7-11}$$

最大 7 d 洪量放大比 K_7 为

$$K_7=\frac{W_{7p}-W_{3p}}{W_{7D}-W_{3D}} \tag{7-12}$$

式中:W_{1p}、W_{3p}、W_{7p} 分别为 1 d、3 d、7 d 设计洪量;W_{1D}、W_{3D}、W_{7D} 分别为典型洪水 1 d、3 d、7 d 洪量。

以上说明,最大 1 d 洪量包括在最大 3 d 洪量之中,同理,最大 3 d 洪量包括在最大 7 d 洪量之中,得出的洪水过程线上的洪峰和不同时段的洪量,恰好等于设计值。时段划分视过程线的长度而定，但不宜太多，一般以3段或4段为宜。由于各时段放大倍比不相等，放大后的过程线在时段分界处出现不连续现象，此时可徒手修匀，修匀后仍应保持洪峰和各时段洪量等于设计值。如放大倍比相差较大，要分析原因，采取措施，消除不合理的现象。

【例7-2】某水库设计标准为1%，选定典型洪水的洪峰和1 d、3 d、7 d的洪量如表7-5所示，表中也列出了典型洪水不同时段洪量发生的时间。用同频率放大法，推求设计洪水过程线。

表7-5　某水库洪峰、洪量统计表

项目	洪峰流量/(m^3/s)	洪量/[(m^3/s)·h]		
		1 d	3 d	7 d
P=1%的设计值	3 530	42 600	72 400	117 600
典型过程线相应值	1 620	20 290	31 250	57 620
起止日期	21日9时40分	21日8时至22日8时	19日21时至22日21时	16日7时至23日7时

首先，计算各不同时段的放大倍比：

$$K_1=\frac{42\,600}{20\,290}=2.10,\quad K_3=\frac{72\,400-42\,600}{31\,250-20\,290}=2.72$$

$$K_7=\frac{117\,600-72\,400}{57\,620-31\,250}=1.71$$

其次，将典型洪水过程线不同时段洪量范围内的流量值乘以相应时段的放大倍比，取峰值为设计洪峰，得到放大后设计洪水过程线（如图7-5中实线）。对时段分界处出现的不连续现象，可徒手修匀（如图7-5中虚线），最后得到所求的洪水过程线。

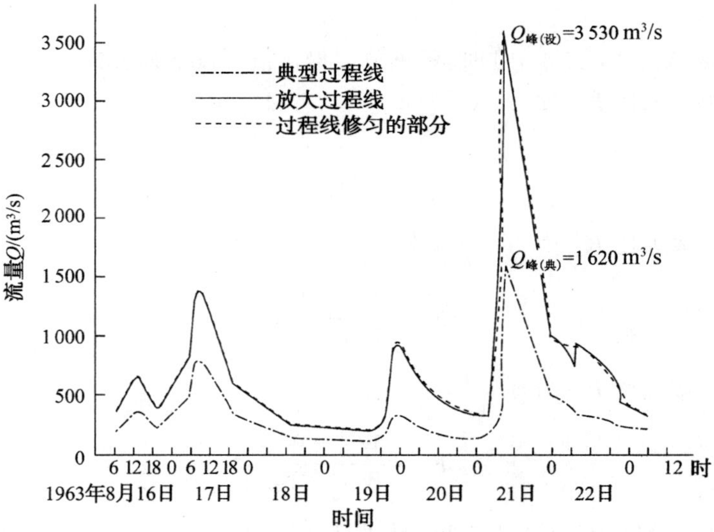

图7-5　同频率放大推求设计洪水过程线

三、分期设计洪水

为了进行水库的调度运行或水利工程施工导流设计等，需要在年内划分若干分期，并计算各分期的设计洪水。例如，为合理拟订水库调度方案，按不同的时期确定水库的汛期防洪限制水位，就需推求分期洪水；又如，因水利工程施工期限较长，不同施工阶段抵御洪水的能力不同，故需要推求分期设计洪水，作为确定围堰和导流建筑物尺寸以及编制施工进度的依据。

(一)洪水季节性变化规律分析和分期划分

划定分期洪水时，应对设计流域洪水季节性变化规律进行分析，并结合工程的要求来考虑。分析时要了解天气成因在季节上的差异，年内不同时期洪水峰、量数值及特性(如均值、变差系数)的变化，全年最大洪水出现在各个季节的情况，以及不同季节洪水过程的形状等。同时，可根据本流域的资料，将历年各次洪水以洪峰发生日期或某一特定历时最大洪量的中间日期为横坐标，以相应洪水的峰、量数值为纵坐标，点绘洪水年内分布图，并描绘平顺的外包线，如图 7-6 所示。如有调查的特大洪水，亦应点绘于图上。

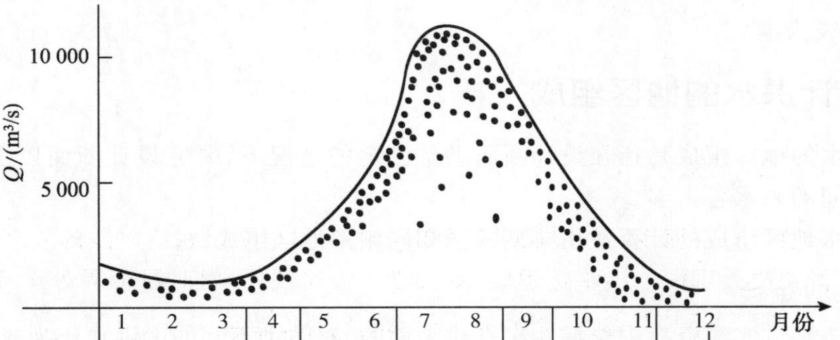

分期名称	枯水期	汛前过渡期	汛前期	主汛期	汛后期	汛后过渡期	枯水期
分期时段	12月至翌年3月	4月	5月至6月15日	6月16日至8月	9月	10月至11月	12月至翌年3月

图 7-6 某站洪水年内分布图及分期

在天气成因分析和上述实测资料统计基础上，考虑工程设计的要求，划定分期洪水的时段。

分期的一般原则为：尽可能根据不同成因的洪水，把全年划分为若干分期。分期的起止日期应根据流域洪水的季节变化规律，并考虑设计需要来确定。分期不宜太短，一般以不短于1个月为宜。由于洪水出现的偶然性，各年分期洪水的最大值不一定正好在所定的分期内，可能往前或往后错开几天，在用分期年最大选样时，有跨期和不跨期两种选样方法。跨期选样时，为了反映每个分期的洪水特征，跨期选样的日期不宜超过 5～10 d。

(二)分期设计洪水的计算方法

(1)分期划定后，分期洪水一般在规定时段内按年最大值法选择。当一次洪水过程位于两个分期时，视其洪峰流量或时段洪量的主要部分位于何期，就作为该期的样本，不做重复选择，这种选取方法称为不跨期选样。

(2)分期特大洪水的经验频率计算，应根据调查考证资料，结合实测系列分析，重新论证，合理调整。分期洪水的统计参数计算和配线方法与年最大洪水相同。对施工洪水，由于设计标准较低，当具有较长资料时，一般可由经验频率曲线查取设计值。

(3)分期设计洪水过程线仍可按本章第三节所述方法进行计算。但是，施工初期，围堰往往以抗御洪峰为主，一般只要求设计洪峰流量；大坝合龙后，则以某个时段的设计洪量为主要控制，故要求设计洪峰和一定时段的设计洪量，如进行调洪，则需要设计洪水过程线。中小型工程的施工设计洪水，一般只需要分期设计洪峰。

(4)将各分期洪水的峰、量频率曲线与全年最大洪水的峰、量频率曲线画在同一张概率格纸上，检查其相互关系是否合理。如果它们在设计频率范围内发生交叉现象，即稀遇频率的分期洪水大于同频率的全年最大洪水，此时应根据资料情况和洪水的季节性变化规律予以调整。一般来说，由于全年最大洪水在资料系列的代表性、历史洪水的调查考证等方面，均较分期洪水研究更为充分，其成果相对较可靠。调整时一般应以历时较长的年最大洪水频率曲线为准。

四、设计洪水的地区组成

设计洪水的地区组成是指在设计断面洪量已定的情况下，研究设计断面以上干支流控制断面及其区间的来水各占多少。

现行洪水地区组成的计算常用典型年法和同频率地区组成法。

(一)典型年法

典型年法是从实测资料中选择几次有代表性的、对防洪不利的大洪水作为典型，以设计断面的设计洪量作为控制，对典型洪水按同倍比方法放大，并按典型洪水各区洪量组成的比例计算各区相应的设计洪量。

此法简单、直观，是工程设计中常用的一种方法，尤其适用于分区较多、组成比较复杂的情况。但此法因全流域各分区的洪水均采用同一个倍比放大，可能会使某个局部地区的洪水放大后其频率小于设计频率。

(二)同频率地区组成法

同频率地区组成法是根据防洪要求，指定某一分区出现与下游设计断面同频率的洪量，其余各分区的相应洪量按实际典型组成比例分配。一般有以下两种组成方法：

(1)当下游断面发生设计频率为 P 的洪水 W_{BP} 时，上游断面也发生频率为 P 的洪水 W_{AP}，此时区间发生的相应洪水 W_{ABR} 为

$$W_{ABR}=W_{BP}-W_{AP} \tag{7-13}$$

(2)当下游断面发生设计频率为 P 的洪水 W_{BP} 时，区间也发生频率为 P 的洪水 W_{ABP}，上游断面发生相应的洪水 W_{AR} 为

$$W_{AR}=W_{BP}-W_{ABP} \tag{7-14}$$

必须指出的是，同频率地区组成法适用于某分区的洪水与下游设计断面洪水的相关关系

比较好的情况。同时,对于河网调蓄以及其他因素影响较大的河流,一般不能用同频率地区组成法来推求设计洪峰流量的地区组成。

第三节　由暴雨资料推求设计洪水

第二节中说明了由流量资料推求设计洪水的方法,但在工程实践中,经常存在由于流量资料缺乏,或流域上大量的人类活动,造成流域下垫面发生变化,破坏了实测流量系列的一致性,难以由流量资料推求设计洪水的情况。我国绝大部分地区的洪水是由暴雨造成的,雨量资料的观测年限较流量资料长,观测站点较多,而且流域下垫面变化一般对流域暴雨影响较小,基本不存在暴雨资料不一致的情况,所以利用暴雨资料推求设计洪水的方法应用得相当广泛。另外,对于重要工程,有时为了进一步论证由流量资料推求的设计洪水成果,也需要同时用暴雨资料推求设计洪水。

在第六章中我们通过学习流域产流、汇流的分析计算,已经明确了流域降雨与流域出口径流过程的关系,同样的原理可以运用于由流域暴雨推求流域设计洪水。研究表明,对于较大的洪水,可以认为流域上某一频率的暴雨产生相同频率的洪水,所以,这里我们采用暴雨与洪水同频率的假定。基于此,由暴雨资料推求设计洪水的方法如下:首先由流域暴雨资料推求与设计洪水同频率的流域设计暴雨,然后由设计暴雨通过流域产流与汇流计算求出设计洪水,对应的,流域可能最大洪水由流域可能最大暴雨推求。

设计暴雨是指工程所在断面以上流域的与设计洪水同频率的面暴雨,包括不同时段的设计面暴雨深(设计面暴雨量)和设计面暴雨过程两方面。计算设计暴雨是本节的重要学习内容,其方法与由流量资料推求设计洪水相似。设计暴雨的时段长度应根据流域降雨径流形成规律、流域面积大小和工程本身的调蓄能力等因素确定,并应与设计洪水的时段要求相一致。一般有长、短两种历时,长历时包括 1 d、3 d、7 d、15 d、30 d 等时段长度,短历时有 1 h、3 h、6 h、12 h、24 h 的时段长度。

一、设计暴雨量的推求

设计暴雨量的计算一般有两种方法:当流域上雨量站较多,分布较均匀,各站又有长期的同期实测资料,并由此可求出比较可靠的流域平均面雨量时,可直接选用每年指定统计时段的最大面雨量进行频率计算,求出不同时段的设计面雨量,该方法被称为设计暴雨量计算的直接方法;当流域内雨量站稀少,观测系列短,或同期观测资料较少,无法利用实测资料求得流域面暴雨量时,只好先求出流域中心代表站的不同时段的点暴雨量,然后借助流域暴雨的点面关系,把流域中心的点设计暴雨量转换为流域相应时段的设计面暴雨量,该方法被称为设计暴雨量计算的间接方法。

(一)直接法推求设计暴雨量

根据设计暴雨的定义,设计暴雨量是指不同时段的流域设计面暴雨量。

1. 暴雨资料的收集、审查、插补与展延

1)暴雨资料的收集

暴雨资料的主要来源是国家水文、气象部门所刊印的雨量站网观测资料,但也要注意收集有关部门专用雨量站和群众观测的雨量资料。强度特大的暴雨中心点雨量，往往不易为雨量站测到，因此必须结合调查收集暴雨中心范围和历史上特大暴雨资料，了解当时雨情，尽可能估计出调查地点的暴雨量。

我国暴雨资料按其观测方法及观测次数的不同，分为日雨量资料、自记雨量资料和分段雨量资料3种。日雨量资料一般是指当天8时到次日8时所记录的雨量资料。自记雨量资料是以分钟为单位记录的雨量过程资料。分段雨量资料一般是以1 h、3 h、6 h、12 h等不同的时间间隔记录的雨量资料。一般人工观测的日降雨量与由自记雨量计观测的24 h雨量存在差别，后者为前者的1.1～1.3倍，多年平均值约为1.12倍。

2)暴雨资料的审查

暴雨资料应进行可靠性审查，重点审查特大或特小雨量观测记录是否真实，有无错记或漏测情况，必要时可结合实际调查，予以纠正；检查自记雨量资料有无仪器故障的影响，并与相应的时段雨量观测记录比较，尽可能审定其准确性。

暴雨资料的代表性分析，可通过与邻近地区长系列雨量或其他水文资料，以及本流域或邻近流域实际大洪水资料进行对比分析，注意所选用暴雨资料系列是否有偏丰或偏枯等情况。

暴雨资料一致性审查不同于径流资料的一致性审查，特别是对于求分期设计暴雨时，要注意暴雨资料的一致性，不同类型暴雨的特性是不一样的，如我国南方地区的梅雨与台风雨，宜分别考虑。

3)实测点暴雨资料的插补与展延

当流域上各站暴雨资料的观测年限出现长短不一，甚至有些年份缺测时，为了方便流域面雨量的计算，应设法对暴雨观测资料进行插补或展延。由于暴雨的局地性，流域点暴雨资料一般不宜采用相关法插补，规范建议采用以下方法：

站点距离较近，又处于同一气候区时，可直接借用邻站的资料；邻近地区测站较多，大水年份可绘制次暴雨等值线图进行插补，一般年份可用邻近各站的平均值插补；如暴雨与洪水峰量相关关系较好时，可建立暴雨和洪水峰量的相关关系进行插补。

2. 设计流域面雨量的插补展延

在收集流域内和附近雨量站的资料并进行分析审查的基础上，先根据当地雨量站的分布情况，选定推求流域面雨量的计算方法(如算术平均法、泰森多边形法或等雨量线图法等)，计算每年各次大暴雨的逐日面雨量，作为不同时段暴雨量统计的基础。

在统计各年的面雨量资料时，经常遇到这样的情况：设计流域内早期(如20世纪50年代以前及50年代初期)雨量站点稀少，近期雨量站点多、密度大，如对系列较短的暴雨资料进行逐一插补，不仅工作量大，而且精度也难以保证。一般来说，以多站雨量资料求得的流域平均雨量，其精度较少站雨量资料求得的为高。为提高面雨量资料的精度，需设法插补展延较短系列的多站面雨量资料。一般可利用近期的多站平均雨量与同期少站平均雨量建立关系。若相关关系好，可利用相关线展延多站平均雨量作为流域面雨量。为了解决同期观测资料较短、相关点据较少的问题，在建立相关关系时，可利用一年多次法选样，以增添一些相关点据，更好地确定相关线。

3. 暴雨资料的统计选样

在求出流域每年各次暴雨的面雨量基础上，选定不同的统计时段，按独立选样的原则，统计逐年不同时段的年最大面雨量。

例如,某流域有 3 个雨量站,分布均匀,可按算术平均法计算面雨量,相应计算结果如表 7-6 所示。选择结果为:最大 1 d 面雨量 $P_1=129.9$ mm(7 月 4 日),最大 3 d 面雨量 $P_3=166.5$ mm(8 月 22 日—24 日),最大 7 d 面雨量 $P_7=234.0$ mm(7 月 1 日—7 日),1 d、3 d、7 d 的最大面雨量选自两场不同的暴雨。

表 7-6　最大 1 d、3 d、7 d 面雨量统计(1986 年)　　mm

时间	点雨量			面平均雨量	最大 1 d、3 d、7 d 面雨量及起止日期
	A 站	B 站	C 站		
6 月 3 日	5.3		0.2	1.8	
7 月 1 日	50.4	26.9	25.3	34.2	
7 月 2 日					
7 月 3 日	11.5	10.8	14.7	12.3	
7 月 4 日	134.8	125.9	124	129.9	
7 月 5 日	32.5	21.4	10	21.3	
7 月 6 日	5.6	10.5	4.7	6.9	
7 月 7 日	35.5	25.2	27.6	29.4	7 月 4 日为年最大 1 d, $P_1=129.9$ mm; 8 月 22 日—24 日为年最大 3 d, $P_3=166.5$ mm; 7 月 1 日—7 日为年最大 7 d, $P_7=234.0$ mm
7 月 8 日	3.7	7.1	1.4	4.1	
7 月 9 日	11.1	5.8	9.7	8.9	
⋮	⋮	⋮	⋮	⋮	
8 月 18 日	6.6	0.2	6.9	4.6	
8 月 19 日	22.7	2.4	5.4	10.2	
8 月 20 日					
8 月 21 日					
8 月 22 日	42.6	51.7	54.8	49.7	
8 月 23 日	60.1	68.6	53.5	60.7	
8 月 24 日	81.8	54.1	32.3	56.1	
8 月 25 日	2.3	1	0.1	1.1	

4. 特大值的处理

实践证明,暴雨资料系列的代表性与系列中是否包含有特大暴雨有直接关系。一般的暴雨变幅不大,若不出现特大暴雨,统计参数 C_v 往往会偏小。在短期资料系列中,一旦出现一次罕见的特大暴雨,就可以使原频率计算成果完全改观,这与在利用流量资料推求设计洪水时特大洪水的作用是一样的。

判断大暴雨资料是否属特大值,一般可从经验频率点据偏离频率曲线的程度、模比系数 K_p 的大小、暴雨量级在地区上是否很突出,以及论证暴雨的重现期等方面进行分析判断。近 60 年来,我国各地区出现过的特大暴雨,如河北省的"63.8"暴雨、河南省的"75.8"暴雨、内蒙古的"77.8"暴雨、2007 年济南"7.18"暴雨、2012 年北京"7.21"暴雨、2021 年郑州"7.20"暴雨等均可作特大值处理。

若本流域没有特大暴雨资料,则可进行暴雨调查,或移用邻近流域已发生过的特大暴雨资料。移用时，要进行暴雨、天气资料的统计分析，当表明形成暴雨的气象因素基本一致，且地形的影响又不足以改变天气系统的性质时，可把邻近流域的特大暴雨移用到设计流域，并在数量上加以修正。修正方法如下：

(1)假定 A、B 两地区暴雨的 C_v 值相等，则根据均值比修正，$P_{m,B}=P_{m,A}\left(\frac{\overline{P}_B}{\overline{P}_A}\right)$；

(2)假定 A、B 两地区暴雨的 C_s 值相等，则可按下式修正：

$$P_{m,B}=\overline{P}_B+\frac{\sigma_B}{\sigma_A}(P_{m,A}-\overline{P}_A) \tag{7-15}$$

式中：$P_{m,A}$、$P_{m,B}$ 分别为 A、B 两地的特大暴雨量；$\overline{P}_A$、$\overline{P}_B$、σ_A、σ_B 分别为两地暴雨系列的均值和均方差。

特大值处理的关键是确定重现期。由于历史暴雨无法直接考证，特大暴雨的重现期只能通过洪水调查并结合当地历史文献中有关灾情资料的记载来分析估计。一般认为，当流域面积较小时，流域平均雨量的重现期与相应洪水的重现期相近。

必须指出的是，对特大暴雨的重现期必须进行深入细致的分析论证，若没有充分的依据，就不宜做特大值处理。若误将一般大暴雨作为特大值处理，会使频率计算成果偏低，影响工程安全。

5. 面雨量频率计算

对面雨量统计参数的估计，我国一般采用适线法。我国《水利水电工程设计洪水计算规范》(SL 44—2006)规定，其经验频率公式采用期望值公式，线型采用皮尔逊Ⅲ型。根据我国暴雨特性及实践经验，我国暴雨的 C_s 与 C_v 的比值：一般地区为 3.5 左右；在 $C_v>0.6$ 的地区，约为 3.0；在 $C_v<0.45$ 的地区，约为 4.0。以上比值，可供适线时参考。

在频率计算时，最好将不同历时的暴雨量频率曲线点绘在同一张概率格纸上，并注明相应的统计参数，加以比较。各种频率的面雨量都必须随统计时段增大而加大，如发现不同历时频率曲线有交叉等不合理现象时，应进行适当修正。

6. 设计面暴雨量计算成果的合理性检查

以上计算成果可从下列各方面进行检查，分析比较其是否合理，而后确定设计面暴雨量。

(1)对各种历时的点、面暴雨量统计参数，如均值、C_v 值等进行分析比较，暴雨量的这些统计参数应随面积增大而逐渐减小。

(2)将直接法计算的面暴雨量与下节将介绍的间接法计算的结果进行比较。

(3)将邻近地区已出现的特大暴雨的历时、面积、雨深资料与设计面暴雨量进行比较，检查设计值是否安全可靠。

另外，根据设计工程的重要性，在合理性检查的基础上，确定设计值是否需要加上一个安全保证值 ΔP，ΔP 可取设计值的 0.1～0.2 倍。

(二)间接法推求设计暴雨量

1. 设计点暴雨量的计算

设计点暴雨量是指为了推求流域设计面暴雨量而计算的、流域中心点的不同时段与设计洪水同频率的暴雨量。

1)由实测暴雨资料推求设计点暴雨量

如果流域形心处或附近有一观测资料系列较长的雨量站，则可利用该站的资料进行频率计算，推求设计点暴雨量。实际上，往往长系列的站不在流域中心或其附近，这时，可先求出流域内各测站的设计点暴雨量，然后绘制设计暴雨等值线图，用地理插值法推求流域中心站的设计点暴雨量。

进行点暴雨系列的统计时，一般也采用定时段年最大值法选样。暴雨时段长度的选取与流域面暴雨量情况对应。如样本系列中缺少大暴雨资料，则系列的代表性不足，频率计算成果的稳定性差，应尽可能延长系列，可将气象一致区内的暴雨移置于设计地点，同时要估计特大暴雨的重现期，以便合理计算其经验频率，点暴雨资料的插补展延和特大值处理方法同前。设计点暴雨频率计算及合理性检查亦同设计面暴雨量。

绘制设计暴雨等值线时，应考虑暴雨特性与地形的关系。用地理插值法推求流域中心设计点暴雨量时，也应尽可能考虑地区暴雨特性，在直线内插的基础上再做适当调整。

2)缺乏点雨量资料时设计点暴雨量的推求

当流域内缺乏具有较长实测资料的代表站时，设计点暴雨量的推求可利用地区暴雨等值线图或参数的分区综合成果。

气候是影响暴雨的主要因素，气候条件呈现一定的地带性变化规律，因此，暴雨特性及其统计参数也呈现出与地理变化相一致的趋势。全国和各省(区)均编制了不同时段(1 d、3 d、7 d、1 h、3 h、6 h、24 h 等)的暴雨均值及 C_v 值等值线图和 C_s/C_v 的分区数值表(图)，可以根据这些资料来推求流域中心的设计点暴雨量。

在使用等值线图推求设计点暴雨量时，需先在某指定时段的暴雨均值和 C_v 等值线图上分别圈出设计流域的分水线，并定出流域中心位置，然后从图上读出中心点的 $\overline{x}$ 及 C_v 值。在没有 C_s/C_v 的分区数值表(图)时，可取 $C_s=3.5C_v$。有了 3 个统计参数，可由理论频率曲线求出该时段的设计点暴雨量。同理，可按需要求出其他时段的设计点暴雨量。

地区等值线图往往只反映了大地形对暴雨的影响，不能很好地反映局部地形的影响，因此在地形复杂的山区，应用暴雨等值线图时要特别注意，尽可能收集近期的一些暴雨实测资料，对由等值线图查得的数据进行分析比较，必要时做出修正。

2. 设计面暴雨量的计算

流域中心设计点暴雨量求得后，要用点面关系折算成流域设计面暴雨量。暴雨的点面关系在设计计算中又有以下两种方法。

1)定点定面关系

如流域中心或附近有较长系列雨量资料，流域内有一定数量且分布比较均匀的其他雨量站资料时，可以用流域中心(或附近)站作为固定点，以设计流域作为固定面，根据同期观测资料，建立各种时段暴雨的点面关系。也就是说，对于一次暴雨某个时段的固定点暴雨量，有一个相应的固定面暴雨量，则在定点定面条件下的点面折减系数 α_0 为

$$\alpha_0=\frac{P_F}{P_0} \tag{7-16}$$

此式表示某个时段流域面暴雨量与相应时段流域中心点暴雨量的比值。

有了若干次某时段暴雨量，则可有若干个 α_0 值。对于不同时段暴雨量，则又有不同的 α_0 值。于是，可按设计时段选几次大暴雨的 α_0 值，加以平均，作为设计计算时的点面折减系数。将前面所求得的各时段设计点暴雨量，乘以相应的点面折减系数，就可得出各种时

段设计面暴雨量。

应该指出的是，在设计情况下，理应用设计频率的 α_0 值，但暴雨量资料不多，进行 α_0 的频率分析有困难，因而近似地用大暴雨的 α_0 平均值，这样算出的设计面暴雨量与实际要求是有一定出入的。如果邻近地区有较长系列的资料，则可用邻近地区固定点和固定流域的或地区综合的同频率点面折减系数，但应注意，流域面积、地形条件、暴雨特性等要基本接近，否则不宜采用。

2）动点动面关系

根据一场暴雨指定时段的雨量等值线图，自暴雨中心向外，顺次量算各条等雨量线所包围的面积 F_i 及其面平均雨深 $\overline{P}_{F_i}$，再计算各 $\overline{P}_{F_i}$ 与暴雨中心点雨量 P_0 之比 α 值，即 $\alpha=\dfrac{\overline{P}_{F_i}}{P_0}$（称点面折减系数），然后由各对相应的 α_i 与 F_i 值就可点绘 α_i-F_i 关系曲线。例如，图 7-7 中的线 1 绘制了某地区 3 d 4 次暴雨的 α_i-F_i 关系曲线，它们反映了各次暴雨面雨深（量）随面积增大而减小的自然特性。因为不同场次的暴雨中心点和等雨深线是变动的，所以这种暴雨点面关系称为动点动面关系。

要反映一个地区的暴雨特性并应用于实际工程设计，必须将多次大暴雨的动点动面关系进行地区综合，概化为一条曲线，常常取几次暴雨 α_i-F_i 关系曲线的平均值，如图 7-7 中的线 2 所示。

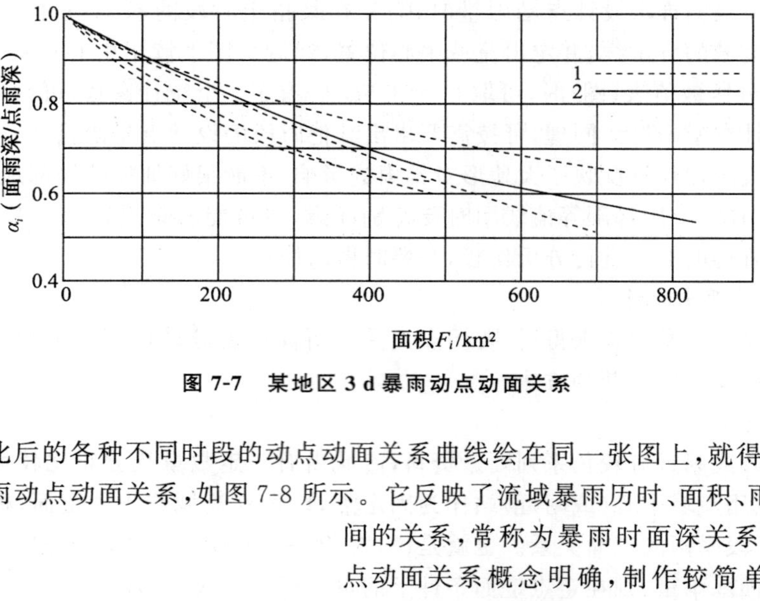

图 7-7　某地区 3 d 暴雨动点动面关系

如果经概化后的各种不同时段的动点动面关系曲线绘在同一张图上，就得到了以暴雨历时为参数的暴雨动点动面关系，如图 7-8 所示。它反映了流域暴雨历时、面积、雨深（量）3 者之间的关系，常称为暴雨时面深关系曲线。流域动点动面关系概念明确，制作较简单，综合概化方便，基本能反映暴雨空间分布规律，是传统的流域暴雨点面关系。

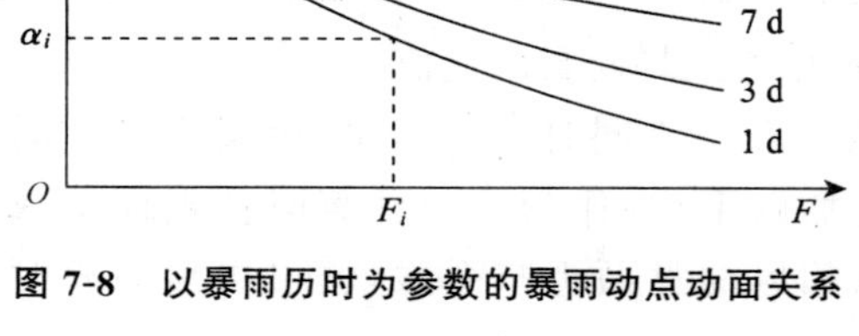

图 7-8　以暴雨历时为参数的暴雨动点动面关系

显然，这个方法包含了 3 个假定：①设计暴雨中心与流域中心重合；②设计暴雨的点面关系符合平均的点面关系；③假定流域的边界与某条等雨量线重合。这些假定在理论上是缺乏足够依据的，使用时应分析几个与设计流域面积相近的流域或地区的定点定面关系进行验证,如差异较大,应进行一定修正。

计算设计面雨量时,因为大中流域点面雨量关系一般都很微弱,通过点面关系间接推求设计暴雨的偶然误差必然较大,所以在有条件的地区应尽可能采用直接法。

二、设计暴雨的时程分配

设计暴雨的时程分配一般用典型暴雨同频率控制缩放的方法。典型暴雨过程,应由实测暴雨资料计算各年最大面暴雨量的过程来选择。但如资料不足,也可用流域或邻近地区有较长期资料的点暴雨量过程来代替,或引用各省(区)暴雨洪水图集中按地区综合概化出的典型暴雨过程(一般用不同时段占暴雨总量的百分比表示)。

在由实测资料选择典型暴雨时,应遵循的原则为:

首先,所选典型暴雨过程应是设计条件下比较容易发生的。这应从两方面考虑:①从雨量上,应使典型暴雨的雨量接近设计暴雨的雨量,如设计频率为1%或更小时,要从实测的最大几次暴雨中选择,而不要从较小的暴雨中选择;②要使所选典型的雨峰个数、主雨峰位置和实际降雨时数是大暴雨中常见的。

其次,所选择的典型暴雨应是对设计的工程不利的。这主要包括两个方面:①雨量比较集中,如7 d暴雨主要集中在3 d,3 d暴雨特别集中于1 d等情况;②主雨峰比较靠后,这样的降雨分配所形成的洪水,其洪峰流量较大而且出现较迟,这对水库等水利工程的防洪安全是不利的。

选定典型后,就可用同频率放大法对典型暴雨分时段进行缩放。

【例7-3】某流域百年一遇的设计暴雨量:历时1 d的暴雨量为110.0 mm,3 d暴雨量为198.5 mm,7 d暴雨量为275.0 mm。试在流域内某代表站历年实测最大7 d暴雨资料中(表7-7)选定典型过程,并进行放大,拟定设计暴雨过程。

表7-7　某代表站历年实测最大7 d暴雨资料　　mm

年份	日次							7 d雨量
	1	2	3	4	5	6	7	
1951	17.0	66.0	21.0	65.3	10.3	0.0	11.2	190.8
1952	16.5	73.1	22.2	0.1	13.9	0.9	1.2	127.9
1953	21.5	50.5	85.4	32.8	10.6	1.1	27.2	229.1
1954	21.2	21.3	9.1	21.9	19.6	19.4	0.5	113.0
1955	21.9	19.6	22.7	0.5	13.1	37.7	39.9	155.4
1956	32.4	12.3	2.7	39.2	16.2	63.4	0.4	166.6
1957	3.2	40.0	17.6	25.3	34.1	40.1	13.3	173.6
1958	35.8	9.6	29.6	17.0	40.4	49.2	31.4	212.9
1959	4.8	8.3	22.1	14.5	34.7	41.3	56.0	181.7

注:数字下划“——”的为最大7 d中的最大3 d雨量,划“~~~~”的为最大3 d中的最大1 d雨量。

选定典型过程及放大计算步骤如下:

(1)从表7-7中选出1 d雨量大于5 mm的天数进行雨日统计,则最大3 d与最大7 d的实际雨日及其平均天数统计如表7-8所示。

表 7-8　各种历时中实际降雨量日数统计表　　d

项目	年份									实际雨日平均数
	1951	1952	1953	1954	1955	1956	1957	1958	1959	
最大 3 d 实际降雨日	3	3	3	3	3	3	3	3	3	3
最大 7 d 实际降雨日	6	4	6	6	6	6	6	7	6	6

(2)由表 7-7 再统计最大 3 d、7 d 降雨中的最大 1 d 及最大 3 d 的雨日出现位置(前、中、后)及次数,结果见表 7-9。

表 7-9　短时段雨日在长时段雨日中出现的位置及次数统计表　　次

项目	出现次数		
	在前面	在中间	在后面
最大 1 d 降雨在最大 3 d 降雨中的位置	2	3	4
最大 3 d 降雨在最大 7 d 降雨中的位置	3	0	6

(3)按照多年平均及出现次数较多的情况,由表 7-8、表 7-9 的统计结果,从表 7-7 中可选择 1959 年作为典型年,其最大 3 d 雨量为 132.0 mm,最大 7 d 雨量为 181.7 mm,3 d 雨量中实际雨日为 3 d,7 d 雨量中实际雨日为 6 d。该年最大 7 d 雨量较大,最大 3 d 与最大 1 d 均偏后,对工程安全不利。

(4)根据已求出的设计暴雨量和选出的典型暴雨量(表 7-10),计算放大倍比如下:

最大 1 d 雨量放大倍比

$$K_1=\frac{110.0}{56.0}=1.96$$

最大 3 d 与最大 1 d 的雨量差额放大倍比

$$K_3=\frac{198.5-110.0}{132.0-56.0}=\frac{88.5}{76.0}=1.16$$

最大 7 d 与最大 3 d 的雨量差额放大倍比

$$K_7=\frac{275.0-198.5}{181.7-132.0}=\frac{76.5}{49.7}=1.54$$

表 7-10　最大 1 d、3 d、7 d 设计暴雨量与典型暴雨量表　　mm

项目	$P=1\%$设计暴雨	1959 年典型暴雨
最大 1 d 暴雨量	110.0	56.0
最大 3 d 暴雨量	198.5	132.0
最大 7 d 暴雨量	275.0	181.7

(5)根据放大倍比,将 1959 年典型过程分时段放大,便得出百年一遇的设计暴雨量时程分配(表 7-11)。

表 7-11　设计暴雨量时程分配表　mm

项目	日次						
	1	2	3	4	5	6	7
1959 年典型分配	4.8	8.3	22.1	14.5	34.7	41.3	56.0
放大倍比 K_i	K_7	K_7	K_7	K_7	K_3	K_3	K_1
设计暴雨分配	7.5	12.9	34.1	22.4	40.4	47.9	109.8

三、设计洪水过程推求

求得流域设计暴雨后，进行相应的流域产流分析计算求出流域设计净雨过程，再通过流域汇流计算，可求得流域设计洪水过程。有关产流、汇流分析计算的原理和方法在第六章中已阐明。本节主要介绍在设计条件下遇到的一些问题的处理方法及产流、汇流分析计算中应注意的事项。

(一)设计 P_a 的计算

设计暴雨发生时流域的土壤湿润情况是未知的，可能很干($P_a=0$)，也可能很湿($P_a=W_m$)，所以，设计暴雨可与任何 P_a 值($0\leqslant P_a\leqslant W_m$)遭遇，这是属于随机变量的遭遇组合问题。目前工程实践中常用下述 3 种方法推求设计条件下的土壤含水量，即设计 P_a 值。

1. 取设计 $P_a=W_m$

在湿润地区，当设计标准较高时，设计暴雨量较大，P_a 的作用相对较小。由于雨水充沛，土壤经常保持湿润情况，为了安全和简化，可取 $P_a=W_m$。

2. 扩展暴雨过程法

在拟定设计暴雨过程时，加长暴雨历时，增加暴雨的统计时段，把核心暴雨前面一段也包括在内。例如，原设计暴雨采用 1 d、3 d、7 d 3 个统计时段，现增长到 30 d，即增加 15 d、30 d 2 个统计时段。分别作上述各时段雨量频率曲线，选暴雨核心偏在后面的 30 d 降雨过程作为典型，而后用同频率分段控制缩放得 7 d 以外 30 d 以内的设计暴雨过程(图 7-9)。后面 7 d 为原先缩放好的设计暴雨核心部分，是推求设计洪水用的。前面 23 d 的设计暴雨过程用来计算 7 d 设计暴雨发生时的 P_a 值，即设计 P_a。

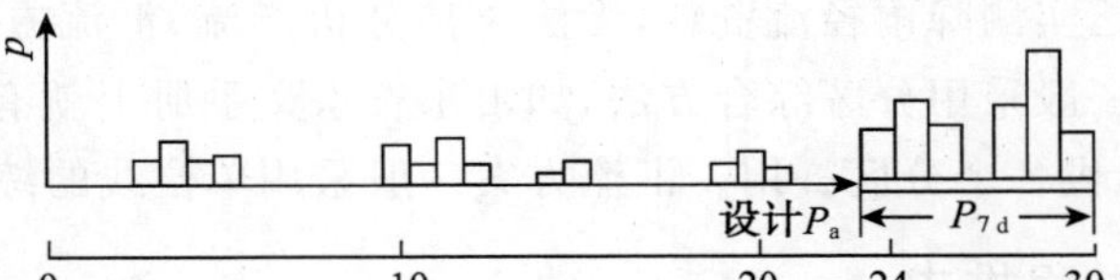

图 7-9　30 d 设计暴雨过程

当然 30 d 设计暴雨过程开始时的 P_a 值(即初始值)如何定仍然是一个问题，不过初始 P_a 值假定不同，对后面的设计 P_a 值影响甚微，因为初始 P_a 值要经过 23 d 的演算，才到设计暴雨核心部分。一般可取 $P_a=1/2\ W_m$ 或 $P_a=W_m$。

3. 同频率法

假如设计暴雨历时为 t d，分别对 t d 暴雨量 P_t 系列和每次暴雨开始时的 P_a 与暴雨量 P_t

之和(即 P_t+P_a 系列)进行频率计算,从而求得 P_{tp} 和 $(P_t+P_a)_p$,则与设计暴雨相应的设计 P_a 值可由两者之差求得,即

$$P_{ap}=(P_t+P_a)_p-P_{tp} \tag{7-17}$$

当得出 $P_{ap}>W_m$ 时,则取 $P_{ap}=W_m$。

上述 3 种方法中,扩展暴雨过程法用得较多,$P_a=W_m$ 方法仅适用于湿润地区,在干旱地区包气带不易蓄满,故不宜使用。同频率法在理论上是合理的,但在实用上也存在一些问题,它需要由两条频率曲线的外延部分求差,其误差往往很大,常会出现一些不合理现象,如设计 $P_a>W_m$ 或设计 $P_a<0$ 等情况。

(二)产流方案和汇流方案的应用

1. 外延问题

设计暴雨属于稀遇的大暴雨,往往超过实测暴雨量很多,在推求设计洪水时,必须外延有关的产流、汇流方案。

湿润地区的产流方案常采用 $P+P_a$-R 形式的相关图,其关系线上部为 45°线,外延起来比较方便。干旱地区多采用初损后损法,需要对有关相关图在外延时必须考虑设计暴雨的雨强因素的影响。

目前采用的流域汇流方案都属于"线性系统"。在实测暴雨范围内,应用这些方案进行汇流计算时,其误差一般可以控制在容许范围之内;当用于罕见的特大暴雨时,线性假定有可能导致相当大的误差。虽然已有学者提出了不少的"非线性系统",但由于受到资料所限,这些方案都还未得到充分论证,尚未被普遍接受。

工程设计部门应注意汇流方案在特大暴雨条件下的适用性,尽量选用实测大洪水资料分析得到的汇流方案,以期与设计条件相近,避免外延过远而扩大误差。不少部门的实践经验表明,对这一点注意与否,会使设计成果出现较大的变化。用一般常遇洪水分析得出的单位线来推算设计洪水,与由特大洪水资料分析得出的单位线推算设计洪水,成果可能相差很大,其差值有时可达 20%左右。如果当地缺乏大洪水资料,只好参照有关汇流方案非线性处理的方法进行适当修正,这时需要十分慎重和进行多方论证分析。

2. 移用问题

如果设计流域缺乏实测降雨径流资料,无法直接分析产流、汇流方案,就需要移用相似流域的成果。产流方案一般采用分区综合方法,如山东省水文手册上就有适用于不同地区的 14 条次降雨径流相关线,供各个分区查用。汇流方案一般采用单位线的综合成果。

(三)设计洪水过程推求

根据流域的实际情况,首先拟订流域的产流、汇流方案,由产流方案分析计算设计暴雨所对应的设计净雨过程,通过地面、地下净雨分割,求得设计地面净雨过程和设计地下净雨过程;由流域汇流方案分别计算设计断面(流域出口)的设计地面洪水过程和设计地下洪水过程,把这两个设计洪水过程叠加,就得到所求的设计洪水过程。

【例 7-4】某中型水库,集水面积为 341 km²,为了防洪复核,根据实测雨洪资料,拟采用暴雨资料来推求 $P=2\%$ 的设计洪水,计算步骤如下:

1)设计暴雨计算

根据本流域洪水涨落较快和水库调洪能力不强的特点，设计暴雨的最长统计时段采用1d。通过点暴雨频率计算及参数的地区协调，得 $\overline{P}_{1d}=110$ mm、$C_v=0.58$、$C_s=3.5C_v$，求得 $P=2\%$ 的最大 1d 的设计点暴雨量为 296 mm，而通过动点动面关系图，用流域面积 341 km^2 查图得暴雨点面折减系数为 0.92，则 $P=2\%$ 的最大 1d 面设计暴雨量为 $296\times0.92=272$(mm)。

按该地区的暴雨时程分配，求得设计暴雨过程如表 7-12 所示。

表 7-12　$P=2\%$设计暴雨时程分配

项目	时段数($\Delta t=6$ h)				合计
	1	2	3	4	
占最大 1 d 的百分数/%	11	63	17	9	100
设计暴雨量/mm	29.9	171.3	46.2	24.6	272.0
设计净雨量/mm	7.9	171.3	46.2	24.6	250.0
地下净雨量/mm	2.4	9.0	9.0	9.0	29.4
地面净雨量/mm	5.5	162.3	37.2	15.6	220.6

2)设计净雨过程的推求

用同频率法求得设计 P_a 值为 78 mm，本流域的 $W_m=100$ mm，降雨损失 22 mm，求得设计净雨过程如表 7-12 所示。

根据对实测洪水资料分割得来的地下径流过程和净雨过程的分析，求得本流域的稳定下渗强度f_c 为 1.5 mm/h。由设计净雨过程扣除地下净雨(等于稳渗强度乘以净雨历时)得地面净雨过程(表 7-12)。其中第一时段的净雨历时 $t_c=\dfrac{7.9}{29.9}\times6\approx1.6$(h)，地下净雨 $h_下=f_ct_c=1.5\times1.6=2.4$(mm)，故第一时段地面净雨为 5.5 mm，其余依此类推。

3)设计洪水过程的推求

根据实测雨洪资料分析得大洪水的 6 h 单位线，列于表 7-13 中的第(3)列。由设计地面净雨过程通过单位线推流计算，得设计地面径流过程，列于表 7-13 中第(5)列。

把地下径流过程概化成等腰三角形出流，其径流峰值出现在设计地面径流停止时刻(第13 时段)，地下径流过程的底长为地面径流底长的 2 倍，即 $T_g=2\times13\times6=156$(h)，则

$$W_g=0.1\times h_g\times F=0.1\times29.4\times341\times10^4=1\,003\times10^4(m^3)$$

$$Q_{gm}=\frac{2W_g}{T_g}=\frac{2\times1\,003\times10^4}{156\times3\,600}=35.7(m^3/s)$$

地下径流过程如表 7-13 中第(6)列所示。

地面径流过程加上地下径流过程即 $P=2\%$的设计洪水过程，如表 7-13 中第(7)列所示。

表 7-13　设计洪水过程推算表

时段数 $\Delta t=6$ h	地面净雨 h/mm	单位线 q/(m^3/s)	部分流量过程/(m^3/s)				地面径流 流量过程 Q_s/(m^3/s)	地下径流 流量过程 Q_R/(m^3/s)	洪水 流量过程 Q/(m^3/s)
			$\frac{5.5}{10}q$	$\frac{162.3}{10}q$	$\frac{37.2}{10}q$	$\frac{15.6}{10}q$			
(1)	(2)	(3)	(4)				(5)	(6)	(7)
0		0	0				0	0	0
1	5.5	8.4	4.6	0			4.6	2.7	7.3
2	162.3	49.6	27.3	136.3	0		163.0	5.5	168.0
3	37.2	33.8	18.6	805.0	31.2	0	855.0	8.2	863.0
4	15.6	24.6	13.5	548.6	184.5	13.1	760.0	11.0	771.0
5		17.4	9.6	399.3	125.7	77.4	612.0	13.7	626.0
6		10.8	5.9	282.4	91.5	52.7	433.0	16.4	447.0
7		7.0	3.8	175.3	64.7	38.4	282.0	19.2	301.0
8		4.4	2.4	113.6	40.2	27.1	183.0	21.9	205.0
9		1.8	1.0	71.4	26.6	16.8	115.0	24.7	140.0
10		0	0	29.2	16.4	10.9	56.5	27.4	83.9
11				0	6.7	6.9	13.6	30.1	44.7
12					0	2.8	2.8	32.9	35.7
13						0	0	35.6	35.6
14								32.9	32.9
15								30.1	30.1
16								27.4	27.4
17								27.4	27.4
18								27.4	27.4
合计	220.6	157.8 合 10.0 mm					3 480.5 合 220.5 mm		

注：核算单位线净雨深 $h=\frac{\sum q_i \Delta t}{F}=\frac{157.8\times 21\,600}{1\,000\times 341}\approx 10.0(\text{mm})$；

核算地面径流总量 $R_s=\frac{\sum Q_{si}\Delta t}{F}=\frac{3\,480.5\times 21\,600}{1\,000\times 341}\approx 220.5(\text{mm})$。

四、可能最大洪水(PMF)的推求

可能最大洪水需由可能最大暴雨推求，其方法与利用一定频率的设计暴雨推求设计洪水基本相同，即通过流域产流计算推求最大可能净雨过程，再进行流域汇流计算推求出可能最大洪水。但是，必须综合考虑流域可能最大暴雨(PMP)条件下流域产流、汇流计算的特点。

1. 可能最大净雨过程的计算

因为 PMP 的强度大，所以在降雨开始后很快就会产流，即与一定频率暴雨相比产流时间提前，净雨历时加长，净雨总量显著增大，而降雨损失量较小，流域径流系数较大。对我国的 3 场典型大暴雨分析表明，径流系数可达 0.9 以上。

由 PMP 推求净雨量，同样有径流系数法、暴雨径流相关图法、初损后损法等。

2. 洪水过程计算

由可能最大净雨过程推求 PMF，一般仍采用各种单位线法，但一般的单位线都属于线性汇流，在计算流域 PMF 时，必须考虑非线性修正。

如计算流域内具有大雨洪资料，可直接运用这些资料分析出单位线，这样就无须再做非线性修正。本流域没有大雨洪资料时，可考虑通过综合分析，利用邻近地区的大洪水资料，得出单位线。

对求得的流域可能最大洪水，应进行合理性分析，其基本方法同一般频率洪水，但应注意，PMF 通常比历史上已经掌握的洪水(经过实测或调查得到)大许多。例如，河南洪汝河板桥站控制流域面积只有 760 km^2，1975 年前经过实测和洪水调查得到的历史洪水洪峰流量为 4 810 m^3/s，而 1975 年 8 月却出现了 13 000 m^3/s 的特大洪水。

第四节　小流域设计洪水

一、概述

小流域一般是指流域面积小于 500 km^2 的流域。在水土保持、农田水利基本建设和道桥建设中，经常会遇到需要对小流域进行规划设计的情况。比如，修建小型水库、塘堰、淤地坝、桥梁、涵洞等。在规划设计这些水利、水保工程时必须进行设计洪水计算。理论上讲，可以用由流量资料推求设计洪水或由暴雨资料推求设计洪水的方法推求这类小流域的设计洪水，但小流域往往既无实测流量资料，又无实测暴雨资料，因此，难以应用以上两种方法。

小流域工程一般对洪水的调节能力较小，工程规模主要受洪峰流量控制，因而对设计洪峰流量的要求高于对设计洪水过程的要求；小流域工程的数量较多，分布面广，计算方法应力求简便易行。小流域设计洪水计算重点解决的问题是推求洪峰流量，其推求方法有暴雨等值线图、推理公式法、经验公式法、综合瞬时单位线法、洪水调查法等。在此，着重介绍水利水电科学研究院(现中国水利水电科学研究院)的推理公式法。

二、小流域设计暴雨计算

(一)小流域设计暴雨计算的特点

小流域面积小，可认为暴雨在空间上的变化不大，故常以流域中心点雨量代表面雨量。因此，小流域设计暴雨计算时，推求流域中心点设计历时内某种频率的最大平均雨强，以 $i_{t,P}$ 表示。又由于小流域常缺乏实测暴雨资料，常采用暴雨公式进行计算。

(二)暴雨公式及参数的推求

在一次降雨过程中，雨强与历时有反比的关系，即时段平均雨强 i 随所取时段 t 的增大而递减，这是暴雨的重要特性。对于小流域，暴雨最长的设计历时一般采用年最大 24 h。因而，仅研究 24 h 内的雨强与历时之间的关系。

为了能适应汇流历时不同的各个流域设计洪峰计算的需要，设计暴雨的综合表达式能给出不同历时的符合设计频率 P 的平均暴雨强度 $\bar{i}_{t,P}$。目前水文上采用如下公式：

$$\bar{i}_{t,P}=\frac{S_P}{t^n} \tag{7-18}$$

设某时段的雨量为 $P_{t,P}=\bar{i}_t$，则

$$P_{t,P}=S_P t^{1-n} \tag{7-19}$$

式中：$\bar{i}_{t,P}$ 为历时为 t、频率为 P 的平均暴雨强度，mm/h；n 为暴雨参数，或称暴雨递减指数，随地区及历时长短而变；t 为暴雨历时，h；S_P 为 $t=1$ h，频率为 P 的平均雨强（单位历时的暴雨平均强度），mm/h；$P_{t,P}$ 为频率为 P、历时为 t 的暴雨量，mm。

暴雨参数可通过图解分析法来确定。对式(7-18)两边取对数，在双对数格纸上，$\lg\bar{i}_{t,P}$ 与 $\lg t$ 呈现直线关系，即 $\lg\bar{i}_{t,P}=\lg S_P-n\lg t$，暴雨参数 n 为此直线的斜率，$t=1$ h 的纵坐标读数就是 S_P，如图 7-10 所示。大量实测暴雨资料的分析表明，图 7-10 在 $t=1$ h 处的直线常会出现转折点。当 $t<1$ h 时，取 $n=n_1$；当 $t>1$ h 时，则 $n=n_2$。

为了计算方便，将转折点统一取在 $t=1$ h 处。在 $t=1$ h 处，各条线转折点的读数为 S，如图 7-10 中的 $S_{P=0.1\%}$、$S_{P=1\%}$。因而，S 具有频率的概念，在设计中用 S_P 表示。

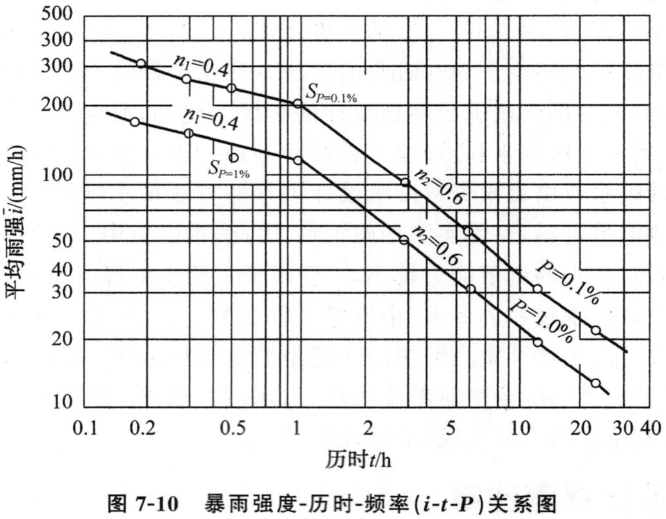

图 7-10　暴雨强度-历时-频率(i-t-P)关系图

由此可见，只要某站有长期雨量系列资料，上述公式中的参数 S_P 及 n 值就不难确定。

暴雨特性曲线能综合地反映当地气候条件，气候条件是有一定的地区规律的。因此，可按不同气候区将暴雨特性曲线加以综合，即用式(7-18)表示，并绘制出公式中参数(S_P 及 n)值的地理分布图。这样就可以解决雨量资料不足地区的设计暴雨问题了。

【例 7-5】试求某小型水库处历时 $t=10$ h，五十年一遇的设计暴雨强度。

解：根据该水库所在地点，查当地水文手册，求得五十年一遇的最大 24 h 暴雨量：

$$P_{24,P=2\%}=250\text{ mm},\quad n=n_2=0.7$$

再根据式(7-19)，有

$$S_{P=2\%}=\frac{P_{24,P=2\%}}{24^{0.3}}=\frac{250}{2.59}=96.5(\text{mm/h})$$

于是

$$\bar{i}_{t=10}=\frac{S_P}{t^n}=\frac{96.5}{10^{0.7}}=\frac{96.5}{5.01}=19.26(\mathrm{mm/h})$$

【例 7-6】某小型水库，需推求 $t=3$ h，百年一遇的设计暴雨量。

解：根据水库所在的地点，查当地水文手册得 $\overline{P}_{24,P}=123$ mm，$C_v=0.5$，$C_s=3.5C_v$，$n=0.71$，根据统计参数与百年一遇频率为 $P=1\%$，查附表得 $K_P=2.74$，则 $P_{24,P}=123\times2.74=337$(mm)，再根据暴雨公式计算设计雨力：

$$S_P=P_{24,P}\times24^{n-1}=337\times24^{0.71-1}=134(\mathrm{mm/h})$$

当 $t=3$ h，百年一遇的设计雨量为

$$P_{3,P}=S_P t^{1-n}=134\times3^{1-0.71}=184(\mathrm{mm})$$

三、设计洪峰流量的推理公式

(一)推理公式的假定与基本形式

推理公式是由暴雨推求设计洪峰流量的一种简化计算方法。推理公式是在假定流域上降雨与损失均匀，即净雨强度不随时间和空间变化等条件下，流域上的平均产流强度与一定面积的乘积即出口断面的流量，当此乘积达到最大值时即出现最大流量。而且，在充分供水条件下，即净雨历时大于汇流时间 τ 时，净雨产生后，每一时刻总有一部分流域面积上的净雨同时汇集到流域出口断面。此时流域出口断面的最大流量是由 τ 时段的净雨在全流域面积上形成的，这种情况称为全面汇流造峰。根据流域线性汇流原理推导出来的流域出口断面处设计洪峰流量的计算公式，即推理公式，又称合理化公式。洪峰流量 Q_m 的计算公式如下：

$$Q_m=K(\bar{i}-\bar{f})F=\frac{h_\tau}{\tau}F \tag{7-20}$$

式中：$\bar{i}$ 为平均降雨强度，mm/h；$\bar{f}$ 为平均下渗强度，mm/h；F 为流域面积，km^2；K 为单位换算系数，$K=0.278$(当雨强以 mm/min 计时，$K=16.67$)；h_τ 为 τ 时段内净雨深，mm。

当非充分供水时，即净雨历时小于汇流时间 τ，流域出口断面的最大流量是由全部降雨、部分流域面积形成的，此部分流域面积称为共时径流面积，这种情况称为部分汇流造峰，洪峰流量 Q_m 的计算公式为

$$Q_m=K(\bar{i}-\bar{f})F_0=k\frac{h_R}{\tau}F \tag{7-21}$$

式中：F_0 为参与形成洪峰的共时径流面积，km^2；h_R 为一次降雨量产生的全部径流深，mm。

式(7-20)、式(7-21)是推理公式的基本形式，可概括为以下的一般形式：

$$Q_m=K(\bar{i}-\bar{f})\varphi F \tag{7-22}$$

$$Q_m=K\psi\bar{i}\varphi F \tag{7-23}$$

式中：ψ 为洪峰径流系数，等于形成洪峰的净雨量与降雨量之比值；φ 为共时径流面积系数，$\varphi=\frac{F_0}{F}$。

(二)水利水电科学研究院的公式

1958年,水利水电科学研究院的陈家琦等提出了洪峰流量计算的公式,是目前我国《水利水电工程设计洪水计算规范》(SL 44—2006)中推荐使用的小流域设计洪水的计算方法。具体公式为

$$Q_m = K\psi iF$$

式中:Q_m、K、i、ψ、F 意义同前。所采用的暴雨公式为

$$i = \frac{S}{t^n}$$

当 $t=\tau$ 时,则

$$Q_m = K\psi iF = 0.278\psi \frac{S}{\tau^n}F \tag{7-24}$$

式中:τ 为流域汇流历时,h;S、n 均为暴雨参数。

式(7-24)中共有5个参数,流域面积 F 可实地测量或从地形图量得,S 及 n 可查各省区水文手册等值线图求得。因而该式中只有两个未知数,即 τ 及 ψ 值。

(三)流域汇流历时 τ 的计算

如果采用平均的流域汇流速度来概括地描述径流在坡面和河槽内的运动,由水力学可知:

$$\tau = 0.278\frac{L}{v_\tau} \tag{7-25}$$

$$v_\tau = mJ^{1/3}Q_m^{1/4} \tag{7-26}$$

式中:L 为自分水岭至出口断面的河道长度,km;v_τ 为平均汇流速度,m/s;m 为汇流参数;J 为自分水岭至出口断面的河道平均比降;Q_m 为待求的最大洪峰流量,m^3/s。

将式(7-24)和式(7-26)代入式(7-25)中,得

$$\tau = \frac{0.278^{3/(4-n)}}{\left(\frac{mJ^{1/3}}{L}\right)^{4/(4-n)}(\psi SF)^{1/(4-n)}} \tag{7-27}$$

令

$$\tau_0 = \frac{0.278^{3/(4-n)}}{\left(\frac{mJ^{1/3}}{L}\right)^{4/(4-n)}(SF)^{1/(4-n)}} \tag{7-28}$$

则

$$\tau = \tau_0\psi^{-1/(4-n)} \tag{7-29}$$

由上式可知,当 $\psi=1$ 时,$\tau=\tau_0$。欲求 τ,必须先求 τ_0 及 ψ 值。τ_0 值可由式(7-28)计算。

(四)洪峰径流系数 ψ 的计算

ψ 是反映流域内降雨形峰过程的一种损失参数。假定在流域平均降雨强度大于降雨损失

强度的情况下，地面才能产生径流。此时，产流部分的降雨损失决定于地面下渗能力的大小，而不产流部分的损失则是该部分的所有降雨量。由于造峰过程的汇流条件不同，可能出现两种汇流情况。一是全面汇流情况，如图 7-11(a)所示。图中纵坐标表示瞬时降雨强度，虚线以下表示损失量，t_c 为产流历时，τ 为流域汇流历时，μ 为产流历时内的平均损失强度。当 $t_c \geqslant \tau$ 时，出口断面处的洪峰流量是由相当于汇流时间 τ 内的最大净雨量 h_τ 在全流域面积上形成的，洪峰径流系数 ψ 是 τ 时段的最大净雨量 h_τ 与同时段的降雨量之比值。二是部分汇流情况，如图 7-11(b)所示。当 $t_c < \tau$ 时，出口断面处的最大流量是由相当于产流历时 t_c 内的最大净雨 h_R 在部分流域面积上形成的，洪峰径流系数 ψ 是 t_c 的最大净雨量 h_R 与 τ 时段的降雨量 P_τ 之比值，因此，两种汇流情况的洪峰径流系数可用下式表示：

当 $t_c \geqslant \tau$ 时，
$$\psi = \frac{h_\tau}{P_\tau} \tag{7-30}$$

当 $t_c < \tau$ 时，
$$\psi = \frac{h_R}{P_\tau} \tag{7-31}$$

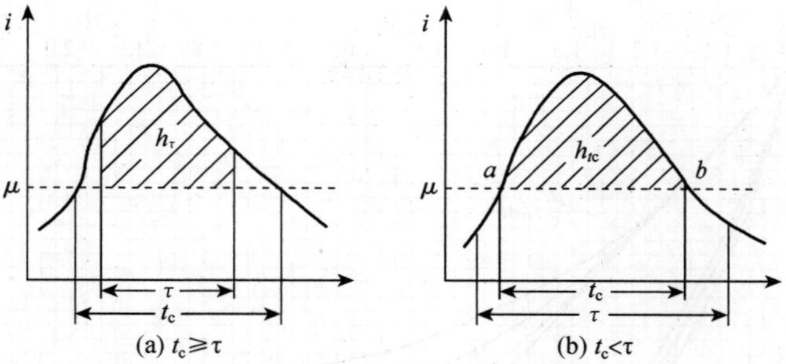

图 7-11　计算径流系数的两种汇流情况示意图

在图 7-11 中由于 a、b 两点的瞬时雨强等于 μ，而瞬时雨强可由 $\frac{dP}{dt}$ 求出。因 $P = St^{1-n}$，则

$$\frac{dP}{dt} = (1-n)\frac{S}{t^n} = \mu \tag{7-32}$$

因为瞬时雨强等于平均损失强度时为产流临界点，所以当 $i = \mu$ 时，用 $t = t_c$ 代入上式可求得产流历时 t_c：

$$t_c = \left[(1-n)\frac{S}{\mu}\right]^{\frac{1}{n}} \tag{7-33}$$

因此，当 $t_c \geqslant \tau$ 时，

$$\psi = \frac{h_\tau}{P_\tau} = \frac{P_\tau - \mu\tau}{P_\tau} = 1 - \frac{\mu\tau}{P_\tau} = 1 - \frac{\mu}{S}\tau^n \tag{7-34}$$

当 $t_c < \tau$ 时，$\psi = \frac{h_R}{P_\tau}$，由于

$$h_R = P_{tc} - \mu t_c = i_{tc} \cdot t_c - \mu t_c = (i_{tc} - \mu) t_c = [i_c - (1-n) i_c] t_c = nSt_c^{1-n} \tag{7-35}$$

故

$$\psi = \frac{h_R}{P_\tau} = \frac{nSt_c^{1-n}}{S_\tau^{1-n}} = n\left(\frac{t_c}{\tau}\right)^{1-n} \tag{7-36}$$

归纳上述，τ 与 ψ 可用下列两组方程联解：

$$t_c \geqslant \tau: \quad \left.\begin{aligned} \tau &= \tau_0 \psi^{-1/(4-n)} \\ \psi &= 1 - \frac{\mu}{S}\tau^n \end{aligned}\right\} \tag{7-37}$$

$$t_c < \tau: \quad \left.\begin{aligned} \tau &= \tau_0 \psi^{-1/(4-n)} \\ \psi &= n\left(\frac{t_c}{\tau}\right)^{1-n} \end{aligned}\right\} \tag{7-38}$$

也可利用图 7-12 的诺谟图求解，该图在制作时已经考虑了两种情况，所以查用时无须再考虑 t_c 大于 τ 或小于 τ 的问题。

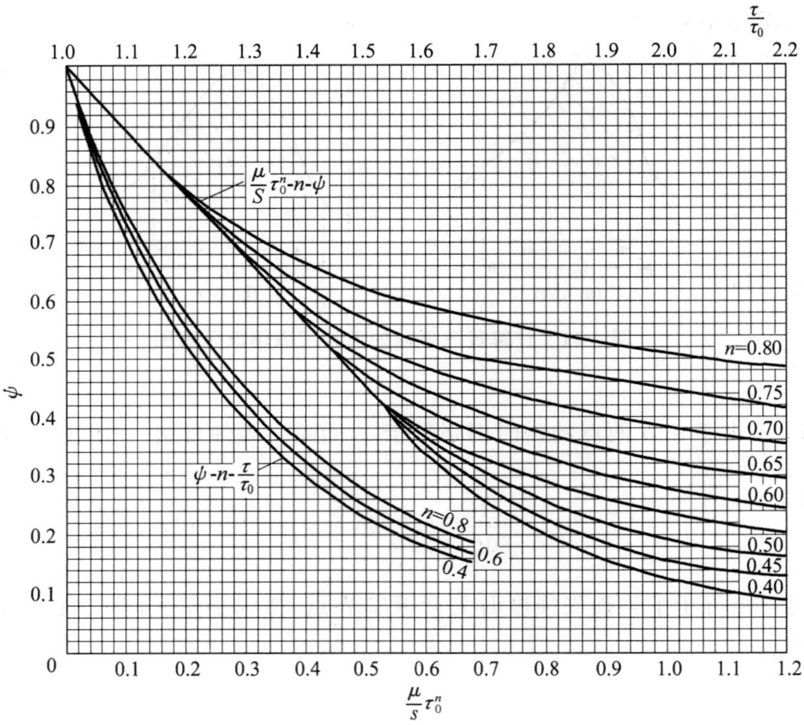

图 7-12　诺谟图

(五)其他参数的确定

在计算 τ 及 ψ 时，又碰到了另外一些参数，即流域特征参数 L、J 及损失参数 μ、汇流参数 m。

(1)流域长度 L 是指从流域出口断面起，沿干流至流域分水岭的长度，可在适当比例尺的地形图上量取。

(2)J 为沿 L 的坡面和河道的平均比降。

(3)损失参数 μ 为产流历时内的平均损失率,它不仅反映地表的透水能力,也同时与降雨的时程分配特征有关,因此 μ 值的确定须与计算方法所采用的概化假定条件联系起来考虑。在有雨洪资料时,推求设计 μ 值的方法如下:

把式(7-33)代入式(7-35)可得

$$h_R = nS\left[(1-n)\frac{S}{\mu}\right]^{\frac{1-n}{n}} \tag{7-39}$$

移项简化后可得

$$\mu = (1-n)n^{\frac{n}{1-n}}\left(\frac{S}{h_R^n}\right)^{\frac{1}{1-n}} \tag{7-40}$$

其中,h_R 为主雨峰产生的径流深。这样,在设计条件下,如果 S 和 n 为已知,h_R 可以通过本地区暴雨径流关系根据设计暴雨来确定,则设计条件下的 μ 值就可按式(7-40)计算得到。例如,《湖南省小型水库水文手册》在利用上式确定 μ 值时,h_R 就是利用 24 h 设计暴雨量从 24 h 综合暴雨径流相关图中查得的。

无实测雨洪资料时,h_R 按下式计算:

$$h_R = \alpha P_{24} \tag{7-41}$$

其中,α 为 24 h 降雨的雨洪径流系数。水利水电科学研究院根据我国的暴雨情况,以 24 h 暴雨量 P_{24} 近似地代表一次单峰降雨过程进行了分析,利用广东、山西、湖南、浙江、海河、辽河等地的分析结果,综合给出了山区和丘陵区不同土壤类别的 24 h 径流系数 α 值(表 7-14),因分类所能表达的条件较少,使用时必须针对不同对象予以修正。

表 7-14　降雨历时等于 24 h 的径流系数 α 值

地区	$\overline{P}_{24}$/mm	土壤类型		
		黏土类	壤土类	沙壤土类
山区	100～200	0.65～0.80	0.55～0.70	0.40～0.60
	200～300	0.80～0.85	0.70～0.75	0.60～0.70
	300～400	0.85～0.90	0.75～0.80	0.70～0.75
	400～500	0.90～0.95	0.80～0.85	0.75～0.80
	500 以上	0.95 以上	0.85 以上	0.80 以上
丘陵区	100～200	0.60～0.75	0.30～0.55	0.15～0.35
	200～300	0.75～0.80	0.55～0.65	0.35～0.50
	300～400	0.80～0.85	0.65～0.70	0.50～0.60
	400～500	0.85～0.90	0.70～0.75	0.60～0.70
	500 以上	0.90 以上	0.75 以上	0.70 以上

注:壤土相当于《水利水电工程地质勘察规范》(GB 50487—2008)中的亚黏土;沙壤土相当于亚沙土。

(4)汇流参数 m。在推理公式中,m 与其他计算因子间的关系,可根据式(7-25)及式(7-26)求出:

$$m=\frac{0.278L}{\tau^{1/3}Q_{m}{}^{1/4}\tau} \tag{7-42}$$

因此，要确定 m 值，应首先确定流域汇流时间 τ，在利用实测暴雨和洪水观测资料分析推理公式参数时，由式(7-20)和式(7-21)并考虑单位换算系数，可知

当 $t_c \geqslant \tau$，
$$\frac{h_\tau}{\tau}=\frac{Q_m}{0.278F}$$

当 $t_c < \tau$，
$$\frac{h_R}{\tau}=\frac{Q_m}{0.278F}$$

由上式可知，等式右边一项在实测资料中均为已知，在后一种情况下，Q_m、F、h_R 均为实测资料中已知，τ 即可分析出。而对前一种情况，则须建立$\frac{h_t}{t}$-t 曲线，并根据$\frac{Q_m}{0.278F}$值在$\frac{h_t}{t}$-t 曲线上查得相应 τ 值，按照式(7-42)反求 m 值。按照对广东、山西、湖南、湖北、浙江、江西、河南、北京、山东、四川、吉林、宁夏、福建、辽宁等地的分析资料，综合给出 m 值的查用表，见表 7-15，其中 $\theta=L/J^{1/3}$。

表 7-15 特小流域汇流参数 *m* 值的查用表

类别	雨洪特性、河道特性、土壤植被条件	θ			
		1～10	10～30	30～90	90～400
Ⅳ	雨量丰沛的湿润山区，植被条件优良，森林覆盖度＞70％，多为深山原始林区，枯枝落叶层厚，壤中流较丰富，河床呈山区型，大卵砾石河槽，有跌水，洪水呈缓落型	0.20～0.30	0.30～0.35	0.35～0.40	0.40～0.80
Ⅲ	南方、东北湿润山丘，植被条件良好，以灌木林、竹林为主的石山区或森林覆盖度达 40％～50％，或流域内以水稻田或优良的草皮为主，河床多砾石、卵石，两岸滩地杂草丛生，大洪水多为尖瘦型，中心洪水多为矮胖型	0.30～0.40	0.40～0.50	0.50～0.60	0.60～0.90
Ⅱ	南、北方地理景观过渡区，植被条件一般，以稀疏林、针叶林、幼林为主的土石山丘区或流域内耕地较多	0.60～0.70	0.70～0.80	0.80～0.90	0.90～1.30
Ⅰ	北方干旱地区，植被条件较差，以荒草坡、梯田或少量的稀疏林为主的土石山丘区，旱作物较多，河道呈现宽浅型，间歇性水流，洪水陡涨陡落	1.00～1.30	1.30～1.60	1.60～1.80	1.80～2.20

利用实测暴雨洪水对应资料进行 m 值参数分析的根据是，虽然拟进行设计的小流域上不一定有实测雨洪资料，但流域的所在地区应当有一些小河站、水保站等短期(或长期)观测资料，因而可以在地貌地形和气候相似区内挑选一些代表性较好的小流域站对暴雨洪水对应观测资料进行分析，并确定其 m-θ 的关系，以移用到设计水流域上。表 7-15 就是这样的结果。

上述分析的 m 值适用于北方流域面积小于 300 km² 和南方流域面积小于 500 km² 的小流域上，但对于流域面积小于 50 km² 的特小流域，由于流域内坡面汇流的比重增加，一般 m 值要相对较小，对湖南、浙江、山东等地特小流域的参数分析，综合得表 7-15。

【例 7-7】四川省东部某小水库，坝址控制面积 $F=194\ \text{km}^2$，流域长度 $L=32.1$ km，$J=9.32‰$，百年一遇最大 24 h 设计雨量 $P_{24,P}=214.0$ mm，$n=0.75$，$\mu=3.0$ mm/h，$m=0.96$，求百年一遇设计洪峰流量。

解：(1)利用流域水系地形图，量算或校核流域特征参数 F、L、J。

(2)根据流域特征，计算或选择汇流参数 m 值。

按四川省东部地区综合 m 值经验公式，当 $\theta=1\sim30$ 时，$m=0.45\theta^{0.169}$；当 $\theta=30\sim300$ 时，$m=0.114\theta^{0.574}$。

$$\theta=\frac{L}{J^{1/3}F^{1/4}}=\frac{32.1}{(0.009\ 32)^{1/3}(194)^{1/4}}=\frac{32.1}{0.21\times3.73}=40.9$$

$$m=0.114\theta^{0.574}=0.114\times(40.9)^{0.574}=0.96$$

(3)计算雨力 S_P：

$$S_P=(24)^{n-1}P_{24,P}=96.7(\text{mm/h})$$

(4)计算 τ_0：

$$\tau_0=\frac{0.278^{3/(4-n)}}{\left(\frac{mJ^{1/3}}{L}\right)^{\frac{4}{4-n}}(SF)^{\frac{1}{4-n}}}=\frac{0.278^{0.923}}{(0.006\ 28)^{1.231}(18\ 780)^{0.308}}=7.6(\text{h})$$

(5)计算 ψ：查图 7-12 中 $\frac{\mu}{S}\tau_0^n$-n-$\frac{\tau}{\tau_0}$ 曲线，得 $\psi=0.85$。

(6)计算 τ：可利用图 7-12 中 ψ-n-$\frac{\tau}{\tau_0}$ 曲线进行查算，或用下式计算。

$$\tau=\tau_0\psi^{-\frac{1}{4-n}}=7.6\times(0.85)^{-0.308}=8.0\ (\text{h})$$

(7)计算 Q_{mP}：

$$Q_{mP}=0.278\psi\frac{S_P}{\tau^n}F=0.278\times0.85\times\frac{96.7}{8^{0.75}}\times194=932(\text{m}^3/\text{s})$$

(8)验算：由洪峰流量反求 m 值，判定 m 的取用是否恰当。若不恰当，重新设一个 m 值，重复上述各项计算，直到恰当为止。

$$m=\frac{0.278L}{\tau J^{1/3}Q_m^{1/4}}=\frac{0.278\times32.1}{8.0\times0.21\times5.52}=0.962\approx0.96$$

可见 m 值的选用合适。

为了计算方便和减少错误，以上各项计算可列表进行，见表 7-16。

表 7-16　用水利水电科学研究院的公式计算洪峰流量表

河名　地名	F/km^2	L/km	$J/‰$	$J^{1/3}$	n	$P_{24,P}/\mathrm{mm}$	$S_P/(\mathrm{mm/h})$	m	$\mu/(\mathrm{mm/h})$	SF
××××××	194	32.1	9.32	0.21	0.75	214	96.7	0.96	3.0	18 720

河名　地名	$(SF)^{\frac{1}{4-n}}$	$\frac{mJ^{1/3}}{L}$	$0.278^{\frac{3}{4-n}}$	τ_0/h	τ_0^n	$\frac{\mu}{S}\tau_0^n$	ψ	τ/τ_0	τ/h	τ^n	$Q_{mP}/(\mathrm{m^3/s})$
××××××	20.72	0.006 29	0.307	7.6	4.58	0.142	0.85	1.053	8.0	4.757	932

四、小流域设计洪水过程线的推求

某些中小型水库需要考虑调洪作用。为调洪演算提供依据，除设计洪峰流量外，还应推求相应的设计洪量及洪水过程线。

小流域的设计洪水过程线一般是根据概化过程线，按设计洪峰流量、设计洪量予以放大求得。概化过程线是根据小流域洪水资料综合出来并予以简化而得，国内常见的有曲线型、三角形及五点概化过程等，如图 7-13 所示。

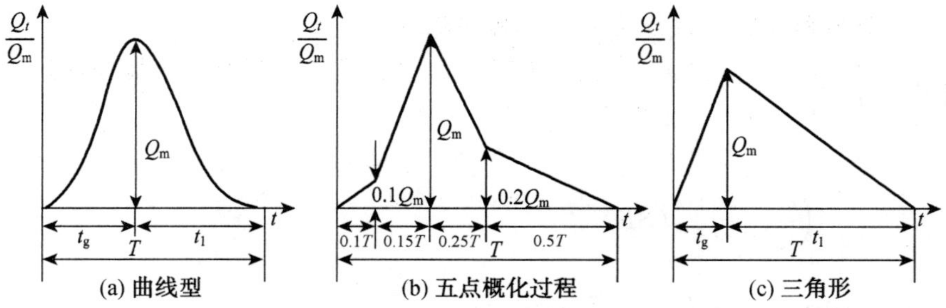

图 7-13　概化洪水过程图

一次设计洪量可由下式计算：

$$W = 1\,000 h_R F \tag{7-43}$$

式中：h_R 为一次净雨量，采用式(7-39)或式(7-41)进行计算，$\mathrm{m^3/km^2}$；F 为流域面积，$\mathrm{km^2}$；W 为一次洪水总量，$\mathrm{m^3}$。

一次洪水总历时 T 或涨水历时 t_g(h)，可用下列包含洪峰流量 Q_m 及流量 W 的公式计算，即

$$T(或t_g) = f(Q_m, W) \tag{7-44}$$

计算 T(或 t_g)公式的具体形式随概化过程线形状不同而异。对三角形过程线，计算 T 的公式为

$$T = \frac{2W}{Q_m} \tag{7-45}$$

对于三角形概化过程线，主要的问题是确定涨水历时 t_g 与退水历时 t_1 的比例，即

$$t_1 = \beta t_g$$

一般情况下，$t_1>t_g$。根据有些地区的数值分析，β 值为 1.5～3.0，与洪峰出现时间有关，一般山区河流洪水的 β 值较大些，丘陵区河流洪水的 β 值则小些。β 的具体数值应由实测资料分析确定。

本章习题

1. 什么叫设计洪水？设计洪水包括哪些要素？

2. 按工程性质，设计洪水可分为哪几种？

3. 推求设计洪水有哪几种途径？

4. 在利用流量资料推求设计洪水的峰量、频率计算中，如何选取各自的样本系列？

5. 什么是特大洪水？如何获得特大洪水资料？如何进行特大洪水处理？

6. 从哪几个方面论证设计洪水的合理性？

7. 怎样选择典型洪水？如何利用典型洪水得到设计洪水过程？

8. 为何需要利用暴雨资料计算设计洪水？

9. 由暴雨资料推求设计洪水主要包括哪些环节？

10. 在什么情况下需要对流域点、面暴雨资料进行插补展延？如何插补展延？

11. 什么叫设计暴雨？推求设计暴雨有哪几种情况？

12. 什么叫暴雨的点面关系？如何得到流域暴雨的点面关系？

13. 如何选择典型暴雨？

14. 怎样推求流域的可能最大洪水？

15. 某水库坝址处有一水文站，控制流域面积 360 km^2，利用该站 1956—1978 年的实测洪水资料，如表 7-17 所示，推求水文站断面 1% 频率的设计洪峰流量值。

表 7-17　某水文站实测洪峰流量系列　　m^3/s

年份	1956	1957	1958	1959	1960	1961	1962	1963	1964	1965	1966	1967
洪峰流量	1 450	68	1 820	690	143	57.3	1 750	116	625	119	169	124
年份	1968	1969	1970	1971	1972	1973	1974	1975	1976	1977	1978	
洪峰流量	42.6	896	99.6	31.2	304	180	358	106	131	327	894	

此外，该水文站还有历史洪水调查资料如下：①1894 年曾发生洪峰流量为 4 095 m^3/s 的大洪水，为文献考证期 1729 年以来的最大值；②1896 年曾发生洪峰流量为 3 470 m^3/s 的大洪水，为 1729 年以来仅次于 1894 年的大洪水；③1917 年曾发生洪峰流量为 3 100 m^3/s 的大洪水，为调查期 80 a 来最大的一次洪水。

16. 已经计算出例 7-1 水文站 1 d、3 d 洪量的统计参数值 $\overline{x}$、C_v、C_s 分别为：1 800×10^4 m^3、1.3、2.6；2 450×10^4 m^3、1.0、2.0。试推求 1% 频率的 1 d、3 d 设计洪量值，并与上题中所求洪峰流量参数相比较，看是否符合大多数洪水具有的统计规律。

17. 某水库属于大Ⅱ型水库，大坝为土石坝，已知 7 d 暴雨量频率计算的结果为 $\overline{P}=432$ mm，$C_v=0.48$，$C_s=3C_v$。试确定大坝的洪水设计标准，并计算 7 d 的设计暴雨量。

18. 已知某流域五十年一遇的 24 h 设计暴雨量为 490 mm，径流系数为 0.83，后损率为 1.0 mm/h，后损历时为 17 h，试计算该次暴雨的总净雨量和初损。

19. 何谓小流域？小流域设计洪水的主要计算内容是什么？

20. 小流域设计洪峰流量的计算公式有哪些？

21. 如何推求小流域设计洪水过程线？

第八章

水文预报

第一节　概　述

一、水文预报及其作用

水文预报是探索水文现象的演变规律、预测未来的水文要素变化、编制预报方案的一门科学，是工程水文学不可缺少的内容。它主要是根据前期或现时已出现的水文、气象等信息，运用水文学、气象学、水力学原理和方法，对河流、湖泊等水体未来一定时期内的水文情势做出定量或定性预报。最常用的已知信息是水文与气象要素信息，如降水、蒸发、流量、水位、冰情、气温、含沙量和污染物质含量等观测信息；预报的水文情势变量可以是任一水文要素，也可以是水文特征量。不同的情势变量预报要求的已知信息不同，预报方法不同，预见期也不同。目前通常预报的水文要素有流量、水位、冰情和旱情。在防范水旱灾害、水资源管理、防洪抢险中，水文预报能事先提供洪水的发生和发展变化的信息。

二、水文预报分类

水文预报有海洋水文预报、地下水文预报和陆地水文预报等，本书主要讲述陆地水文预报。陆地水文预报按预报对象不同，可分为流域水文预报，区域水文预报，冰凌预报，水库、湖泊水文预报，施工期水文预报，泥沙预报，墒情预报，地下水动态预报，水质预报，潮汐水文预报等。

流域水文预报：包括流域产流预报及流域汇流预报。流域产流预报是对流域内降水过程所产生净雨过程的预报；流域汇流预报是对流域净雨过程所形成的出口断面流量过程的预报。

区域水文预报：是根据水文条件相似地区内的各河流涨水和退水规律，发布洪水预报或枯季径流预报。其中洪水预报是根据洪水形成和运动规律，利用前期和现时水文、气象等信息，对未来的洪水情况所做的预报。洪水预报主要包括暴雨洪水预报和融雪洪水预报。前者是根据前期和现时的场次暴雨等有关资料，对暴雨形成的洪水过程所做的预报；后者是根据热力学、水力学产汇流原理，分析融雪洪水形成和变化规律，对未来融雪洪水所做的预报。枯季径流预报是根据枯季径流消退规律，利用流域前期蓄水量或前期流量资料，对未来枯季径流变化所做的预报。

冰凌预报：是指根据有关热力、水力等因素和冰情资料，分析冰情的形成和变化规律，对未来水体冰情（包括流凌开始、封冻与开冻日期、冰厚、冰坝及凌汛最高水位等）所做的预报。

水库、湖泊水文预报：根据前期和现时水文、气象资料，对水库、湖泊未来的水文情势所做的预报。

施工期水文预报：是根据施工不同阶段要求所做的施工期河流水情变化的水文预报。施工期河流水情的变化对工程施工进度与安全至关重要，做好水利工程施工期水文预报，对保障水利工程安全施工意义重大。对于不同的施工方式及施工阶段，水文预报的内容和方法都不同。蓄水前主要处理不同导流方式下的水力学计算，蓄水后类似水库水文预报。除短期水文预报外，往往还需要中长期水文预报予以配合。

泥沙预报：是根据河流动力学原理，对河流、水库等水体的含沙量、输沙过程、冲淤变化等所做的预报。

墒情预报（旱情预报）：是根据土壤含水量及气象、水文信息，对农作物根系层中未来的土壤含水量的消退、增长、垂直分布及其对作物生长影响所做的预报。近几年来，随着我国现代化水平的不断提高，为了高效利用水资源，确保农业高产、稳产，大部分地区已经进行土壤墒情预报。

地下水动态预报：是根据地下水动态规律及其主要影响因素之间的相互关系，对未来地下水位动态所做的预报。

水质预报：水质预报项目包括化学需氧量、高锰酸盐指数、五日生化需氧量等指标和氰化物、汞、砷、氨氮等有毒有害物质含量以及水温、悬浮物、电导率等物理指标。

潮汐水文预报：是依据潮汐成因及运动规律，对沿海及感潮河段未来潮汐情况所做的预报。

在我国的水利工作中，最重要的是江河径流预报和水库水文预报。预报的要素主要是水位和流量。水位预报是指水位高程及其出现时间；流量预报是流量的大小、涨落时间及其过程。洪水预报方案根据河段洪水波运动理论或降雨径流形成过程的原理制订，枯季径流预报方案根据流域蓄水量消退规律来制订。

我国水文气象信息监测和洪水预报调度系统已发展到具有中国特色的专家交互式洪水预报调度系统。例如，1998 年 8 月，长江中下游发生百年一遇的特大洪水，由于及时准确地对葛洲坝水库、隔河岩水库和漳河水库进行科学调度，大大降低了长江荆江河段的洪峰水位，避免了荆江分洪损失，对战胜该年发生的特大洪水做出了巨大贡献。另外，水文预报可以较好地解决水库防洪与兴利的矛盾：在洪水未进库之前，先打开泄洪闸门腾空部分库容，以便洪水来临时能蓄存更多水量；在洪水即将结束时，可超蓄洪水尾部的部分水量，用于多发电、多灌溉。

三、水文预报预见期

水文预报预见期是指预报发布时刻与预报要素出现时刻之间的时距。在水文预报中，预见期的长短并没有明确的时间界限，预见期随水文预报方法不同而异。以流域降雨径流法预报为例，从降雨到达地面转变为出口断面的流量所经历的流域汇流时间，就是该方法所能提供的预见期。

水文预报按预见期的长短，可分为短期水文预报与中长期水文预报。习惯上把主要由水文要素做出的预报称为短期预报；把利用河流水文要素自身的长期演变统计规律，或利用影响河流水文要素长期演变的气象、天文等物理因子，对径流趋势做出的预报或估计称为中长期预报。对于水文预报预见期，目前国内外尚无统一规定，通常预见期在 2 d 以内为短期水文预报，3～10 d 为中期水文预报，10 d 以上至 1 a 以内为长期水文预报，1 a 以上为超长期水文预报。对于径流预报，预见期不超过流域汇流时间为短期水文预报，超过汇流时间为中长期水文预报。对于超长期水文预报，通常指大河在较大范围内连续丰水年或连续枯水年的趋势预测。

预见期的长短，在实用上极为重要。无论是防灾或兴利，一般短期水文预报往往不能满足要求，因此应与气象预报相结合，以增长预见期。但由于预见期增长，影响因素增多，偶然性增大，会使预报的精度降低。由此可见，预见期和预报精度是有矛盾的。通常根据河段洪水波运动原理做短期水文预报，精度一般较高，而长期水文预报，精度相对较低。

四、水文预报工作步骤

水文预报工作主要分为两个步骤：

(1)制订预报方案：根据预报项目的任务，收集水文、气象等相关资料，分析预报要素的形成规律，建立推算水文预报要素大小和出现时间的一整套计算方法，即水文预报方案，并按国家专业标准《水文情报预报规范》(GB/T 22482—2008)要求的允许误差进行评定和检验。

(2)进行作业预报：根据现时发生的水文气象信息，经过预报方案算出即将发生的水文预报要素大小和出现时间，及时将信息发布出去，称为作业预报。若通过自动化采集、自动传送现时水文气象信息到预报中心计算机内，并由计算机直接按水文预报模型程序计算预报结果，称为联机作业实时水文预报。

信息化技术的普遍推广使用为水文作业预报技术提供了强大而独立的数据库管理系统支持，如为监视和预报成果分析提供的形象直观的水情信息时空分析显示，现代流域水文模型和传统预报方案的有机结合，可提高预报精度的实时校正功能，根据不同降雨时空分布模拟可能发生洪水的软件支持。两套以上方案或模型投入水文作业预报，可提高实时预报成果的质量和精度，也是工程防洪辅助决策支持的可靠依据。

第二节　短期洪水预报

短期洪水预报主要是指河段洪水预报、降雨径流预报和河段洪水预报与流域降雨径流预报相结合 3 种类型。根据河段上断面的水位或流量，推求下断面的水位或流量，称为河段洪水预报。根据流域上一场降雨，推求流域出口断面流量过程线，称为流域降雨径流预报。为了提高洪水预报精度，有时需要将流域划分成由河道相连接的若干子流域，需将流域降雨径流预报与河段洪水预报方法结合起来进行预报。当河段上、下断面区间面积较大时，为考虑区间降雨径流的影响，也需将流域降雨径流预报与河段洪水预报方法结合起来进行预报。本节主要介绍相应水位(流量)法和流量演算法。

短期洪水预报包括降雨径流预报、河段洪水预报以及考虑实时修正的实时洪水预报。降雨径流预报是按降雨径流形成过程的原理，利用流域内的降雨资料预报出流域出口断面的洪水过程。河段洪水预报是以河槽洪水波运动理论为基础，由河道上游断面的水位、流量过程预报下游断面的水位和流量过程。实时洪水预报是对将发生的未来洪水在实际时间进行预报。

一、河段中的洪水波运动

流域上大量降水后，产生的净雨沿坡地迅速汇集，注入河槽，引起流量的剧增，由于河道的分布、形状以及河道接纳的水量沿程不同，河道沿程水面发生高低起伏的一种波动，称为洪水波。

天然河道里洪水波主要受重力和惯性力作用的支配，属于重力波，它是一种徐变的不稳定流。假定图 8-1 所示河段为棱柱型河槽，则稳定流水面比降 i_0 与河道坡降相同，而洪水波的水面比降 i 与 i_0 是不同的，波前部分 $i>i_0$，波后部分 $i<i_0$。洪水波水面比降 i 与同水位稳定流水面比降 i_0 之差 i_Δ 称为附加比降，即 $i_\Delta=i-i_0$。附加比降 i_Δ 是洪水波的主要特征之一，当水流稳定时，$i_\Delta=0$；涨洪时，$i_\Delta>0$；落洪时，$i_\Delta<0$。

由于河槽的调蓄作用，洪水波向下游传播过程中，不断发生变形，如图 8-1 所示。洪水波变形有两种形态，即洪水波的展开和扭曲。洪水波在传播过程中，波长不断加大，波高不断减小的现象称为洪水波的展开，即 $A_2C_2>A_1C_1$，$h_2<h_1$。洪水波在传播过程中，波前水量不断向波后转移，这种现象称为洪水波的扭曲。

在自然河道中，河道断面边界的差异和河段区间入流等条件变化，都对洪水波变形有显著的影响。这两种现象是同时发生的，而且是连续的，其共同的原因是水面存在附加比降。

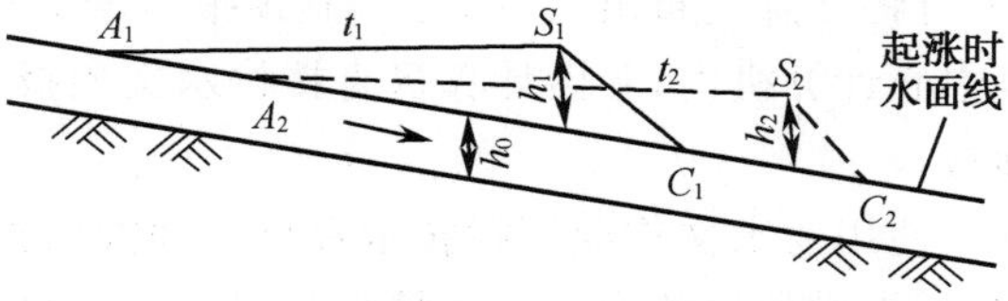

图 8-1 河道洪水波变形示意图

二、相应水位(流量)法

(一)基本原理

相应水位（流量）法是根据河道洪水波运动及其变形规律，建立河段相应水位（流量）关系。相应水位（流量）预报，简要地说，就是用某时刻上游站的水位（流量）预报一定时间（如传播时间）后下游站的水位（流量）。

河段中之所以会发生水位变化，是因为流量的变化。因此，应从研究流量变化入手。

设河段中上、下游站间距为 L，t 时刻上游站流量为 $Q_{上,t}$，经过传播时间 τ 后，下游站流量为 $Q_{下,t+\tau}$，若无区间入流，上、下游站相应流量的关系为

$$Q_{下,t+\tau}=Q_{上,t}-\Delta Q_L \tag{8-1}$$

式中：ΔQ_L 为上、下游站相应流量的差值。

如在传播时间 τ 内，河段有区间入流加入，并在下游站 $t+\tau$ 时刻形成的流量为 q，则

$$Q_{下,t+\tau}=Q_{上,t}-\Delta Q_L+q \tag{8-2}$$

式中：q 为区间入流量。

此外，洪水波变形引起的传播速度变化，在相应水位（流量）法中主要体现在传播时间关系上，其实质是反映洪水波的推移作用。

传播时间是洪水波以波速由上游运动到下游所需的时间。其基本公式为

$$\tau=\frac{L}{c} \tag{8-3}$$

式中：τ 为传播时间；L 为上、下游站间距；c 为波速。

在棱柱形河道里，洪水波波速 c 与断面平均流速 $\overline{V}$ 间的关系为

$$c=\lambda\overline{V} \tag{8-4}$$

式中：λ 是断面形状系数，或称波速系数，它取决于断面形状和流速计算公式。

所以传播时间可按式(8-5)推求：

$$\tau=L/\lambda\overline{V} \tag{8-5}$$

式(8-1)及式(8-5)是河道相应水位(流量)预报的基本关系式。$q_{t+\tau}$ 可用推求旁侧入流的方法预报。

(二)无支流河段相应水位(流量)预报

对于无大的支流汇入或区间来水量与上游来水量相比较小的河段，一般都按无支流河段处理。

1．简单的相应水位(流量)法

根据河段上、下游实测水位过程，摘取相应的洪峰水位值及其出现时间(表 8-1)，根据表中数据制作相应的洪峰水位相关曲线和传播时间曲线，如图 8-2 所示。

当已知一个上游实测洪峰水位，通过图 8-2 关系曲线就可以对下游相应洪峰水位和传播时间进行作业预报。

表 8-1　上、下游站相应洪峰水位及传播时间摘录表

上游站洪峰水位		下游站洪峰水位		传播时间
时间	水位/m	时间	水位/m	τ/h
4 月 28 日 17 时 30 分	22.28	4 月 29 日 4 时 00 分	8.47	10.50
6 月 2 日 1 时 30 分	27.83	6 月 2 日 8 时 00 分	10.10	6.50
7 日 7 时 00 分	24.27	7 日 16 时 00 分	9.22	9.00
16 日 14 时 15 分	23.33	16 日 22 时 00 分	8.98	7.75
22 日 0 时 00 分	25.16	22 日 6 时 00 分	9.53	6.00
28 日 16 时 45 分	22.59	29 日 2 时 00 分	8.72	9.25
7 月 14 日 11 时 15 分	23.11	7 月 14 日 19 时 00 分	8.89	7.75

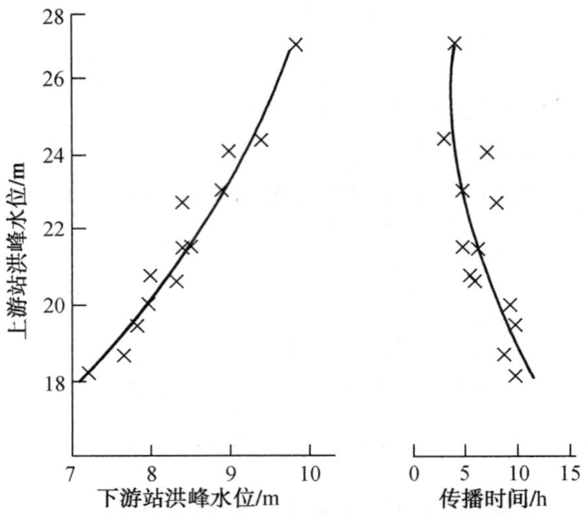

图 8-2　相应洪峰水位相关曲线和传播时间曲线

2. 多元回归相应水位(流量)预报

用上述方法进行预报，由于只考虑上游水位 $Z_{上,t}$ 一个因素，一般预报精度不高。为了提高预报精度，可以增加相应的参数。但一般测站多无比降实测资料，故采用下游站同时水位(流量)为参数的预报方法。

下游站同时水位 $Z_{下}$，就是上游站水位 $Z_{上}$ 出现时刻的下游站水位，它能反映 t 时刻的水面比降变化的影响，同时也考虑区间入流、回水、断面冲淤等因素对下游水位的影响。此时采用多元回归模型确定相应水位(流量)关系：

$$Z_{下,t+\tau}=f(Z_{上,t}-Z_{下,t}\cdots) \tag{8-6}$$

由此建立 $Z_{上,t}$-$Z_{下,t}$-$Z_{下,t+\tau}$ 及 $Z_{上,t}$-$Z_{下,t}$-τ 三变量相关图，预报时根据上游水位、下游同时水位，查取下游相应水位及传播时间。

(三)有支流河段相应水位(流量)预报(合成流量法)

在有支流汇入的河段，如果支流来水量大，下游站的流量是上游干、支流共同合成的。此时，按照上游干、支流各站的传播时间，把各站同时刻到达下游站的流量叠加起来得合成流量，然后建立合成流量与下游站相应流量的关系曲线，利用上述曲线进行预报的方法称为合成流量法。

由河段相应流量概念和洪水波运动可知，下游站的预报流量为

$$Q_{下,t}=f\left(\sum_{i=1}^{n}Q_{上i,t-\tau_i}\right) \tag{8-7}$$

式中：$Q_{上i,t-\tau_i}$ 为上游干、支流各站相应流量之和，m^3/s；τ_i 为上游干、支流各站到下游站的洪水传播时间，h；n 为上游干、支流的测站数目。

根据历史资料绘制合成流量法预报图 8-3，即预报方案，由图 8-3 可进行作业预报。合成流量法的预见期决定于上游各站中最短的传播时间，但通常各上游站以各干流站的流量为最大，所以常常取干流的传播时间作为预报方案的预见期。若支流站的传播时间小于干流站的传播时间，求合成流量时，还需对该支流站的相应流量做出预报。

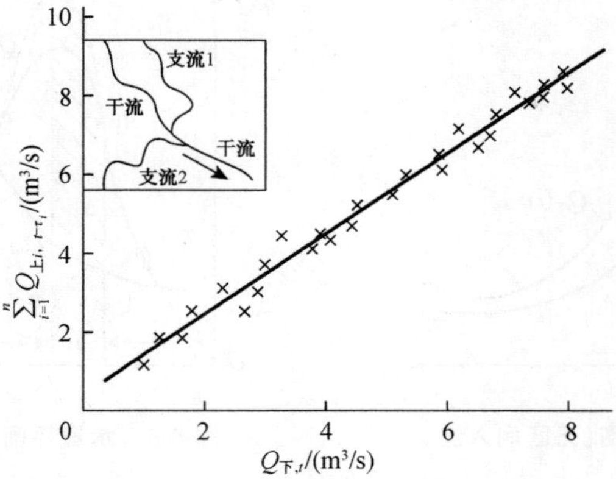

图 8-3　合成流量法预报图

三、流量演算法

流量演算法是以圣维南(Saint-Venant)方程组为基础,把连续方程简化为河段水量平衡方程,动力方程简化为槽蓄方程,然后联立求解,将河段中的入流过程演算为出流过程的方法。其中常见的方法为马斯京根法。

(一)基本原理

河段洪水波运动是一种渐变不稳定流,在无区间入流的情况下,河段流量演算由以下两个基本公式组成:

$$\frac{1}{2}(Q_{上,1}+Q_{上,2})\Delta t-\frac{1}{2}(Q_{下,1}+Q_{下,2})\Delta t=W_2-W_1=\Delta W \tag{8-8}$$

$$W=f(Q) \tag{8-9}$$

式中:$Q_{上,1}$,$Q_{上,2}$ 分别为时段始、末上断面的入流量,m^3/s;$Q_{下,1}$,$Q_{下,2}$ 分别为时段始、末上断面的出流量,m^3/s;Δt 为计算时段,h;W_1,W_2 分别为时段始、末河段蓄水量,m^3。

式(8-8)是河段水量平衡通用方程式,如图 8-4 所示,反映了河段进出流量与蓄水量之间的关系;式(8-9)为槽蓄方程,反映了河段蓄水量与流量间的关系,这与所在河段的河道特性和洪水特性有关,如何确定河道槽蓄方程,是河段流量演算的重点。

当河段有区间入流 q 时,则式(8-8)的左边应增加$\frac{1}{2}(q_1+q_2)\Delta t$ 项,如图 8-5 所示。

如果河段的槽蓄方程已经确定,当上游断面入流过程 [$Q_{上,1}(t)$和$q(t)$] 及初始条件 $Q_{下,1}$,W_1 已知时,联立求解式(8-8)和式(8-9),可得下游断面逐时段的出流量 $Q_下(t)$。

可见流量演算法的关键是建立槽蓄方程和求解方程组。如前所述,求解方法很多,这里只介绍在我国应用十分广泛的马斯京根法。

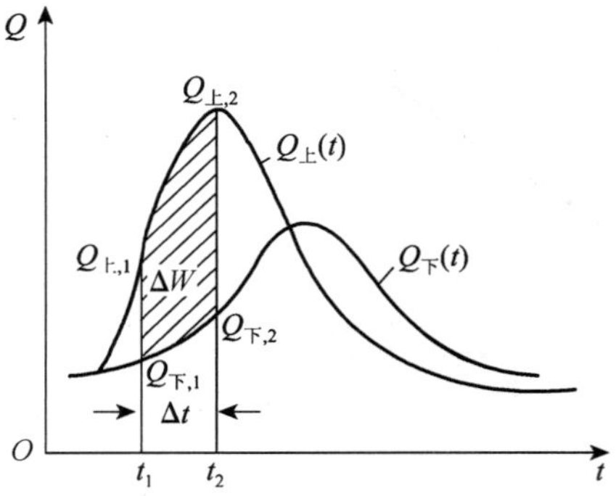

图 8-4　水量平衡示意图(无区间入流)

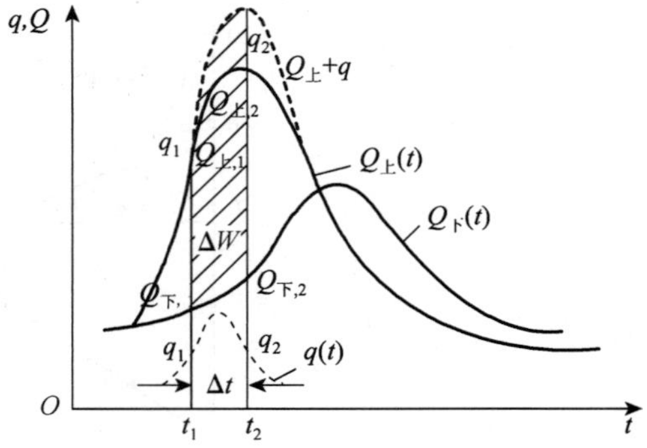

图 8-5　水量平衡示意图(有区间入流)

(二)马斯京根槽蓄方程

该方法由麦卡锡(G. T. McCarthy)于 1938 年提出,并应用于美国马斯京根河流域,故称为马斯京根法。

假定河段的流量与蓄水量成线性函数关系,则槽蓄方程可以写成:

$$W = KQ \tag{8-10}$$

式中:K 为蓄量系数。

在稳定流情况下,$Q_上 = Q_下 = Q$,代入方程(8-10)求解。

但是,在天然河道,洪水波的涨落运动属非稳定流态,河段蓄水量情况如图 8-6 所示。洪水涨落时的河段蓄水量可以分为柱蓄和楔蓄两部分,柱蓄是指下断面稳定流水面线以下的蓄量,楔蓄是指定稳定流水面线与实际水面线之间的蓄量,如图 8-6 所示阴影部分。在涨洪阶段,楔蓄为正值,河段的蓄水量大于槽蓄量,如图 8-6(a)所示;在退水阶段,楔蓄为负值,河段的蓄水量小于槽蓄量,如图 8-6(b)所示。因此,由于楔蓄的存在,河段无论取 $Q=Q_上$ 或 $Q=Q_下$,采用式(8-9)计算的蓄水量 W 值都会偏离实际值。

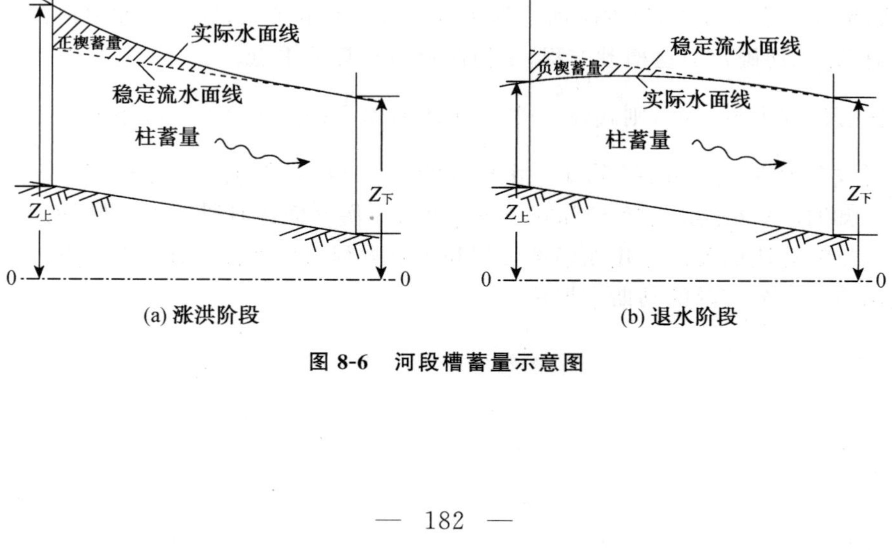

图 8-6　河段槽蓄量示意图

为了解决这一问题，可取介于 $Q_上$ 和 $Q_下$ 之间的某一流量值，称为示储流量：

$$W = KQ' = K[xQ_上 + (1-x)Q_下] \tag{8-11}$$

式中：x 为流量比重系数，取值一般为 0～0.5；K 为稳定流时的河段传播时间，h；Q' 为示储流量，m^3/s。

(三)马斯京根流量演算法

联解水量平衡方程式(8-8)和马斯京根槽蓄方程式(8-10)得马斯京根流量演算方程：

$$Q_{下,2} = C_0Q_{上,2} + C_1Q_{上,1} + C_2Q_{下,1} \tag{8-12}$$

式中：$C_0 = \dfrac{0.5\Delta t - Kx}{K - Kx + 0.5\Delta t}$，$C_1 = \dfrac{0.5\Delta t + Kx}{K - Kx + 0.5\Delta t}$，$C_2 = \dfrac{K - Kx - 0.5\Delta t}{K - Kx + 0.5\Delta t}$，且 $C_0 + C_1 + C_2 = 1$。

式(8-12)即马斯京根流量演算方程。确定了参数 K，x 和时段 Δt，就可求得 C_0，C_1 和 C_2。

(四)K，x 和 Δt 的确定

K，x 一般由试算法确定。首先假定不同的 x 值，求出相应的 Q'，建立 W-Q' 关系曲线，取其趋于一直线时的 x 值即所求，同时该直线的斜率 $K = \dfrac{\Delta W}{\Delta Q'}$ 为所求的 K 值。

Δt 的选取对流量演算精度有一定的影响。由上可知，这里采用的马斯京根槽蓄方程是线性关系，故要求 Δt 不宜太大，以保证流量在所取时段内接近直线变化。若 Δt 太小，则计算工作量太大。

【例 8-1】已知某河段的一次洪水过程，用马斯京根法进行流量演算，求解步骤如下：

(1)确定时段长 Δt。根据河段洪水资料，取 $\Delta t = 6$ h。

(2)确定区间入流过程。若区间无实测值，则区间入流总量 $\sum q = \sum Q_下 - \sum Q_上 = 40\,590 - 39\,380 = 1\,210(m^3/s)$，占入流总量的 3.07%，按入流过程的比值分配到各时段中去，即各时段的 $Q_上$ 乘以 3.07%得第(4)列。

(3)求槽蓄量 W。按水量平衡方程式，计算各时段槽蓄变量 ΔW，然后逐时段累加求得槽蓄量 W。

(4)假定 x 值，求 Q'。本例假定 $x = 0.40$ 和 $x = 0.45$，按 $Q' = [xQ_上 + (1-x)Q_下]$ 计算 Q'，列于表 8-2。

(5)初定 K，x 值，作 W-Q' 关系线。当 $x = 0.45$ 时，关系线接近于直线，见图 8-7，该 x 即所求，其斜率

$$K = \frac{\Delta W}{\Delta Q'} = \frac{4\,200\Delta t}{2\,100} = 12(\text{h})$$

按照上述步骤分别求出几场洪水的 K，x 值，如果各次洪水的 K，x 值相近，则取其平均值；如果变化较大，则应重新调整所假定的数据，再进行计算。

(6)确定流量演算方程，根据初选的 K，x 值和 Δt，计算是否满足 $C_0 + C_1 + C_2 = 1$。若不满足，返回步骤(4)重新假定 x 进行计算；若满足，则可确定流量演算方程。

(7)流量演算。用上述流量演算方程模拟计算本次洪水下游断面的出流过程，见表 8-3。

表 8-2 马斯京根法 W 与 Q′值计算表

时间	$Q_上$/(m³/s)	$Q_下$/(m³/s)	$q_区$/(m³/s)	$Q_上+q_区$/(m³/s)	$Q_上+q_区-Q_下$/(m³/s)	ΔW/[(m³/s)·Δt]	W/[(m³/s)·Δt]	Q′/(m³/s) x=0.40	Q′/(m³/s) x=0.45
(1)	(2)	(3)	(4)	(5)	(6)	(7)	(8)	(9)	(10)
8月20日8时	2 050		63	2 113					
14时	2 860		88	2 948					
20时	4 300	2 100	132	4 432	2 332		0	3 033	3 149
21日2时	4 820	3 250	148	4 968	1 718	2 025	2 025	3 937	4 023
8时	4 700	4 620	144	4 844	224	971	2 996	4 710	4 721
14时	4 350	4 900	134	4 484	−416	−96	2 900	4 733	4 713
20时	3 750	4 680	115	3 865	−815	−616	2 285	4 354	4 313
22日2时	3 200	4 260	98	3 298	−962	−888	1 397	3 875	3 827
8时	2 700	3 700	83	2 783	−917	−939	457	3 333	3 287
14时	2 400	3 300	74	2 474	−826	−872	−420	2 969	2 928
20时	2 200	2 920	68	2 268	−652	−739	−1 154	2 659	2 626
23日2时	2 050	2 550	63	2 113	−437	−545	−1 698	2 375	2 353
8时		2 210							
14时		2 100							
合计	39 380	40 590	1 210						

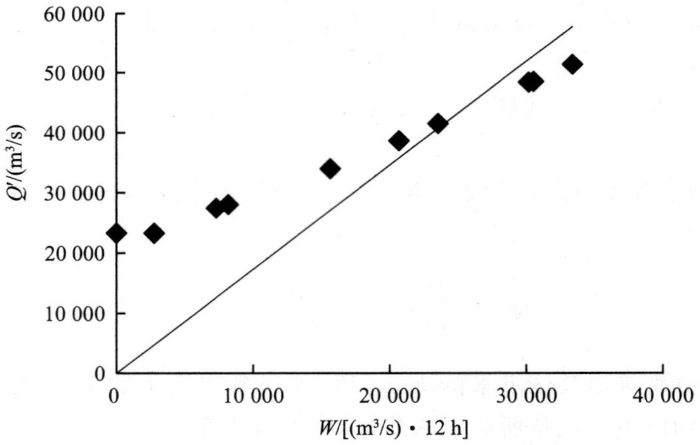

图 8-7 马斯京根法 W-Q′关系曲线图

表 8-3　马斯京根流量演算表

时间	$Q_{上}$/(m^3/s)	$C_0Q_{上,2}$/(m^3/s)	$C_1Q_{上,1}$/(m^3/s)	$C_2Q_{下,1}$/(m^3/s)	$Q_{下,2计算}$/(m^3/s)	$Q_{下,2实测}$/(m^3/s)	相对误差/%
(1)	(2)	(3)	(4)	(5)	(6)	(7)	(8)
8月20日8时	2 113				2 113	2 050	3.07
14时	2 948	−740	1 851	792	1 903	2 000	−4.83
20时	4 432	−1 112	2 582	714	2 184	2 100	3.98
21日2时	4 968	−1 247	3 883	819	3 454	3 250	6.29
8时	4 844	−1 216	4 352	1 295	4 432	4 620	−4.08
14时	4 484	−1 125	4 244	1 662	4 780	4 900	−2.45
20时	3 865	−970	3 928	1 793	4 750	4 680	1.50
22日2时	3 298	−828	3 386	1 781	4 339	4 260	1.86
8时	2 783	−699	2 889	1 627	3 818	3 700	3.19
14时	2 474	−621	2 438	1 432	3 249	3 300	−1.55
20时	2 268	−569	2 167	1 218	2 816	2 920	−3.56
23日2时	2 113	−530	1 986	1 056	2 512	2 550	−1.49

由表 8-3 可知，相对误差较小，满足规范要求。因此，当该河段上游断面流量已知时，可用上述已确定的流量演算方程预报下游断面的出流过程。

(五)关于马斯京根法中几个问题的讨论

(1)参数 K 反映了稳定流状态的河段的传播时间。在不稳定流情况下，流速随水位高低和涨落过程而不同，所以河段传播时间也不相同，故 K 不是常数。当各次洪水分析出的 K 值变化较大时，应根据不同的流量取不同的 K 值。

(2)参数 x 除反映楔蓄对流量的作用外，还反映河段的调蓄能力。天然河道的 x 一般从上游向下游逐渐减小，大部分情况下为 0.2～0.45。对于一定的河段，x 在洪水涨落过程中基本稳定，但也有随流量增加而减小的趋势。在对洪水资料分析中，若发现 x 随流量变化较大时，可建立 x-Q 关系线，对不同的流量取不同的 x。

(3)时段 Δt 最好等于河段传播时间，这样上游断面在时段初出现的洪峰，Δt 后就正好出现在下游断面，而不会卡在河段中，使河段的水面线出现上凸曲线。当演算的河段较长时，则可把河段划分为若干段，使 Δt 等于各段的传播时间，然后从上到下进行多河段连续演算，推算出下游断面的流量过程。

四、系统数学模型预报方法简介

系统数学模型属于系统预测科学，是对客观对象数量化规律的概化，只要数学模型运行结果在数量上与预测对象相似，就实现了系统模拟。它与系统物理行为机制有联系，但也有本质区别。因此，正确建立系统数学模型至关重要。

实现对洪水预报正确建模的前提是正确地选择模型。它主要依赖于对客观系统的水文物理知识的认识。对系统行为的物理机制了解越多，建立的模型才可能越接近正确。在模型形式确定的过程中，需要研究所选择的模型是否可以建立，即系统是否可识别。系统可识别理论主要是从理论上帮助人们判断所选择的模型结构是否有不足之处。模型形式确定后，选择适合的数学方法实现系统数学模型参数的最优化，是系统建模的核心环节。上述整个过程称为系统识别。系统识别的目标是寻求模拟客观系统的最满意的数学模型和最佳参数，遵循的原则是预测误差最小准则。

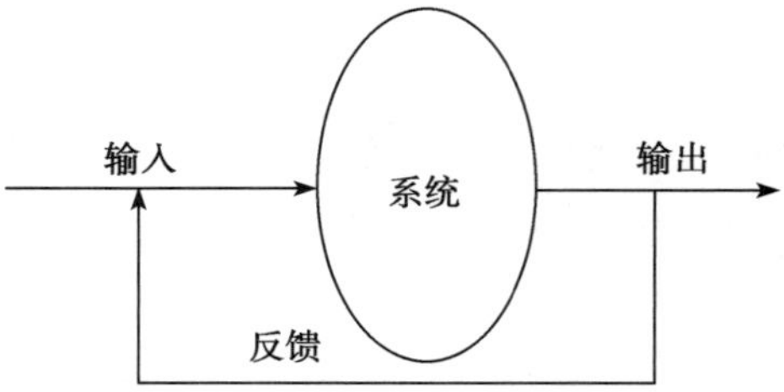

图 8-8　系统输入输出模型示意图

对于系统内部结构、物理机制不清晰的情况，采用系统输入输出模型(图 8-8)进行宏观规律分析处理。图中的系统即所谓的“黑箱”，它可以采用可用来预测的系统理论和一些非线性理论，如人工神经网络、灰色理论、模糊数学、分形和混沌理论等进行分析。输入的是实测历史水文气象资料，输出的是要预报的对象(如水位、流量等)。系统建模有着相当成熟的技术，它是认识事物宏观规律的最有效的工具之一，也是当前在洪水预报上应用最广泛的技术。需要注意的是，尽管建立系统输入输出模型可以不考虑系统行为的物理机制，但决不能忽视对系统物理现象规律的分析认识。系统建模理论的体系是长期实践的成果，在洪水预报中引入系统预测科学后，遵循其共同规律可以提高洪水预报数学模型建立的科学性和规范化水平。

五、水文预报精度评定

水文预报包括洪水预报、水库及水利水电工程施工期预报、冰情及春汛预报、枯季径流预报等。受多种因素的影响，水文预报难免存在误差。因此，对水文预报精度优劣需要做出评定。下面主要介绍洪水预报精度评定。

洪水预报的对象一般是江河、湖泊及水利工程控制断面的洪水要素，包括洪峰流量(水位)、洪峰出现时间、洪量(径流量)和洪水过程等。短期洪水预报有河段洪水预报、流域降雨径流预报、河段洪水预报与流域降雨径流预报两者的结合 3 种基本类型。

(一)编制方案资料要求

洪水预报方案的可靠性取决于编制方案使用的水文资料的质量和代表性。洪水预报方案要求使用样本数量不少于 10 a 的水文气象资料，其中应包括大、中、小水各种代表性年份，并保证有足够代表性的场次洪水资料，湿润地区不少于 50 次，干旱地区不少于 25 次。当资料不足时，应使用所有年份的洪水资料。对于代表性年份中大于样本洪峰中值的洪水资料应全部采用，不得随意舍弃。

洪水预报方案编制完成后，应进行精度评定和检验，衡量方案的可靠程度，确定方案的精度等级。方案的精度等级按合格率划分。精度评定必须用参与洪水预报方案编制的全部资料。精度检验应引用参与洪水预报方案编制的资料。

(二)洪水预报精度评定

洪水预报精度评定包括预报方案精度评定、作业预报的精度等级评定和预报时效等级评定等。评定的项目主要有洪峰流量(水位)、洪峰出现时间、洪量(径流量)和洪水过程等。洪量(径流量)预报有不同的实现形式：在降雨径流预报中直接预报次洪水的径流量；在预报水库入库流量过程时，也就预报了入库流量；在预报河道洪水流量过程时，也就预报了洪水流量。洪水过程预报是指以固定时段长 Δt 采样，将洪水的变化过程预报出来，过程预报的特点是一次发布多种预见期（Δt，$2\Delta t$，$3\Delta t$，…）的洪水要素预报。一次洪水过程预报包括多个不同预见期的水文要素预报，而预见期越长预报误差一般也越大，因此，评定洪水过程的预报精度时，其精度都需与对应预见期联系起来，一般预报精度评定只对预见期内的预报结果有效，超过洪水预见期的预报结果不做精度评定。

1. 误差指标

洪水预报误差指标采用绝对误差、相对误差及确定性系数 3 种。

绝对误差：水文要素的预报值减去实测值为预报误差，其绝对值为绝对误差。多个绝对误差值的平均值表示多次预报的平均误差水平。

相对误差：预报误差除以实测值为相对误差，以百分数表示，多个相对误差绝对值的平均值表示多次预报的平均相对误差水平。

确定性系数：洪水预报过程与实测过程之间的吻合程度可用确定性系数作为指标，按式(8-13)计算。

$$DC = 1 - \frac{\sum_{i=1}^{n} [y_c(i) - y_0(i)]^2}{\sum_{i=1}^{n} [y_0(i) - \overline{y}_0]^2} \tag{8-13}$$

式中：DC 为确定性系数（取两位小数）；$y_c(i)$ 为预报值，m^3/s；$y_0(i)$ 为实测值，m^3/s；$\overline{y}_0$ 为实测值的均值，m^3/s；n 为资料序列长度。

2. 评定方法

许可误差是依据预报精度的使用要求和实际预报技术水平等综合确定的误差允许范围，由于洪水预报方法和预报要素不同，对许可误差的规定也不同，《水文情报预报规范》(GB/T 22482—2008)对许可误差规定如下。

1)洪峰预报许可误差

降雨径流预报以实测洪峰流量的 20%作为许可误差；河道流量（水位）预报以预见期内实测变幅的 20%作为许可误差。当流量许可误差小于实测值的 5%时，取流量实测值的 5%，当水位许可误差小于实测洪峰流量的 5%所相应的水位幅度值或小于 0.10 m 时，则以该值作为许可误差。

2)峰现时间预报许可误差

峰现时间以预报根据时间至实测洪峰出现时间之间时距的 30%作为许可误差，当许可误差小于 3 h 或一个计算时段长，则以 3 h 或一个计算时段长作为许可误差。

3)径流深预报许可误差

径流深预报以实测值的 20%作为许可误差。当该值大于 20 mm 时，取 20 mm；当小于 3 mm 时，取 3 mm。

4)过程预报许可误差

过程预报许可误差规定有以下两种情况：

(1)取预见期内实测变幅的 20%作为许可误差，当该流量小于实测值的 5%，水位许可误差小于相应流量的 5%对应的水位幅度值或小于 0.10 m 时，则以该值作为许可误差。

(2)预见期内最大变幅的许可误差采用变幅均方差 σ，变幅为零的许可误差采用 3σ，其余变幅的许可误差按上述两值用直线内插法求出。

变幅均方差用式(8-14)计算：

$$\sigma = \sqrt{\frac{\sum_{i=1}^{n}(\Delta_i - \overline{\Delta})^2}{n-1}} \tag{8-14}$$

式中：Δ_i 为预报要素在预见期内的变幅，m；$\overline{\Delta}$ 为变幅的均值，m；n 为样本数；σ 为变幅均方差。

3. 预报项目精度评定

预报项目的精度评定规定有以下几项：

(1)合格预报。一次预报的误差小于许可误差时，为合格预报。合格预报次数与预报总数之比的百分数为合格率，表示多次预报总体的精度水平。合格率按式(8-15)计算：

$$QR = \frac{n}{m} \times 100\% \tag{8-15}$$

式中：QR 为合格率(取 1 位小数)；n 为合格预报次数；m 为预报总次数。

(2)预报项目精度等级。预报项目的精度按合格率或确定性系数的大小分为 3 个等级，见表 8-4。

表 8-4　预报项目精度等级表

精度等级	甲	乙	丙
合格率%	QR≥85.0	85.0>QR≥70.0	70.0>QR≥60.0
确定性系数	DC≥0.90	0.90>DC≥0.70	0.70>DC≥0.50

4. 预报方案精度评定

(1)当一个预报方案包含多个预报项目时，预报方案的合格率为各预报项目合格率的算术平均值。其精度等级仍按表 8-4 的规定确定。

(2)当主要项目的合格率低于各预报项目合格率的算术平均值时，以主要项目的合格率等级作为预报方案的精度等级。

5. 作业预报精度评定

作业预报精度评定方法与预报方案精度评定方法相同。用预报误差与许可误差之比的百分数作为预报作业预报精度分级指标，划分的精度等级见表 8-5。

表 8-5　作业预报精度等级表

精度等级	优秀	良好	合格	不合格
分级指标/%	分级指标≤25.0	25.0<分级指标≤50.0	50.0<分级指标≤100.0	分级指标>100.0

第三节　枯季径流预报

流域内降雨量较少，通过河流断面的流量过程低落而比较稳定的时期，称为枯水季节，简称枯季或枯水期，其间所呈现出的河流水文情势称为枯水。在枯季，由于江河水量小，水资源供需矛盾较突出，如灌溉、航运、工农业生产、城市生活供水、发电，以及环境需水等诸方面对水资源的需求常难满足。为合理调配水资源，做好枯季径流预报是很有必要的。此外，枯季江河水量少、水位低，是水利水电工程施工（沿江防洪堤、闸门维修等）特别是大坝截流期施工的宝贵季节，因此，为了确保施工安全，枯季径流预报的责任重大，枯季径流的起伏变动常常是枯季径流预报关注的对象。

枯季的河流流量主要由汛期末滞留在流域中的蓄水量的消退而形成，其次来源于枯季降雨。流域蓄水量包括地面、地下蓄水量两部分。地面蓄水量存在于地表洼地、河网、水库、湖泊和沼泽之中；地下蓄水量存在于土壤孔隙、岩石裂隙、溶隙和层间含水带之中。由于地下蓄水量的消退比地面蓄水量慢得多，长期无雨后河流中的水量几乎全由地下水补给。

我国大部分地区属季风气候区，枯季降雨稀少，河川的枯季径流主要依赖流域蓄水补给，控制断面的流量过程一般呈较稳定的消退规律，因此目前枯季径流预报方法大多是根据这一特点，以控制断面的退水规律为依据的河网退水预报。但枯季径流还受地下水运动的制约，因此，要改进枯季径流预报的方法和提高预报精度，还必须加强地下水变化规律的研究。

常用的枯季径流预报方法有 3 种：退水曲线法、前后期径流量相关法和河网蓄水量法。值得注意的是，枯季径流预报的预报时段较长，常取日或旬，与洪水预报的预报时段以小时为单位不同。

一、退水曲线法

退水曲线法是根据流域出口断面流量退水过程线及其变化规律来进行枯季径流预报。对于由地下水补给的枯季径流消退变化，可以假定地下蓄水量（W_g）和出流量（Q_g）之间呈线性关系：

$$W_g(t)=K_gQ_g(t) \tag{8-16}$$

当退水期地下水无入渗补给和蒸发损失时，有：

$$Q_g(t)=\frac{\mathrm{d}W_g(t)}{\mathrm{d}t} \tag{8-17}$$

$$W_g=K_g\mathrm{d}Q_g \tag{8-18}$$

式(8-16)的解为

$$Q_g(t)=Q_g(0)\mathrm{e}^{-t/K_g} \tag{8-19}$$

式中：$Q_g(0)$为退水开始时刻地下水出流量，$\mathrm{m^3/s}$；K_g 为地下水退水指数；$Q_g(t)$为退水过程中 t 时刻的地下水出流量，$\mathrm{m^3/s}$。

枯季蒸散发的强弱往往影响退水规律，对于地下水埋深浅、蒸发率季节变化大的流域尤为显著。我国冬季气温低，蒸散发能力弱，因此退水过程平缓。

二、前后期径流量相关法

前后期径流量相关法是建立前、后期径流量相关图，用已知前期径流量来预报未来的后期径流量。此法实际上是退水曲线的另一种形式，只不过计算时段多为月或季，如1个月或整个枯季。尤其当枯季径流主要由流域地下水蓄水补给时，存在一定的流域退水曲线，因此可建立较好的前后期径流相关关系。

由式(8-16)和式(8-19)可得：

$$W_g(t)=K_gQ_g(0)e^{-t/K_g} \tag{8-20}$$

则相邻时段($0\sim t_1$，$t_1\sim t_2$)的蓄水量关系可表示为

$$\frac{W_g(t_1)-W_g(t_2)}{W_g(0)-W_g(t_1)}=\frac{e^{-t_1/K_g}-e^{-t_2/K_g}}{1-e^{-t_1/K_g}} \tag{8-21}$$

对于某特定流域 $\overline{Q}_{10月}=f(\overline{Q}_{基,9月})$，若 K_g 为常数，则$\dfrac{W_g(t_1)-W_g(t_2)}{W_g(0)-W_g(t_1)}$为常数，表明相邻时段前后期平均流量呈线性关系。式(8-21)运用于以地下水补给为主的枯季径流预报。

图8-9为某站12月份平均流量 $\overline{Q}_{12月}$ 与11月份平均流量 $\overline{Q}_{11月}$ 关系图，当在该时段内无降水、气温等因素影响时，就可根据关系图用11月份实测流量来预报12月份的流量值。

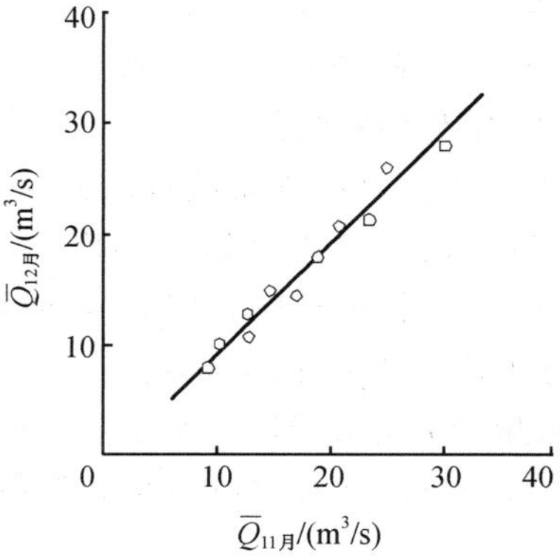

图 8-9　某站$\overline{Q}_{12月}$与$\overline{Q}_{11月}$关系图

三、回归分析预报法

实际上，枯季径流受诸多因素的影响，如降雨量、气温、土壤入渗能力、岩层透水性、流域比降、地下水补给等，并且这些因素往往会同时影响枯季径流变化。因此，在实际预报工作中，常采用回归分析法建立枯季径流和各因素之间的函数关系。

$$Q=f(P,T,f_c,i,Q_g,\cdots) \tag{8-22}$$

式中：Q 为某时段流域枯季径流量，m^3/s；P 为某时段降雨量，mm；T 为某时段平均气温，℃；f_c 为流域稳定下渗率，mm/min；i 为流域比降；Q_g 为某时段地下水补给量，m^3/s。

由实测动态数据建立数学模型，即率定参数。通过检验计算结果，取实测值的20%作为许可误差，若符合《水文情报预报规范》(GB/T 22482—2008)要求，该模型就可用来进行枯季径流预报。

第四节　冰情预报

冰情预报(冰凌预报)是对于有冰期的江河湖库或其他水体，根据有关热力、水力等因素和冰情资料，分析冰情的形成和变化规律，对未来的冰情作科学的预测，为防凌、发电、灌溉、航运、供水、施工和国防等提供依据。冰情预报利用历史和现时水文、气象资料，根据河流、水库和湖泊等水体的封冰和解冻的规律，预测未来冰情。

冰情预报按河流冰情的不同发展阶段分为封冻期预报和解冻期预报。封冻预报包括河槽

蓄量、流凌日期、封冻日期、冰厚和承载能力、河段最大冰量和断面流冰量等预报项目。解冻预报包括解冻日期、解冻时最高水位、最大流量及出现时间、解冻形势等预报项目。

一、冰情现象

在河流及水库湖泊中，冰的生消变化过程是大气与水之间热交换作用的结果。冰的生消变化很复杂，按照冰量的增减，可归纳为成冰、融冰 2 个阶段，按照冰的形态变化，可分为流凌、封冻、解冻 3 个时期。

随着冷空气的到来，当水温略低于 0℃时，在水的表面开始见到冰针和岸冰。所谓岸冰就是沿河流一岸或两岸冻结的冰带。它往往先在平静的小湾或水流平缓、流速接近于零的河段沿岸产生。水内冰是水体内部产生过冷却水，遇有凝结核而形成的冰。这种冰可以产生于水体任何部位。水内冰的体积随着气温下降而增大，当浮力大于重力和附着力时，上游水面与破碎的岸冰结合在一起，随水流向下游称为流凌。

随着气温继续下降，冰厚和流凌密度不断增加，遇到强冷空气侵袭，气温降至一定程度，在水流排泄不畅的河段，如狭窄、陡弯、浅滩、水库回水末端、水工建筑物附近等处冰凌壅塞，开始封冻，封冻河段不断向上游发展，形成全河段的封冻。在封冻时如逆流向风力强、流速大，冰块多倾斜堆叠，冰面起伏不平，冰层堆积较厚，称为“立封”。反之，冰面平整，冰层较薄，称为“平封”。

春季气温升高，太阳辐射热增强，冰盖上融下化，冰色由青变白、变黄，冰的结构逐渐发生解体，这是即将解冻的象征。但由于河道特征和水文气象条件的差异，解冻形式和解冻日期有很大差别。当上游解冻早，来水量大，沿途形成水鼓冰，冰阻水，冰盖因水流抬升而破坏，冰块大，形成以动力作用为主的解冻，称为“武开”，易造成危害；反之，上下游解冻日期差别不大，沿河段没有卡冰结坝，以热力作用为主的解冻，称为“文开”，一般不易造成危害。在下游封冻层已基本融解时又遇到上游冰水下泄形成解冻的，称为“半武开”，一般也不易造成危害。

二、影响冰情变化的主要因素

影响冰情变化的因素有热力因素、动力因素和河道特征 3 种。热力因素主要有太阳辐射，水体与大气、河床的热交换，蒸发与凝结等。动力因素主要有水位、流量、流速、波浪、风速和风向等。河道特征对冰情也有重要影响。根据历史资料采用若干指标反映上述诸因素，建立这些指标与预报要素之间的经验关系，即可进行冰情预报。冰情预报的预见期一般要借助气象预报确定。

(一)热力因素

从水的物理性质可以知道，当河流的水温达到冰点，水体放出的热量越多，产生的冰量也越多。同样，对于 0℃的冰体，若得到的热量越多，被融化的冰量也越多。河流中水体或冰体热量的变化和冰量的变化是相应的。凡使水(或冰)体增加热量的称为正热量，使水(或冰)体减少热量的称为负热量。一个河段上在单位时间 Δt 内水(或冰)体总热量的变化 ΔW 取决于经上断面进入河段的总热量 $W_{上}\Delta t$、经下断面输出的总热量 $W_{下}\Delta t$ 和河段区间加入的总热量 $W_{区}\Delta t$ 3 部分，其热量平衡关系为

$$\Delta W = W_{上}\Delta t - W_{下}\Delta t + W_{区}\Delta t \tag{8-23}$$

(二)动力因素

动力因素中的水位、流量、流速因素又可称为水力因素。在封冻期相同的热力条件下，如果流量大、流速快、顺流方向的风力强，则水流输冰能力也强，冰块很难静止下来，就能推迟封冻日期，甚至不能封冻。反之，水流的输冰能力弱，冰块流动慢，易形成封冻。在融冰期相同热力条件下，若流量大、流速快、水位差值大、顺流方向的风力强，对封冻冰盖上的压力大，易形成"武开"。反之，会推迟解冻日期，形成以热力为主的解冻，即"文开"。

(三)河道特征

在相同的热力和动力条件下，由于河道特征的不同，河道狭窄、陡弯、多弯、宽浅和沙滩较多处先开始封冻，在这些地方解冻时也容易形成冰坝。因此，在作业预报时仍需考虑当年冰期河道特征的新变化。

三、冰情预报

(一)封冻预报

这里主要介绍流凌日期、封冻日期预报。其预报方法，一是以热量平衡法为基础的水力、热力因素指标法，二是上下游相关法。在实测资料充足的条件下，常用的预报方法为前者。热量平衡方程式在忽略了水温的程度变化之后可写成：

$$crW(\theta_2-\theta_1)=\omega A\Delta t \tag{8-24}$$

式中：c 为水的比热容，J/(kg・℃)；r 为水的密度，1 000 kg/m^3；W 为河槽蓄水量，m^3；θ_1，θ_2 分别为时段始末河槽的水温，℃；ω 为水体失热量，J/(m^2・d)；A 为河段水面面积，m^2。

在 θ_2 时(河流水温应略低于 0℃)开始流凌，则流凌日期为

$$\Delta t=\frac{crW\theta_1}{\omega A} \tag{8-25}$$

一般采用反映上式因素的指标建立预报图，对于流凌开始日期预报，采用日平均气温转负日的热流量、降温强度、降温开始时的水温等。图 8-10 为某站开始流凌日期预报图，以降温开始时水温为参数，建立降温强度和开始降温至开始流凌历时的相关曲线。降温强度越大，不同水温的影响相对越小，曲线簇呈上窄下宽。用此图进行作业预报时，应首先从气温和水温的关系判别该次降温能否使水温下降到 0℃，然后根据降温强度预报开始流凌日期。有的建立上、下游流凌日期相关图也可进行作业预报。

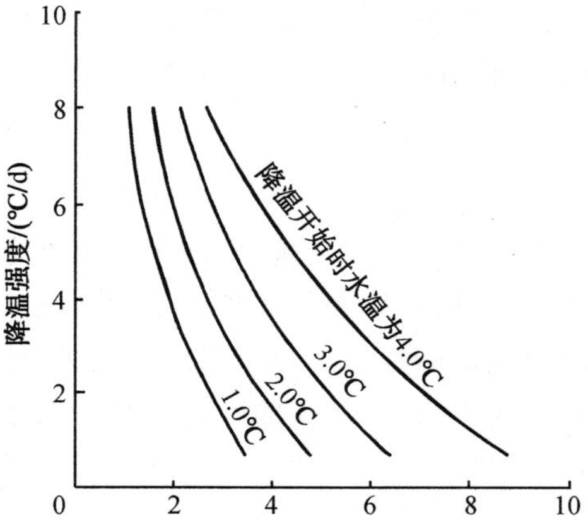

图 8-10　某站开始流凌日期预报图

河道流凌以后，随着气温继续下降，当冰凌之间相遇时的冻结力大于水流对冰的曳引力时，河流开始封冻。对于封冻日期预报，一般采用河段的月平均气温和月平均流量进行封冻趋势预报。但对于流速变化较大的河流，必须考虑水力因素的作用，建立

以水位和气温为参数的上、下游封冻日期相关关系。

(二)解冻预报

各河段影响解冻的主要因素是热力和水力因素。在湖泊、水库中,影响解冻的因素主要是热力因素,动力因素风有时也起一定作用。

解冻形势预报图一般有以下几种:①选用封冻期最大流量(或断面过流能力)和上游总来水量相对点绘,如图8-11所示;②采用开河前的气温变幅和上游站凌峰流量相对点绘;③用下游站流量与来水总量之比值作指标。对于应用气温变幅的预报图,当开河前的气温变幅大,即增温强,并且上游来水大时,易形成"武开河",反之,则易形成"文开河"。这几种预报图都是经验性的,可以在一定的条件下做出较准确的预报。第一种要有一定的热力条件,第二种要有一定的过流能力条件,如这些条件出现异常现象,就会造成很大的预报误差。有些解冻预报图存在预报因素出现日期与被预报因素出现日期间隔天数为常数的问题。

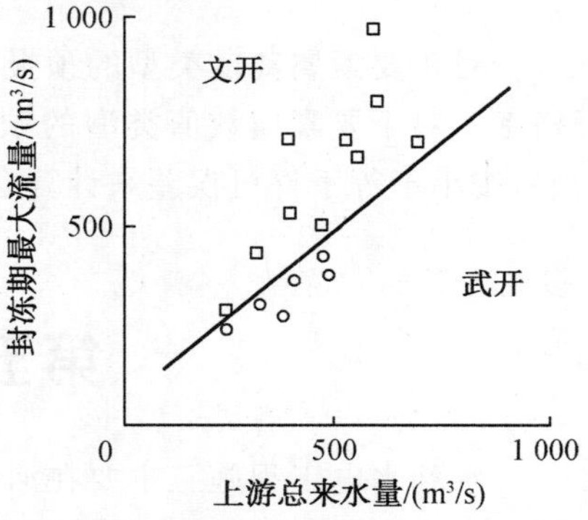

图 8-11　某站解冻形势预报图

(三)冰塞和冰坝预报

在冰塞预报中,首先要解决流冰量预报。如刘家峡水电站施工期冰情预报中,对流冰量过程预报采用了临界负气温,使累积负气温和累积流水量的关系受流量大小不同的影响得到了调整,可以把不同流量下的累积负气温与累积冰流量关系曲线调整为单一的关系,便于在预报中应用。但应指出,这个关系表示流量越小,临界负气温越大的物理意义不好理解,如用流量作参数则比较适宜。

关于冰坝预报,主要预报内容有冰坝发生地点和壅水高度。目前,冰坝预报尚无较好的方法。松花江的冰坝观测研究较多,在松花江下游冰坝形成条件分析中,按形成冰坝的不同情况分成5种类型,提出冰坝壅水高度的预报方法。在一个特定河段内,冰坝造成的最高水位除与热力和水力因素有关外,还应考虑反映冰坝强度的指标。在实践中,有的采用气温和升温强度反映热力因素,用水流量和槽蓄量反映水力因素,有的采用综合指标法,还有的用各因素绘相关图,或建立经验公式。这些方法在有实测资料时一般会取得较好的预报成果。

(四)受水库调节影响的冰情预报

河道中修建水库后水量受到调节。在冰期,下游河段流量增大、水温增高,改变了天然情况封冻的特性,在坝下相当长的距离内不再封冻。但有的河流冰塞往往比天然情况严重,由于下泄流量不断变化,封冻边缘位置和冰塞情况也不断变化。东北勘测设计研究院对水电站下游最小不封冻距离 L 的估算方法进行了研究,得到两个公式:

$$L=12.4q^{0.608}\theta^{1.435} \tag{8-26}$$

$$L=14.5q_r^{1.228}+8.5 \tag{8-27}$$

式中:q 为1月份最小旬单宽流量,$m^3/(s \cdot m)$;q_r 为1月份最小旬单宽热流量,$m^3 \cdot ℃/(s \cdot m)$;θ 为出库水温,℃。

从热量平衡来看，这两个公式均缺少反映失热的因素，但由于是经验性的，可以在现有资料范围内应用。影响冰塞壅水的主要因素是上游来冰量和沿程动力、热力条件的变化。发生冰塞后，上游来冰越多，冰塞壅水越高。

四、预报方案的精度评定

对于要素属离散类型的预报方案，取拟合正确的点据占总点据数的比例的百分数作为合格率。对于要素属数值类型的预报方案，取预报要素在预见期内实测变幅的 25% 作许可误差，按小于等于许可误差来计算合格率。

第五节　施工水文预报

水利水电工程施工主要在河槽上进行，该类工程施工期较长，施工过程中会遇到各种来水情况，同时一些临时性建筑物极大地改变了天然河道的水力条件。因此，做好施工期水文预报对施工进度及安全至关重要。按施工阶段，施工水文预报主要分导流期的水文预报和截流期的水文预报。

施工区的来水量预报主要由上游邻近水文站的预报洪水过程经河道演算后求得。除短期水文预报外，往往还要有中长期水文预报予以配合，以便对施工现场进行布设和处理。围堰的设计标准一般为能抵御二十年一遇的或稍大一些的洪水，抗洪能力不强，因此要特别提防非汛期的局地性暴雨形成的洪水，如汛末和枯水期的中小洪水，以免围堰过水，淹没基坑。

一、导流期的水文预报

中小河流上筑坝一般采用一次围堰、隧洞导流方式，即在围堰截流前先开凿隧洞或明渠，截流后上游来水由隧洞或明渠下泄。大江大河上筑坝一般采取分期围堰、明渠导流方式。因不同施工阶段的水流条件不同，围堰上游壅水现象多变，水流流态复杂，给施工水文预报工作带来不少困难。常用的施工导流方式主要有明渠导流和隧洞导流两种(图 8-12)。

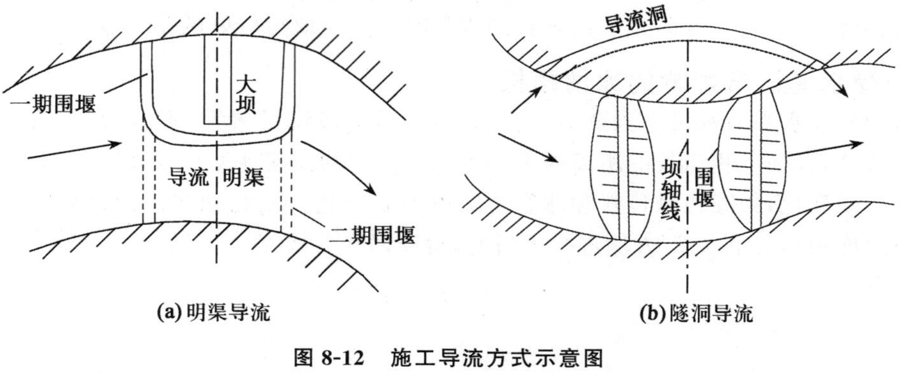

图 8-12　施工导流方式示意图

(一)明渠导流的水位(流量)预报

天然河道被第一期围堰束窄后,围堰的下游水位近似采用天然河道的水位值在导流明渠上游形成壅水,水位增高。围堰处束窄河段的上、下游水位差 ΔZ 可用式(8-28)近似计算:

$$\Delta Z = Z_{上} - Z_{下} = \frac{a_c v_c^2}{2g} - \frac{a_0 v_{上}^2}{2g} \tag{8-28}$$

其中

$$v_{上} = \frac{Q}{A_{上}} \tag{8-29}$$

$$v_c = \frac{Q}{A_c} \tag{8-30}$$

式中:$Z_{上}$、$Z_{下}$分别为围堰上、下游水位,m;$v_{上}$为行进流速,即围堰上游断面平均流速,m/s;v_c为最大收缩断面平均流速,m/s;a_0、a_c均为能量校正系数(或称动能因素),一般取 1.0~1.1;$A_{上}$为上游过水断面面积,m^2;A_c为最大收缩断面面积,m^2;Q为坝址断面预报流量,m^3/s。

为便于预报时计算,宜事先绘制辅助曲线。已知下游断面的水位-流量关系曲线 $Q=f(Z_{下})$,上游断面的水位-面积关系曲线 $A_{上}=f(Z_{上})$,收缩断面的水位-面积关系曲线 $A_c=f(Z_{下})$,用试算法建立壅水后围堰上游的水位-流量关系曲线。

(1)分级定流量值,查 $Q=f(Z_{下})$ 曲线得相应的 $Z_{下}$值。

(2)由 $Z_{下}$值查 $A_c=f(Z_{下})$曲线,得相应的A_c值。

(3)由 Q 和 A_c 值计算 v_c 和$\frac{a_c v_c^2}{2g}$值。

(4)假定上游壅水高度 $\Delta\hat{Z}$,按 $Z_{上}+\Delta\hat{Z}$ 值查 $A_{上}=f(Z_{上})$曲线,得相应的 $A_{上}$值。

(5)由 Q 和 $A_{上}$值计算 $v_{上}$和$\frac{a_0 v_{上}^2}{2g}$值。

(6)按式(8-28)计算得壅水高度 ΔZ 值,若 $\Delta Z=\Delta\hat{Z}$,$\Delta\hat{Z}$ 即所求,否则重新假定 $\Delta\hat{Z}$ 值。

计算得各级流量的 ΔZ 值后,就可建立如图 8-13 所示的壅水后 $Q=f(Z_{上})$曲线。作业预报时,根据预报流量值查图即得围堰上、下游水位和壅水高度。上述水力计算中省略了摩阻项,可能给计算带来较大误差。可根据施工导流水工模型试验成果进行修改,同时还要根据实测的资料检验 $Q=f(Z_{上})$关系曲线,进行及时修正。

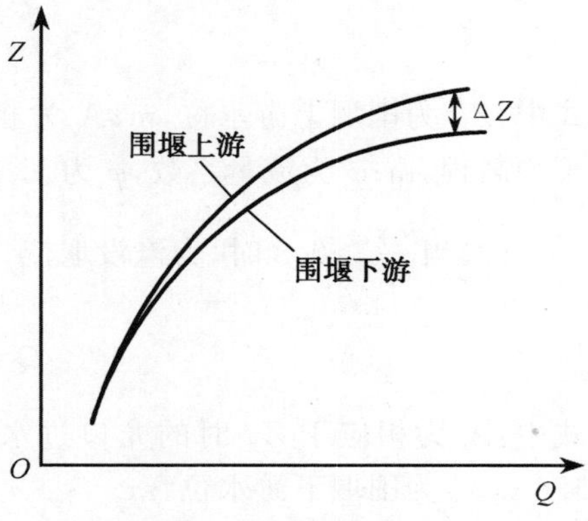

图 8-13 围堰上、下游的水位-流量关系曲线

如果围堰高度大、上游壅水河段长,由上游邻近水文站流量演算推求坝址断面流量时,应考虑壅水河段槽蓄量增大后的影响。围堰上游壅水河段的水流速度也发生变化,可分别计算波速与传播时间,则自上游邻近水文站至围堰的传播时间由两部分组成:壅水河段以上的原天然河流传播时间和壅水河段的传播时间。后者与壅水高度、壅水河段长度有关,可绘制 $\tau=f(Q,Z_{上})$关系曲线。

(二)隧道导流的流量预报

当施工期采用隧洞导流方式时,这里只介绍泄流量预报的理论计算方法。首先判断隧洞的自由出流方式,即无压流或有压流;其次根据水力学计算公式,结合水工试验模型分别求出无压流和有压流隧洞的泄流量。

二、截流期的水文预报

截流期的水文预报主要包括二期上游围堰合龙过程中的龙口上下水位、流速预报和坝体泄水时的水位、流量预报。围堰合龙施工一般在枯水季进行,河流来水量属枯季径流预报。

在围堰戗堤不断推进过程中,过水断面不断减小,流速增大,上游壅水。因施工使过水断面形状多变,且不稳定,在围堰合龙过程中要不断测量流速和水位,并及时修正预报值。

(一)龙口上、下游水位和流速极限预报

预报龙口上、下游水位时,一般按水力学中的宽顶堰计算,并分为自由堰流和淹没堰流两种情况(图 8-14)。

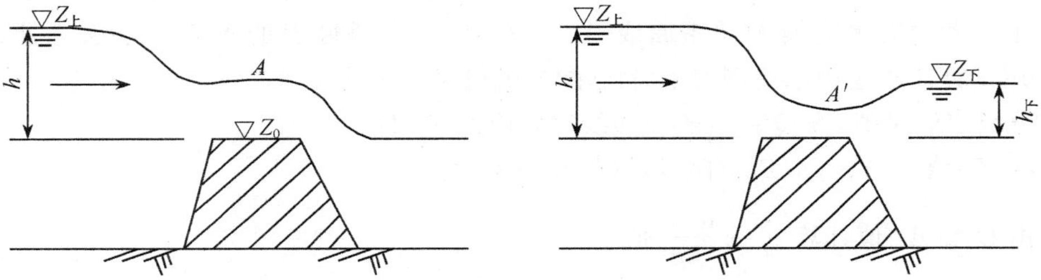

图 8-14　龙口宽顶堰水流示意图

(1)当$\frac{h_{下}}{h}<0.8$时,为自由堰流,计算流量的近似公式为

$$Q=\varphi A\sqrt{Z_{上}-\overline{Z}_{*}} \tag{8-31}$$

式中:$Z_{上}$为围堰上游水位,m;A 为相应于 $Z_{上}$时的龙口过水断面面积,m^2,$\overline{Z}_{*}$为龙口底部的平均高程,m;φ 为流量系数,φ 为 1.33～1.70。

(2)当$\frac{h_{下}}{h}>0.8$时,为淹没堰流,计算流量的公式为

$$Q=\varphi' A'\sqrt{2g(Z_{上}-Z_{下})} \tag{8-32}$$

式中:A'为相应于 $Z_{上}$时的龙口过水断面面积,m^2;φ'为流量系数,有侧收缩时 φ'为 0.88～1.00;$Z_{下}$为围堰下游水位,m。

根据水工模型试验成果,按水力学公式计算,可绘制不同龙口底部高程对应的泄流能力计算辅助曲线(图 8-15),供预报时使用。由截流时的龙口底部高程 Z_0、龙口宽度 b 和上游预报的来水量 Q,查图 8-15 即可预报出龙口上游水位 $Z_{上}$。

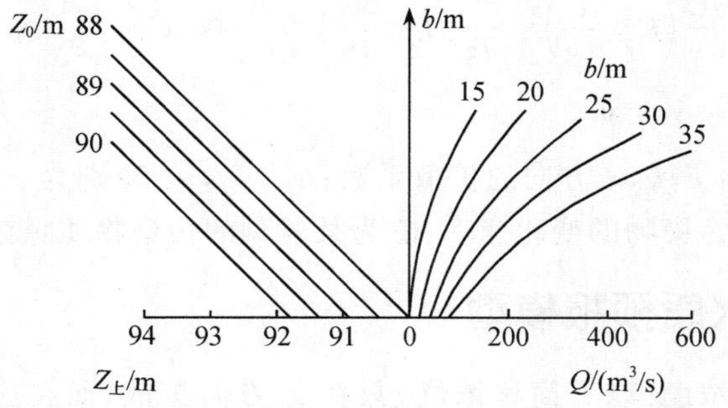

图 8-15　某工程龙口泄流能力计算辅助曲线

(二)龙口处及初蓄期流速预报

在截流抛石阶段，需要根据流速的大小确定石块的大小、质量等，所以要进行流速预报。由式(8-31)和式(8-32)计算流量，根据 $V=\dfrac{Q}{A}$，可以分别求出自由堰流和淹没堰流时的相应龙口平均流速。预报流量、水位、流速取实测值变幅的 20％作为许可误差。

围堰合龙后，工程进入初蓄期，边施工边蓄水，坝前蓄水渐增，水位上升。此时导流方式常采用坝体梳齿缺口泄水、坝体泄流洞泄水、隧洞泄水等，且或有闸门控制，或无闸门控制，其泄流量都按水力学公式计算。

第六节　水质预报

水质预报主要研究河流水体中污染物迁移和转化的规律，分析水体污染状况，预报未来污染发展趋势，为水污染控制、治理规划和水环境评价提供水质信息。水质预报按预报项目分，包括化学需氧量、高锰酸盐指数、五日生化需氧量等指标和氰化物、汞、砷、氨氮等有害物质含量以及水温、悬浮物、电导率等物理指标，可根据具体情况选定。

现有水质模型的种类很多，按时间可分为稳态模型和动态模型；按空间可分为一维、二维、三维模型；按反应动力学可分为纯输移模型、纯反应模型、生化模型、输移和反应模型、生态模型；按模型性质可分为黑箱模型、白箱模型和灰箱模型；按变量特点可分为确定性模型和随机性模型。

一、水质模型原理

河流水质模型是描述水体中污染物随时间和空间迁移转化规律的数学方程(微分、差分、代数等)。在一定的定解条件(初始条件和边界条件)下求解这些数学方程，从而实现对某水域进行水质预报。最早较为成功的水质模型由斯特里特(Streeter)和费尔普斯(Phelps)于 1925 年提出，简称 S-P 模型。目前该模型仍然是经常使用的水质模型，并经过多次修正和校核，计算出来的结果更加准确和科学。

根据污染物在水体中的运动及质量守恒定律，取一个微元六面体，假设微元体不随时间改变，微元体内污染物的变化量应等于进出微元体的污染物差量之和，即

$$\frac{\partial C}{\partial t}=\frac{\partial C}{\partial x}\left(E_x\frac{\partial C}{\partial x}\right)+\frac{\partial C}{\partial y}\left(E_y\frac{\partial C}{\partial y}\right)+\frac{\partial C}{\partial z}\left(E_z\frac{\partial C}{\partial z}\right)-\frac{\partial C}{\partial x}(u_xC)-\frac{\partial C}{\partial y}(u_yC)-\frac{\partial C}{\partial z}(u_zC)+S \tag{8-33}$$

式中：E_x，E_y，E_z 分别为 x，y，z 方向的扩散系数；u_x，u_y，u_z 分别为 x，y，z 方向的流速；S 为水体中其他因素引起的污染物的变化速率；C 为某时刻的污染物质量浓度。

二、河流一维水质预报模型

假定污染物的质量浓度(以下简称浓度)只在 x 方向扩散，而在 y，z 方向上浓度是均匀的，在均匀流场中，E_x 和 u_x 可以作为常数，则式(8-33)简化为

$$\frac{\partial C}{\partial t}=E_x\frac{\partial^2 C}{\partial x^2}-u_x\frac{\partial C}{\partial x}+S \tag{8-34}$$

当污染物降解服从一级反应时，S 只受 x 方向上其他因素影响，则 $S=-KC$，K 为污染物综合降解系数。那么式(8-34)变为

$$\frac{\partial C}{\partial t}=E_x\frac{\partial^2 C}{\partial x^2}-u_x\frac{\partial C}{\partial x}-KC \tag{8-35}$$

对于难降解污染物，$K=0$，则基本方程为

$$\frac{\partial C}{\partial t}=E_x\frac{\partial^2 C}{\partial x^2}-u_x\frac{\partial C}{\partial x} \tag{8-36}$$

当污染物输入量、断面平均流速和纵向扩散系数不随时间变化，河中污染物浓度是稳定的，也不随时间变化，$\frac{\partial C}{\partial t}=0$，则式(8-35)和式(8-36)可写为

$$E_x\frac{\partial^2 C}{\partial x^2}-u_x\frac{\partial C}{\partial x}-KC=0 \tag{8-37}$$

$$E_x\frac{\partial^2 C}{\partial x^2}-u_x\frac{\partial C}{\partial x}=0 \tag{8-38}$$

边界条件：当 $x=0$ 时，$C=C_0$；当 $x=\infty$时，$C=0$。则稳态模型为

$$C=C_0\mathrm{e}^m \tag{8-39}$$

$$m=\frac{u_x}{2E_x}\left(1-\sqrt{1+\frac{4KE_x}{u^{\frac{2}{x}}}}\right)x \tag{8-40}$$

对于难降解污染物，稳态模型为

$$C=C_0\mathrm{e}^{-\frac{xu_x}{E_x}} \tag{8-41}$$

式中：x 为顺河水流向距离。

对于一般条件下的河流，推流形成的污染物迁移作用要比扩散作用大得多，在稳态条件

下，可忽略扩散作用。则河流稳态模型可简化为

$$C = C_0 e^{-\frac{K_x}{u_x}} \tag{8-42}$$

三、水库或湖泊水质预报模型

水库或湖泊的水力特征与河流水体差异很大，水质变化规律也不同。在实际计算中往往把水库或湖泊进行概化，假设水库或湖泊中污染物均匀混合，用零维水质模型来预报水质的变化趋势。在实际应用中，水库或湖泊常用下列模型：

$$C = \frac{Q_P C_0 + q_i C_i}{Q_P + q_i} \tag{8-43}$$

式中：C 为水库或湖泊的污染物浓度，mg/L；C_0 为水库或湖泊的初始污染物浓度，mg/L；C_i 为排污口或支流口污染物浓度，mg/L；Q_P 为水库或湖泊的流量，m^3/s；q_i 为排污口或支流口流量，m^3/s。

图 8-16 所示为水库或湖泊水质模型概化图，考虑稳态的情况，设有几条支流库体，各汇入支流的流量及污染物浓度分别为 $q_1, q_2, q_3, \cdots, q_n$；$C_{01}, C_{02}, C_{03}, \cdots, C_{0n}$。

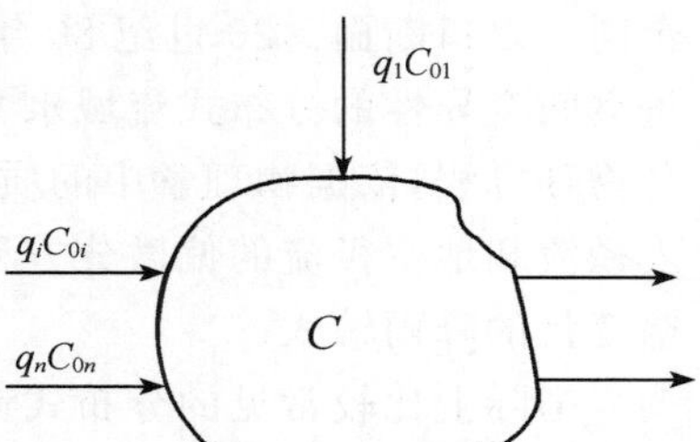

图 8-16　水库或湖泊水质模型概化图

有些水较深的水库或湖泊，由于水温、迁移作用等因素的影响，在不同的水深处污染物浓度不同；此外，有的水库或湖泊很大，污染物进入水体后不易均匀混合。以上两种情况用上述水质模型进行预报会带来很大误差，需要考虑各种复杂情况后对模型进行改进，这里不再详述。

鉴于目前水质预报尚处于起步阶段，其误差评定标准略宽，一般取实测值的 30%作为许可误差。

第七节　水文预报新技术

新技术在水文预报中的应用涉及范围比较广，根据目前国内外的情况，下文主要介绍一些信息技术在水文预报中的应用。

一、"3S"技术应用

水文预报涉及降水蒸发、入渗、地表径流、土壤、植被、地形、地貌、地质、水质、冰情、人类活动等诸多因素。有关这些因素的数据采集、处理和存储是水文预报的基础。

遥感(remote sensing，RS)是一种由遥感平台(如卫星)、传感器、地面接收站和计算机遥感图像处理软件等不同部件组成的地表资源与环境信息获取系统。其特点是能够准确、快速地获取广大范围的地理信息，从而为资源与环境的动态监测提供基础数据。现在遥感技术已经成为获取水文基础数据(如雨量、水位、流量、水质等)的一个重要手段。

全球定位系统(global position system，GPS)是一种利用卫星进行空间定位的技术体系，

其特点是能够方便准确地提供地面采样点的空间位置数据。目前,这种技术已经完全达到实用水平。

地理信息系统(geographical information system,GIS)是一种由硬件、软件、数据和用户组成的,用以采集、存储、管理、分析和表达地理数据,满足人们特定需求,能够解决和回答用户一系列地学领域问题的计算机系统。它在水文预报中的主要作用:一是进行数据的储存、维护和数据格式的转换、分析;二是能对水文预报模型进行识别、检验、模拟和预报;三是对预报结果进行处理,如表格或图形输出。

上述 RS、GPS、GIS 技术通常称为"3S"技术。

二、分布式流域水文模型

自 20 世纪 70 年代以来,流域水文模型的研究才开始发展。如中国的新安江模型和陕北模型、美国的斯坦福(Standford)模型和日本的水箱(TANK)模型,这些都属于集总式概念性水文模型。这几个国内外著名的概念性模型虽然已广泛地应用于降雨径流预报中,但不能反映分散性输入和集中性输出的特点,即流域降水是分散地落在地面上,而各点产生的径流却流至同一出口断面。20 世纪 80 年代以来,随着计算机技术、GIS 和 RS 技术的发展,考虑水文变量空间变异性的分布式流域水文模型得到了重视。分布式流域水文模型是基于水动力学偏微分物理方程,依据物理学中的质量、动量与能量守恒定律以及流域产、汇流的特性,导出描述地表径流和地下径流的偏微分方程组。这些方程组能表现径流在时空上的变化,也能处理随时空变化的降雨输入。

国际上比较常见的分布式流域水文模型有以下两种:①TOPMODEL(TOPography based hydrological model)。它是以地形和土壤为基础的半分布式流域水文模型。其主要特征是数字地形模型的广泛适用以及水文模型与地理信息系统的结合应用,模型简单,优选参数少,充分利用了容易获得的地形资料,在水文预报领域得到了广泛的应用。②SWMM(storm water management model)。它是一个动态的降雨径流预报模型,可以预报城市降雨径流过程的各个方面,包括地面径流和排水系统中的水流、雨洪的调蓄处理过程。考虑到空间变异性,一般将对象区域划分成若干个子流域,根据各子流域的特性分别计算其径流过程,并通过流量演算方法将各子流域的出流组合起来。采用该模型能描述暴雨洪水径流的水量和水质。

三、水情自动测报系统

水情自动测报系统是采用现代科技对水文信息进行实时遥测、传送和处理的专门系统,是有效解决江河流域及水库水文预报的一种先进技术手段。它综合水文、电子、电信、传感器和计算机等多学科的有关最新成果,用于水文测量和计算。根据当时实测的水文信息对模型的结构、参数、状态变量、输入量或预报结果进行实时校正,这样使水文预报更符合客观实际,同时也提高了水情测报速度和水文预报精度。图 8-17 为以卫星传输数据信号的简易水情自动测报系统原理图。

水文站通过传感器(如雨量、水位等传感器)把数据信号传给卫星,中心站再通过卫星进行数据接收,将接收回来的数据输入计算机,并对这些数据进行整理、存储,写入数据库,然后从数据库中读取实时数据,根据率定好的水文模型进行计算,对预报成果实时校正,最后以图或表的形式发布水文预报。

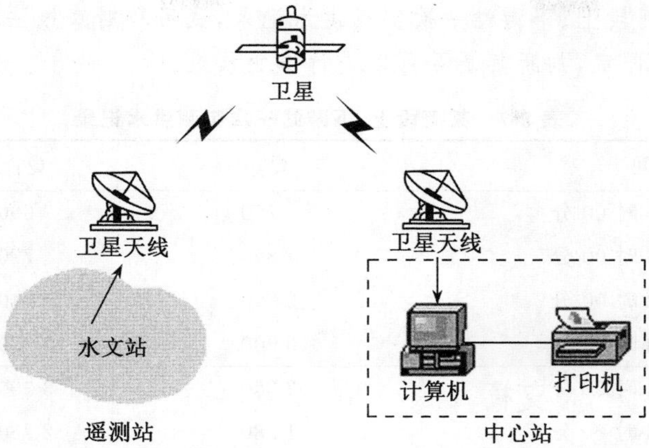

图 8-17　简易水情自动测报系统原理图

本章习题

1. 附加比降影响洪水波变形,附加比降的大小与洪水波变形、洪水波传播的时间关系如何？引起河槽洪水波变形的原因是什么？

2. 合成流量法的预见期如何确定？

3. 用相应水位法由上断面洪峰水位预报下断面洪峰水位的预见期为何？

4. 马斯京根流量演算法的基本原理是什么？流量比重系数 x 反映的是什么因素的影响？

5. 枯季径流预报方法有哪些？各种方法的特点是什么？

6. 冰情预报主要包括哪些预报项目？目前常用的预报方法有哪些？

7. 截流期龙口流速如何进行预报？

8. 河流一维水质预报和水库或湖泊水质预报方法的不同之处在哪里？

9. 表 8-6 为某河段上、下游站相应洪峰水位及传播时间摘录表,根据该表用相应水位法编制下游水位预报方案。

表 8-6　上、下游站相应洪峰水位及传播时间摘录表

上游站洪峰水位		下游站洪峰水位		传播时间
时间	水位/m	时间	水位/m	τ/h
4月28日17时00分	65.10	4月30日0时00分	48.20	31
5月8日0时00分	80.30	5月9日3时00分	60.10	27
16日5时00分	90.00	17日5时00分	67.10	24
25日8时00分	76.20	26日10时00分	56.30	26
6月1日14时00分	105.20	6月2日10时00分	77.10	20
11日2时00分	75.00	12日6时00分	64.40	28
22日7时00分	107.10	23日1时00分	77.50	18

10. 表 8-7 为某河段上、下游站一次实测洪水记录，试用马斯京根法求流量演算方程，并对该预报方案进行精度评定，判断其是否可以进行作业预报。

表 8-7　某河段上、下游站一次实测洪水记录 m^3/s

时间	$Q_{上}$	$Q_{下}$	$q_{区}$
7 月 2 日 0 时 00 分	750	690	7
6 时 00 分	840	770	140
12 时 00 分	2 810	940	200
18 时 00 分	3 900	2 320	140
7 月 3 日 0 时 00 分	2 380	3 300	60
6 时 00 分	1 580	2 750	
12 时 00 分	1 200	1 830	
18 时 00 分	1 000	1 460	
7 月 4 日 0 时 00 分	890	1 230	
6 时 00 分	800	1 060	
12 时 00 分	750	940	
18 时 00 分	720	840	
7 月 5 日 0 时 00 分	700	800	

第九章

中小型水库兴利调节计算

第一节　水库的设计保证率

水库的设计标准包括防洪标准和兴利用水标准，是设计水库时用以确定水库的防洪、兴利效益和核算水工建筑物安全的依据。

由于河川径流的多变性，如果在很少或较少出现的特殊枯水年份也要保证各部门的正常用水要求，则必须有很大规模的水库容积，由此不得不耗费很多的人力、物力和财力，显然是不经济也是不合理的。为了避免不合理的耗费，一般不要求在将来运行的全部时间内都能绝对保证正常用水，而是可以在非常情况下允许一定的断水或减少用水。在多年工作期中，用水部门的正常用水得到保证的程度，用正常用水保证率来表示。因为这个保证程度在设计水库时就应预先选定，也称为设计的正常用水保证率，简称设计保证率（以 P 表示）。

设计保证率有 3 种不同的衡量方法，即按保证用水的数量，按保证用水的年数或按保证用水的历时。三者都是以多年工作期中的相对百分数来表示，形式上是一样的，但统计方法不同，含义也不同。后两种衡量方法的计算公式分别见式（9-1）、式（9-2）。例如，设计保证率为 95%，第一种方法是指多年工作期中的缺水数量占 5%，第二种方法是指缺水的年数占 5%，所谓缺水年是包括不足正常用水的任何年份，不论其缺水持续时间的长短和缺水数量的多少，都属于正常工作受到破坏，第三种方法是指缺水的历时占 5%。目前在水库的规划设计中最常用的也是最主要的方法是第二种。不论是灌溉用水，还是工业和民用供水，设计保证率都是用多年工作期中能保证正常工作的相对年数来表示的，即

$$P=\frac{\text{总年数}-\text{破坏年数}}{\text{总年数}+1}\times 100\%=\frac{\text{正常工作年数}}{\text{总年数}+1}\times 100\% \tag{9-1}$$

只有对于一般的航运用水，或是没有径流调节情况下的其他部门用水，它们的正常工作不是以年数，而是以日数来表示的，所以设计保证率采用第三种衡量方法，即按正常工作的相对历时来表示保证率，此时

$$P'=\frac{\text{正常工作时间(日、旬或月数)}}{\text{总时间(日、旬或月数)}+1}\times 100\% \tag{9-2}$$

以上是水库工程设计和兴利调节中设计保证率的含义。

水利水电工程设计保证率的选择是一个复杂的技术经济问题。设计保证率定得太低，正常工作遭受破坏的频率将加大，破坏所带来的国民经济损失及其他不良后果会加重；相反，设计保证率定得过高，虽可减轻破坏带来的损失，但将增加工程投资和其他费用，或者不得不减少工程的效益。可见，设计保证率理应通过技术经济计算，并考虑其他影响，综合分析确定。

一、灌溉设计保证率

灌溉设计保证率指设计灌溉用水量的保证程度，通常根据灌区水、土资源情况，作物组成，气象与水文条件，水库调节性能，国家对当地农业生产的要求，以及地区工程建设和经济条件等因素分析确定。

一般说来，南方水源丰富的地区，灌溉设计保证率比北方高；大型工程的比中、小型工程的高；自流灌溉的比提水灌溉的高；远期规划工程的比近期工程的高。设计时可根据具体条件，参照表 9-1 选值。

有的地区采用抗旱天数作为设计标准。抗旱天数是指依靠灌溉设施供水，可以抗御连续多少天无雨保丰收的天数。《灌溉与排水工程设计标准》(GB 50288—2018)中规定："旱作物和单季稻灌区抗旱天数可取 30～50 天，双季稻灌区抗旱天数可为 50～70 天，经济较发达的地区，可按上述标准提高 10～20 天。"

有条件地区可酌情提高灌溉设计保证率。对于灌溉设计标准以外的大旱年份，应本着挖掘潜力、节约用水原则，提出灌溉用水要求。

表 9-1　灌溉设计保证率

灌水方法	地区	作物种类	保证率/%
地面灌溉	干旱地区或水资源紧缺地区	以旱作为主	50～75
		以水稻为主	70～80
	半干旱、半湿润地区或水资源不稳定地区	以旱作为主	70～80
		以水稻为主	75～85
	湿润地区或水资源丰富地区	以旱作为主	75～85
		以水稻为主	80～95
	各类地区	牧草和林地	50～75
喷灌、微灌	各类地区	各类作物	85～95

注：(1)作物经济效益较高或灌区规模较小的地区，宜选用表中较大值；作物经济效益较低或灌区规模较大的地区，宜选用表中较小值。

(2)引洪淤灌系统的灌溉设计保证率可取 30%～50%。

二、供水设计保证率

工业及民用供水若遭破坏将直接影响人民生活和造成生产上的严重损失，故采用较高的设计保证率。根据《室外给水设计规范》(GB 50013—2018)和《村镇供水工程技术规范》

(SL 310—2019),干旱年枯水期设计取水量的保证率,严重缺水地区不低于90%,其他地区不低于95%。一般按年保证率取值的范围为95%~99%,大城市和重要工矿区取较高值。对于由两个以上水源供水的城市或工矿企业,在确定可靠性时,常按下列原则考虑:任一水源停水时,其余水源除应满足消防和生产紧急用水外,要保证供应一定数量的生活用水。

三、通航设计保证率

通航设计保证率一般指最低通航水位(水深)的保证程度,以计算时期内通航获得满足的历时百分率表示。最低通航水位是确定枯水期航道标准水深的起算水位。

通航设计保证率,一般根据航道等级结合其他因素综合比较并征求有关部门意见,报请审批部门确定。根据《内河通航标准》(GB 50139—2014),天然河流的设计最低通航水位可采用保证率频率法或综合历时曲线法计算。不受潮汐影响和潮汐影响不明显的河段,其设计最低通航水位采用综合历时曲线法计算确定时,其多年历时保证率应符合表9-2的规定;采用保证率频率法计算确定时,其年保证率和重现期应符合表9-3的规定。

表9-2　天然河流设计最低通航水位的多年历时保证率

航道等级	Ⅰ、Ⅱ	Ⅲ、Ⅳ	Ⅴ~Ⅶ
多年历时保证率/%	≥98	98~95	95~90

表9-3　天然河流设计最低通航水位的年保证率和重现期

航道等级	Ⅰ、Ⅱ	Ⅲ、Ⅳ	Ⅴ~Ⅶ
年保证率/%	99~98	98~95	95~90
重现期/a	10~5	5~4	4~2

受潮汐影响明显的河段,设计最低通航水位应采用低潮累积频率为90%的潮位。

此外,过木河流上的水利水电工程设计,应根据具体条件通过综合分析比较并征求有关部门意见,报请审批部门确定过木的设计标准和设计保证率。

在综合利用水库的水利水能计算中,首先,要将历时保证率换算成年保证率。其次,针对各用水部门设计保证率常不相同的情况,一般以其中主要部门的设计保证率为准,进行径流调节计算。凡设计保证率高于主要部门的用水部门,其需水应得到保证;而设计保证率较低的用水部门的用水量可适当缩减。最后,还要对年水量频率与各用水部门设计保证率相应的年份分别进行校核计算,取稍偏于安全方面的结果。必要时,可根据任务主次关系,适当调整各部门的用水要求或设计保证率。

第二节　水库特性

水库是径流调节的工具,水库特性主要是指由于水库库区地形所造成的面积特性和容积特性。

一、水库面积特性和容积特性

(一)水库面积特性

水库面积特性是指水库水位与面积的关系曲线。库区内某一水位高程的等高线和坝轴线所包括的面积，即该水位下的水库水面面积。水面面积随水库水位的变化而改变的情况，取决于水库河谷平面形状。在 1/100 000～1/10 000 比例尺地形图上，采用求积仪法、方格法、网点法以及光电扫描与计算机辅助设备或软件系统（如地理信息系统软件）等，均可量算出不同水库水位相应的水面面积，从而绘成如图 9-1 所示的水库面积特性。绘图时，高程间距可取 1 m、2 m、5 m。

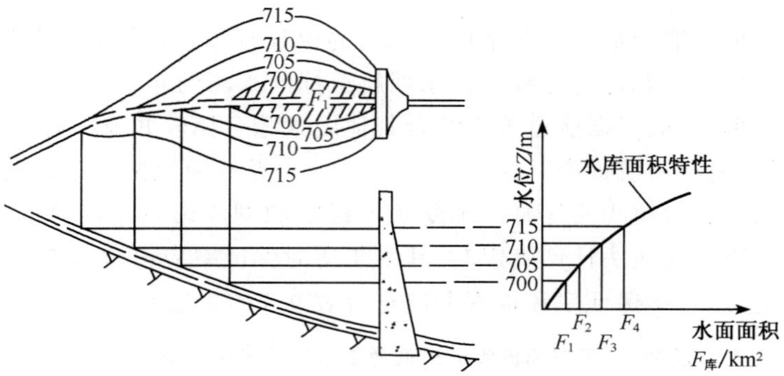

图 9-1　水库面积特性绘法示意图

显然，平原水库具有较平缓的水库面积特性曲线，表明增加坝高将迅速扩大淹没面积和加大水面蒸发量，故平原地区一般不宜建高坝。

（二）水库容积特性

水库容积特性指水库水位与容积的关系曲线，它可直接由水库面积特性推算绘制。两相邻等高线间的水层容积 ΔV，可按简化式(9-3)或较精确式(9-4)计算：

$$\Delta V=\frac{\Delta Z}{2}(F_{下}+F_{上}) \tag{9-3}$$

$$\Delta V=\frac{\Delta Z}{3}(F_{下}+\sqrt{F_{下}F_{上}}+F_{上}) \tag{9-4}$$

式中：$F_{上}$，$F_{下}$分别为相邻两等高线各自包括的水库水面面积，如图 9-2 中 F_1 和 F_2；ΔZ 为两等高线之间的高程差。

从库底 $Z_{底}$ 逐层向上累加，便可求得每一水位 F 的水库容积 $V=\sum\limits_{Z_{底}}^{Z}\Delta V$，从而绘成水库容积特性。水库容积特性和面积特性如图 9-2 所示。

用地形资料绘制水库特性曲线的计算举例见表 9-4，应该指出，上述水库水面是按水平面进行计算的。实际上仅当入库流速为零时，水库水面才呈水平，故称上述计算所得库容为静库容。库中水面由坝址起沿程上溯呈回水曲线，越靠上游水面越上翘，直至进库端与天然水面相交为止。因此，每一坝前水位所对应的实际库容比静库容大，即除静库容外，还有一部分楔形蓄量，如图 9-3 所示阴影部分。由这样上翘的水面曲线所构成的容积为动水容积（即静库容加楔形蓄量），简称动库容。

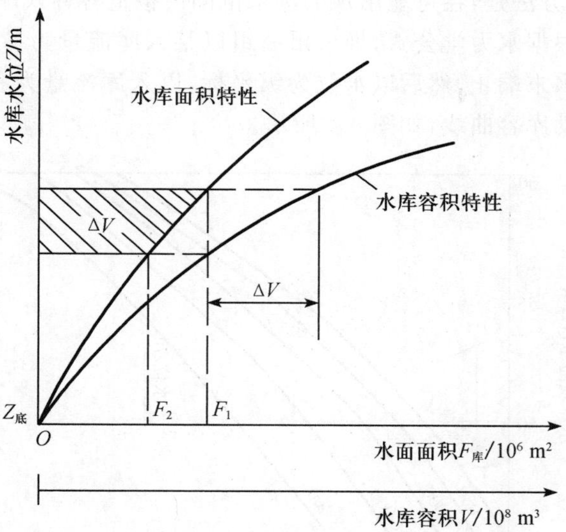

图 9-2　水库容积特性和面积特性

表 9-4　某水库库容计算表

水位 Z/m	水面面积 A/万 m²	平均面积 $\overline{A}$/万 m²	高差 ΔZ/m	分层库容 ΔV/万 m³	累计库容 V/万 m³
697	0				0
700	3.4	1.1	3	3.4	3.4
705	12.0	7.3	5	36.3	39.7
710	28.0	19.4	5	97.2	136.9
715	46.0	36.6	5	183.1	320.0
720	68.0	56.6	5	283.2	603.2
725	97.0	82.1	5	410.4	1 013.6
730	138.0	116.9	5	584.5	1 598.1
735	185.0	160.9	5	804.6	2 402.7
740	239.0	211.4	5	1 057.1	3 459.8
745	297.0	267.5	5	1 337.4	4 797.2

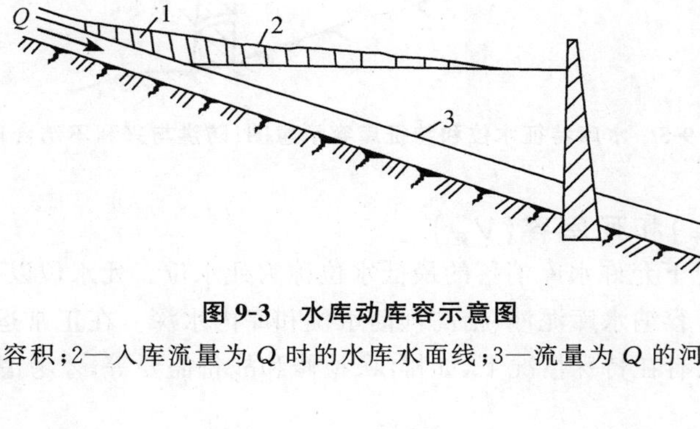

图 9-3　水库动库容示意图

1—楔形容积；2—入库流量为 Q 时的水库水面线；3—流量为 Q 的河道水面线

动库容曲线的绘制方法是：在可能出现的洪水范围内拟定各种入库流量，对某个入库流量假定不同的坝前水位，根据水力学公式，推求出一组以某入库流量为参数的水面曲线，并计算相应的库容，计算至回水末端止，然后以水位为纵坐标，以入库流量为参数，以库容为横坐标，绘制动水容积曲线，即动库容曲线，如图 9-4 所示。

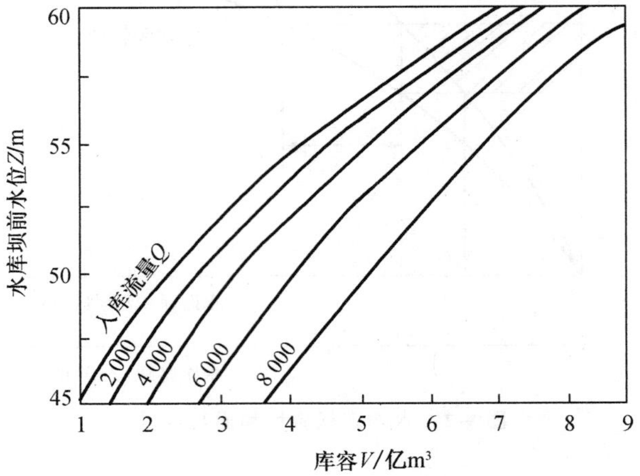

图 9-4　水库动库容曲线

二、水库的特征水位和特征库容

水库工程为完成不同任务在不同时期和各种水文情况下，需控制达到或允许消落的各种库水位，统称特征水位。相应于水库特征水位以下或两特征水位之间的水库容积，称为特征库容。确定水库特征水位和特征库容是水利工程规划、设计的主要任务之一。

图 9-5 和图 9-6 为水库各种特征水位和特征库容的示意。

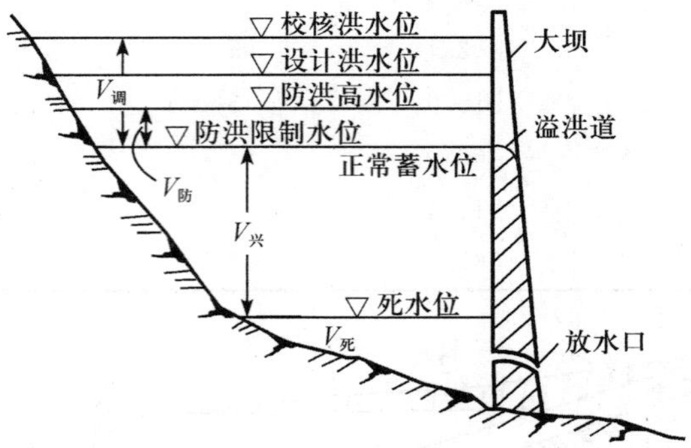

图 9-5　水库特征水位和特征库容示意图(防洪与兴利不结合)

(一)死水位($Z_{死}$)和死库容($V_{死}$)

在正常运用的情况下允许水库消落的最低水位称为死水位。死水位以下的水库容积称为死库容。死库容一般用于容纳水库泥沙、抬高坝前水位和库内水深。在正常运用中，死库容不参与径流调节，也不放空，只有在特殊情况下，如排洪、检修和战备需要等，才考虑泄放其中的蓄水。

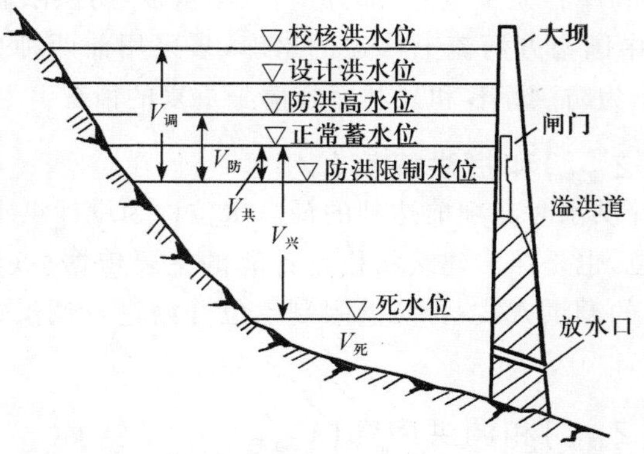

图 9-6　水库特征水位和特征库容示意图(防洪与兴利部分结合)

(二)正常蓄水位($Z_{蓄}$)和兴利库容($V_{兴}$)

水库在正常运用情况下,为满足设计兴利要求而在开始供水时应蓄到的高水位,称为正常蓄水位,又称正常高水位或设计兴利水位。它决定水库的规模、效益和调节方式,在很大程度上决定水工建筑物的尺寸、形式和水库淹没损失。当采用无闸门控制的泄洪建筑物时,它与泄洪堰顶高程齐平;当采用闸门控制的泄洪建筑物时,它是闸门关闭时允许长期维持的最高蓄水位,也是挡水建筑物稳定计算的主要依据。

正常蓄水位与死水位间的库容称为兴利库容或调节库容,用以调节径流,提高枯水时的供水量或水电站出力。

正常蓄水位与死水位的高程差称为水库消落深度或工作深度。

(三)防洪限制水位($Z_{限}$)

水库在汛期允许兴利蓄水的上限水位称为防洪限制水位。它是水库汛期防洪运用时的起调水位。当汛期不同时段的洪水特性有明显差异时,可考虑分期采用不同的防洪限制水位。

防洪限制水位的拟定关系到水库防洪与兴利的结合问题,具体研究时,要兼顾两方面要求。

(四)防洪高水位($Z_{防}$)和防洪库容($V_{防}$)

当遇到下游防护对象的设计标准洪水时,水库为控制下泄流量而拦蓄洪水,这时在坝前(上游侧)达到的最高水位称为防洪高水位。只有当水库承担下游防洪任务时,才需确定这一水位。此水位可采用相应下游防洪标准的各种典型洪水,按拟定的防洪调度方式,自防洪限制水位开始进行水库调洪计算求得。

防洪高水位与防洪限制水位间的库容称为防洪库容,用以拦蓄洪水,满足下游防护对象的防洪要求。当汛期各时段具有不同的防洪限制水位时,防洪库容指最低的防洪限制水位与防洪高水位之间的库容。

当防洪限制水位低于正常蓄水位时,防洪库容与兴利库容的重叠部分称为重复库容或共用库容($V_{共}$)。此库容在汛期腾空作为防洪库容或调洪库容的一部分,汛末充蓄,作为兴利库容的一部分,以增加供水期的保证供水量或水电站的保证出力。在水库设计中,根据水库及水文特性，有防洪库容和兴利库容完全重复、部分重复、不重复(防洪限制水位与正常蓄水位处于同一高程)3 种形式。在中国南方河流上修建的水库，多采用前两种形式，以达到防洪和兴利的最佳结合。图 9-6 所示为防洪库容和兴利库容部分重复的情况。

(五)设计洪水位($Z_{设洪}$)和拦洪库容($V_{拦}$)

当水库遭遇大坝设计洪水时在坝前达到的最高水位称为设计洪水位。它是正常运用情况下允许达到的最高库水位，也是挡水建筑物稳定计算的主要依据。可采用相应大坝设计标准的各种典型洪水，按拟定的调洪方式，自防洪限制水位开始进行调洪计算求得。$Z_{限}$与$Z_{设洪}$之间的库容称为拦洪库容($V_{拦}$)。

(六)校核洪水位($Z_{校洪}$)和调洪库容($V_{调洪}$)

当水库遭遇大坝校核洪水时在坝前达到的最高水位称为校核洪水位。它是水库非常运用情况下允许达到的临时性最高洪水位，是确定坝顶高程及进行大坝安全校核的主要依据。可采用相应大坝校核标准的各种典型洪水，按拟定的调洪方式，自防洪限制水位开始进行调洪计算求得。

校核洪水位与防洪限制水位之间的库容称为调洪库容，用以拦蓄洪水，确保大坝安全。当汛期各时段分别拟定不同的防洪限制水位时，这一库容指最低的防洪限制水位至校核洪水位之间的库容。

(七)总库容($V_{总}$)和有效库容($V_{效}$)

校核洪水位以下的全部库容称为总库容，即$V_{总}=V_{死}+V_{兴}+V_{调洪}-V_{共}$。总库容是表示水库工程规模的代表性指标，可作为划分水库等级、确定工程安全标准的重要依据。

校核洪水位与死水位之间的库容，称为有效库容，即$V_{效}=V_{总}-V_{死}=V_{兴}+V_{调洪}-V_{共}$。

水库蓄满时，通常按总库容$V_{总}$值的大小把水库区分为 5 级：大Ⅰ型，>10 亿 m^3；大Ⅱ型，>1 亿～10 亿 m^3；中型，>0.1 亿～1 亿 m^3；小Ⅰ型，>0.01 亿～0.1 亿 m^3；小Ⅱ型，>0.001 亿～0.01 亿 m^3。

第三节　水库水量损失及水库死水位的确定

一、水库水量损失

水库建成后，天然水流情况有了变化，最明显的是径流年内分布发生了变化，削减了洪峰，增大了枯水流量。同时，库区水位及库边地下水位抬高，水面加宽，水深增大，流速减小；库区内的水流挟沙、蒸发、渗漏、水温、水质等水情亦起了明显的变化。

(一)水库的蒸发损失

水库的蒸发损失是指水库兴建前后因蒸发量的不同，所造成的蒸发水量差值。修建水库前，除原河道有水面蒸发外，整个库区都是陆面蒸发，而这部分陆面蒸发量已反映在坝址断面处的实测年径流资料中。建库之后，库区内原陆面面积变为水库水面的这部分面积，由原来的陆面蒸发变成水面蒸发。水面蒸发比陆面蒸发大，故所谓蒸发损失就是指由陆面面积变为水面面积所增加的额外蒸发量，以 ΔE 表示：

$$\Delta E = 1\,000(E_{水} - E_{陆})F \tag{9-5}$$

式中：$E_{水}$ 为水面蒸发强度，以水层深度计，mm/月；$E_{陆}$ 为陆面蒸发强度，亦以水层深度计，mm/月；F 为建库增加的水面面积，km^2，取计算时段始末的平均面积。

如果水库形成之前原有的水面面积（如湖泊、河川）与水库总面积的相对比值不大，则计算中可忽略不计，取水库总面积作为 F 之值。

蒸发量并不是年年相同的常数，而是变化的。如果所掌握的蒸发资料很充分，也可以根据实测资料建立河川径流与蒸发量关系曲线。由此可根据径流查出蒸发，计算损失。如果资料不充分，在年调节计算时，为安全起见，可采用最大年蒸发量，其分配情况可采用多年平均的年内分配。多年调节计算，则可采用平均蒸发量。

（二）渗漏损失

建库之后，由于水位抬高，水压力的增大，水库蓄水量的渗漏损失随之加大。如果渗漏比较严重，则调节计算中应有所考虑，以求有较高的计算精度。水库的渗漏损失主要通过如下几方面：

（1）通过能透水的坝身（如土坝、堆石坝等），以及闸门、水轮机等的渗漏。

（2）通过坝址及坝的两翼的渗漏。

（3）通过库底流向较低的透水层或库外的渗漏。

一般可按渗流理论的达西公式估算渗漏的损失量。计算时所需的数据，如渗透系数、渗径长度等必须根据坝址的水文地质、地形、水工建筑物的型式等条件来决定，而这些地质条件及渗流运动均较复杂，往往难以用理论计算获得较好的成果。因此，在生产实际中，常根据水文地质情况，定出一些经验性的参数，作为初步估算渗漏损失的依据。

若以 1 a 或 1 个月的渗漏损失相当于水库蓄水容积的一定百分数来估算时，则初步可采用如下数值：

（1）水文地质条件优良（指库床为不透水层，地下水面与库面接近），0～10%/年或 0～1%/月；

（2）透水性条件中等，10%～20%/年或 1%～1.5%/月；

（3）水文地质条件较差，20%～40%/年或 1.5%～3%/月。

（三）其他损失

水库水量损失除上述两种主要类型外，还可能有其他形式。一种是结冰损失。北方地区，气候寒冷，冬季水库水面形成冰盖。年调节水库每年泄空一次，冬季枯水期水库供水时水位随之下降，水库面积缩小，有一部分冰盖附着库岸，相应于这部分冰盖的水量，当时不能利用，应视为结冰损失。多年调节的水库，仅在连续枯水年组末才放空，所以在枯水年组最后一年的结冰损失，才是真正的损失。

此外，还有水工建筑物的漏水和操作所损失的水量。

水库初蓄时，湿润库床和蓄至死水位所需的水量，对初期运行的水库而言可作为一种损失水量来处理。

二、水库死水位的确定

确定死水位应考虑的主要要求有下述几项。

（一）根据淤积要求确定死水位和死库容

在规划设计水库时，一般要求引水管下缘放在淤积水位以上 1 m 左右，防止泥沙进入引水管，以保证引水设备和发电设备的安全运行，这个水深称为管底超高。而在引水管上缘，也要有一个 1～2 m 的安全水深，保证引水时不进入空气，以免破坏水流状态，并准备在特殊枯水年份能用部分死库容水量，此安全水深也称为管顶安全超高。对北方河流，有时还要考虑冬季在水面上的冰层厚度。据上述，死水位 $Z_{死}$ 确定为

$$Z_{死}=Z_{淤}+管底超高+引水管外径+管顶安全超高 \tag{9-6}$$

根据 $Z_{死}$ 查 Z-V 曲线可确定死库容 $V_{死}$，如图 9-2 所示。

（二）根据灌溉要求确定死水位

以灌溉为主的水库，设计死水位主要决定灌区自流引水灌溉的要求，可根据灌区条件和工程造价（如部分地形较高的灌溉面积是否要提水灌溉）进行方案比较，在渠系设计工作中定出干渠渠道设计高程后，根据引水渠坡降和长度推算出进水口处的高程。依据输水结构的形式和尺寸进行水力计算，推求渠道设计流量所需要的最小水头 $H_{最小}$，再加上 1/2 引水管内径，即得相应的死水位。可用下式计算：

$$Z_{死}=Z_{渠}+iL+D_{内}/2+H_{最小} \tag{9-7}$$

式中：$Z_{渠}$ 为渠道设计控制高程，m；i、L 分别为引水管坡度和长度，m；$D_{内}$ 为引水管内径，m；$H_{最小}$ 为渠道设计流量的最小水头，m。

（三）根据水力发电要求确定死水位

灌溉结合发电的水库，死水位的选择要考虑保证水电站水轮机组所需要的最低水头和最佳消落深度，以利于发出较多的电能和出力。

（四）其他用水部门对死水位的要求

对于综合利用的水库，还需要考虑其他有关用水部门的要求。如水库有水产养殖任务时，要考虑养鱼对水量、水深和水面面积等的要求，要求水库死水选定在适当高程，以保证水库在枯水期末放水后仍有一定的水体供鱼类活动和生长；如需考虑库区航运，按船只吨位，以保证航运的最小水深来确定死水位；其他如库区的环境卫生等的要求也应统筹规划。

水库死水位是水库的设计参数之一，它不单纯是个技术问题，在规划阶段，也需适当做一些经济比较工作。中小型水库选择死水位的工作可以有所简化，主要根据各用水部门（包括淤积要求）对死水位的技术要求，拟定出死水位的可能范围，然后通过必要的综合分析论证，选定较合理的死水位。

三、水库的淹没和浸没

修建水库（特别是大型水库）时，由于蓄水而造成一定范围的淹没，库区内原有耕地及建筑

物被废弃，居民、工厂和交通线路被迫迁移改建。

大坝所造成的回水可能延伸相当远距离，特别在平原河流上更是如此。在计算水库回水所带来的淹没损失时，必须先进行相应的回水计算。水库的“最高回水曲线”不是指水库某一入流和坝前壅水位下的瞬时水面线，而是各种入流和坝前水位组合下，水库沿程最高回水位的连线或上包线。它定出库区沿程回水的极限高程，是估算淹没和浸没影响，以及规划库区航运、灌溉、引水、排水和城镇、铁路交通等的防洪措施的依据。

当水库建筑在由透水岩层所构成的地区时，由于库区水面的不断壅高，库区周围的地下水位随之逐渐抬高，改变了原库区地下水的水力条件，形成了地下水随着水位的波动而变化的新的水力联系。当水库供水时，会使沿库岸线附近地区的地下水位随之降低，同时，土壤中所蓄的水会流入水库；当水库蓄水时，会抬高库区附近的地下水位而使土壤恢复它的蓄水量。库区周围的地下水这样往返补给，使库区周围的土壤包气带形成所谓“地下水库”，其地下水库的调蓄库容（称为岸库容）大小，视库区周围的土壤性质及水文地质条件而定。由于这些现象研究得还不够深入，目前在水利计算中一般都不予考虑。

同时，库区附近地下水位的抬高，也使这些地区受到浸没影响：可能造成周围农田的次生盐碱化，形成对农作物生长极为不利的环境；可能形成部分沼泽地区，致使蚊蝇滋生，恶化环境卫生；可能导致邻近地区的地面建筑物的基础受潮，产生沉陷、造成裂缝或倒塌；可能淹没矿井等。另外，由于地下水位抬高以及水库回流的作用，库岸塌方或变形，从而影响水库的有效容积，降低调节性能，减少水库使用年限。

第四节　兴利调节的分类及计算原理

一、兴利调节分类

水库兴利调节计算，是指利用水库的调蓄作用，将河川径流洪水期或丰水年的多余水量蓄存起来，以提高枯水期或枯水年的供水量，满足各兴利部门的用水要求所进行的计算，也就是水库蓄水量变化过程的计算。除了只能按天然径流供水的无调节水利工程外，凡是有调节库容的水利工程，均能进行一定程度的兴利调节。

（一）按调节周期分类

所谓调节周期，是指水库完整蓄放过程的时期。水库从空库开始蓄水（来水大于用水时），经过一段时间后蓄满，以后在来水小于用水时开始放水，经过一段时间后放空。完整的蓄放过程就是指水库“空库→蓄满→放空”的过程。

1. 日调节

除洪水涨落时期外，河水在一昼夜内基本上是均匀的，而用水部门的需水则往往是不均匀的。例如，发电用水是随用电的变化而在一昼夜内不断变化，当用水比来水少时，就将多余水量蓄存在水库里，供来水不足时取用。这种调节是在一昼夜内进行的径流重新分配，即调节周期为 24 h，称日调节（图 9-7）。一般当具有枯水日来水量的 20%～25%的库容时，即能进行日调节。

2. 年调节

一年之内河川天然径流变化很大，丰水期水量和枯水期水量相差悬殊。径流年调节的任务就是将丰水期多余水量存在水库中，待枯水期用。可见，年调节的调节周期为一年。如图 9-8 所示，其中横线阴影面积表示蓄水量，竖线阴影面积表示水库供水量。当水库已蓄满而来水仍大于用水时，将发生弃水（由泄洪建筑物排往下游），图中也示出了弃水期。通常，这种仅能存蓄洪水期部分多余水量的径流调节，称为不完全年调节（或季调节）。将年内全部来水量完全按用水要求重新分配而又不发生弃水的径流调节，称为完全年调节。显然，完全年调节和不完全年调节的概念是相对的。例如，对同一水库来讲，可能在一般年份能进行完全年调节，但遇丰水年，就可能发生弃水，即只能进行不完全年调节。

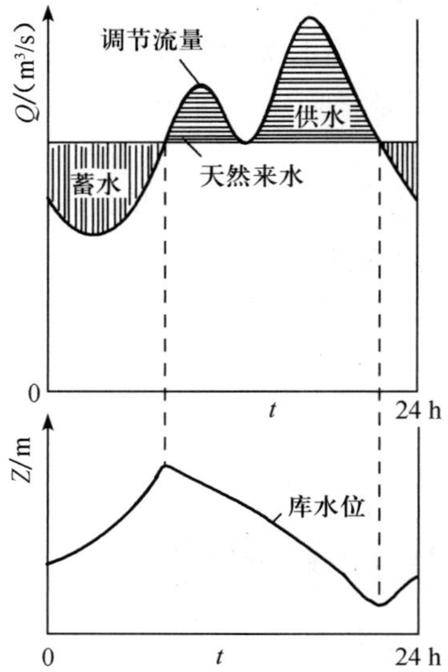

图 9-7　日调节示意图

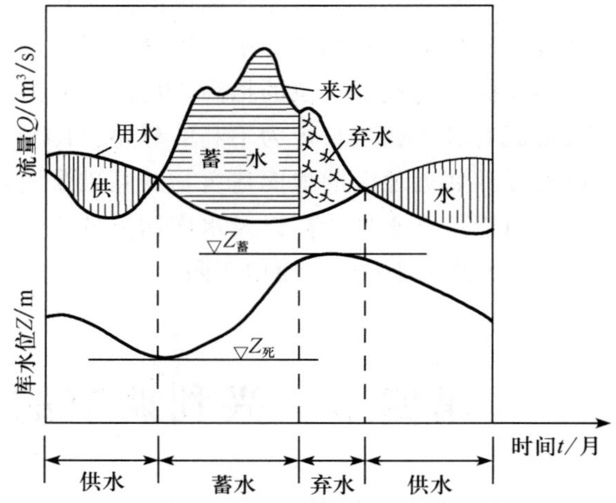

图 9-8　年调节示意图

通常用库容系数 β（兴利库容 $V_{兴}$ 与多年平均年径流量 W_0 的比值）反映水库兴利调节能力。当 β 在 8%～30%时，可进行年调节。在天然径流年内分布较均匀时，即使 β 在 2%～8%，也可进行年调节。年调节水库可同时进行周调节和日调节。

3. 多年调节

当库容足够大时，可将丰水年的多余水量存在水库中，以补枯水年份水量之不足。这时水库往往需经过若干丰水年才能蓄满，然后将存蓄水量分配在若干枯水年份里用掉，即调节周期为多年（图 9-9）。根据经验，若年水量变差系数 C_v 值较小，年内水量分配较均匀时，β>30%即能进行多年调节。否则，需要更大的库容才能进行多年调节。多年调节水库可同时进行年调节和日调节。

长周期调节水库可同时进行短周期的径流调节。但在混合式开发中，有时由坝形成的大水库仅进行长周期调节，同时另在引水道末端，选合适地址建专用日调节池，以更好地满足日调节要求，而且可以减小引水建筑物断面尺寸，降低造价。

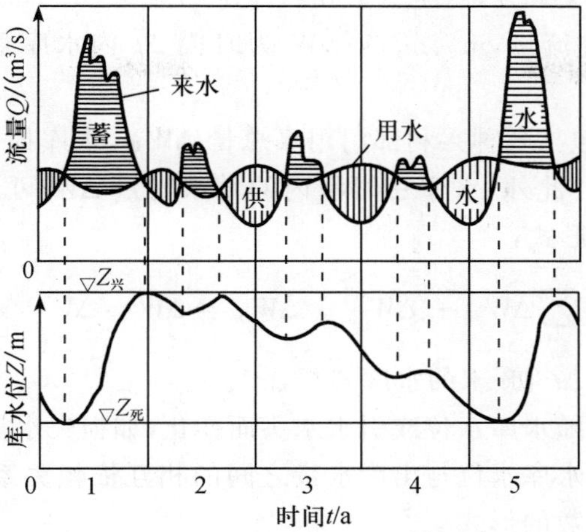

图 9-9　多年调节示意图

(二)按水库任务分类

(1)单一任务径流调节,如灌溉径流调节、工业及城市生活用水径流调节、水力发电径流调节等。

(2)综合利用径流调节,即具有两种以上任务的水库的径流调节。

(三)按水库供水方式分类

(1)固定供水:水库按固定要求供水,与供水期水库来水量和蓄水量无关,如工业及城市生活给水多属这种类型的径流调节。

(2)变动供水:水库供水随蓄水量和用户不同的要求而变动,如灌溉按农田需水要求供水,水电站按电力负荷要求供水等。

(四)其他分类

(1)反调节:下游水库按照用水部门的需水过程对上游水库泄流的再调节。

(2)单一水库补偿调节:水库与水库下游区间来水互相补偿,以满足有关部门用水要求的调节。

(3)水库群补偿调节:水库间互相进行水文补偿、库容补偿、电力补偿,共同满足水利、电力系统要求的调节。

二、兴利调节计算原理

水库之所以有调节径流的能力,是因为筑坝和设置放水孔后,能够有计划地按兴利要求改变放水孔的开度来控制和调节水库的出流。出流水量与河川天然来水相差的水量,就暂时地蓄于水库或由水库中补足,因而就有水库蓄水量的蓄泄变化。水库的这种蓄和泄的变化情况,是确定水库工程规模及兴利效益的主要依据之一。

兴利调节计算原理,就是将水库整个调节周期内蓄水量的变化过程划分为若干较小的计算时段,按时段进行水量平衡计算,确定水库的蓄水量、水位等,其公式如下:

$$\Delta W_{来}-\Delta W_{出}=(Q_{来}-Q_{出})\Delta t=\Delta W \tag{9-8}$$

式中：$\Delta W_{来}$、$Q_{来}$分别为时段 Δt 内入库水量和入库平均流量，m^3、m^3/s；$\Delta W_{出}$、$Q_{出}$分别为时段 Δt 内出库水量和出库平均流量，m^3、m^3/s；ΔW 为时段 Δt 内水库蓄水变量，m^3，该值增加为正，减少为负。

时段出库水量 $\Delta W_{出}$包括各种兴利部门用水总量 $\Delta W_{用}$、水库损失水量 $\Delta W_{损}$，以及水库蓄满后产生的弃水量 $\Delta W_{弃}$。此外，水库在时段内的蓄水变量 ΔW 可用水库容积增减值 ΔV 代替，则式(9-8)可写成下列形式：

$$\Delta W_{来} - \sum \Delta W_{用} - \Delta W_{损} - \Delta W_{弃} = \Delta W = \Delta V = V_{末} - V_{初} \tag{9-9}$$

式中：$V_{初}$、$V_{末}$分别为时段 Δt 初、末的水库容积，m^3。

上式中一些水量往往随水库水位或引水水头而变化，如损失水量中的蒸发、渗漏损失和水电站的发电流量等。这种水库水位与出库水量之间的相互依赖关系，使上述水量平衡方程式（对水库水位而言）呈隐函数的形式。

时段 Δt 的长短，根据调节周期的长短、径流和需水变化程度而定。对于年调节水库，Δt 可取一个月为计算时段，在来水量或用水量变化较大时，也可取一旬作为计算时段。选择时段过长，会使计算所得的调节库容或调节流量产生较大误差，且较多地偏于不安全的一面。

年调节计算一般不采用通常的从 1 月 1 日到 12 月 31 日的日历年度，而是采用调节年度。调节年度又称水利年度，即以水库蓄泄过程循环作为一年的起讫点，从蓄水期初库空开始，经蓄水期（来水大于用水），将余水蓄在水库中直到库满，并经供水期（来水小于用水），将水库放空为终点。表 9-5 中的水库就是从前一年 8 月到次年 7 月进行调节计算。有的年份供水期结束得早，如 1960—1961 年，供水期在 6 月底，则下一年的蓄水期也提前到 7 月份开始；有的年份却相反，则供水期也相应推后，下一年的蓄水期也顺延。所以调节年度不一定是固定的 12 个月，有长、有短。如表 9-5 中的 1972—1973 年调节年度，就是从 1972 年 7 月开始到 1973 年 7 月结束共 13 个月。

按照水库来水和用水的配合，水库可分为一次运用、二次运用等情况。如图 9-10 所示，有一个余水期，一个缺水期，水库为一次运用情况，水库在一个调节年度内，缺水期内的缺水总量为 V_2，显然，这一年水库若能蓄这么多水，就能保证这一年的用水需要，所以水库的兴利库容 $V_{兴}=V_2$，而且余水量 V_1 大于 V_2，水库可保证蓄满，尚有一部分余水要放弃，弃水量为 V_1-V_2。图 9-10 中 t_0—t_1 为蓄水期，t_1 为满库时刻，t_2—t_3 为供水期，t_3 为库空时刻，t_1—t_2 为弃水期。当水库为两次运用时（图 9-11），则有两个余水期和两个缺水期，在总的余水大于总的缺水的条件下，兴利库容的判断有两种情况：

（1）若中间的余水小于其前面的缺水和后面的缺水，则兴利库容为两缺水之和减去中间的余水。如图 9-11(a)所示，$V_3<V_2$、$V_3<V_4$，则 $V_{兴}=V_2+V_4-V_3$。

（2）其他情况，则取较大的缺水作为兴利库容。如图 9-11(b)所示，$V_1>V_2$、$V_3>V_4$，且 $V_2>V_4$，则 $V_{兴}=V_2$；又如图 9-11(c)所示，$V_3>V_2$、$V_3<V_4$，且 $V_4>V_2$，则 $V_{兴}=V_4$。

表 9-5　天古崖水库长系列来、用水量调节计算表

万 m^3

年份	8月份	9月份	10月份	11月份	12月份	1月份	2月份	3月份	4月份	5月份	6月份	7月份	来水	库容	备注
1956—1957	591	621	630	196	138	104	134	381	150	−92	70	187	5 007	92	
1957—1958	612	303	161	150	124	44	124	242	−118	−230	−183	288	3 414	532	
1958—1959	1 848	1 085	627	385	406	150	344	831	106	−140	260	1 744	9 542	140	
1959—1960	3 556	2 668	1 442	805	528	429	540	531	270	49	−10	3 694	16 398	10	
1960—1961	246	564	567	244	224	111	166	505	166	−145	−88	186	4 643	233	
1961—1962	681	903	1 456	593	350	164	736	501	182	−111	−45	50	7 357	156	
1962—1963	151	183	334	184	162	48	87	293	53	1	121	544	4 058	0	
1963—1964	78	104	180	120	78	28	53	374	309	−96	91	81	3 297	96	
1964—1965	1 698	1 671	1 454	789	436	300	371	394	436	3	−186	791	10 055	186	
1965—1966	−46	−94	175	117	81	78	140	244	30	−274	−128	13	2 235	402	两次应用
1966—1967	2 414	259	385	145	87	18	115	288	−5	−138	−243	1 421	6 644	386	
1967—1968	9 291	8 345	2 411	1 474	955	932	842	1 447	512	84	75	336	28 602	0	
1968—1969	1 133	670	849	452	337	157	279	750	187	−53	−15	652	7 295	67	
1969—1970	1 017	414	907	486	307	152	390	535	647	21	105	894	7 767	0	
1970—1971	951	432	390	177	113	57	134	436	110	−182	24	295	4 835	182	
1971—1972	347	365	270	251	94	94	106	547	−70	−297	−250	1 652	5 007	617	
1972—1973	−13	−99	74	18	34	16	124	11	−162	−320	−146	−109	1 326	737	两次应用
1973—1974	1 087	1 457	1 493	544	104	87	147	247	71	−219	−248	424	7 092	467	
1974—1975	249	114	175	129	44	11	50	55	−125	−304	−89	531	2 738	518	
1975—1976	257	153	288	92	44	−5	120	39	53	−302	250	−101	2 285	653	两次应用
1976—1977	270	303	198	39	53	−46	−35	108	−210	−332	61	108	2 414	542	两次应用
1977—1978	2 033	603	399	120	140	57	92	−21	−208	−286	−183	681	5 325	698	
1978—1979	1 237	3 014	650	424	327	−53	−44	−231	−213	−332	−105	176	6 749	978	
1979—1980	205	−173	−44	−111	−51	48	2	−194	−203	−313	−236	191	1 018	−1 872	多年调节
1980—1981	266	150	150	106	−14	−28	−14	−155	−199	−313	−15	501	2 333	738	
1981—1982	533	−30	57	64	64	34	67	−74	−148	−207	15	700	2 973	429	两次应用
1982—1983	757	324	−14	−63	−21	−42	−12	−159	−127	−246	103	185	2 582	685	
1983—1984	−24	−80	16	−17	18	−5	−26	−146	−171	−212	−116	172	1 307	−1 160	多年调节
农业用水	96	135	0	63	0	0	0	194	171	276	218	108	1 261		
工业用水	21	42	42	42	42	42	42	42	42	42	42	21	462		
水库损失	8	16	16	16	16	16	16	16	16	16	16	8	176		
总用水	125	193	58	121	58	58	58	252	229	334	276	137	1 899		用水

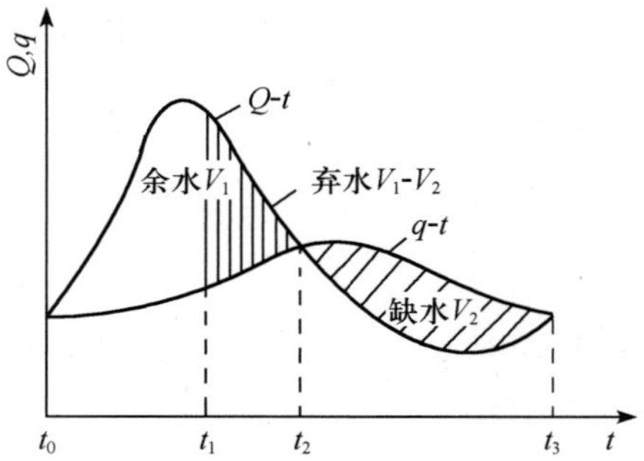

图 9-10　水库一次运用

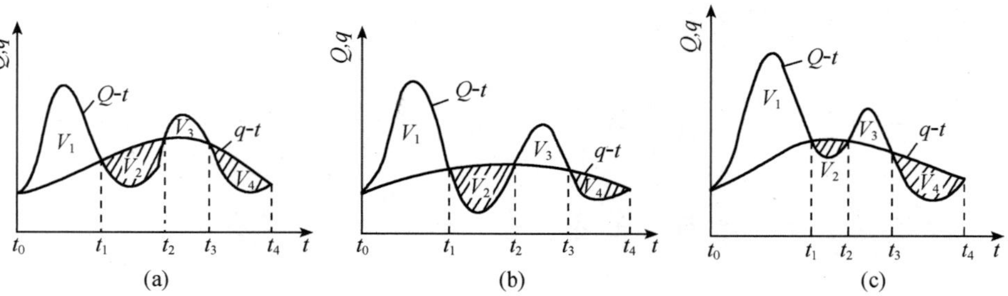

图 9-11　水库两次运用

当水库为 3 次或多次运用时，兴利库容的判断虽可仿此进行，但有时却颇为困难。在这种情况下（包括两次运用），可用逆时推算法确定所需兴利库容：假定年末（水利年度）水库放空，即认为年末所需蓄水为零，逆时序往前计算，遇缺水相加，遇余水相减，减后若小于零即取为零，这样便可求得各特征时刻所需要的蓄水量，取其大者，即该年所需兴利库容。例如，在图 9-11(b) 中，当 $t=t_4$，蓄水量 $W_4=0$；$t=t_3$，$W_3=V_4$；$t=t_2$，$W_2=0$；$t=t_1$，$W_1=V_2$；$t=t_0$，$W_0=0$：则 $V_{兴}=W_{\max}=V_2$。这种办法尤其适用于在多年调节情况下判断兴利库容。

【例 9-1】某水库年调节计算。

表 9-6 为某水库 1988 年 7 月至 1989 年 6 月调节年度的资料。第(1)列为计算时段，本算例中，以月为一个计算时段；第(2)、(3)列分别为计算时段的来水量及用水量，第(2)、(3)两列的差值为正时，即余水量，填入第(4)列，差值为负时，即缺水量，填入第(5)列。这一年水库为二次运用，属于图 9-11(c)的情况，得当年所需要的兴利库容为 31 335 万 m^3。由于这一年余水量 35 658 万 m^3 大于缺水量 31 945 万 m^3，尚有弃水 3 713 万 m^3，即在合计行中(4)列－(5)列＝(7)列＝(9)列。显然年用水量加弃水量应等于该年来水量，它可作为列表计算是否正确的一个校核。第(6)、(8)列分别为水库在早蓄方案和迟蓄方案时的蓄水量变化过程。

表 9-6 某水库调节计算表 万 m^3

时间	来水量	灌溉用水量	来水量一用水量		早蓄方案		迟蓄方案	
			余水(+)	缺水(-)	水库月末蓄水量	弃水量	水库月末蓄水量	弃水量
(1)	(2)	(3)	(4)	(5)	(6)	(7)	(8)	(9)
1988 年 7 月	21 140	8 356	12 784		0		0	3 713
1988 年 8 月	8 560	2 941	5 619		12 784		9 071	
1988 年 9 月	6 390	930	5 460		18 403		14 690	
1988 年 10 月	7 360	640	6 720		23 863		20 150	
1988 年 11 月	4 500	2 205	2 295		30 583	1 543	26 870	
1988 年 12 月	1 860	0	1 860		31 335	1 860	29 165	
1989 年 1 月	1 320	1 930		610	31 335		31 025	
1989 年 2 月	1 255	355	920		30 725	310	30 415	
1989 年 3 月	1 487	5 204		3 717	31 335		31 335	
1989 年 4 月	2 524	11 169		8 645	27 618		27 618	
1989 年 5 月	3 362	14 416		11 054	18 973		18 973	
1989 年 6 月	4 624	12 545		7 919	7 919		7 919	
合计	64 384	60 671	35 658	31 945	0	3 713	0	3 713
校核	64 384－60 671＝3 713		35 658－31 945＝3 713					

即使在来水和用水一定的条件下，由于水库操作调度的要求不同，水库蓄水过程也可以不同，其差别主要反映在蓄水时期。在此时期内水库的蓄水和弃水可以有许多种方式，但最终都能使蓄水期末水库蓄满。早蓄方案和迟蓄方案便是其中两种极端运用情况。早蓄方案是从年初库空开始顺时序计算，有余水先行灌库，库满后，多余水量作为弃水，当来水小于用水，即 $Q-q$ 为负时，水库蓄水减少，库水位开始降落，直至水库重新放空。迟蓄方案是从年末库空开始逆时序按水量平衡原理逐时段推算，先求供水段，后求蓄水段。虽然按迟蓄方案调节计算也可得出水库当年所需要的兴利库容，如表 9-6 第(8)列 3 月末的蓄水量 31 335 万 m^3 即当年的 $V_{兴}$ 值，但在水库的规划设计中则主要是采用早蓄方案的顺时序计算法，而迟蓄方案的逆时序计算法则多用于水库兴利调度图的编制工作。

第五节　年调节水库兴利调节计算

一、年调节水库兴利调节计算的长系列法

年调节水库兴利调节计算的长系列法是将水库坝址断面河流多年来水过程系列和用水过程系列，逐年按时历列表法(表 9-5 或表 9-6)进行逐时段(月或旬)的水量平衡计算，其具体计算方法有不计损失和计入损失两种。前者常用于方案比较阶段，水库兴利库容的最后确定必须考虑水库的水量损失。

对于河流多年来水系列的推求前面的章节已有讲述，而对于用水系列则按实际调查资料推求。

(一)不计损失的年调节列表计算

【例 9-2】山西天古崖欲修建一座以灌溉用水为主的水库，已知水库坝址断面处 1956—1984 年 29 a(水利年度为 28 a)各月来水量及用水量的差值，如表 9-5 所列，已确定灌溉设计保证率 $P=80\%$，求年调节水库的兴利库容。

将 28 a 的所有年份都进行表 9-5 所示的调节计算，得各年所需的库容，列于表 9-5。其中属一次运用的有 18 a，属两次运用的有 5 a，不需要库容的有 3 a，还有 1979—1980 年、1983—1984 年两年因年来水量小于年用水量，在年调节范围内水库供水遭到破坏，已不属于年调节范围，可以不计库容，但库容排列时应留有它们的位置，若要计算，这两年应属多年调节，须联系前一年或前几年的余缺水量情况来确定多年调节库容(见本章第六节)。

将所得的 28 a 的库容值按由小到大排列，用经验频率公式 $P=[m/(n+1)]\times100\%$ 计算每一库容的经验频率，列于表 9-7，点绘库容频率曲线(图 9-12)。由已定的灌溉设计保证率 $P=80\%$，查曲线可求得相应的年调节兴利库容为 $V_{兴}=740$ 万 m^3。

表 9-7　库容经验频率计算表

序号	年份	库容/万 m^3	$P=\frac{m}{n+1}\times100\%$	序号	年份	库容/万 m^3	$P=\frac{m}{n+1}\times100\%$
1	1962—1963	0	3.4	15	1981—1982	429	51.7
2	1967—1968	0	6.9	16	1973—1974	467	55.2
3	1969—1970	0	10.3	17	1974—1975	518	58.6
4	1959—1960	10	13.8	18	1957—1958	532	62.1
5	1968—1969	67	17.2	19	1976—1977	542	65.5
6	1956—1957	92	20.7	20	1971—1972	617	69.0
7	1963—1964	96	24.1	21	1975—1976	653	72.4
8	1958—1959	140	27.6	22	1982—1983	685	75.9
9	1961—1962	156	31.0	23	1977—1978	698	79.3
10	1970—1971	182	34.5	24	1972—1973	737	82.8
11	1964—1965	186	37.9	25	1980—1981	738	86.2
12	1960—1961	233	41.4	26	1978—1979	978	89.7
13	1966—1967	386	44.8	27	1983—1984	1 160	93.1
14	1965—1966	402	48.3	28	1979—1980	1 872	96.6

长系列法求出的年调节水库兴利库容的保证率概念比较明确，成果精度较高，在水库工程的技术设计阶段常用这种方法。但此法要求较长的资料系列，计算工作量大，在初步规划阶段，不便于进行多方案比较。

(二)计入损失的年调节计算

在水库对来水进行调节以满足用水要求时，会同时产生各种水量损失，因此水库的实际库容较前计算的应适当增大，以抵偿这部分耗水，保证正常用水。水库的水量损失主要考虑其蒸

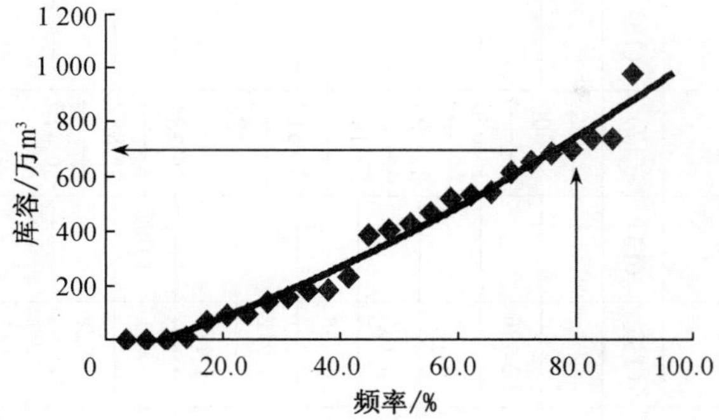

图 9-12　库容频率曲线

发和渗漏损失。

考虑水库水量损失计算兴利库容时，某一时段的水库水量平衡方程可写成：

$$\Delta V=(Q-q-q_{损}-q_{弃})\Delta t=W_{来}-W_{用}-W_{损}-W_{弃} \tag{9-10}$$

由于水库的水量损失是在蓄水和供水过程中陆续产生的，而且与水库当时的蓄水量及水面面积有直接关系，只有知道了某时段初、末的水库蓄水量，才能确定该时段的水库损失量。实际上，时段末的水库蓄水量为未知值，所以要先假定某时段末的水库蓄水量，由此计算出水库损失量，再进行水量平衡计算求出时段末的水库蓄水量，如此值与开始假定的值不符，则重新假定，直至二者一致为止。因为这样做工作量大，所以常采用如下更为方便的方法：首先不考虑水量损失进行调节计算，近似求得各时段的蓄水情况，用各时段的水库平均蓄水量（包括死库容）算出各时段的损失量，然后用考虑损失的水量平衡方程(9-10)逐时段进行计算。

【例 9-3】接例 9-1，本例为考虑水库水量损失时计算当年兴利库容的列表法，见表 9-8。

(1)首先不考虑损失，计算各时段的蓄水量。表中第(1)～(5)列即表 9-6 中的第(1)～(5)列，第(6)列为表 9-6 中的第(6)列加死库容(4 000 万 m^3)。

(2)考虑水量损失，用列表法进行调节计算，各列计算说明如下：

第(7)列$\bar{V}=\frac{1}{2}(V_1+V_2)$即各时段初、末蓄水量的平均值。

第(8)列$\bar{A}=\frac{1}{2}(A_1+A_2)$即各时段初、末蓄水面积的平均值，可由 $\bar{V}$ 查水库的 Z-V 曲线和 Z-A 曲线得出。

第(9)列蒸发损失标准由当年的实测蒸发资料计算而得。年蒸发损失深度$=k(E_{皿}-E_{陆})$，并按当年各月蒸发皿蒸发量的分配比例分配到各月中去。其中：k 是水面蒸发折算系数，为 0.8；蒸发皿的年蒸发量为 $E_{皿}=1\ 515$ mm；$E_{陆}$ 为陆面蒸发量，其值为当年降水量 P 与径流量 R 的差值，$P-R=1\ 312.4-787.8=524.6$(mm)。故年蒸发损失深度 $\Delta h=0.8\times 1\ 515-524.6=687.4$(mm)。分配到各月后得当年的蒸发损失标准如表中的第(9)列。

第(10)列蒸发损失量 $W_{蒸}=(8)\times(9)\div 1\ 000$。

第(11)列为渗漏损失标准，据库区地质及水文地质条件为中等，按水库当月蓄水量的 1%计。

第(12)列渗漏损失水量 $W_{渗}=(7)\times(11)$。

表 9-8　计入损失的年调节计算表

时间	来水量 $W_{来}$/万 m^3	灌溉用水量 $W_{用}$/万 m^3	来水量－用水量/万 m^3		水库蓄水量 V/万 m^3	月平均蓄水量 $\bar{V}$/万 m^3	月平均水面面积 $\bar{A}$/万 m^2	水库水量损失					考虑损失后的用水量（$M=W_{用}+W_{损}$）/万 m^3	$W_{来}-M$/万 m^3		水库蓄水量 V'/万 m^3	弃水量 $W_{弃}$/万 m^3
								蒸发		渗漏		总损失（$W_{损}=W_{蒸}+W_{渗}$）/万 m^3					
			+	－				标准/mm	$W_{蒸}$/万 m^3	标准/%	$W_{渗}$/万 m^3			余水 +	缺水 －		
(1)	(2)	(3)	(4)	(5)	(6)	(7)	(8)	(9)	(10)	(11)	(12)	(13)	(14)	(15)	(16)	(17)	(18)
					4 000											4 000	
1988 年 7 月	21 140	8 356	12 784		16 784	10 392	490	89.4	44	以当月水库蓄水量的1%计	104	148	8 504	12 636		16 636	
1988 年 8 月	8 560	2 941	5 619		22 403	19 594	752	87.4	66		196	262	3 203	5 357		21 993	
1988 年 9 月	6 390	930	5 460		27 863	25 133	910	61.5	56		251	307	1 237	5 153		27 146	
1988 年 10 月	7 360	640	6 720		34 583	31 223	1 087	38.9	42		312	354	994	6 366		33 512	
1988 年 11 月	4 500	2 205	2 295		35 335	34 959	1 198	27.1	33		350	383	2 588	1 912		35 424	
1988 年 12 月	1 860	0	1 860		35 335	35 335	1 205	28.7	35		353	388	388	1 472		36 884	12
1989 年 1 月	1 320	1 930		610	34 725	35 030	1 200	35.0	42		350	392	2 322		1 002	35 882	
1989 年 2 月	1 255	335	920		3 535	35 030	1 200	35.4	42		350	392	727	528		36 410	
1989 年 3 月	1 487	5 204		3 717	31 618	33 477	1 152	48.7	56		335	391	5 595		4 108	32 302	
1989 年 4 月	2 524	11 169		8 645	22 973	27 296	975	58.0	57		273	330	11 499		8 975	23 327	
1989 年 5 月	3 362	14 416		11 054	11 919	17 446	690	97.0	67		174	241	14 657		11 295	12 032	
1989 年 6 月	4 626	12 545		7 919	4 000	7 960	410	80.3	33		80	113	12 658		8 032	4 000	
合计	64 384	60 671	35 658	31 945				687.4	573		3 128	3 701	64 372	33 424	33 412		12

注：$V_{死}=4\,000$ 万 m^3；

校核：$\sum(2)-\sum(3)-\sum(13)-\sum(18)=64\,384-60\,671-3\,701-12=0$。

第(13)列损失水量总和 $W_{损}$=(10)+(12)。

第(14)列考虑水库水量损失后的用水量 M=(3)+(13)。

第(15)列为多余水量,(2)-(14)为正时填入此列。

第(16)列为不足水量,(2)-(14)为负时填入此列。

(3)求水库的年调节库容。

从第(15)、(16)列可以看出,水库为两次运用的情况,求得兴利库容 $V_{兴}$=32 884 m^3。

(4)求各时段水库蓄水及弃水情况,其计算方法与不计损失的计算方法相同。

第(17)列为加上死库容后的各时段水库蓄水量,反映水库的蓄、泄水过程。

第(18)列为水库的弃水量。

(5)校核:由于计算表内数字较多,多次运算容易出错,应检查结果是否正确,水库经过充蓄和泄放,到6月末水库兴利库容应放空,即放到死库容4 000万 m^3,如果此时水量不是4 000万 m^3,说明(17)列计算有错误。另外,还需要利用水量平衡方程:

$$\sum W_{来} - \sum W_{用} - \sum W_{损} - \sum W_{弃} = 0$$

进行校核,本算例计算结果 64 384-60 671-3 710-12=0,说明计算无误。

由表9-8计算得当年的兴利库容 $V_{兴}$=32 844万 m^3,比不计损失 $V_{兴}$=31 335万 m^3 增大了1 509万 m^3。这样计算得出的库容已接近实际一些了。若要求更精确的成果,可将第(17)列的水库蓄水量移作第(6)列,用同法再作一次计算,就可得到更满意的结果。但这种重复计算被证实是没有必要的。实际工作中,只需如上重复一次,就可得到比较满意的结果了。

值得提出的是:在本例的调节年度中,有弃水12万 m^3,这种有弃水的年调节就是前述的不完全年调节。

二、年调节水库兴利调节计算的代表年法

年调节水库兴利调节计算的长系列法需要较长的来水和用水资料,当资料不足时,这种方法就不能应用。即使有较长的实测资料,因计算工作量大,在中小型水库的规划设计中,不便于多方案比较,而常采用实际代表年法或设计代表年法来进行调节计算,通过一年的调节计算,确定出符合设计保证率的年调节兴利库容。

(一)实际代表年法

实际代表年法就是选用某种年型的实测来水过程及用水过程为代表,进行调节计算来推求水库的兴利库容及其蓄、泄水过程。

1. 单一选年法

单一选年法是单以年来水频率曲线为依据,选择符合或接近设计保证率,年内分配偏于不利的实际年来水过程与同年的用水过程,作调节计算,推求水库的兴利库容及该年的蓄、泄水过程;或单以年用水频率曲线为依据,选择符合或接近设计保证率、年内分配偏于不利的实际年用水过程与同一年的年来水过程,作调节计算,推求水库的兴利库容及该年的蓄、泄水过程。现利用表9-5中28 a的来、用水资料,作4种频率的调节计算,成果列于表9-9中,并与长系列法计算成果比较。

表 9-9　单一选年法计算成果表

选年方法	频率/%	相应年份	兴利库容/万 m^3	长系列法兴利库容/万 m^3
来水为主、用水相应	70	1974—1975	518	640
	75	1976—1977	542	690
	80	1975—1976	738	840
	85	1965—1966	402	950

上例是以来水为主、用水时段与来水同期求得各频率的兴利库容成果。实际工作中也可根据需要，以用水为主、来水时段与来水同期求得。由表 9-9 所列的对比库容可知：无论哪一种单一选年法计算的成果与长系列法计算的成果相比较，都存在偏小的现象，因为单一选年法只考虑了来水（或用水）一个方面的因素，而忽略了另外一个方面的因素——用水（或来水），所以成果不稳定（可能偏大或偏小），而且库容的保证率概念不明确。

2. 库容排频法

库容排频法是在来水频率曲线或用水频率曲线上各选出 3～5 个接近灌溉设计保证率的实际年来、用水过程，并对其分别进行调节计算，求出它们的兴利库容，然后在选用的频率范围内，把 3～5 个库容按大小次序重新排位，求出对应于设计保证率的库容。为了便于比较，以表 9-5 的资料为例说明其计算方法。

【例 9-4】统计 28 a 来水量及年用水量，作年来水量频率曲线，要求用库容排频法推求 $P=80\%$ 的兴利库容。

在 $P=80\%$ 左、右各取一点如 75%、85%，即在年来水量频率曲线上取用与 75%、80%、85% 3 点对应的 3 个年份的实际来水过程，分别进行调节计算，求得 3 个兴利库容，如表 9-10 中第(4)列，将 3 个库容按由小到大次序重新排位，如表 9-10 中第(5)列。在重排库容中查出与 $P=80\%$ 对应的库容 $V_{兴p}=3.98(m^3/s)\cdot$月。同法也可统计 28 a 的年用水量作频率曲线，在频率曲线上取与 75%、80%、85% 3 个点对应的 3 个年份的实际用水过程，分别进行调节计算，求得 3 个兴利库容。

表 9-10　库容排频法计算成果表

库容排频法					长系列法的兴利库容/[$(m^3/s)\cdot$月]
频率曲线	选点频率/%	对应年份	兴利库容/[$(m^3/s)\cdot$月]	重排兴利库容/[$(m^3/s)\cdot$月]	
(1)	(2)	(3)	(4)	(5)	(6)
来水频率曲线	75	1976—1977	542	402	660
	80	1975—1976	738	542	740
	85	1965—1966	402	738	790

库容排频法计算成果与长系列计算成果比较，可以看出在灌区中旱年以上如设计保证率越大，计算成果越接近，中旱年及中旱年以下库容排频法成果误差较大。此法是长系列法的一种简化，它在一定程度上避免了以来水为主或以用水为主选取一个代表年的任意性，考虑了来、用水在某种干旱年份频率范围内的不同组合，具有比较明确的保证率概念，用于干旱年、特旱年以上的年型，计算成果比较满意。

对于灌溉用水情况，在来、用水资料不充分时，可以用流域内年雨量系列代替来水系列，以灌区作物生育期蒸发与降雨之差代替年用水量系列选年，然后针对所选年份的来水与用水调节计算其库容，将所算得的库容重新排位，也可求得符合灌溉设计保证率的兴利库容及其蓄、泄水过程。但这种做法对北方干旱地区和半干旱地区尚缺少实际应用的经验，对南方某些灌区作物生育期蒸发与降雨之差出现负值的，也不便采用。

3. 实际干旱年法

通过灌区旱情调查及河流水情分析，可以采用某一实际发生的干旱年，以该年的用水及来水资料为依据，推求水库设计兴利库容。实际干旱年法计算的成果更符合实际，但缺点是保证率不易确定。

(二)设计代表年法

当采用实际代表年法有困难时，可采用设计代表年法。设计代表年法就是首先在设计站、参证站或灌区，选择符合设计要求的一个(或几个)实际年的径流年内分配资料及用水年内分配资料为典型，然后以设计年来水量 $W_{来p}$ 和设计年用水量 $W_{用p}$ 分别放大或缩小典型年的来水过程线和用水过程线成为设计过程线。典型年的选择应满足下列条件：

(1)典型年的年水量与设计年的年水量要比较接近(包括年来水及年用水)。

(2)典型年的来、用水年内分配对工程比较不利，即要求调节计算得出较大的兴利库容。

中小型灌溉水库的设计，选出符合上述要求的典型年可能比较容易。如果水库以上流域与灌区不在同一气候区，来水与用水关系不很密切时，选典型年可能有困难。在这种情况下，可选几个典型年，并按 $W_{来p}$ 与各年来水量之比缩放各年的来水过程线，按 $W_{用p}$ 与各年用水量之比缩放各年的用水过程线，对相应的来、用水过程进行调节计算后，分析确定一个较大的库容作为设计的兴利库容。

必须指出，设计代表年法采用来、用水同频率只在来、用水有较好相关关系时才是正确的，否则由此求得的兴利库容不一定符合设计保证率。

在我国干旱地区灌溉用水比较固定(灌溉用水各年相差不多)，可以采用以来水为主的同倍比缩放法确定来水过程，再与固定用水过程配合计算兴利库容。但在我国湿润及半湿润地区，农业用水各年不同，调节计算必须考虑来、用水组合。

年调节计算的代表年法和长系列法在调节计算的原理和方法上是基本相同的，只是在设计代表年法中计算蒸发损失标准时略有一些差别，在长系列法和实际代表年法中，$E_{皿}$ 是水文站或气象站当年所观测到的蒸发皿蒸发量，而在设计代表年法中，$E_{皿}$ 则应采用符合设计条件的年蒸发量，一般是采用实测系列中最大的或较大的年蒸发量，其年内分配则常采用多年平均的年内分配。

三、正常蓄水位的确定

采用上述方法确定了水库的兴利库容后，加上死库容就得二者之和的库容，用此库容在水库水位-容积曲线上可查得相应的正常蓄水位，如图 9-13 所示。

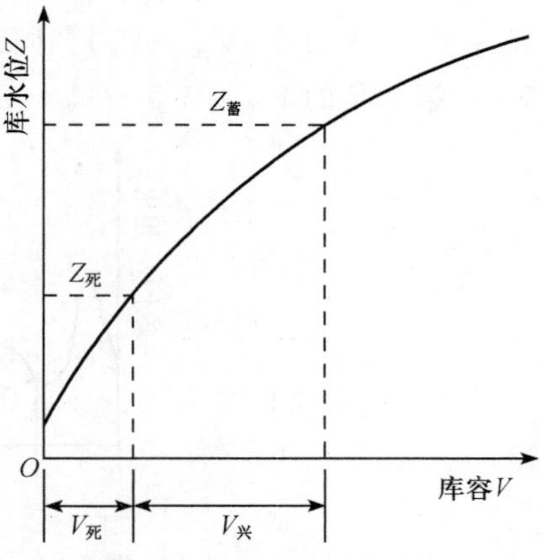

图 9-13 从水位-容积曲线上求 $Z_{正}$

第六节　多年调节水库兴利调节计算的长系列法

当用水量(灌溉、发电、供水等用水要求)超过了设计枯水年的年来水量时,年调节水库就不能满足兴利需要。为了充分利用水资源,就必须增大兴利库容,将丰水年或丰水年组的余水量蓄存起来,满足枯水年或枯水年组缺水量的要求。这种将丰、枯水年份的年径流量径流年内变化都加以重新分配的调节,称为多年调节。例如,某水库,如果灌溉面积由 65 万亩扩大到 120 万亩,则设计年灌溉用水量应为 54 300 万 m^3,而设计年径流量却只有 38 440 万 m^3,兴建年调节水库显然不能满足用水要求,因此必须兴建多年调节水库。

一、多年调节计算长系列法的基本概念

多年调节计算长系列法的基本原理和步骤与年调节计算相似,即先通过逐年调节计算求得每年所需的库容,再进行频率计算,以求得满足设计保证率要求的兴利库容。只是多年调节水库要经过若干个连续丰水年才能蓄满,经过若干个连续枯水年才能放空,因此完成一次蓄泄循环往往需要很多年。在这种情况下,确定某些年份所需的兴利库容时,不能只以本年度缺水期的不足水量来定库容,还必须联系前一年或前几年的不足水量情况进行分析,即取决于连续枯水年组的总亏水量。为此,用时历法进行多年调节计算时,所需要的水文资料远较年调节为长,一般应具有 30 a 以上,且是能较好地代表多年变化情况的径流资料,否则所得结果不可靠。

图 9-14 绘出了多年来水过程线及其相应的用水过程线。由图可知,第 1～3 调节年度是丰水年,来水大于用水,各年所需兴利库容分别为 V_2、V_4、V_6,而第 4～7 年为连续枯水年组。确定第 4 年的兴利库容时,应与前面第 3 年的余、亏水情况一起分析考虑。即第 3～4 年两年组成一个大调节年,然后用相当于两回运用情况的分析,即中间余水期的余水量同时小于前后两个亏水期的亏水量,所以第 4 年的兴利库容为三者(两个亏水量和其中余水量)的代数和,即 $V_{兴4}=V_6+(V_8-V_7)$。确定第 5 年的兴利库容时,要和前面第 3～4 年的余、亏水情况一起考虑,相当于三回运用的情况,其中 V_9 同时小于前后两个亏水量 V_8、V_{10},所以第 5 年的 $V_{兴5}=V_6+(V_8-V_7)+(V_{10}-V_9)$。同理,第 6 年的 $V_{兴6}=V_6+(V_8-V_7)+(V_{10}-V_9)+(V_{12}-V_{11})$,第 7 年的 $V_{兴7}=V_6+(V_8-V_7)+(V_{10}-V_9)+(V_{12}-V_{11})+(V_{14}-V_{13})$。

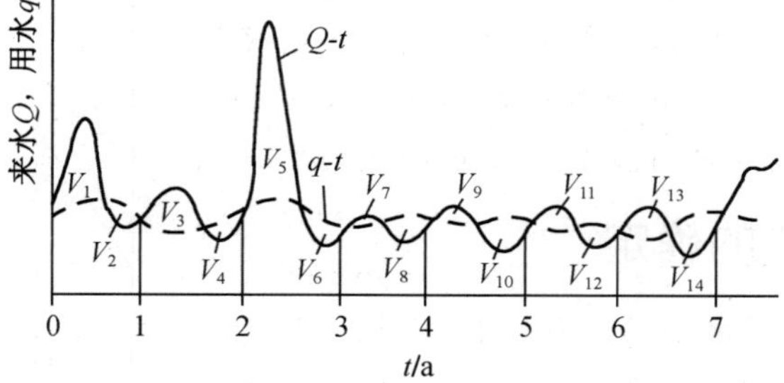

图 9-14　多年来水过程线及其相应的用水过程线

二、计算逐年兴利库容的列表法

【例 9-5】某水库具有 24 a 实测年径流资料，经分析此年径流系列具有一定的代表性。各年余、亏水量的统计数字如表 9-11 所示，其中 1972—1973 年、1974—1975 年、1976—1977 年、1978—1979 年、1979—1980 年、1980—1981 年、1981—1982 年、1984—1985 年、1985—1986 年、1991—1992 年、1993—1994 年为多年调节。

应该注意，调节年度的划分不应硬性规定，须视每年的余、亏水情况分析定出。如 1970—1971 年调节年的蓄泄过程只有 11 个月，其中 1971 年 8—9 月份为缺水段。如 1990—1991 年调节年的蓄泄过程有 13 个月，其中 1991 年 8—9 月份为缺水段。又如 1976—1977 年的调节年原为 13 个月，但因该年余水 854.9 万 m^3 小于亏水 10 261.9 万 m^3，故应将 1975—1976 年一起考虑，并由 1976 年 9 月至 1977 年 11 月这个连续缺水段来计算该年所需要的库容 $V=10\,261.9+3\,279.7-854.9=12\,686.7$(万 m^3)。但因 1975—1976 年余水量 12 334.0 万 m^3 小于此库容的 12 686.7 万 m^3，不能满足 1976—1977 年缺水的需要，故仍需往前考虑到 1974—1975 年。因该年余水量也小于亏水量，又需往前考虑到 1973—1974 年。因为 1973—1974 年有剩余水量 15 621.9(17 781.1－2 159.2)万 m^3，足够补充以后几年的亏水，故 1973—1977 年为连续 4 年的多年调节。

把由多年调节计算所得的多年调节库容填入表 9-11 的第(6)列，则按此表的库容值计算并绘制的库容频率曲线就是考虑多年调节后的成果，从中便可求出已知 P 的设计库容 V_P。

三、计算逐年兴利库容的差积曲线法

【例 9-6】已知某水库 24 a 来水、用水系列(同例 9-5)，用差积曲线求各年的兴利库容。

(1)根据来用、水量，将各水利年划分为余水期和亏水期。

(2)求各年余水期的余水量和亏水期的亏水量，并按时序计算累积值，如表 9-11 中第(5)列所示。

(3)以 $\sum$(来水量－用水量)为纵坐标，以时序为横坐标，点绘水量的差积曲线，如图 9-15 所示。图中横坐标 70、71、…、93 分别代表表 9-11 中的 1970—1971、1971—1972、…、1993—1994 年。

(4)在差积曲线上，每年从亏水期末向前作水平线与差积曲线第一次相交即停止；在水平线与差量累积曲线间的最大纵坐标差值，即该年所需库容。

显然，上述作图步骤就是判别余水量和亏水量的过程，所作水平线与差积曲线交在何处，即表明此处为止，$\sum$ 余水量已大于 $\sum$ 亏水量，不需要再向前考虑，其最大纵坐标差值就是最大累积亏水量。

当然也可不必如表 9-12 那样划分水利年，分析余水期和亏水期，可直接逐月计算和点绘差积曲线，这样做的优点在于可省去判别和分析，缺点是绘制差积曲线的工作量较大。

表 9-11　某水库逐年余、亏水量统计表

年份	起讫月份	余水量(+)/万 m^3	亏水量(−)/万 m^3	累积水量/万 m^3	库容/万 m^3	年份	起讫月份	余水量(+)/万 m^3	亏水量(−)/万 m^3	累积水量/万 m^3	库容/万 m^3
(1)	(2)	(3)	(4)	(5)	(6)	(1)	(2)	(3)	(4)	(5)	(6)
				0							
1970—1971	11—7	5 744.5		5 744.5	974.5	1982—1983	11—8	6 932.9		−4 627.6	1 611.0
	8—9		974.5	4 770.0			9—10		1 611.0	−6 238.5	
1971—1972	10—5	3 722.2		8 492.2	3 188.0	1983—1984	11—7	6 137.3		−101.3	3 628.5
	6—8		3 188.0	5 304.2			8—9		3 628.5	−3 279.8	
1972—1973	9—3	1 215.1		6 519.3	5 338.6	1984—1985	10—2	1 114.3		−2 615.5	8 724.9
	4—10		3 365.7	3 153.6			3—9		6 210.7	−8 826.2	
1973—1974	11—8	17 781.1		20 934.7	2 159.2	1985—1986	10—3	430.0		−8 396.2	48 259.0
	9—10		2 159.2	18 775.5			4—10		12 015.2	−20 411.4	
1974—1975	11—8	1 523.3		20 298.8	5 431.1	1986—1987	11—6	4 321.1		−16 090.3	3 463.9
	9—12		4 795.2	15 503.6			7—9		3 463.9	−19 554.2	
1975—1976	1—8	12 344.0		27 847.6	3 279.7	1987—1988	10—7	13 718.2		−5 836.0	4 338.9
	9—10		3 279.7	24 567.9			8—10		4 338.9	−10 174.9	
1976—1977	11—6	854.9		25 332.8	12 686.7	1988—1989	11—8	11 198.9		1 024.0	639.2
	7—11		10 261.9	15 160.9			9—10		639.2	384.8	
1977—1978	12—8	1 433.3		16 594.2	13 572.7	1989—1990	11—7	10 430.1		10 814.9	2 381.7
	9		2 319.3	14 274.9			8		2 381.7	8 433.2	
1978—1979	10—6	4 643.7		18 918.6	20 207.4	1990—1991	9—7	4 466.9		12 900.1	3 504.0
	7—10		11 278.4	7 640.2			8—9		3 504.0	9 396.1	
1979—1980	11—7	6 300.4		13 940.6	20 597.0	1991—1992	10—7	3 348.2		12 744.3	7 453.7
	8—10		6 690.9	7 249.7			7—9		7 297.9	5 446.4	
1980—1981	11—3	149.2		7 398.9	35 351.9	1992—1993	10—9	16 044.7		21 491.1	0
	4—10		14 903.2	−7 504.3					0	2 149.1	
1981—1982	11—2	659.1		−6 845.2	39 408.1	1993—1994	10—6	7 522.8		29 013.9	7 831.5
	3—10		4 715.3	−11 560.5			7—10		7 831.5	21 182.4	

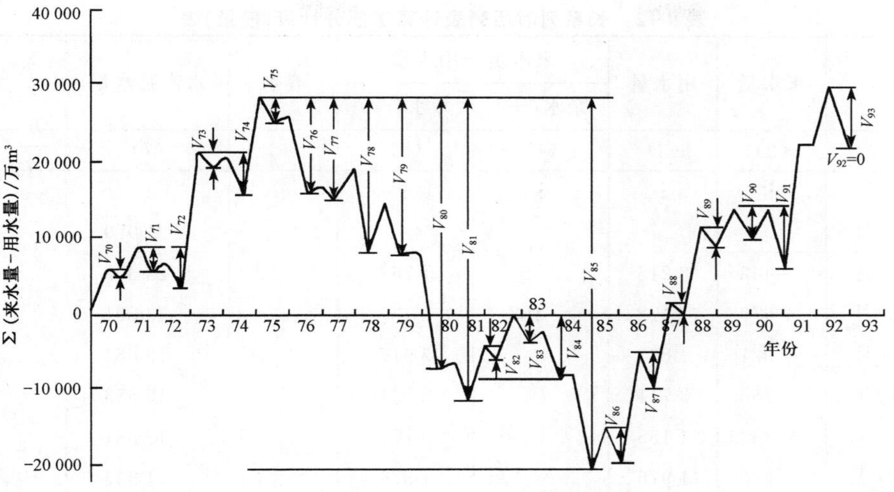

图 9-15　多年来、用水量的差积曲线

四、试算法

在多年调节的长系列时历法中，为了避免逐年分析库容的麻烦，除可使用上述差积曲线法外，还可以使用试算法。试算法是先假定一个兴利库容，逐时段连续调节计算，统计用水被破坏的年数来计算保证率，如果计算的保证率与规定的设计保证率相符，则假定的库容就是多年调节的兴利库容。试算法的计算表格与年调节时历法基本相同。这种计算方法一般是从水库蓄满（正常蓄水位）或水库放空（死水位）开始，逐月进行水量平衡计算，遇到余水就蓄，蓄满了还有余水就作弃水处理，遇亏水就供水，直到 $V_{兴}$ 放空时还缺水，就算这年供水不足遭受破坏，然后从下一年的蓄水期开始再继续进行计算，直到全系列操作完，统计出供水被破坏的年数，计算供水保证率 P。

$$P=\frac{\text{计算总年数}-\text{破坏年数}}{\text{计算总年数}+1}\times 100\% \tag{9-11}$$

若计算的供水保证率不等于设计保证率，则另假定库容，重复上述计算过程，直到两者相等为止。

【例 9-7】某多年调节水库，具有 1970 年 7 月至 1993 年 6 月的来、用水资料，已知死库容为 7 000 万 m^3，用试算法求 $P=75\%$的设计兴利库容。

(1)将历年来、用水资料按时历列表逐月计算出余水量及亏水量，如表 9-12 中的第(4)、(5)列。

(2)假定库容为 56 600 万 m^3，从 1970 年 7 月初水库蓄水量为 0(即死库容)开始起调，计算各月蓄水量(如表中摘录)。表 9-12 中 1986 年 5—6 月蓄水量为 $-2\,578$ 万 m^3 及 $-10\,216$ 万 m^3，即指水库放空后尚差的水量，经 7—8 月水库蓄水，至 9 月库满后还有多余水量，所以产生废弃水量为 2 356(54 023+4 933−56 600)万 m^3，填入表 9-12 中第(6)列，各月蓄水量填入表中第(7)列。

表 9-12　长系列时历列表计算法部分计算(摘录)表　　万 m^3

时间	来水量	用水量	来水量一用水量		弃水	水库蓄水量	备注
			余水(+)	亏水(-)			
(1)	(2)	(3)	(4)	(5)	(6)	(7)	(8)
⋮	⋮	⋮	⋮	⋮	⋮	⋮	⋮
1985 年 6 月						31 070	
1985 年 7 月	448	8 215		7 767		23 303	
1985 年 8 月	7 670	7 472	198			23 501	
1985 年 9 月	921	4 838		3 917		19 584	
1985 年 10 月	780	3 711		2 931		16 653	
1985 年 11 月	383	4 155		3 772		12 881	
1985 年 12 月	220	1 976		1 576		11 305	
1986 年 1 月	130	350		220		11 035	
1986 年 2 月	160	350		190		10 895	
1986 年 3 月	622	350	272			11 167	
1986 年 4 月	170	7 079		6 309		4 258	
1986 年 5 月	113	6 949		6 836		−2 578	供水被破坏
1986 年 6 月	1 130	8 768		7 638		−10 216	供水被破坏
1986 年 7 月	50 710	8 215	42 495			42 495	
1986 年 8 月	19 000	7 472	11 528			54 023	
1986 年 9 月	9 771	4 838	4 933		2 356	56 600	蓄满弃水
1986 年 10 月	1 940	3 711		1 771		54 829	
1986 年 11 月	893	4 155		3 262		51 567	
1986 年 12 月	470	1 976		1 506		50 061	
1987 年 1 月	240	350		110			
1987 年 2 月							
⋮	⋮	⋮	⋮	⋮	⋮	⋮	⋮

(3)统计 24 a 中蓄水量为负值的年数为 5 a,计算保证率:

$$P=\frac{24-5}{24+1}\times 100\%=76\%$$

计算保证率接近等于设计保证率 75%,所以该多年调节水库的设计兴利库容为 56 600 万 m^3。

为了避免多次试算的盲目性,可将试算得到的几个 $V_{兴}$ 与 P 的对应数据点绘成如图 9-16 的 $V_{兴}$-P 曲线,以设计保证率 $P_{设}$ 查此曲线即得设计兴利库容 $V_{兴设}$。

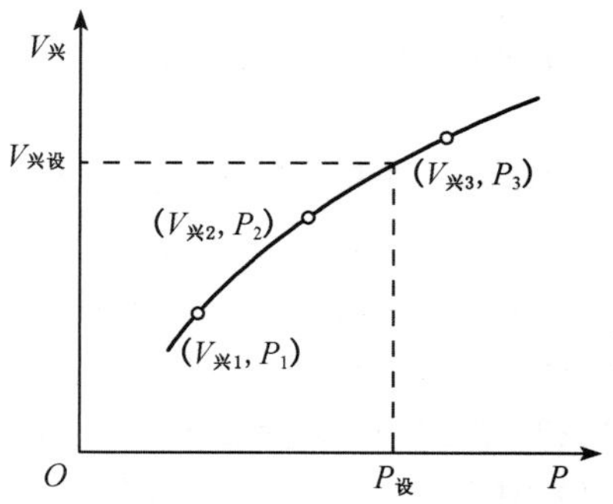

图 9-16　$V_{兴}$-P 曲线

五、多年调节水库水量损失的计算

多年调节水库的水量损失计算，一般采用近似计算法。首先以不计水量损失时初定的兴利库容计算水库多年平均蓄水容积及多年平均水面面积，并计算出多年平均的逐月蒸发损失和渗漏损失(计算方法与年调节水库基本相同)；然后在水库用水系列中，逐年逐月加入这一水量损失，即得历年毛用水系列；最后以来水系列与毛用水系列相配合，逐年计算出水库的兴利库容，再作库容频率曲线，按设计保证率求得计入水量损失的兴利库容。也可在来水中扣除，重新进行调节计算，方法同前。

六、对多年调节长系列时历法的评价

利用时历法进行多年调节计算的优点是：概念清楚、推理简便，能直接求出多年调节的兴利库容及水库的蓄、泄水过程，适用于不同的用水情况。当具有较长系列(资料年数 $n>30$ a)的来、用水资料时，利用该方法的计算成果精度较高。大、中型灌溉水库的规划、设计及管理阶段常采用这种方法。但当资料系列较短或代表性较差时，利用该方法会产生较大的误差，在这种情况下，可以利用确定性流域水文模型由降雨资料展延各年各月的径流量系列，在考虑灌溉用水时，也利用这些降雨资料，考虑作物生长期的耗水量，推求各年各月的灌溉用水量系列。

本章习题

1. 什么叫径流调节？水库兴利调节的基本原理是什么？
2. 什么是水库的调节周期？按调节周期分类，径流调节有几种类型？
3. 设计保证率的含义是什么？如何确定拟建的设计保证率？
4. 用水、兴利库容及设计保证率三者之间的关系怎样？
5. 设计保证率已定的情况下，如何判断一个水库是年调节水库还是多年调节水库？
6. 长周期调节水库为什么可以完成短周期调节任务？
7. 判断表 9-13 调节年度，水库从哪一个月开始蓄水？属于几回应用？不计损失，求其兴利库容。

表 9-13 来、用水分配表

月份	1	2	3	4	5	6	7	8	9
天然来水/亿 m^3	4	3	3	2	8	10	12	9	7
用水/亿 m^3	5	5	4	4	6	7	8	8	9
月份	10	11	12	1	2	3	4	5	6
天然来水/亿 m^3	6	5	4	4	3	2	1	5	9
用水/亿 m^3	8	3	3	6	5	4	3	6	7

8. 库容系数与调节系数各表示什么意义？其数值大小有哪些影响因素？
9. 数理统计法为什么只能算出多年库容？

10. 求多年调节库容时,数理统计法与时历法的优缺点各有哪些?

11. 把多年调节水库的兴利库容分为$V_{多年}$和$V_{年}$两部分,计算成果是否符合设计保证率的概念?

12. 年调节水库计算。

要求:据已给资料求兴利库容和正常蓄水位。

资料:(1)设计代表年($P=75\%$)径流年内分配如表9-14第二行。(2)综合用水过程如表9-14第三行。(3)蒸发损失月分配如表9-14第四行。(4)渗漏损失以相应月库容的1%计。(5)水库库容特性曲线数据如表9-15。(6)$V_{死}=300$万m^3。

表9-14　水库来、用水及蒸发资料

月份	1	2	3	4	5	6	7	8	9	10	11	12
来水/万 m^3	410	381	1 273	428	404	1 126	3 988	4 994	997	474	181	170
用水/万 m^3	210	210	465	1 980	1 650	1 840	1 240	2 000	543	210	985	1 246
蒸发分配/mm	9	11	24	49	65	70	75	79	73	32	15	10

表9-15　水库库容特性曲线数据表

水位/m	850	852	854	856	858	860	862	864	866	868	870
水面面积/km^2	0	0.30	0.62	0.93	1.22	1.68	2.08	2.43	2.90	3.35	3.95
容积/万 m^3	0	100	300	1 500	2 400	3 200	3 900	4 500	4 900	5 300	5 600

附　　表

附表1　海森概率格纸的横坐标分格表

附表2　经验频率 $P=\frac{m}{n+1}\times100\%$ 值表

附表3　皮尔逊Ⅲ型频率曲线的离均系数 Φ_P 值表

附表4　皮尔逊Ⅲ型频率曲线的模比系数 K_P 值表

附表5　三点法用表——S 与 C_s 关系表

附表6　三点法用表——C_s 与有关 Φ 值的关系表

附表7　不同信度水平下简相关系数最低值 r_α 表

附表8　瞬时单位线 S 曲线查用表

附表 1　海森概率格纸的横坐标分格表

P/%	由中值(50%)起的水平距离	P/%	由中值(50%)起的水平距离
0.01	3.720	7	1.476
0.02	3.540	8	1.405
0.03	3.432	9	1.341
0.04	3.535	10	1.282
0.05	3.290	11	1.227
0.06	3.239	12	1.175
0.07	3.195	13	1.126
0.08	3.156	14	1.080
0.09	3.122	15	1.036
0.10	3.090	16	0.994
0.15	2.967	17	0.954
0.2	2.878	18	0.915
0.3	2.748	19	0.878
0.4	2.652	20	0.842
0.5	2.576	22	0.774
0.6	2.512	24	0.706
0.7	2.457	26	0.643
0.8	2.409	28	0.583
0.9	2.366	30	0.524
1.0	2.326	32	0.468
1.2	2.257	34	0.412
1.4	2.197	36	0.358
1.6	2.144	38	0.305
1.8	2.097	40	0.253
2	2.053	42	0.202
3	1.881	44	0.151
4	1.751	46	0.100
5	1.645	48	0.050
6	1.555	50	0

附表 2　经验频率 $P=\frac{m}{n+1}\times 100\%$ 值表

m	n																	
	15	16	17	18	19	20	21	22	23	24	25	26	27	28	29	30	31	32
1	6.2	5.9	5.6	5.3	5.0	4.8	4.5	4.3	4.2	4.0	3.8	3.7	3.6	3.4	3.3	3.2	3.1	3.0
2	12.5	11.8	11.1	10.5	10.0	9.5	9.1	8.7	8.3	8.0	7.7	7.4	7.1	6.9	6.7	6.5	6.2	6.1
3	18.8	17.6	16.7	15.8	15.0	14.3	13.6	13.0	12.5	12.0	11.5	11.1	10.7	10.3	10.0	9.7	9.4	9.1
4	25.0	23.5	22.2	21.1	20.0	19.0	18.2	17.4	16.7	16.0	15.4	14.8	14.3	13.8	13.3	12.9	12.5	12.1
5	31.2	29.4	27.8	26.3	25.0	23.8	22.7	21.7	20.8	20.0	19.2	18.5	17.9	17.2	16.7	16.1	15.6	15.2
6	37.5	35.3	33.3	31.6	30.0	28.6	27.3	26.1	25.0	24.0	23.1	22.2	21.4	20.7	20.0	19.4	18.8	18.2
7	43.8	41.2	38.9	36.8	35.0	33.3	31.8	30.4	29.2	28.0	26.9	25.9	25.0	24.1	23.3	22.6	21.9	21.2
8	50.0	47.1	44.4	42.1	40.0	38.1	36.4	34.8	33.3	32.0	30.8	29.6	28.6	27.6	26.7	25.8	25.0	24.2
9	56.2	52.9	50.0	47.4	45.0	42.9	40.9	39.1	37.5	36.0	34.6	33.3	32.1	31.0	30.0	29.0	28.1	27.3
10	62.5	58.8	55.6	52.6	50.0	47.6	45.5	43.5	41.7	40.0	38.5	37.0	35.7	34.5	33.3	32.3	31.2	30.3
11	68.8	64.7	61.1	57.9	55.0	52.4	50.0	47.8	45.8	44.0	42.3	40.7	39.3	37.9	36.7	35.5	34.4	33.3
12	75.0	70.6	66.7	63.2	60.0	57.1	54.5	52.2	50.0	48.0	46.2	44.4	42.9	41.4	40.0	38.7	37.5	36.4
13	81.2	76.5	72.2	68.4	65.0	61.9	59.1	56.5	54.2	52.0	50.0	48.1	46.4	44.8	43.3	41.9	40.6	39.4
14	87.5	82.4	77.8	73.7	70.0	66.7	63.6	60.9	58.3	50.0	53.8	51.9	50.0	48.3	46.7	45.2	43.8	42.4
15	93.8	88.2	83.3	78.9	75.0	71.4	68.2	65.2	62.5	60.0	57.7	55.6	53.6	51.7	50.0	48.4	46.9	45.5
16		94.1	88.9	84.2	80.0	76.2	72.7	69.6	66.7	64.0	61.5	59.3	57.1	55.2	53.3	51.6	50.0	48.5
17			94.4	89.5	85.0	81.0	77.3	73.9	70.8	68.0	65.4	63.0	60.7	58.6	56.7	54.8	53.1	51.5
18				94.7	90.0	85.7	81.8	78.3	75.0	72.0	69.2	66.7	64.3	62.1	60.0	58.1	56.2	54.5
19					95.0	90.5	86.4	82.6	79.2	76.0	73.1	70.4	67.9	65.5	63.3	61.3	59.4	57.6
20						95.2	90.9	87.0	83.3	80.0	76.9	74.1	71.4	69.0	66.7	64.5	62.5	60.6
21							95.5	91.3	87.5	84.0	80.8	77.8	75.0	72.4	70.0	67.7	65.6	63.6
22								95.7	91.7	88.0	84.6	81.5	78.6	75.9	73.3	71.0	68.8	66.7
23									95.8	92.0	88.5	85.2	82.1	79.3	76.7	74.2	71.9	69.7
24										96.0	92.3	88.9	85.7	82.8	80.0	77.4	75.0	72.7
25											96.2	92.6	89.3	86.2	83.3	80.6	78.1	75.8
26												96.3	92.9	89.7	86.7	83.9	81.2	78.8
27													96.4	93.1	90.0	87.1	84.4	81.8
28														96.6	93.3	90.3	87.5	84.8
29															96.7	93.5	90.6	87.9
30																96.8	93.8	90.9
31																	96.9	93.9
32																		97.0

续附表 2

m	n																	
	33	34	35	36	37	38	39	40	41	42	43	44	45	46	47	48	49	50
1	2.9	2.9	2.8	2.7	2.6	2.6	2.5	2.4	2.4	2.3	2.3	2.2	2.2	2.1	2.1	2.0	2.0	2.0
2	5.9	5.7	5.6	5.4	5.3	5.1	5.0	4.9	4.8	4.7	4.5	4.4	4.3	4.3	4.2	4.1	4.0	3.9
3	8.8	8.6	8.3	8.1	7.9	7.7	7.5	7.3	7.1	7.0	6.8	6.7	6.5	6.4	6.2	6.1	6.0	5.9
4	11.8	11.4	11.1	10.8	10.5	10.3	10.0	9.8	9.5	9.3	9.1	8.9	8.7	8.5	8.3	8.2	8.0	7.8
5	14.7	14.3	13.9	13.5	13.2	12.8	12.5	12.2	11.9	11.6	11.4	11.1	10.9	10.6	10.4	10.2	10.0	9.8
6	17.6	17.1	16.7	16.2	15.8	15.4	15.0	14.6	14.3	14.0	13.6	13.3	13.0	12.8	12.5	12.2	12.0	11.8
7	20.6	20.0	19.4	18.9	18.4	17.9	17.5	17.1	16.7	16.3	15.9	15.6	15.2	14.9	14.5	14.3	14.0	13.7
8	23.5	22.9	22.2	21.6	21.1	20.5	20.0	19.5	19.0	18.6	18.2	17.8	17.4	17.0	16.7	16.3	16.0	15.7
9	26.5	25.7	25.0	24.3	23.7	23.1	22.5	22.0	21.4	20.9	20.5	20.0	19.6	19.1	18.8	18.4	18.0	17.6
10	29.4	28.6	27.8	27.0	26.3	25.6	25.0	24.4	23.8	23.3	22.7	22.2	21.7	21.3	20.8	20.4	20.0	19.6
11	32.4	31.4	30.6	29.7	28.9	28.2	27.5	26.8	26.2	25.6	25.0	24.4	23.9	23.4	22.9	22.4	22.0	21.6
12	35.3	34.3	33.3	32.4	31.6	30.8	30.0	29.3	28.6	27.9	27.3	26.7	26.1	25.5	25.0	24.5	24.0	23.5
13	38.2	37.1	36.1	35.1	34.2	33.3	32.5	31.7	31.0	30.2	29.5	28.9	28.3	27.7	27.1	26.5	26.0	25.5
14	41.2	40.0	38.9	37.8	36.8	35.9	35.0	34.1	33.3	32.6	31.8	31.1	30.4	29.8	29.2	28.6	28.0	27.5
15	44.1	42.9	41.7	40.5	39.5	38.5	37.5	36.6	35.7	34.9	34.1	33.3	32.6	31.9	31.2	30.6	30.0	29.4
16	47.1	45.7	44.4	43.2	42.1	41.0	40.0	39.0	38.1	37.2	36.4	35.0	34.8	34.0	33.3	32.7	32.0	31.4
17	50.0	48.6	47.2	45.9	44.7	43.6	42.5	41.5	40.5	39.5	38.6	37.8	37.0	36.2	35.4	34.7	34.0	33.3
18	52.9	51.4	50.0	48.6	47.4	46.2	45.0	43.9	42.9	41.9	40.9	40.0	39.1	38.3	37.5	36.7	36.0	35.3
19	55.9	54.3	52.8	51.4	50.0	48.7	47.5	46.3	45.2	44.2	43.2	42.2	41.3	40.4	39.6	38.8	38.0	37.3
20	58.8	57.1	55.6	54.1	52.6	51.3	50.0	48.8	47.6	46.5	45.5	44.4	43.5	42.6	41.7	40.8	40.0	39.2
21	61.8	60.0	58.3	56.8	55.3	53.8	52.5	51.2	50.0	48.8	47.7	46.7	45.7	44.7	43.8	42.9	42.0	41.2
22	64.7	62.9	61.1	59.5	57.9	56.4	55.0	53.7	52.4	51.2	50.0	48.9	47.8	46.8	45.8	44.9	44.0	43.1
23	67.6	65.7	63.9	62.2	60.5	59.0	57.5	56.1	54.8	53.5	52.3	51.1	50.0	48.9	47.9	46.9	46.0	45.1
24	70.6	68.6	66.7	64.9	63.2	61.5	60.0	58.5	57.1	55.8	54.5	53.3	52.2	51.1	50.0	49.0	48.0	47.1
25	73.5	71.4	69.4	67.6	65.8	64.1	62.5	61.0	59.5	58.1	56.8	55.6	54.3	53.2	52.1	51.0	50.0	49.0
26	76.5	74.3	72.2	70.3	68.4	66.7	65.0	63.4	61.9	60.5	59.1	57.8	56.5	55.3	54.2	53.1	52.0	51.0
27	79.4	77.1	75.0	73.0	71.1	69.2	67.5	65.9	64.3	62.8	61.4	60.0	58.7	57.4	56.2	55.1	54.0	52.9
28	82.4	80.0	77.8	75.7	73.7	71.8	70.0	68.3	66.7	65.1	63.6	62.2	60.9	59.6	58.3	57.1	56.0	54.9
29	85.3	82.9	80.6	78.4	76.3	74.4	72.5	70.7	69.0	67.4	65.9	64.4	63.0	61.7	60.4	59.2	58.0	56.9
30	88.2	85.7	83.3	81.1	78.9	76.9	75.0	73.2	71.4	69.8	68.2	66.7	65.2	63.8	62.5	61.2	60.0	58.8
31	91.2	88.6	86.1	83.8	81.6	79.5	77.5	75.6	73.8	72.1	70.5	68.9	67.4	66.0	64.6	63.3	62.0	60.8
32	94.1	91.4	88.9	86.5	84.2	82.1	80.0	78.0	76.2	74.4	72.7	71.1	69.6	68.1	66.7	65.3	64.0	62.2
33	97.1	94.3	91.7	89.2	86.8	84.6	82.5	80.5	78.6	76.7	75.0	73.3	71.7	70.2	68.8	67.3	66.0	64.7
34		97.1	94.4	91.9	89.5	87.2	85.0	82.9	81.0	79.1	77.3	75.6	73.9	72.3	70.8	69.4	68.0	66.7
35			97.2	94.6	92.1	89.7	87.5	85.4	83.3	81.4	79.5	77.8	76.1	74.5	72.9	71.4	70.0	68.6
36				97.3	94.7	92.3	90.0	87.8	85.7	83.7	81.8	80.0	78.3	76.6	75.0	73.5	72.0	70.6
37					97.4	94.9	92.5	90.2	88.1	86.0	84.1	82.2	80.4	78.7	77.1	75.5	74.0	72.5
38						97.4	95.0	92.7	90.5	88.4	86.4	84.4	82.6	80.9	79.2	77.6	76.0	74.5
39							97.5	95.1	92.9	90.7	88.6	86.7	84.8	83.0	81.2	79.6	78.0	76.5
40								97.6	95.2	93.0	90.9	88.9	87.0	85.1	83.3	81.6	80.0	78.4
41									97.6	95.3	93.2	91.1	89.1	87.2	85.4	83.7	82.0	80.4
42										97.7	95.5	93.3	91.3	89.4	87.5	85.7	84.0	82.4
43											97.7	95.6	93.5	91.5	89.6	87.8	86.0	84.3
44												97.8	95.7	93.6	91.7	89.8	88.0	86.3
45													97.8	95.7	93.8	91.8	90.0	88.2
46														97.9	95.8	93.9	92.0	90.2
47															97.9	95.9	94.0	92.2
48																98.0	96.0	94.1
49																	98.0	96.1
50																		98.0

附表3 皮尔逊Ⅲ型频率曲线的离均系数 Φ_P 值表

C_s	$P/\%$														
	0.01	0.1	0.2	0.33	0.5	1	2	5	10	20	50	75	90	95	99
0	3.72	3.09	2.88	2.71	2.58	2.33	2.05	1.64	1.28	0.84	0	-0.67	-1.28	-1.64	-2.33
0.1	3.94	3.23	3.00	2.82	2.67	2.40	2.11	1.67	1.29	0.84	-0.02	-0.68	-1.27	-1.62	-2.25
0.2	4.16	3.38	3.12	2.92	2.76	2.47	2.16	1.70	1.30	0.83	-0.03	-0.69	-1.26	-1.59	-2.18
0.3	4.38	3.52	3.24	3.03	2.86	2.54	2.21	1.73	1.31	0.82	-0.05	-0.70	-1.24	-1.55	-2.10
0.4	4.61	3.67	3.36	3.14	2.95	2.62	2.26	1.75	1.32	0.82	-0.07	-0.71	-1.23	-1.52	-2.03
0.5	4.83	3.81	3.48	3.25	3.04	2.68	2.31	1.77	1.32	0.81	-0.08	-0.71	-1.22	-1.49	-1.96
0.6	5.05	3.96	3.60	3.35	3.13	2.75	2.35	1.80	1.33	0.80	-0.10	-0.72	-1.20	-1.45	-1.88
0.7	5.28	4.10	3.72	3.45	3.22	2.82	2.40	1.82	1.33	0.79	-0.12	-0.72	-1.18	-1.42	-1.81
0.8	5.50	4.24	3.85	3.55	3.31	2.89	2.45	1.84	1.34	0.78	-0.13	-0.73	-1.17	-1.38	-1.74
0.9	5.73	4.39	3.97	3.65	3.40	2.96	2.50	1.86	1.34	0.77	-0.15	-0.73	-1.15	-1.35	-1.66
1.0	5.96	4.53	4.09	3.76	3.49	3.02	2.54	1.88	1.34	0.76	-0.16	-0.73	-1.13	-1.32	-1.59
1.1	6.18	4.67	4.20	3.86	3.58	3.09	2.58	1.89	1.34	0.74	-0.18	-0.74	-1.10	-1.28	-1.52
1.2	6.41	4.81	4.32	3.95	3.66	3.15	2.62	1.91	1.34	0.73	-0.19	-0.74	-1.08	-1.24	-1.45
1.3	6.64	4.95	4.44	4.05	3.74	3.21	2.67	1.92	1.34	0.72	-0.21	-0.74	-1.06	-1.20	-1.38
1.4	6.87	5.09	4.56	4.15	3.83	3.27	2.71	1.94	1.33	0.71	-0.22	-0.73	-1.04	-1.17	-1.32
1.5	7.09	5.23	4.68	4.24	3.91	3.33	2.74	1.95	1.33	0.69	-0.24	-0.73	-1.02	-1.13	-1.26
1.6	7.31	5.37	4.80	4.34	3.99	3.39	2.78	1.96	1.33	0.68	-0.25	-0.73	-0.99	-1.10	-1.20
1.7	7.54	5.50	4.91	4.43	4.07	3.44	2.82	1.97	1.32	0.66	-0.27	-0.72	-0.97	-1.06	-1.14
1.8	7.76	5.64	5.01	4.52	4.15	3.50	2.85	1.98	1.32	0.64	-0.28	-0.72	-0.94	-1.02	-1.09
1.9	7.98	5.77	5.12	4.61	4.23	3.55	2.88	1.99	1.31	0.63	-0.29	-0.72	-0.92	-0.98	-1.04
2.0	8.21	5.91	5.22	4.70	4.30	3.61	2.91	2.00	1.30	0.61	-0.31	-0.71	-0.90	-0.95	-0.99
2.1	8.43	6.04	5.33	4.79	4.37	3.66	2.93	2.00	1.29	0.59	-0.32	-0.71	-0.87	-0.91	-0.95
2.2	8.65	6.17	5.43	4.88	4.44	3.71	2.96	2.00	1.28	0.57	-0.33	-0.70	-0.84	-0.88	-0.91
3.0	10.35	7.15	6.20	5.51	4.96	4.05	3.15	2.00	1.18	0.42	-0.39	-0.62	-0.66	-0.67	-0.67
3.1	10.56	7.26	6.30	5.59	5.02	4.08	3.17	2.00	1.16	0.40	-0.40	-0.60	-0.64	-0.64	-0.65
3.2	10.77	7.38	6.39	5.66	5.08	4.12	3.19	2.00	1.14	0.38	-0.40	-0.59	-0.62	-0.63	-0.63
3.3	10.97	7.49	6.48	5.74	5.14	4.15	3.21	1.99	1.12	0.36	-0.40	-0.58	-0.60	-0.61	-0.61
3.4	11.17	7.60	6.56	5.80	5.20	4.18	3.22	1.98	1.11	0.34	-0.41	-0.57	-0.59	-0.59	-0.59
3.5	11.37	7.72	6.65	5.86	5.25	4.22	3.23	1.97	1.09	0.32	-0.41	-0.55	-0.57	-0.57	-0.57
3.6	11.57	7.83	6.73	5.93	5.30	4.25	3.24	1.96	1.08	0.30	-0.41	-0.54	-0.56	-0.56	-0.56
3.7	11.77	7.94	6.81	5.99	5.35	4.28	3.25	1.95	1.06	0.28	-0.42	-0.53	-0.54	-0.54	-0.54
3.8	11.97	8.05	6.89	6.05	5.40	4.31	3.26	1.94	1.04	0.26	-0.42	-0.52	-0.53	-0.53	-0.53
3.9	12.16	8.15	6.97	6.11	5.45	4.34	3.27	1.93	1.02	0.24	-0.41	-0.51	-0.51	-0.51	-0.51
4.0	12.36	8.25	7.05	6.18	5.50	4.37	3.27	1.92	1.00	0.23	-0.41	-0.50	-0.50	-0.50	-0.50
4.1	12.55	8.35	7.13	6.24	5.54	4.39	3.28	1.91	0.98	0.21	-0.41	-0.48	-0.49	-0.49	-0.49
4.2	12.74	8.45	7.21	6.30	5.59	4.41	3.29	1.90	0.96	0.19	-0.41	-0.47	-0.48	-0.48	-0.48
4.3	12.93	8.55	7.29	6.36	5.63	4.44	3.29	1.88	0.94	0.17	-0.41	-0.46	-0.47	-0.47	-0.47
4.4	13.12	8.65	7.36	6.41	5.68	4.46	3.30	1.87	0.92	0.16	-0.40	-0.45	-0.46	-0.46	-0.46
4.5	13.30	8.75	7.43	6.46	5.72	4.48	3.30	1.85	0.90	0.14	-0.40	-0.44	-0.44	-0.44	-0.44
4.6	13.49	8.85	7.50	6.52	5.76	4.50	3.30	1.84	0.88	0.13	-0.40	-0.44	-0.44	-0.44	-0.44
4.7	13.67	8.95	7.56	6.57	5.80	4.52	3.30	1.82	0.86	0.11	-0.39	-0.43	-0.43	-0.43	-0.43
4.8	13.85	9.04	7.63	6.63	5.84	4.54	3.30	1.80	0.84	0.09	-0.39	-0.42	-0.42	-0.42	-0.42
4.9	14.04	9.13	7.70	6.68	5.88	4.55	3.30	1.78	0.82	0.08	-0.38	-0.41	-0.41	-0.41	-0.41
5.0	14.22	9.22	7.77	6.73	5.92	4.57	3.30	1.77	0.80	0.06	-0.38	-0.40	-0.40	-0.40	-0.40
5.1	14.40	9.31	7.84	6.78	5.95	4.58	3.30	1.75	0.78	0.05	-0.37	-0.39	-0.39	-0.39	-0.39

附表 4　皮尔逊Ⅲ型频率曲线的模比系数 K_P 值表

(1) $C_s = C_v$

C_v	P/%														
	0.01	0.1	0.2	0.33	0.5	1	2	5	10	20	50	75	90	95	99
0.05	1.19	1.16	1.15	1.14	1.13	1.12	1.11	1.09	1.07	1.04	1.00	0.97	0.94	0.92	0.89
0.10	1.39	1.32	1.30	1.28	1.27	1.24	1.21	1.17	1.13	1.08	1.00	0.93	0.87	0.84	0.78
0.15	1.61	1.50	1.46	1.43	1.41	1.37	1.32	1.26	1.20	1.13	1.00	0.90	0.81	0.77	0.67
0.20	1.83	1.68	1.62	1.58	1.55	1.49	1.43	1.34	1.25	1.17	0.99	0.86	0.75	0.68	0.56
0.25	2.07	1.86	1.80	1.74	1.70	1.63	1.55	1.43	1.33	1.21	0.99	0.83	0.69	0.61	0.47
0.30	2.31	2.06	1.97	1.91	1.86	1.76	1.66	1.52	1.39	1.25	0.98	0.79	0.63	0.54	0.37
0.35	2.57	2.26	2.16	2.08	2.02	1.91	1.78	1.61	1.46	1.29	0.98	0.76	0.57	0.47	0.28
0.40	2.84	2.47	2.34	2.26	2.18	2.05	1.90	1.70	1.53	1.33	0.97	0.72	0.51	0.39	0.19
0.45	3.13	2.69	2.54	2.44	2.35	2.19	2.03	1.79	1.60	1.37	0.97	0.69	0.45	0.33	0.10
0.50	3.42	2.91	2.74	2.63	2.52	2.34	2.16	1.89	1.66	1.40	0.96	0.65	0.39	0.26	0.02
0.55	3.72	3.14	2.95	2.82	2.70	2.49	2.29	1.98	1.73	1.44	0.95	0.61	0.34	0.20	−0.06
0.60	4.03	3.38	3.16	3.01	2.88	2.65	2.41	2.08	1.80	1.48	0.94	0.57	0.28	0.13	−0.13
0.65	4.36	3.62	3.38	3.21	3.07	2.81	2.55	2.18	1.87	1.52	0.93	0.53	0.23	0.07	−0.20
0.70	4.70	3.87	3.60	3.42	3.25	2.97	2.68	2.27	1.93	1.55	0.92	0.50	0.17	0.01	−0.27
0.75	5.05	4.13	3.84	3.63	3.45	3.14	2.82	2.37	2.00	1.59	0.91	0.46	0.12	−0.05	−0.33
0.80	5.40	4.39	4.08	3.84	3.65	3.31	2.96	2.47	2.07	1.62	0.90	0.42	0.06	−0.10	−0.39
0.85	5.73	4.67	4.33	4.07	3.86	3.49	3.11	2.57	2.14	1.66	0.88	0.37	0.01	−0.16	−0.44
0.90	6.16	4.95	4.57	4.29	4.06	3.66	3.25	2.67	2.21	1.69	0.86	0.34	−0.04	−0.22	−0.49
0.95	6.56	5.24	4.83	4.53	4.28	3.84	3.40	2.78	2.23	1.73	0.85	0.31	−0.09	−0.27	−0.55
1.00	6.96	5.53	5.09	4.76	4.49	4.02	3.54	2.88	2.34	1.76	0.84	0.27	−0.13	−0.32	−0.59
1.05	7.38	5.83	5.35	5.01	4.72	4.21	3.69	2.98	2.41	1.78	0.82	0.22	−0.17	−0.37	−0.63
1.10	7.80	6.14	5.62	5.25	4.94	4.40	3.84	3.08	2.47	1.81	0.80	0.19	−0.21	−0.41	−0.67

续附表 4

(2)$C_s = 1.5C_v$

C_v	P/%														
	0.01	0.1	0.2	0.33	0.5	1	2	5	10	20	50	75	90	95	99
0.05	1.19	1.16	1.15	1.14	1.13	1.12	1.10	1.08	1.06	1.04	1.00	0.97	0.94	0.92	0.89
0.10	1.40	1.33	1.31	1.29	1.27	1.24	1.21	1.17	1.13	1.08	1.00	0.93	0.87	0.84	0.78
0.15	1.63	1.51	1.47	1.44	1.42	1.37	1.32	1.26	1.19	1.12	1.00	0.90	0.81	0.77	0.68
0.20	1.88	1.70	1.65	1.60	1.57	1.51	1.44	1.35	1.26	1.16	1.00	0.86	0.75	0.69	0.58
0.25	2.14	1.91	1.83	1.78	1.73	1.65	1.56	1.44	1.33	1.20	0.99	0.83	0.69	0.62	0.49
0.30	2.42	2.12	2.03	1.96	1.90	1.80	1.68	1.53	1.40	1.25	0.98	0.79	0.63	0.55	0.40
0.35	2.71	2.35	2.23	2.15	2.07	1.95	1.81	1.62	1.46	1.28	0.97	0.75	0.58	0.49	0.33
0.40	3.02	2.58	2.44	2.34	2.25	2.10	1.94	1.72	1.53	1.32	0.96	0.71	0.52	0.42	0.25
0.45	3.35	2.83	2.66	2.54	2.44	2.26	2.07	1.82	1.60	1.35	0.95	0.68	0.47	0.36	0.18
0.50	3.70	3.08	2.89	2.75	2.64	2.43	2.21	1.92	1.67	1.39	0.94	0.64	0.41	0.30	0.11
0.55	4.06	3.35	3.13	2.97	2.84	2.60	2.35	2.02	1.73	1.42	0.93	0.60	0.36	0.25	0.06
0.60	4.44	3.63	3.38	3.19	3.04	2.78	2.50	2.12	1.80	1.46	0.91	0.56	0.31	0.19	0.00
0.65	4.84	3.92	3.64	3.42	3.25	2.95	2.64	2.22	1.87	1.49	0.90	0.52	0.27	0.14	−0.04
0.70	5.25	4.22	3.90	3.67	3.48	3.12	2.79	2.32	1.94	1.52	0.88	0.48	0.22	0.09	−0.08
0.75	5.68	4.53	4.17	3.91	3.70	3.32	2.87	2.42	2.00	1.55	0.87	0.45	0.18	0.05	−0.12
0.80	6.13	4.85	4.46	4.16	3.93	3.52	2.96	2.53	2.07	1.58	0.85	0.41	0.14	0.01	−0.16
0.85	6.60	5.18	4.75	4.42	4.16	3.72	3.19	2.63	2.19	1.61	0.83	0.37	0.10	−0.02	−0.19
0.90	7.09	5.52	5.05	4.69	4.40	3.92	3.42	2.74	2.21	1.65	0.80	0.33	0.06	−0.06	−0.22
0.95	7.58	5.87	5.37	4.96	4.50	4.12	3.58	2.84	2.27	1.67	0.78	0.30	0.02	−0.09	−0.24
1.00	8.09	6.23	5.68	5.24	4.91	4.33	3.74	2.95	2.33	1.69	0.76	0.27	−0.02	−0.13	−0.26
1.05	8.62	6.60	6.01	5.53	5.17	4.54	3.91	3.05	2.39	1.71	0.74	0.24	−0.05	−0.16	−0.27
1.10	9.16	6.98	6.34	5.82	5.43	4.76	4.08	3.16	2.45	1.74	0.71	0.21	−0.08	−0.19	−0.29

续附表 4

(3)$C_s=2C_v$

C_v	P/%														
	0.01	0.1	0.2	0.33	0.5	1	2	5	10	20	50	75	90	95	99
0.05	1.20	1.16	1.15	1.14	1.13	1.12	1.11	1.08	1.06	1.04	1.00	0.97	0.94	0.92	0.89
0.10	1.42	1.34	1.31	1.29	1.27	1.25	1.21	1.17	1.13	1.08	1.00	0.93	0.87	0.84	0.78
0.15	1.67	1.54	1.48	1.46	1.43	1.33	1.33	1.26	1.20	1.12	0.99	0.90	0.81	0.77	0.69
0.20	1.92	1.73	1.67	1.63	1.59	1.52	1.45	1.35	1.26	1.16	0.99	0.86	0.75	0.70	0.59
0.25	2.22	1.96	1.87	1.81	1.77	1.67	1.58	1.45	1.33	1.20	0.98	0.82	0.70	0.63	0.52
0.30	2.52	2.19	2.08	2.01	1.94	1.83	1.71	1.54	1.40	1.24	0.97	0.78	0.64	0.56	0.44
0.35	2.86	2.44	2.31	2.22	2.13	2.00	1.84	1.64	1.47	1.28	0.98	0.75	0.59	0.51	0.37
0.40	3.20	2.70	2.54	2.42	2.32	2.15	1.98	1.74	1.54	1.31	0.95	0.71	0.53	0.45	0.30
0.45	3.59	2.98	2.80	2.65	2.53	2.33	2.13	1.84	1.60	1.31	0.93	0.67	0.48	0.40	0.26
0.50	3.98	3.27	3.05	2.88	2.74	2.51	2.27	1.94	1.67	1.33	0.92	0.64	0.44	0.34	0.21
0.55	4.42	3.58	3.32	3.12	2.97	2.70	2.42	2.04	1.74	1.41	0.90	0.59	0.40	0.30	0.16
0.60	4.85	3.89	3.59	3.37	3.20	2.89	2.57	2.15	1.80	1.44	0.89	0.56	0.35	0.26	0.13
0.65	5.53	4.22	3.89	3.64	3.44	3.09	2.74	2.25	1.87	1.47	0.87	0.52	0.31	0.22	0.10
0.70	5.81	4.56	4.19	3.91	3.68	3.29	2.90	2.36	1.94	1.50	0.85	0.49	0.27	0.18	0.08
0.75	6.33	4.93	4.52	4.19	3.93	3.50	3.06	2.46	2.00	1.52	0.82	0.45	0.24	0.15	0.06
0.80	6.85	5.30	4.84	4.47	4.19	3.71	3.22	2.57	2.06	1.54	0.80	0.42	0.21	0.12	0.04
0.85	7.41	5.69	5.17	4.77	4.46	3.93	3.39	2.68	2.12	1.56	0.77	0.39	0.18	0.10	0.03
0.90	7.93	6.08	5.51	5.07	4.74	4.15	3.56	2.78	2.19	1.58	0.75	0.35	0.15	0.08	0.02
0.95	8.59	6.48	5.86	5.38	5.02	4.38	3.74	2.89	2.25	1.60	0.72	0.31	0.13	0.07	0.01
1.00	9.21	6.91	6.22	5.70	5.30	4.61	3.91	3.00	2.30	1.61	0.69	0.29	0.11	0.05	0.01
1.05	9.86	7.35	6.59	6.03	5.59	4.84	4.08	3.10	2.35	1.62	0.66	0.26	0.09	0.04	0.01
1.10	10.52	7.79	6.97	6.37	5.88	5.08	4.26	3.20	2.41	1.63	0.64	0.23	0.07	0.03	0

续附表 4

(4)$C_s=2.5C_v$

C_v	P/%														
	0.01	0.1	0.2	0.33	0.5	1	2	5	10	20	50	75	90	95	99
0.05	1.20	1.16	1.15	1.14	1.14	1.12	1.11	1.08	1.07	1.04	1.00	0.97	0.94	0.92	0.89
0.10	1.43	1.35	1.31	1.29	1.28	1.25	1.22	1.17	1.13	1.08	1.00	0.93	0.88	0.84	0.79
0.15	1.70	1.55	1.50	1.47	1.44	1.39	1.34	1.26	1.20	1.12	0.99	0.89	0.82	0.77	0.70
0.20	1.97	1.76	1.70	1.65	1.61	1.54	1.46	1.35	1.26	1.16	0.98	0.86	0.76	0.70	0.61
0.25	2.29	2.00	1.92	1.85	1.79	1.70	1.60	1.45	1.33	1.20	0.97	0.82	0.70	0.64	0.54
0.30	2.62	2.25	2.14	2.05	1.98	1.86	1.73	1.55	1.40	1.24	0.96	0.78	0.65	0.58	0.47
0.35	3.00	2.53	2.39	2.27	2.19	2.03	1.87	1.65	1.47	1.27	0.95	0.75	0.60	0.53	0.41
0.40	3.38	2.81	2.64	2.50	2.40	2.21	2.02	1.75	1.54	1.30	0.94	0.71	0.55	0.47	0.36
0.45	3.82	3.12	2.91	2.75	2.62	2.40	2.17	1.85	1.60	1.33	0.92	0.67	0.51	0.43	0.32
0.50	4.26	3.44	3.19	3.00	2.85	2.59	2.32	1.96	1.67	1.36	0.90	0.63	0.47	0.39	0.29
0.55	4.75	3.79	3.50	3.27	3.10	2.79	2.48	2.07	1.73	1.39	0.88	0.60	0.43	0.35	0.26
0.60	5.25	4.14	3.81	3.54	3.35	3.00	2.64	2.17	1.80	1.42	0.86	0.56	0.39	0.32	0.24
0.65	5.80	4.52	4.14	3.83	3.61	3.21	2.81	2.27	1.86	1.44	0.83	0.53	0.36	0.30	0.23
0.70	6.36	4.90	4.47	4.13	3.88	3.43	2.98	2.39	1.92	1.46	0.81	0.50	0.33	0.27	0.22
0.75	6.96	5.31	4.82	4.44	4.16	3.66	3.15	2.49	1.98	1.47	0.78	0.46	0.31	0.26	0.21
0.80	7.57	5.73	5.18	4.76	4.44	3.89	3.33	2.60	2.04	1.49	0.75	0.43	0.28	0.24	0.21
0.85	8.22	6.17	5.55	5.09	4.73	4.12	3.50	2.70	2.10	1.50	0.72	0.40	0.27	0.23	0.21
0.90	8.88	6.61	5.93	5.43	5.03	4.36	3.68	2.80	2.15	1.50	0.70	0.37	0.25	0.22	0.20
0.95	9.59	7.09	6.33	5.78	5.34	4.60	3.86	2.90	2.20	1.51	0.67	0.35	0.24	0.21	0.20
1.00	10.30	7.55	6.73	6.13	5.65	4.85	4.04	3.01	2.25	1.52	0.64	0.33	0.23	0.21	0.20
1.05	11.05	8.04	7.14	6.49	5.97	5.10	4.22	3.11	2.29	1.52	0.61	0.61	0.22	0.20	0.20
1.10	11.80	8.54	7.56	6.85	6.29	5.35	4.41	3.21	2.34	1.52	0.58	0.29	0.21	0.20	0.20

续附表 4

(5) $C_s = 3C_v$

C_v	P/%														
	0.01	0.1	0.2	0.33	0.5	1	2	5	10	20	50	75	90	95	99
0.05	1.20	1.17	1.15	1.14	1.14	1.12	1.11	1.08	1.07	1.04	1.00	0.97	0.94	0.92	0.89
0.10	1.44	1.35	1.32	1.30	1.29	1.25	1.22	1.17	1.13	1.08	0.99	0.93	0.88	0.85	0.79
0.15	1.71	1.56	1.51	1.48	1.45	1.40	1.35	1.26	1.20	1.12	0.99	0.80	0.82	0.78	0.70
0.20	2.02	1.79	1.72	1.67	1.63	1.55	1.47	1.36	1.27	1.16	0.98	0.86	0.76	0.71	0.62
0.25	2.35	2.05	1.95	1.88	1.82	1.72	1.61	1.46	1.34	1.20	0.97	0.82	0.71	0.65	0.56
0.30	2.72	2.32	2.19	2.10	2.02	1.89	1.75	1.56	1.40	1.23	0.96	0.78	0.66	0.60	0.50
0.35	3.12	2.61	2.46	2.33	2.24	2.07	1.90	1.66	1.47	1.26	0.94	0.74	0.61	0.55	0.46
0.40	3.56	2.92	2.73	2.58	2.46	2.26	2.05	1.76	1.54	1.29	0.92	0.70	0.57	0.50	0.42
0.45	4.04	3.26	3.03	2.85	2.70	2.46	2.21	1.87	1.60	1.32	0.90	0.67	0.53	0.47	0.39
0.50	4.55	3.62	3.34	3.12	2.96	2.67	2.37	1.98	1.67	1.35	0.88	0.64	0.49	0.44	0.37
0.55	5.09	3.99	3.66	3.42	3.21	2.88	2.54	2.08	1.73	1.36	0.86	0.60	0.46	0.41	0.36
0.60	5.66	4.38	4.01	3.71	3.49	3.10	2.71	2.19	1.79	1.38	0.83	0.57	0.44	0.39	0.35
0.65	6.26	4.81	4.36	4.03	3.77	3.33	2.88	2.29	1.85	1.40	0.80	0.53	0.41	0.37	0.34
0.70	6.90	5.23	4.73	4.35	4.06	3.56	3.05	2.40	1.90	1.41	0.78	0.50	0.39	0.36	0.34
0.75	7.57	5.68	5.12	4.69	6.36	3.80	3.24	2.50	1.96	1.42	0.76	0.48	0.38	0.35	0.34
0.80	8.26	6.14	5.50	5.04	4.66	4.05	3.42	2.61	2.01	1.43	0.72	0.46	0.36	0.34	0.34
0.85	9.00	6.62	2.95	5.04	4.98	4.29	3.59	2.71	2.06	1.43	0.69	0.44	0.35	0.34	0.34
0.90	9.75	7.11	6.33	5.75	5.30	4.54	3.78	2.81	2.10	1.43	0.67	0.42	0.35	0.34	0.33
0.95	10.54	7.62	6.76	6.13	5.62	4.80	3.96	2.91	2.14	1.43	0.64	0.39	0.34	0.34	0.33
1.00	11.53	8.15	7.20	6.51	5.98	5.05	4.15	3.00	2.18	1.42	0.61	0.38	0.34	0.34	0.33
1.05	12.20	8.68	7.66	6.90	6.31	5.32	4.34	3.10	2.21	1.41	0.58	0.37	0.34	0.33	0.33
1.10	13.07	9.24	8.13	7.31	6.65	5.57	4.53	3.19	2.23	1.40	0.56	0.36	0.34	0.33	0.33

续附表 4

(6) $C_s = 3.5C_v$

C_v	P/%														
	0.01	0.1	0.2	0.33	0.5	1	2	5	10	20	50	75	90	95	99
0.05	1.20	1.17	1.16	1.15	1.14	1.12	1.11	1.09	1.07	1.04	1.00	0.97	0.94	0.92	0.89
0.10	1.45	1.36	1.33	1.31	1.29	1.26	1.22	1.17	1.13	1.08	0.99	0.93	0.88	0.85	0.78
0.15	1.73	1.58	1.52	1.49	1.46	1.41	1.35	1.27	1.20	1.12	0.99	0.89	0.82	0.78	0.69
0.20	2.06	1.82	1.74	1.69	1.64	1.56	1.48	1.36	1.27	1.16	0.98	0.86	0.76	0.72	0.59
0.25	2.42	2.09	1.99	1.91	1.85	1.74	1.62	1.46	1.34	1.19	0.96	0.82	0.71	0.66	0.56
0.30	2.82	2.38	2.24	2.14	2.06	1.92	1.77	1.57	1.40	1.22	0.95	0.78	0.67	0.61	0.53
0.35	3.26	2.70	2.52	2.39	2.29	2.11	1.92	1.67	1.47	1.26	0.93	0.74	0.62	0.57	0.52
0.40	3.75	3.04	2.82	2.66	2.53	2.31	2.08	1.78	1.53	1.28	0.91	0.71	0.58	0.53	0.50
0.45	4.27	3.40	3.14	2.94	2.79	2.52	2.25	1.83	1.60	1.31	0.89	0.67	0.55	0.50	0.47
0.50	4.82	3.78	3.48	3.24	3.06	2.74	2.42	1.99	1.66	1.33	0.86	0.64	0.52	0.48	0.44
0.55	5.41	4.20	3.83	3.55	3.34	2.96	2.58	2.10	1.72	1.34	0.84	0.60	0.50	0.46	0.37
0.60	6.66	4.62	4.20	3.68	3.62	3.20	2.76	2.20	1.77	1.35	0.81	0.57	0.48	0.45	0.30
0.65	6.73	5.08	4.58	4.22	3.92	3.44	2.94	2.36	1.83	1.36	0.78	0.55	0.46	0.44	0.26
0.70	7.43	5.54	4.98	4.56	4.23	3.68	3.12	2.41	1.88	1.37	0.75	0.53	0.45	0.44	0.21
0.75	8.16	6.02	5.38	4.92	4.55	3.92	3.30	2.51	1.92	1.38	0.72	0.50	0.44	0.43	0.16
0.80	8.94	6.53	5.81	5.29	4.87	4.18	3.49	2.61	1.97	1.36	0.70	0.49	0.44	0.43	0.13
0.85	9.75	7.05	6.25	5.67	5.20	4.43	3.67	2.70	2.00	1.36	0.67	0.47	0.44	0.43	0.10
0.90	10.60	7.59	6.71	6.06	5.54	4.69	3.86	2.80	2.04	1.35	0.64	0.46	0.43	0.43	0.08
0.95	11.46	8.15	7.18	6.47	5.89	4.95	4.05	2.89	2.06	1.34	0.61	0.45	0.43	0.43	0.06
1.00	12.37	8.72	7.65	6.86	6.25	5.22	4.23	2.97	2.09	1.32	0.59	0.45	0.43	0.43	0.04
1.05	13.31	9.31	8.13	7.27	6.60	5.49	4.41	3.05	2.11	1.29	0.56	0.44	0.43	0.43	0.02
1.10	14.28	9.91	8.62	7.69	6.97	5.76	4.59	3.13	2.13	1.28	0.54	0.44	0.43	0.43	

续附表 4

(7) $C_s=4C_v$

C_v	P/%														
	0.01	0.1	0.2	0.33	0.5	1	2	5	10	20	50	75	90	95	99
0.05	1.21	1.17	1.16	1.15	1.14	1.12	1.11	1.08	1.06	1.04	1.00	0.97	0.94	0.92	0.89
0.10	1.46	1.37	1.34	1.31	1.30	1.26	1.23	1.18	1.13	1.08	0.99	0.93	0.88	0.85	0.80
0.15	1.76	1.59	1.54	1.50	1.47	1.41	1.35	1.27	1.20	1.12	0.98	0.89	0.82	0.78	0.72
0.20	2.10	1.85	1.77	1.71	1.66	1.58	1.49	1.37	1.27	1.16	0.97	0.85	0.77	0.72	0.65
0.25	2.49	2.13	2.02	1.94	1.87	1.76	1.64	1.47	1.34	1.19	0.96	0.82	0.72	0.67	0.60
0.30	2.92	2.44	2.30	2.18	2.10	1.94	1.79	1.57	1.40	1.22	0.94	0.78	0.68	0.63	0.56
0.35	3.40	2.78	2.60	2.45	2.34	2.14	1.95	1.68	1.47	1.25	0.92	0.74	0.64	0.59	0.54
0.40	3.92	3.15	2.92	2.74	2.60	2.36	2.11	1.78	1.53	1.27	0.90	0.71	0.60	0.56	0.52
0.45	4.49	3.54	3.25	3.03	2.87	2.58	2.28	1.86	1.59	1.29	0.87	0.68	0.58	0.54	0.51
0.50	5.10	3.96	3.61	3.35	3.15	2.80	2.46	2.00	1.65	1.30	0.84	0.64	0.56	0.53	0.51
0.55	5.76	4.39	3.99	3.68	3.44	3.04	2.63	2.10	1.70	1.31	0.82	0.62	0.54	0.52	0.50
0.60	6.45	4.85	4.38	4.03	3.75	3.29	2.81	2.21	1.76	1.32	0.79	0.59	0.52	0.51	0.50
0.65	7.18	5.34	4.78	4.38	4.07	3.53	2.99	2.31	1.80	1.32	0.76	0.57	0.51	0.50	0.50
0.70	1.95	5.84	5.21	4.75	4.39	3.78	3.18	2.41	1.85	1.32	0.73	0.55	0.51	0.50	0.50
0.75	8.76	6.36	5.65	5.13	4.72	4.00	3.36	2.50	1.88	1.32	0.71	0.54	0.51	0.50	0.50
0.80	9.62	6.90	6.11	5.53	5.06	4.30	3.55	2.60	1.91	1.30	0.68	0.53	0.50	0.50	0.50
0.85	10.49	7.46	6.58	5.93	5.42	4.55	3.74	2.68	1.94	1.29	0.65	0.52	0.50	0.50	0.50
0.90	11.41	8.05	7.06	6.34	5.77	4.82	3.92	2.76	1.97	1.27	0.63	0.51	0.50	0.50	0.50
0.95	12.37	8.65	7.55	6.75	6.13	5.09	4.10	2.84	1.99	1.25	0.60	0.51	0.50	0.50	0.50
1.00	13.36	9.25	8.05	7.18	6.50	5.37	4.27	2.92	2.00	1.23	0.59	0.50	0.50	0.50	0.50
1.05	14.38	9.87	8.57	7.62	6.87	5.63	4.46	3.00	2.01	1.20	0.57	0.50	0.50	0.50	0.50
1.10	15.43	10.52	9.10	8.05	7.25	5.91	4.63	3.06	2.01	1.18	0.56	0.50	0.50	0.50	0.50

续附表 4

(8)$C_s=5C_v$

C_v	P/%														
	0.01	0.1	0.2	0.33	0.5	1	2	5	10	20	50	75	90	95	99
0.05	1.21	1.17	1.16	1.15	1.14	1.13	1.11	1.09	1.07	1.04	1.00	0.97	0.94	0.92	0.89
0.10	1.48	1.38	1.35	1.33	1.30	1.27	1.23	1.18	1.13	1.08	0.99	0.93	0.88	0.85	0.80
0.15	1.81	1.63	1.57	1.53	1.49	1.43	1.36	1.27	1.20	1.12	0.98	0.89	0.82	0.79	0.73
0.20	2.19	1.91	1.82	1.75	1.70	1.60	1.51	1.38	1.27	1.15	0.97	0.85	0.77	0.74	0.68
0.25	2.63	2.22	2.10	2.00	1.93	1.80	1.66	1.48	1.34	1.18	0.95	0.81	0.74	0.69	0.65
0.30	3.13	2.57	2.40	2.27	2.17	2.00	1.82	1.58	1.40	1.21	0.93	0.78	0.69	0.66	0.62
0.35	3.68	2.95	2.74	2.57	2.44	2.21	1.99	1.69	1.46	1.23	0.90	0.75	0.67	0.64	0.61
0.40	4.28	3.36	3.09	2.88	2.72	2.44	2.16	1.80	1.52	1.24	0.88	0.72	0.64	0.62	0.60
0.45	4.94	3.81	3.47	3.22	3.01	2.68	2.34	1.90	1.56	1.25	0.85	0.69	0.63	0.61	0.60
0.50	5.65	4.28	3.87	3.57	3.32	2.92	2.52	2.00	1.62	1.26	0.82	0.67	0.61	0.60	0.60
0.55	6.40	4.77	4.28	3.93	3.65	3.17	2.71	2.11	1.67	1.26	0.79	0.65	0.61	0.60	0.60
0.60	7.21	5.29	4.72	4.31	3.98	3.43	2.89	2.20	1.71	1.25	0.77	0.63	0.61	0.60	0.60
0.65	8.07	5.83	5.18	4.71	4.32	3.69	3.08	2.30	1.73	1.24	0.74	0.62	0.60	0.60	0.60
0.70	8.96	6.40	5.66	5.10	4.68	3.95	3.26	2.38	1.76	1.22	0.71	0.62	0.60	0.60	0.60
0.75	9.90	7.00	6.14	5.52	5.03	4.22	3.44	2.46	1.79	1.20	0.68	0.61	0.60	0.60	0.60
0.80	10.89	7.60	6.64	5.94	5.40	4.50	3.61	2.54	1.80	1.18	0.67	0.61	0.60	0.60	0.60
0.85	11.91	8.23	7.16	6.48	5.77	4.76	3.80	2.61	1.81	1.15	0.65	0.60	0.60	0.60	0.60
0.90	12.97	8.88	1.69	6.81	6.15	5.03	3.97	2.66	1.81	1.13	0.64	0.60	0.60	0.60	0.60
0.95	14.07	9.55	8.22	7.27	6.53	5.30	4.14	2.72	1.81	1.10	0.63	0.60	0.60	0.60	0.60
1.00	15.22	10.20	8.77	7.73	6.92	5.57	4.30	2.77	1.80	1.06	0.62	0.60	0.60	0.60	0.60
1.05	16.39	10.92	9.33	8.19	7.31	5.82	4.47	2.81	1.79	1.03	0.62	0.60	0.60	0.60	0.60
1.10	17.61	11.63	9.89	8.66	7.69	6.09	4.61	2.85	1.77	0.99	0.61	0.60	0.60	0.60	0.60

续附表 4

(9)$C_s=6C_v$

C_v	P/%														
	0.01	0.1	0.2	0.33	0.5	1	2	5	10	20	50	75	90	95	99
0.05	1.22	1.18	1.16	1.15	1.41	1.13	1.11	1.09	1.06	1.04	1.00	0.97	0.94	0.93	0.91
0.10	1.51	1.40	1.36	1.34	1.31	1.28	1.24	1.18	1.13	1.08	0.99	0.93	0.88	0.86	0.81
0.15	1.86	1.66	1.60	1.55	1.51	1.45	1.38	1.28	1.20	1.12	0.98	0.89	0.83	0.81	0.76
0.20	2.28	1.96	1.86	1.79	1.73	1.63	1.52	1.38	1.27	1.15	0.96	0.85	0.78	0.75	0.71
0.25	2.77	2.31	2.16	2.06	1.98	1.83	1.69	1.48	1.33	1.17	0.94	0.82	0.75	0.72	0.69
0.30	3.33	2.69	2.50	2.36	2.24	2.05	1.86	1.59	1.40	1.19	0.92	0.78	0.72	0.69	0.67
0.35	3.95	3.11	2.87	2.68	2.53	2.28	2.03	1.69	1.45	1.21	0.89	0.76	0.70	0.68	0.67
0.40	4.63	3.57	3.25	3.02	2.83	2.52	2.21	1.80	1.50	1.22	0.86	0.73	0.68	0.67	0.67
0.45	5.39	4.06	3.66	3.38	3.15	2.77	2.39	1.90	1.54	1.22	0.83	0.71	0.68	0.67	0.67
0.50	6.10	4.58	4.10	3.76	3.48	3.02	2.58	2.00	1.59	1.21	0.80	0.69	0.67	0.67	0.67
0.55	7.03	5.12	4.56	4.16	3.83	3.28	2.76	2.09	1.62	1.20	0.78	0.69	0.67	0.67	0.67
0.60	7.94	5.70	5.04	4.56	4.18	3.55	2.94	2.18	1.65	1.18	0.75	0.68	0.67	0.67	0.67
0.65	8.90	6.30	5.53	4.97	4.54	3.82	3.12	2.25	1.66	1.16	0.73	0.68	0.67	0.67	0.67
0.70	9.92	6.92	6.05	5.41	4.91	4.09	3.30	2.33	1.67	1.13	0.71	0.67	0.67	0.67	0.67
0.75	10.98	7.56	6.57	5.85	5.29	4.36	3.47	2.39	1.68	1.10	0.70	0.67	0.67	0.67	0.67
0.80	12.08	8.23	7.11	6.30	5.67	4.63	3.64	2.44	1.67	1.07	0.69	0.67	0.67	0.67	0.67
0.85	13.24	8.91	7.76	6.76	6.06	4.89	3.80	2.49	1.66	1.08	0.68	0.67	0.67	0.67	0.67
0.90	14.43	9.61	8.22	7.22	6.45	5.16	3.96	2.53	1.65	1.00	0.68	0.67	0.67	0.67	0.67
0.95	15.68	10.33	8.80	7.68	6.33	5.42	4.10	2.56	1.62	0.96	0.67	0.67	0.67	0.67	0.67
1.00	16.94	11.07	9.38	8.15	7.22	5.68	4.25	2.59	1.59	0.93	0.67	0.67	0.67	0.67	0.67
1.05	18.27	11.82	9.97	8.62	7.62	5.94	4.38	2.61	1.56	0.89	0.67	0.67	0.67	0.67	0.67

附表 5 三点法用表——S 与 C_s 关系表

(1)P=1%-50%-99%

S	0	1	2	3	4	5	6	7	8	9
0	0	0.03	0.05	0.07	0.10	0.12	0.15	0.17	0.20	0.23
0.1	0.26	0.28	0.31	0.34	0.36	0.39	0.41	0.44	0.47	0.49
0.2	0.52	0.54	0.57	0.59	0.62	0.65	0.67	0.70	0.73	0.76
0.3	0.78	0.81	0.84	0.86	0.89	0.92	0.94	0.97	1.00	1.02
0.4	1.05	1.08	1.10	1.13	1.16	1.18	1.21	1.24	1.27	1.30
0.5	1.32	1.36	1.39	1.42	1.45	1.48	1.51	1.55	1.58	1.61
0.6	1.64	1.68	1.71	1.74	1.78	1.81	1.84	1.88	1.92	1.95
0.7	1.99	2.03	2.07	2.11	2.16	2.20	2.25	2.30	2.34	2.39
0.8	2.44	2.50	2.55	2.61	2.67	2.74	2.81	2.89	2.97	3.05
0.9	3.14	3.22	3.33	3.46	3.59	3.73	3.92	4.14	4.44	4.90

(2)P=3%-50%-97%

S	0	1	2	3	4	5	6	7	8	9
0	0	0.04	0.08	0.11	0.14	0.17	0.20	0.23	0.26	0.29
0.1	0.32	0.35	0.38	0.42	0.45	0.48	0.51	0.54	0.57	0.60
0.2	0.63	0.66	0.70	0.73	0.76	0.79	0.82	0.86	0.89	0.92
0.3	0.95	0.98	1.01	1.04	1.08	1.11	1.14	1.17	1.20	1.24
0.4	1.27	1.30	1.33	1.36	1.40	1.43	1.46	1.49	1.52	1.56
0.5	1.59	1.63	1.66	1.70	1.73	1.76	1.80	1.83	1.87	1.90
0.6	1.94	1.97	2.00	2.04	2.08	2.12	2.16	2.20	2.23	2.27
0.7	2.31	2.36	2.40	2.44	2.49	2.54	2.58	2.63	2.68	2.74
0.8	2.79	2.85	2.90	2.96	3.02	3.09	3.15	3.22	3.29	3.37
0.9	3.46	3.55	3.67	3.79	3.92	4.08	4.26	4.50	4.75	5.21

(3)P=5%-50%-95%

S	0	1	2	3	4	5	6	7	8	9
0	0	0.04	0.08	0.12	0.16	0.20	0.24	0.27	0.31	0.35
0.1	0.38	0.41	0.45	0.48	0.52	0.55	0.59	0.63	0.66	0.70
0.2	0.73	0.76	0.80	0.84	0.87	0.90	0.94	0.98	1.01	1.04
0.3	1.08	1.11	1.14	1.18	1.21	1.25	1.28	1.31	1.35	1.38
0.4	1.42	1.46	1.49	1.52	1.56	1.59	1.63	1.66	1.70	1.74
0.5	1.78	1.81	1.85	1.88	1.92	1.95	1.99	2.03	2.06	2.10
0.6	2.13	2.17	2.20	2.24	2.28	2.32	2.36	2.40	2.44	2.48
0.7	2.53	2.57	2.62	2.66	2.70	2.76	2.81	2.86	2.91	2.97
0.8	3.02	3.07	3.13	3.19	3.25	3.32	3.38	3.46	3.52	3.60
0.9	3.70	3.80	3.91	4.03	4.17	4.32	4.49	4.72	4.94	5.43

(4)P=10%-50%-90%

S	0	1	2	3	4	5	6	7	8	9
0	0	0.05	0.10	0.15	0.20	0.24	0.29	0.34	0.38	0.43
0.1	0.47	0.52	0.56	0.60	0.65	0.69	0.74	0.78	0.83	0.87
0.2	0.92	0.96	1.00	1.04	1.08	1.13	1.17	1.22	1.26	1.30
0.3	1.34	1.38	1.43	1.47	1.51	1.55	1.59	1.63	1.67	1.71
0.4	1.75	1.79	1.83	1.87	1.91	1.95	1.99	2.02	2.06	2.10
0.5	2.14	2.18	2.22	2.26	2.30	2.34	2.38	2.42	2.46	2.50
0.6	2.54	2.58	2.62	2.66	2.70	2.74	2.78	2.82	2.86	2.90
0.7	2.95	3.00	3.04	3.08	3.13	3.18	3.24	3.28	3.33	3.38
0.8	3.44	3.50	3.55	3.61	3.67	3.74	3.80	3.87	3.94	4.02
0.9	4.11	4.20	4.32	4.45	4.59	4.75	4.96	5.20	5.56	—

附表 6 三点法用表——C_s 与有关 Φ 值的关系表

(1)$P=1\%$-50%-99%

C_s	$\Phi_{50\%}$	$\Phi_{1\%}-\Phi_{99\%}$	$\Phi_{3\%}-\Phi_{97\%}$	$\Phi_{5\%}-\Phi_{95\%}$	$\Phi_{10\%}-\Phi_{90\%}$
0	0	4.652	3.762	3.290	2.564
0.1	−0.017	4.648	3.756	3.287	2.560
0.2	−0.033	4.645	3.750	3.284	2.557
0.3	−0.055	4.641	3.743	3.278	2.550
0.4	−0.068	4.637	3.736	3.273	2.543
0.5	−0.084	4.633	3.732	3.266	2.532
0.6	−0.100	4.629	3.727	3.259	2.522
0.7	−0.116	4.624	3.718	3.246	2.510
0.8	−0.132	4.620	3.709	3.233	2.498
0.9	−0.148	4.615	3.692	3.218	2.483
1.0	−0.164	4.611	3.674	3.204	2.468
1.1	−0.179	4.606	3.656	3.185	2.448
1.2	−0.194	4.601	3.638	3.167	2.427
1.3	−0.208	4.595	3.620	3.144	2.404
1.4	−0.223	4.590	3.601	3.120	2.380
1.5	−0.238	4.586	3.582	3.090	2.353
1.6	−0.253	4.586	3.562	3.062	2.326
1.7	−0.267	4.587	3.541	3.032	2.296
1.8	−0.282	4.588	3.520	3.002	2.265
1.9	−0.294	4.591	3.499	2.974	2.232
2.0	−0.307	4.594	3.477	2.945	2.198
2.1	−0.319	4.603	3.469	2.918	2.164
2.2	−0.330	4.613	3.440	2.890	2.130
2.3	−0.340	4.625	3.421	2.862	2.095
2.4	−0.350	4.636	3.403	2.833	2.060
2.5	−0.359	4.648	3.385	2.806	2.024
2.6	−0.367	4.660	3.367	2.778	1.987
2.7	−0.376	4.674	3.350	2.749	1.949
2.8	−0.383	4.687	3.333	2.720	1.911
2.9	−0.389	4.701	3.318	2.695	1.876
3.0	−0.395	4.716	3.303	2.670	1.840
3.1	−0.399	4.732	3.288	2.645	1.806
3.2	−0.404	4.748	3.273	2.619	1.772
3.3	−0.407	4.765	3.259	2.594	1.738
3.4	−0.410	4.781	3.245	2.568	1.705
3.5	−0.412	4.796	3.225	2.543	1.670

续附表6

C_s	$\Phi_{50\%}$	$\Phi_{1\%}-\Phi_{99\%}$	$\Phi_{3\%}-\Phi_{97\%}$	$\Phi_{5\%}-\Phi_{95\%}$	$\Phi_{10\%}-\Phi_{90\%}$
3.6	−0.414	4.810	3.216	2.518	1.635
3.7	−0.415	4.824	3.203	2.494	1.600
3.8	−0.416	4.837	3.189	2.470	1.570
3.9	−0.415	4.850	3.175	2.446	1.536
4.0	−0.414	4.863	3.160	2.422	1.502
4.1	−0.412	4.876	3.145	2.396	1.471
4.2	−0.410	4.888	3.130	2.372	1.440
4.3	−0.407	4.901	3.115	2.348	1.408
4.4	−0.404	4.914	3.100	2.325	1.376
4.5	−0.400	4.924	3.084	2.300	1.345
4.6	−0.396	4.934	3.067	2.276	1.315
4.7	−0.392	4.942	3.050	2.251	1.286
4.8	−0.388	4.949	3.034	2.226	1.257
4.9	−0.384	4.955	3.016	2.200	1.229
5.0	−0.379	4.961	2.997	2.174	1.200
5.1	−0.374		2.978	2.148	1.173
5.2	−0.370		2.960	2.123	1.145
5.3	−0.365			2.098	1.118
5.4	−0.360			2.072	1.090
5.5	−0.356			2.047	1.063
5.6	−0.350			2.021	1.035

附表 7　不同信度水平下简相关系数最低值 r_α 表

N-2	α			
	0.10	0.05	0.02	0.01
1	0.987 69	0.996 92	0.999 51	0.999 88
2	0.900 00	0.950 00	0.980 00	0.990 00
3	0.805 40	0.878 30	0.934 33	0.958 73
4	0.729 30	0.811 40	0.882 20	0.917 20
5	0.669 40	0.754 50	0.832 90	0.874 50
6	0.621 50	0.706 70	0.788 70	0.834 30
7	0.582 20	0.666 40	0.749 80	0.797 70
8	0.549 40	0.631 90	0.715 50	0.764 60
9	0.521 40	0.602 10	0.685 10	0.734 80
10	0.497 30	0.576 00	0.658 10	0.707 90
11	0.476 20	0.552 90	0.633 90	0.683 50
12	0.457 50	0.532 40	0.612 00	0.661 40
13	0.440 90	0.513 90	0.592 30	0.641 10
14	0.425 90	0.497 30	0.574 20	0.622 60
15	0.412 40	0.482 10	0.557 70	0.605 50
16	0.400 00	0.468 30	0.542 50	0.589 70
17	0.388 70	0.455 50	0.528 50	0.575 10
18	0.378 30	0.443 80	0.515 50	0.561 40
19	0.368 70	0.432 90	0.503 40	0.543 70
20	0.359 80	0.422 70	0.492 10	0.536 80
25	0.323 30	0.380 90	0.445 10	0.486 90
30	0.296 00	0.349 40	0.409 30	0.448 70
35	0.274 60	0.324 60	0.381 00	0.418 20
40	0.257 30	0.304 40	0.357 80	0.393 20
45	0.243 80	0.287 50	0.338 40	0.372 10
50	0.230 60	0.273 20	0.321 80	0.354 10
60	0.210 80	0.250 00	0.294 80	0.324 80
70	0.195 40	0.231 90	0.273 70	0.301 70
80	0.182 90	0.217 20	0.256 50	0.283 00
90	0.172 60	0.205 00	0.242 20	0.267 30
100	0.163 80	0.194 60	0.230 10	0.254 00

附表 8 瞬时单位线 *S* 曲线查用表

t/k	n								
	1.0	1.1	1.2	1.3	1.4	1.5	1.6	1.7	1.8
0	0	0	0	0	0	0	0	0	0
0.1	0.095	0.072	0.054	0.041	0.030	0.022	0.017	0.012	0.009
0.2	0.181	0.147	0.118	0.095	0.075	0.060	0.047	0.036	0.029
0.3	0.259	0.218	0.182	0.152	0.126	0.104	0.086	0.069	0.057
0.4	0.330	0.285	0.244	0.209	0.178	0.150	0.127	0.107	0.089
0.5	0.393	0.346	0.305	0.266	0.230	0.198	0.171	0.146	0.126
0.6	0.451	0.403	0.360	0.318	0.281	0.237	0.216	0.188	0.164
0.7	0.503	0.456	0.411	0.369	0.331	0.294	0.261	0.231	0.200
0.8	0.551	0.505	0.461	0.418	0.378	0.340	0.306	0.273	0.243
0.9	0.593	0.549	0.505	0.464	0.423	0.385	0.349	0.315	0.285
1.0	0.632	0.589	0.547	0.506	0.466	0.428	0.392	0.356	0.324
1.1	0.667	0.626	0.585	0.545	0.506	0.468	0.431	0.396	0.363
1.2	0.699	0.660	0.621	0.582	0.544	0.506	0.470	0.436	0.400
1.3	0.728	0.691	0.654	0.616	0.579	0.543	0.506	0.471	0.447
1.4	0.753	0.719	0.684	0.648	0.612	0.577	0.541	0.507	0.473
1.5	0.777	0.744	0.711	0.677	0.643	0.608	0.574	0.540	0.507
1.6	0.798	0.768	0.736	0.704	0.671	0.638	0.605	0.572	0.539
1.7	0.817	0.789	0.759	0.729	0.698	0.666	0.634	0.602	0.570
1.8	0.835	0.808	0.781	0.752	0.722	0.692	0.661	0.630	0.599
1.9	0.850	0.826	0.800	0.773	0.745	0.716	0.687	0.657	0.627
2.0	0.865	0.842	0.818	0.792	0.766	0.739	0.710	0.682	0.653
2.1	0.878	0.856	0.834	0.810	0.785	0.759	0.733	0.706	0.679
2.2	0.890	0.870	0.849	0.826	0.803	0.778	0.753	0.727	0.700
2.3	0.900	0.882	0.862	0.841	0.819	0.796	0.772	0.748	0.722
2.4	0.909	0.895	0.875	0.855	0.835	0.813	0.790	0.767	0.742
2.5	0.918	0.902	0.886	0.868	0.849	0.828	0.807	0.784	0.761
2.6	0.926	0.912	0.896	0.879	0.861	0.842	0.822	0.801	0.779
2.7	0.933	0.920	0.905	0.890	0.873	0.855	0.836	0.816	0.796
2.8	0.939	0.928	0.914	0.899	0.884	0.867	0.849	0.831	0.811
2.9	0.945	0.934	0.922	0.908	0.894	0.878	0.862	0.844	0.825
3.0	0.950	0.940	0.929	0.916	0.903	0.888	0.873	0.856	0.839
3.1	0.955	0.946	0.935	0.924	0.911	0.898	0.883	0.868	0.851
3.2	0.959	0.951	0.941	0.930	0.919	0.906	0.893	0.878	0.863
3.3	0.963	0.955	0.946	0.936	0.926	0.914	0.902	0.888	0.873
3.4	0.967	0.959	0.951	0.942	0.932	0.921	0.910	0.897	0.883
3.5	0.970	0.963	0.956	0.947	0.938	0.928	0.917	0.905	0.892
3.6	0.973	0.967	0.960	0.952	0.944	0.934	0.924	0.913	0.901
3.7	0.975	0.970	0.963	0.956	0.948	0.940	0.930	0.920	0.909
3.8	0.978	0.973	0.967	0.960	0.953	0.945	0.936	0.926	0.916
3.9	0.980	0.975	0.970	0.964	0.957	0.950	0.941	0.932	0.923
4.0	0.982	0.977	0.973	0.967	0.961	0.954	0.946	0.938	0.929
4.2	0.985	0.981	0.971	0.973	0.967	0.962	0.955	0.948	0.940
4.4	0.988	0.985	0.981	0.977	0.973	0.968	0.962	0.956	0.949
4.6	0.990	0.987	0.985	0.981	0.975	0.973	0.963	0.963	0.957
4.8	0.992	0.990	0.987	0.985	0.981	0.978	0.974	0.969	0.964
5.0	0.993	0.992	0.990	0.987	0.984	0.981	0.978	0.974	0.970
5.5	0.996	0.995	0.994	0.992	0.990	0.988	0.986	0.983	0.980
6.0	0.998	0.997	0.996	0.995	0.994	0.993	0.991	0.989	0.987
7.0	0.999	0.999	0.998	0.998	0.998	0.997	0.996	0.996	0.995
8.0			0.999	0.999	0.999	0.999	0.999	0.998	0.998
9.0								0.999	0.999

续附表 8

t/k	n											
	1.9	2.0	2.1	2.2	2.3	2.4	2.5	2.6	2.7	2.8	2.9	3.0
0	0	0	0	0	0	0	0	0	0	0	0	0
0.1	0.007	0.005	0.003	0.002	0.002	0.001	0.001	0.001	0	0	0	0
0.2	0.022	0.018	0.014	0.010	0.008	0.006	0.004	0.003	0.002	0.002	0.001	0.001
0.3	0.045	0.037	0.030	0.024	0.019	0.015	0.012	0.010	0.007	0.006	0.005	0.004
0.4	0.074	0.061	0.051	0.042	0.034	0.028	0.023	0.019	0.015	0.012	0.010	0.008
0.5	0.106	0.090	0.076	0.065	0.054	0.045	0.037	0.031	0.025	0.022	0.018	0.014
0.6	0.142	0.122	0.104	0.090	0.076	0.065	0.055	0.046	0.039	0.033	0.028	0.023
0.7	0.178	0.156	0.136	0.117	0.101	0.088	0.075	0.065	0.056	0.044	0.039	0.034
0.8	0.216	0.191	0.169	0.149	0.130	0.113	0.098	0.086	0.074	0.064	0.056	0.047
0.9	0.255	0.228	0.202	0.180	0.160	0.141	0.124	0.109	0.096	0.084	0.073	0.063
1.0	0.293	0.264	0.238	0.213	0.190	0.170	0.151	0.134	0.118	0.104	0.092	0.080
1.1	0.331	0.301	0.273	0.247	0.222	0.200	0.179	0.160	0.143	0.127	0.113	0.100
1.2	0.368	0.337	0.308	0.281	0.255	0.231	0.219	0.188	0.169	0.151	0.135	0.121
1.3	0.405	0.373	0.343	0.315	0.288	0.262	0.239	0.216	0.196	0.171	0.159	0.143
1.4	0.440	0.408	0.378	0.318	0.321	0.294	0.269	0.246	0.224	0.203	0.184	0.167
1.5	0.474	0.442	0.411	0.382	0.353	0.326	0.300	0.275	0.252	0.231	0.210	0.191
1.6	0.507	0.475	0.444	0.414	0.385	0.357	0.331	0.305	0.281	0.258	0.237	0.217
1.7	0.538	0.507	0.475	0.446	0.417	0.389	0.361	0.335	0.310	0.287	0.264	0.243
1.8	0.568	0.537	0.507	0.477	0.448	0.419	0.392	0.365	0.330	0.315	0.292	0.269
1.9	0.596	0.566	0.536	0.507	0.478	0.449	0.421	0.395	0.368	0.343	0.319	0.296
2.0	0.623	0.594	0.565	0.536	0.507	0.478	0.451	0.423	0.397	0.372	0.347	0.323
2.1	0.649	0.620	0.592	0.565	0.535	0.507	0.479	0.452	0.425	0.400	0.375	0.350
2.2	0.673	0.645	0.618	0.590	0.562	0.534	0.507	0.480	0.453	0.427	0.402	0.377
2.3	0.696	0.669	0.642	0.615	0.588	0.560	0.533	0.507	0.480	0.454	0.429	0.404
2.4	0.717	0.713	0.665	0.639	0.613	0.586	0.559	0.533	0.507	0.481	0.455	0.430
2.5	0.737	0.733	0.688	0.662	0.636	0.610	0.584	0.558	0.532	0.506	0.481	0.456
2.6	0.756	0.751	0.708	0.684	0.659	0.634	0.608	0.582	0.557	0.532	0.506	0.482
2.7	0.774	0.769	0.728	0.704	0.680	0.656	0.631	0.606	0.581	0.556	0.531	0.506
2.8	0.790	0.785	0.747	0.724	0.701	0.677	0.653	0.629	0.604	0.579	0.555	0.531
2.9	0.806	0.801	0.764	0.742	0.720	0.697	0.674	0.650	0.626	0.602	0.578	0.554
3.0	0.820	0.815	0.781	0.760	0.738	0.716	0.694	0.671	0.648	0.624	0.600	0.577
3.1	0.834	0.829	0.796	0.776	0.756	0.734	0.713	0.691	0.668	0.645	0.622	0.599
3.2	0.846	0.841	0.811	0.792	0.772	0.752	0.731	0.709	0.688	0.665	0.643	0.620
3.3	0.858	0.853	0.824	0.806	0.787	0.768	0.748	0.727	0.706	0.685	0.663	0.641
3.4	0.869	0.864	0.837	0.820	0.802	0.783	0.764	0.744	0.724	0.703	0.682	0.660
3.5	0.879	0.874	0.849	0.832	0.815	0.798	0.779	0.760	0.741	0.721	0.700	0.679
3.6	0.888	0.884	0.860	0.844	0.828	0.811	0.794	0.776	0.757	0.738	0.718	0.697
3.7	0.897	0.892	0.870	0.856	0.840	0.824	0.807	0.790	0.722	0.753	0.734	0.751
3.8	0.905	0.901	0.880	0.866	0.851	0.846	0.820	0.804	0.786	0.768	0.750	0.731
3.9	0.912	0.908	0.889	0.876	0.862	0.848	0.834	0.817	0.800	0.783	0.765	0.747
4.0	0.919	0.922	0.897	0.885	0.872	0.858	0.844	0.829	0.813	0.796	0.779	0.762
4.2	0.931	0.934	0.912	0.901	0.890	0.877	0.864	0.851	0.837	0.822	0.806	0.790
4.4	0.942	0.944	0.925	0.915	0.905	0.894	0.883	0.870	0.857	0.844	0.830	0.815
4.6	0.951	0.952	0.936	0.928	0.919	0.909	0.899	0.888	0.876	0.864	0.851	0.837
4.8	0.958	0.960	0.946	0.938	0.930	0.922	0.913	0.903	0.892	0.881	0.870	0.857
5.0	0.965	0.973	0.954	0.947	0.940	0.933	0.925	0.916	0.907	0.897	0.886	0.875
5.5	0.977	0.976	0.969	0.965	0.960	0.955	0.949	0.942	0.935	0.928	0.920	0.912
6.0	0.985	0.983	0.980	0.977	0.973	0.969	0.965	0.961	0.956	0.950	0.944	0.938
7.0	0.994	0.993	0.991	0.990	0.988	0.986	0.984	0.982	0.980	0.977	0.974	0.970
8.0	0.997	0.997	0.996	0.996	0.995	0.994	0.993	0.992	0.991	0.989	0.998	0.986
9.0	0.999	0.999	0.999	0.998	0.998	0.997	0.997	0.997	0.996	0.995	0.995	0.994

续附表 8

t/k	n								
	3.0	3.1	3.2	3.3	3.4	3.5	3.6	3.7	3.8
0	0	0	0	0	0	0	0	0	0
0.5	0.014	0.012	0.010	0.008	0.006	0.005	0.004	0.003	0.003
1.0	0.080	0.070	0.061	0.053	0.046	0.040	0.035	0.030	0.026
1.1	0.100	0.088	0.077	0.068	0.060	0.052	0.045	0.040	0.034
1.2	0.121	0.107	0.095	0.084	0.074	0.066	0.058	0.051	0.044
1.3	0.143	0.128	0.114	0.102	0.091	0.081	0.071	0.063	0.056
1.4	0.167	0.150	0.135	0.121	0.109	0.097	0.087	0.077	0.069
1.5	0.191	0.173	0.157	0.142	0.128	0.115	0.103	0.092	0.083
1.6	0.217	0.198	0.180	0.164	0.148	0.134	0.121	0.109	0.098
1.7	0.243	0.223	0.204	0.186	0.170	0.154	0.140	0.127	0.115
1.8	0.269	0.248	0.228	0.210	0.192	0.175	0.160	0.146	0.132
1.9	0.296	0.274	0.253	0.234	0.215	0.197	0.181	0.166	0.151
2.0	0.323	0.301	0.279	0.258	0.239	0.220	0.203	0.186	0.171
2.1	0.350	0.327	0.305	0.283	0.263	0.244	0.225	0.208	0.191
2.2	0.377	0.354	0.331	0.309	0.287	0.267	0.248	0.230	0.212
2.3	0.404	0.380	0.356	0.334	0.312	0.291	0.271	0.252	0.234
2.4	0.430	0.406	0.382	0.359	0.337	0.316	0.295	0.275	0.256
2.5	0.456	0.432	0.408	0.385	0.362	0.340	0.319	0.299	0.279
2.6	0.482	0.457	0.433	0.410	0.387	0.364	0.343	0.322	0.302
2.7	0.506	0.482	0.458	0.434	0.411	0.389	0.367	0.346	0.325
2.8	0.531	0.506	0.482	0.459	0.436	0.413	0.391	0.369	0.348
2.9	0.554	0.530	0.506	0.483	0.460	0.437	0.414	0.392	0.371
3.0	0.577	0.553	0.530	0.506	0.483	0.460	0.438	0.416	0.394
3.1	0.599	0.576	0.552	0.529	0.506	0.483	0.461	0.439	0.417
3.2	0.620	0.603	0.574	0.552	0.528	0.506	0.484	0.462	0.440
3.3	0.641	0.618	0.596	0.573	0.551	0.528	0.506	0.484	0.462
3.4	0.660	0.638	0.616	0.594	0.572	0.550	0.528	0.506	0.484
3.5	0.679	0.658	0.636	0.615	0.593	0.571	0.549	0.528	0.506
3.6	0.697	0.677	0.656	0.634	0.613	0.592	0.570	0.549	0.527
3.7	0.715	0.695	0.674	0.653	0.633	0.612	0.590	0.569	0.548
3.8	0.731	0.712	0.692	0.672	0.651	0.631	0.610	0.589	0.568
3.9	0.747	0.728	0.709	0.689	0.670	0.649	0.629	0.609	0.588
4.0	0.762	0.744	0.725	0.706	0.687	0.667	0.647	0.627	0.607
4.2	0.790	0.773	0.756	0.738	0.720	0.701	0.682	0.663	0.644
4.4	0.815	0.799	0.783	0.767	0.750	0.733	0.715	0.697	0.678
4.6	0.837	0.823	0.809	0.793	0.778	0.761	0.745	0.728	0.710
4.8	0.857	0.845	0.831	0.817	0.803	0.788	0.772	0.756	0.740
5.0	0.875	0.864	0.851	0.838	0.825	0.811	0.797	0.782	0.767
5.2	0.891	0.881	0.870	0.858	0.846	0.833	0.820	0.806	0.792
5.4	0.905	0.896	0.886	0.875	0.864	0.852	0.840	0.828	0.814
5.6	0.918	0.909	0.900	0.891	0.880	0.870	0.859	0.847	0.835
5.8	0.928	0.921	0.913	0.904	0.895	0.885	0.875	0.865	0.854
6.0	0.938	0.930	0.924	0.916	0.908	0.899	0.890	0.881	0.870
6.5	0.957	0.952	0.947	0.941	0.935	0.927	0.921	0.913	0.905
7.0	0.970	0.967	0.963	0.958	0.954	0.949	0.943	0.938	0.932
7.5	0.980	0.977	0.974	0.971	0.968	0.964	0.960	0.956	0.951
8.0	0.986	0.984	0.982	0.980	0.978	0.975	0.972	0.969	0.965
9.0	0.994	0.993	0.991	0.990	0.989	0.988	0.986	0.985	0.983
10.0	0.997	0.997	0.996	0.996	0.995	0.994	0.994	0.993	0.992
11.0	0.999	0.999	0.998	0.998	0.998	0.997	0.997	0.997	0.996
12.0			0.999	0.999	0.999	0.999	0.999	0.998	0.998

续附表 8

t/k	n											
	3.9	4.0	4.1	4.2	4.3	4.4	4.5	4.6	4.7	4.8	4.9	5.0
0	0	0	0	0	0	0	0	0	0	0	0	0
0.5	0.002	0.002	0.001	0.001	0.001	0.001	0.001	0	0	0	0	0
1.0	0.022	0.019	0.016	0.014	0.012	0.010	0.009	0.007	0.006	0.005	0.004	0.004
1.1	0.030	0.026	0.022	0.019	0.016	0.014	0.012	0.010	0.009	0.008	0.006	0.005
1.2	0.039	0.034	0.029	0.026	0.022	0.019	0.017	0.014	0.012	0.011	0.009	0.008
1.3	0.049	0.043	0.038	0.033	0.029	0.025	0.022	0.019	0.017	0.014	0.012	0.011
1.4	0.061	0.054	0.047	0.042	0.037	0.032	0.028	0.025	0.022	0.019	0.016	0.014
1.5	0.074	0.066	0.058	0.052	0.046	0.040	0.036	0.031	0.028	0.024	0.021	0.019
1.6	0.088	0.079	0.070	0.063	0.056	0.050	0.044	0.039	0.035	0.031	0.027	0.024
1.7	0.103	0.093	0.084	0.075	0.067	0.060	0.054	0.048	0.043	0.038	0.033	0.030
1.8	0.120	0.109	0.098	0.089	0.080	0.072	0.064	0.058	0.051	0.046	0.041	0.036
1.9	0.138	0.125	0.114	0.103	0.093	0.084	0.076	0.068	0.061	0.055	0.049	0.044
2.0	0.156	0.143	0.130	0.119	0.108	0.098	0.089	0.080	0.072	0.065	0.059	0.053
2.1	0.176	0.161	0.148	0.135	0.123	0.112	0.102	0.093	0.084	0.076	0.069	0.062
2.2	0.196	0.181	0.166	0.153	0.140	0.128	0.117	0.107	0.097	0.088	0.080	0.072
2.3	0.217	0.201	0.185	0.171	0.157	0.144	0.132	0.121	0.111	0.101	0.092	0.084
2.4	0.238	0.221	0.205	0.790	0.175	0.161	0.149	0.137	0.125	0.115	0.105	0.096
2.5	0.260	0.242	0.225	0.209	0.194	0.179	0.166	0.153	0.141	0.129	0.119	0.109
2.6	0.283	0.264	0.246	0.229	0.213	0.198	0.183	0.170	0.157	0.145	0.133	0.123
2.7	0.305	0.286	0.268	0.250	0.233	0.217	0.202	0.187	0.174	0.161	0.149	0.137
2.8	0.328	0.308	0.289	0.271	0.253	0.237	0.221	0.206	0.191	0.178	0.165	0.152
2.9	0.350	0.330	0.311	0.292	0.274	0.257	0.240	0.224	0.209	0.195	0.181	0.168
3.0	0.373	0.353	0.333	0.314	0.295	0.277	0.260	0.244	0.228	0.213	0.198	0.185
3.1	0.396	0.375	0.355	0.335	0.316	0.298	0.280	0.263	0.246	0.231	0.216	0.202
3.2	0.418	0.397	0.377	0.357	0.338	0.319	0.301	0.283	0.266	0.250	0.234	0.219
3.3	0.441	0.420	0.399	0.379	0.359	0.340	0.321	0.304	0.286	0.269	0.253	0.237
3.4	0.463	0.442	0.421	0.400	0.380	0.361	0.342	0.324	0.306	0.289	0.272	0.256
3.5	0.485	0.462	0.442	0.422	0.404	0.382	0.363	0.344	0.326	0.308	0.291	0.275
3.6	0.506	0.484	0.464	0.443	0.423	0.403	0.384	0.365	0.346	0.328	0.311	0.293
3.7	0.527	0.506	0.485	0.464	0.444	0.424	0.404	0.385	0.366	0.348	0.330	0.313
3.8	0.547	0.527	0.506	0.485	0.465	0.445	0.425	0.406	0.387	0.368	0.350	0.332
3.9	0.567	0.548	0.526	0.506	0.485	0.465	0.446	0.426	0.407	0.388	0.370	0.352
4.0	0.587	0.567	0.546	0.526	0.506	0.486	0.466	0.446	0.427	0.403	0.389	0.371
4.2	0.624	0.605	0.588	0.565	0.545	0.525	0.506	0.486	0.467	0.448	0.429	0.410
4.4	0.660	0.641	0.621	0.602	0.582	0.563	0.544	0.525	0.506	0.486	0.468	0.449
4.6	0.692	0.674	0.656	0.637	0.619	0.600	0.581	0.562	0.543	0.524	0.505	0.487
4.8	0.723	0.706	0.688	0.671	0.653	0.634	0.616	0.598	0.579	0.560	0.542	0.524
5.0	0.751	0.735	0.718	0.702	0.683	0.667	0.650	0.632	0.614	0.596	0.578	0.560
5.2	0.777	0.762	0.746	0.731	0.714	0.698	0.681	0.664	0.647	0.629	0.612	0.594
5.4	0.801	0.787	0.772	0.757	0.742	0.726	0.710	0.694	0.678	0.661	0.644	0.627
5.6	0.822	0.809	0.796	0.782	0.768	0.753	0.738	0.722	0.707	0.691	0.674	0.658
5.8	0.842	0.830	0.818	0.805	0.791	0.777	0.763	0.749	0.734	0.719	0.703	0.687
6.0	0.860	0.849	0.837	0.825	0.813	0.800	0.787	0.773	0.759	0.745	0.730	0.715
6.5	0.897	0.888	0.879	0.869	0.859	0.848	0.837	0.826	0.814	0.802	0.789	0.776
7.0	0.925	0.918	0.911	0.903	0.895	0.887	0.878	0.868	0.859	0.848	0.838	0.827
7.5	0.946	0.941	0.935	0.929	0.923	0.916	0.911	0.902	0.894	0.886	0.877	0.868
8.0	0.962	0.958	0.953	0.949	0.944	0.939	0.933	0.927	0.921	0.915	0.908	0.900
9.0	0.981	0.979	0.976	0.974	0.971	0.968	0.965	0.961	0.958	0.954	0.950	0.945
10.0	0.991	0.990	0.988	0.987	0.985	0.984	0.982	0.980	0.978	0.976	0.973	0.971
11.0	0.996	0.995	0.994	0.994	0.993	0.992	0.991	0.990	0.989	0.988	0.986	0.985
12.0	0.998	0.998	0.997	0.997	0.997	0.996	0.996	0.995	0.994	0.994	0.993	0.992

续附表 8

t/k	n								
	5.0	5.1	5.2	5.3	5.4	5.5	5.6	5.7	5.8
0	0	0	0	0	0	0	0	0	0
0.5									
1.0	0.004	0.003	0.003	0.002	0.002	0.002	0.001	0.001	0.001
1.5	0.019	0.016	0.014	0.012	0.011	0.009	0.008	0.007	0.006
2.0	0.053	0.047	0.042	0.038	0.034	0.030	0.027	0.024	0.021
2.5	0.109	0.100	0.091	0.083	0.076	0.069	0.063	0.057	0.051
3.0	0.185	0.172	0.160	0.148	0.137	0.127	0.117	0.108	0.099
3.2	0.219	0.205	0.192	0.179	0.166	0.155	0.144	0.133	0.123
3.4	0.256	0.240	0.226	0.211	0.198	0.185	0.173	0.161	0.150
3.6	0.294	0.217	0.261	0.246	0.231	0.217	0.204	0.191	0.179
3.8	0.332	0.315	0.298	0.282	0.266	0.251	0.237	0.223	0.210
4.0	0.371	0.353	0.336	0.319	0.303	0.287	0.271	0.256	0.242
4.1	0.301	0.373	0.355	0.338	0.321	0.305	0.289	0.274	0.259
4.2	0.410	0.392	0.374	0.357	0.340	0.323	0.307	0.291	0.276
4.3	0.430	0.411	0.393	0.375	0.358	0.341	0.325	0.309	0.293
4.4	0.449	0.430	0.412	0.394	0.377	0.360	0.343	0.327	0.311
4.5	0.468	0.449	0.431	0.413	0.395	0.378	0.361	0.345	0.328
4.6	0.487	0.469	0.450	0.432	0.414	0.397	0.379	0.363	0.346
4.7	0.505	0.487	0.469	0.451	0.433	0.415	0.398	0.381	0.364
4.8	0.524	0.505	0.487	0.469	0.451	0.433	0.416	0.399	0.382
4.9	0.542	0.524	0.505	0.487	0.469	0.452	0.434	0.417	0.400
5.0	0.560	0.541	0.523	0.505	0.487	0.470	0.452	0.435	0.418
5.1	0.577	0.559	0.541	0.523	0.505	0.488	0.470	0.453	0.435
5.2	0.594	0.576	0.558	0.541	0.523	0.505	0.488	0.470	0.453
5.3	0.610	0.593	0.575	0.558	0.540	0.523	0.505	0.488	0.471
5.4	0.627	0.609	0.592	0.575	0.557	0.540	0.522	0.505	0.488
5.5	0.642	0.626	0.608	0.591	0.574	0.557	0.539	0.522	0.505
5.6	0.658	0.641	0.624	0.607	0.590	0.573	0.556	0.539	0.522
5.7	0.673	0.656	0.640	0.623	0.606	0.590	0.573	0.556	0.539
5.8	0.687	0.671	0.655	0.639	0.622	0.606	0.589	0.572	0.555
5.9	0.701	0.686	0.670	0.654	0.638	0.621	0.605	0.588	0.571
6.0	0.715	0.700	0.684	0.668	0.652	0.636	0.620	0.604	0.587
6.2	0.741	0.726	0.712	0.696	0.681	0.666	0.650	0.634	0.618
6.4	0.765	0.751	0.737	0.723	0.708	0.693	0.678	0.663	0.648
6.6	0.787	0.774	0.761	0.748	0.734	0.720	0.705	0.690	0.676
6.8	0.808	0.796	0.783	0.771	0.758	0.744	0.730	0.716	0.702
7.0	0.827	0.816	0.804	0.792	0.780	0.767	0.754	0.741	0.727
7.2	0.844	0.834	0.823	0.812	0.800	0.788	0.776	0.764	0.751
7.4	0.860	0.851	0.841	0.830	0.819	0.808	0.797	0.785	0.773
7.6	0.875	0.866	0.857	0.845	0.837	0.826	0.816	0.805	0.793
7.8	0.888	0.880	0.871	0.862	0.853	0.843	0.833	0.823	0.812
8.0	0.900	0.893	0.885	0.877	0.868	0.859	0.850	0.840	0.830
8.5	0.926	0.920	0.913	0.907	0.899	0.892	0.884	0.876	0.868
9.0	0.945	0.940	0.935	0.930	0.924	0.918	0.912	0.906	0.899
9.5	0.960	0.956	0.952	0.948	0.943	0.938	0.933	0.928	0.923
10.0	0.971	0.968	0.965	0.962	0.958	0.955	0.951	0.946	0.942
11.0	0.985	0.983	0.982	0.979	0.978	0.975	0.973	0.971	0.968
12.0	0.992	0.992	0.991	0.990	0.988	0.981	0.986	0.985	0.983
13.0	0.996	0.995	0.995	0.995	0.994	0.993	0.993	0.992	0.991
14.0	0.998	0.998	0.998	0.997	0.997	0.997	0.996	0.996	0.996
15.0	0.999	0.999	0.999	0.999	0.999	0.998	0.998	0.998	0.998

续附表 8

t/k	n											
	5.9	6.0	6.1	6.2	6.3	6.4	6.5	6.6	6.7	6.8	6.9	7.0
0	0	0	0	0	0	0	0	0	0	0	0	0
0.5												
1.0	0.001	0.001	0	0	0	0	0	0	0	0	0	0
1.5	0.005	0.004	0.004	0.003	0.003	0.002	0.002	0.002	0.001	0.001	0.001	0.001
2.0	0.019	0.017	0.015	0.013	0.011	0.010	0.009	0.008	0.007	0.006	0.005	0.004
2.5	0.047	0.042	0.038	0.034	0.031	0.028	0.025	0.022	0.020	0.018	0.016	0.014
3.0	0.091	0.084	0.077	0.071	0.065	0.059	0.054	0.049	0.045	0.041	0.037	0.034
3.2	0.114	0.105	0.098	0.090	0.083	0.076	0.070	0.064	0.059	0.053	0.049	0.045
3.4	0.139	0.129	0.120	0.111	0.103	0.095	0.088	0.081	0.075	0.069	0.063	0.058
3.6	0.167	0.156	0.146	0.135	0.126	0.117	0.109	0.100	0.093	0.086	0.080	0.073
3.8	0.197	0.184	0.173	0.162	0.151	0.141	0.132	0.122	0.114	0.106	0.098	0.091
4.0	0.228	0.215	0.202	0.190	0.178	0.167	0.157	0.146	0.137	0.128	0.119	0.111
4.1	0.244	0.231	0.218	0.205	0.193	0.181	0.170	0.159	0.149	0.139	0.130	0.121
4.2	0.261	0.247	0.233	0.220	0.208	0.195	0.184	0.172	0.162	0.151	0.142	0.133
4.3	0.278	0.263	0.249	0.236	0.223	0.210	0.198	0.186	0.175	0.164	0.154	0.144
4.4	0.295	0.280	0.266	0.251	0.238	0.225	0.212	0.200	0.189	0.177	0.167	0.156
4.5	0.312	0.297	0.282	0.268	0.254	0.240	0.227	0.214	0.203	0.191	0.180	0.169
4.6	0.330	0.314	0.299	0.284	0.270	0.256	0.243	0.229	0.217	0.205	0.193	0.182
4.7	0.348	0.332	0.316	0.301	0.286	0.272	0.258	0.244	0.232	0.219	0.207	0.195
4.8	0.365	0.349	0.333	0.318	0.303	0.288	0.274	0.260	0.247	0.234	0.221	0.209
4.9	0.383	0.366	0.350	0.335	0.320	0.304	0.290	0.276	0.202	0.249	0.236	0.223
5.0	0.401	0.384	0.368	0.352	0.336	0.321	0.306	0.292	0.278	0.264	0.251	0.238
5.1	0.418	0.702	0.385	0.369	0.353	0.338	0.323	0.308	0.294	0.279	0.266	0.253
5.2	0.436	0.719	0.403	0.386	0.370	0.354	0.339	0.324	0.310	0.295	0.281	0.268
5.3	0.453	0.437	0.420	0.403	0.387	0.371	0.356	0.340	0.326	0.311	0.297	0.283
5.4	0.471	0.454	0.437	0.421	0.404	0.388	0.373	0.357	0.342	0.327	0.313	0.298
5.5	0.488	0.471	0.454	0.738	0.421	0.405	0.389	0.374	0.358	0.343	0.328	0.314
5.6	0.505	0.488	0.471	0.455	0.438	0.422	0.406	0.390	0.375	0.359	0.345	0.300
5.7	0.522	0.505	0.488	0.472	0.455	0.439	0.423	0.407	0.391	0.376	0.361	0.346
5.8	0.538	0.522	0.505	0.488	0.472	0.460	0.439	0.423	0.408	0.392	0.377	0.362
5.9	0.555	0.538	0.522	0.505	0.489	0.472	0.456	0.440	0.424	0.408	0.393	0.378
6.0	0.571	0.554	0.538	0.521	0.505	0.489	0.471	0.456	0.440	0.425	0.409	0.394
6.2	0.602	0.586	0.570	0.530	0.537	0.521	0.505	0.489	0.473	0.457	0.441	0.426
6.4	0.632	0.616	0.600	0.585	0.568	0.553	0.537	0.521	0.505	0.489	0.473	0.458
6.6	0.661	0.645	0.630	0.614	0.597	0.583	0.568	0.552	0.536	0.520	0.505	0.489
6.8	0.688	0.673	0.658	0.643	0.628	0.613	0.597	0.582	0.566	0.551	0.536	0.520
7.0	0.713	0.699	0.685	0.671	0.656	0.641	0.626	0.611	0.596	0.581	0.566	0.550
7.2	0.738	0.724	0.710	0.697	0.682	0.668	0.654	0.639	0.624	0.610	0.595	0.580
7.4	0.760	0.747	0.734	0.721	0.708	0.694	0.680	0.666	0.652	0.637	0.623	0.608
7.6	0.781	0.769	0.757	0.744	0.732	0.718	0.705	0.691	0.678	0.664	0.650	0.635
7.8	0.801	0.790	0.778	0.766	0.754	0.741	0.729	0.716	0.702	0.689	0.675	0.662
8.0	0.819	0.809	0.798	0.786	0.775	0.763	0.751	0.738	0.725	0.713	0.700	0.687
8.5	0.859	0.850	0.841	0.831	0.821	0.811	0.800	0.790	0.778	0.767	0.755	0.744
9.0	0.892	0.884	0.876	0.869	0.860	0.851	0.842	0.833	0.823	0.814	0.804	0.793
9.5	0.917	0.911	0.905	0.898	0.891	0.884	0.877	0.869	0.861	0.853	0.844	0.835
10.0	0.938	0.933	0.928	0.922	0.917	0.911	0.905	0.898	0.892	0.880	0.877	0.870
11.0	0.965	0.962	0.959	0.956	0.952	0.949	0.945	0.940	0.936	0.931	0.926	0.921
12.0	0.981	0.980	0.978	0.976	0.974	0.971	0.969	0.966	0.963	0.961	0.857	0.954
13.0	0.990	0.989	0.988	0.987	0.986	0.984	0.983	0.981	0.980	0.978	0.976	0.974
14.0	0.995	0.994	0.994	0.993	0.993	0.992	0.991	0.990	0.989	0.988	0.987	0.986
15.0	0.997	0.997	0.997	0.100	0.996	0.996	0.995	0.995	0.994	0.994	0.993	0.992

参考文献

[1]雒文生,宋星原．工程水文及水利计算．北京:中国水利水电出版社,2010.

[2]蒋金珠．工程水文及水利计算．北京:中国水利水电出版社,1992.

[3]任树梅,朱仲元．工程水文学．北京:中国农业大学出版社,2001.

[4]任树梅．工程水文学与水利计算基础．2 版．北京:中国农业大学出版社,2008.

[5]魏永霞,王丽学．工程水文学．北京:中国水利水电出版社,2005.

[6]詹道江,徐向阳,陈元芳．工程水文学．4 版．北京:中国水利水电出版社,2010.

[7]David R. Maidment. 水文学手册．张建云,李纪生,等译．北京:科学出版社,2002.

[8]耿鸿江．工程水文基础．北京:中国水利电力出版社,2003.

[9]周之豪,沈曾源,施熙灿,等．水利水能规划．2 版．北京:中国水利水电出版社,1997.

[10]任树梅,李靖．工程水文与水利计算．北京:中国农业出版社,2005.

[11]叶秉如．水利计算．北京:水利电力出版社,1985.

[12]叶守泽．水文水利计算．北京:中国水利水电出版社,1992.

[13]邱金,格里高里耶夫,雷德金．水资源综合利用径流调节计算方法．张永平,译．北京:水利电力出版社,1985.

[14]叶守泽,詹道江．工程水文学．3 版．北京:中国水利水电出版社,2007.

[15]武鹏林,霍德敏,马存信,等．水利计算与水库调度．北京:地震出版社,2000.

[16]中华人民共和国水利部．水利水电工程等级划分及洪水标准:SL 252—2017. 北京:中国水利水电出版社,2017.

[17]包为民．水文预报．3 版．北京:中国水利水电出版社,2006.

[18]宋星原,雒文生,赵英林,等．工程水文学题库及题解．北京:中国水利水电出版社,2003.

[19]林三益．水文预报．2 版．北京:中国水利水电出版社,2001.

[20]夏军．灰色系统水文学:理论、方法及应用．武汉:华中理工大学出版社,2000.

[21]丁晶,邓育仁．随机水文学．成都:成都科技大学出版社,1988.

[22]吴持恭．水力学．3 版．北京:高等教育出版社,2003.

[23]陈家琦,王浩,杨小柳．水资源学．北京:科学出版社,2002.

[24]中华人民共和国国家质量监督检验检疫总局,中国国家标准化管理委员会．水文情报预报规范:GB/T 22482—2008. 北京:中国标准出版社,2008.

[25]刘昌明．21 世纪中国水文科学研究的新问题新技术和新方法．北京:科学出版社,2001.

[26]范荣生,王大齐．水资源水文学．北京:中国水利水电出版社,1996.

[27]中国水利百科全书编辑委员会．中国水利百科全书．北京:水利电力出版社,1991.

[28]李如忠,王超,汪家权,等．基于未确知信息的河流水质模拟预测研究．水科学进展,2004,15(1):35-39.

[29]中华人民共和国水利部．水利工程水利计算规范:SL 104—2015. 北京:中国水利水电出版社,2015.
[30]中华人民共和国水利部．水文资料整编规范:SL/T 247—2020. 北京:中国水利水电出版社,2021.
[31]中华人民共和国水利部．水文测量规范:SL 58—2014. 北京:中国水利水电出版社,2014.
[32]中国水力发电工程编审委员会．中国水力发电工程:工程水文卷．北京:中国电力出版社,2000.
[33]中华人民共和国住房和城乡建设部．灌溉与排水工程设计标准:GB 50288—2018. 北京:中国计划出版社,2018.
[34]国家能源局．水电工程动能设计规范:NB/T 35061—2015. 北京:新华出版社,2016.
[35]中华人民共和国住房和城乡建设部．室外给水设计标准:GB 50013—2018. 北京:中国计划出版社,2019.
[36]中华人民共和国水利部．村镇供水工程技术规范:SL 310—2019. 北京:中国水利水电出版社,2019.
[37]中华人民共和国住房和城乡建设部．内河通航标准:GB 50139—2014. 北京:中国计划出版社,2015.